普通高等教育规划教材

水处理工程

（上册）

王光辉　王学刚　编

中国环境出版社·北京

图书在版编目（CIP）数据

水处理工程. 上/王光辉，王学刚编. —北京：中国环境出版社，2015.1
普通高等教育规划教材
ISBN 978-7-5111-2063-2

Ⅰ. ①水… Ⅱ. ①王… ②王… Ⅲ. ①水处理—高等学校—教材 Ⅳ. ①TU991.2

中国版本图书馆 CIP 数据核字（2014）第 197413 号

出 版 人 王新程
责任编辑 黄晓燕
文字编辑 赵楠婕
责任校对 唐丽虹
封面设计 宋 瑞

出版发行 中国环境出版社
（100062 北京市东城区广渠门内大街 16 号）
网 址：http://www.cesp.com.cn
电子邮箱：bjgl@cesp.com.cn
联系电话：010-67112765（编辑管理部）
010-67112735（环评与监察图书出版中心）
发行热线：010-67125803，010-67113405（传真）
印 刷 北京中科印刷有限公司
经 销 各地新华书店
版 次 2015 年 1 月第 1 版
印 次 2015 年 1 月第 1 次印刷
开 本 787×960 1/16
印 张 25.75
字 数 500 千字
定 价 35.00 元

前　言

随着国民经济的迅猛发展、人民生活水平的逐步提高、工业化和城市化步伐的加快，用水量和污水排放量显著增加，淡水资源的短缺和水环境污染问题日益突出，全面深入地了解和掌握水处理技术，解决我国面临的水环境污染问题，已成为环境工程技术人员的重要历史使命。同时，水环境污染问题又促进了水处理工程技术的发展，特别是其他有关学科（如生物、材料、物理、化学、化工等）近年来的发展，为水处理工程技术的发展注入了新的活力，提供了丰富的素材，使水处理工程技术更多地体现出多学科交叉与集成的边缘性特点。

根据原水及污（废）水各自水质特征、使用目的与处理方法的差异，水处理工程学科已形成给水处理和排水处理两个分支，并在不断发展和完善之中。本书考虑水处理技术领域内的给水处理和排水处理在理论、方法等方面的共性，以处理水质为目标，以处理方法为主线，将长期使用的给水处理和排水处理两个体系的主要内容进行了有机整合。在保证基本概念、基本理论、基本技术方法和工艺要求的同时，充分注意吸收国内外水处理工程的新理论、新技术和新工艺，反映了现代水处理工程学科的发展趋势。

本书内容主要包括水的物理处理、化学处理、物化处理和生物处理等，在编写时基本上按照处理单元所采用方法的不同编排章节，且各章节具有相对独立性。全书重点反映各处理方法的基本概念、基本原理、设计计算以及实际应用等内容，使本书的体系具有结构合理、内容新颖、丰富完整等特点。为理论联系实际，便于学生深入理解书中的内容，除给出处理单元技术的应用实例之外，还给出了一定量的计算例题、习题和思考题，以培养学生的基本专业素质、工程的基本思维方法和分析解决实际问题能力。

本书是高等学校环境科学与工程专业本科生的教材，亦可供从事水污染治理工程技术人员和有关管理人员使用，还可供参加国家注册环保工程师职业资格考试的有关人员参考。

本教材分为上、下两册，上册含1～5章，下册含6～12章。各篇、章编写的具体分工是：王光辉编写第一篇第1章、第2章；第二篇第3章、第4章、第5章。王学刚编写第三篇第6章、第7章、第8章、第9章、第10章、第11章、第12章。最后由王光辉统稿、定稿。

在编写过程参阅了大量近年来出版的水处理文献资料，得到了有关专家的指导与支持，许多专家对全书提出宝贵意见，同时本书的出版还得到了江西省环境工程特色专业和水处理工程精品课程、水处理工程资源共享课程和环境工程专业综合改革试点等建设项目的资助，在此一并表示感谢。

由于编者水平有限，书中的不足之处在所难免，敬请读者批评指正。

编　者

2013年8月1日

目　录

第一篇　总　论

第 1 章　水资源与水环境污染 3
1.1　水资源循环与分布特征 3
1.2　水环境污染 7
1.3　水质指标与水质标准 17
【习题与思考题】 31

第 2 章　水体自净与水环境保护 33
2.1　水体的自净作用 33
2.2　水体水质模型 38
2.3　水环境保护 46
2.4　废水处理基本方法与系统 56
【习题与思考题】 60

第二篇　物理、化学及物理化学处理理论与技术

第 3 章　废水的物理处理 65
3.1　筛滤 65
3.2　调节池 75
3.3　废水的沉淀处理 81
3.4　沉砂池 94
3.5　沉淀池 104
3.6　废水的隔油和破乳处理 127
3.7　废水的过滤处理 131
3.8　废水的离心分离和磁力分离处理 142
【习题与思考题】 151

第 4 章　废水的化学处理......154
4.1　废水的中和处理......154
4.2　废水的化学沉淀处理......164
4.3　废水的氧化与还原处理......173
4.4　废水的电解处理......186
4.5　废水的高级氧化处理......192
4.6　消毒......247
【习题与思考题】......259

第 5 章　废水的物理化学处理......261
5.1　混凝处理......261
5.2　气浮处理......288
5.3　吸附处理......311
5.4　离子交换......331
5.5　萃取处理......341
5.6　膜分离技术......351
5.7　热过程法......386
5.8　吹脱和汽提......397
【习题与思考题】......404

参考文献......405

第一篇

总　论

第 1 章　水资源与水环境污染

水是地球上最宝贵的一种自然资源，维系人类的生命活动和一切社会活动，是人类社会前进和发展不可缺少的因素。近年来，由于世界人口增长和社会经济的发展，人类的用水量急剧增加，原有的清洁水资源受到人类活动的污染，使地球上的水资源日益紧张，水污染和水资源短缺已成为当今人类面临的最严峻的挑战之一。因此，保护环境、控制水污染已成为全世界关注的热点。

1.1　水资源循环与分布特征

1.1.1　水资源定义

“水资源”（water resource）一词很久以前已经出现，随着时代的进步其内涵也不断丰富和发展。《大不列颠大百科全书》将水资源解释为：“全部自然界任何形态的水，包括气态水、液态水和固态水的总量”，为水资源赋予十分广泛的含义。实际上，资源的本质特性就是体现其“可利用性”。因此，不能被人类利用的就不能称为资源。基于此，1963 年英国的《水资源法》把水资源定义为：“地球上具有足够数量的可用水。”这一概念比《大不列颠大百科全书》的定义赋予水资源更为明确的含义，强调了其在数量上的可用性。

联合国教科文组织（UNESCO）和世界气象组织（WMO）共同制定的《水资源评价活动——国家评价手册》中，定义水资源为：“可以利用或有可能被利用的水源，具有足够数量和可用的质量，并能在某一地点为满足某种用途而可被利用。”这一定义的核心主要包括两个方面，其一应有足够的数量；其二是强调了水资源的质量。有“量”无“质”或有“质”无“量”均不能称之为水资源。这一定义比英国《水资源法》中水资源的定义具有更为明确的含义，不仅考虑了水的数量，同时其必须具备质量的可利用性。

1.1.2 水资源的特征

水是自然界的重要组成物质，是环境中最活跃的元素。它不停地运动着，积极参与自然环境中的一系列物理、化学和生物的过程。水作为一种资源被我们利用具有如下特征。

（1）资源的循环性

水资源与其他固体资源的本质区别在于其所具有的流动性，它是在循环中的一种动态资源，具有循环性。水循环系统是一个庞大的天然水资源系统，水资源在开采利用后，能得到大气降水的补给，处在不断地开采、补给和消耗、恢复的循环之中，可以不断地满足人类利用和生态平衡的需要。

（2）储量的有限性

水资源处在不断的消耗和补充过程中，在某种意义上水资源具有“取之不尽”的特点，恢复性强。可实际上全球淡水资源的储量是十分有限的。全球的淡水资源仅占全球总水量的2.5%，且淡水资源的大部分储存在极地冰帽和冰川中，真正能够被人类直接利用的淡水资源仅占全球总水量的0.796%左右。水循环过程是无限的，水资源的储量是有限的，并非用之不尽、取之不竭。

（3）分布的不均匀性

水资源在自然界中具有一定的时间和空间分布。时空分布的不均匀性是水资源的又一特性。全球水资源的分布不均，表现为大洋洲的径流模数为51.0 L/（s·km^2），澳大利亚仅为1.3 L/（s·km^2），亚洲为10.5 L/（s·km^2），最高的和最低的相差数倍或数十倍。

（4）利用的多样性

水资源是被人类在生产和生活活动中广泛利用的资源，不仅广泛应用于农业、工业和生活，还用于发电、水运、水产、旅游和环境改造。在各种不同的用途中，有的则是非消耗性或是消耗很小的用水，而且这些用途对水质的要求各不相同。这是能使水资源一水多用、充分发挥其综合效益的有利条件。

（5）利害的两重性

水资源与其他固体矿产资源相比，另一个最大区别是：水资源具有造福人类、又可危害人类生存的两重性。水资源质量适宜且时空分布均匀，将为区域经济发展、自然环境的良性循环和人类社会进步作出巨大贡献。水量过多容易造成洪水泛滥，内涝渍水；水量过少容易形成干旱、盐渍化等自然灾害。

1.1.3 地球上水的分布

地球表面大部分为蓝色的海洋所覆盖。海洋面积约占地球总表面积的70%以它的平均深度大约为 3 800 m。因此海洋可以看做一个浩瀚的“水库”，地球上的水约有 97%储存在这里，其余 3%左右的水则分别存在于大气、地球表面和地表以下的地壳中。

地球上水的总量很大，据估计约有 14 亿 km^3 之多。但是它的分布很不均衡。从表 1-1 所列的联合国 1977 年的资料来看，人类生命活动所必需的淡水却很有限，在占总量不到 3%的淡水中，又有 3/4 存在于冰川和冰帽之中。大多数的大冰块又集中在南北两极，限于现有的经济、技术能力，目前还极少被利用。对人类生活和生产活动关系密切而又比较容易被开发利用的淡水储量约为 400 万 km^3，仅占地球总水量的 0.3%，而这部分淡水在陆地上的分布也很不均匀。

表 1-1　地球上的水量分布

水的类型	水量/万 km^3	所占比例/%
海洋水	133 800	96.54
冰川与永久积雪	2 406.41	1.74
地下水	2 340	1.69
永冻层中冰	30	0.02
湖泊水	17.64	0.013
土壤水	1.65	0.001 2
大气水	1.29	0.000 9
沼泽水	1.15	0.000 8
河流水	0.212	0.000 2
生物体内水	0.112	0.000 1
总量	138 598.46	100.00

1.1.4　水的循环

水的循环分为自然循环和社会循环两种。

（1）自然循环

由自然力促成的水循环，称为水的自然循环。自然界中的水并不是静止不动的。它们在太阳能的作用下，通过海洋、湖泊、河流等广大水面以及土壤表面、植物茎叶的蒸发和蒸腾形成水汽，上升到空气中凝结为云，在大气环流（风）的推动下运移到各处。在适当的条件下又以雨、雪等形式降落下来。这些降落下来的水分，在陆地上分成两路：一路在地面上汇集成江河湖泊，称为地表径流；另一路渗入地下，称为地下径流。这两路水流有时相互交流转换，最后注入海洋。

这种海洋→内陆→海洋的循环，称为大循环。那些在小的自然地理区域内的循环，称为小循环。生物体内的水，也进行着吸收→蒸腾或蒸发→吸收的内外循环。自然循环的模式如图 1-1 所示。

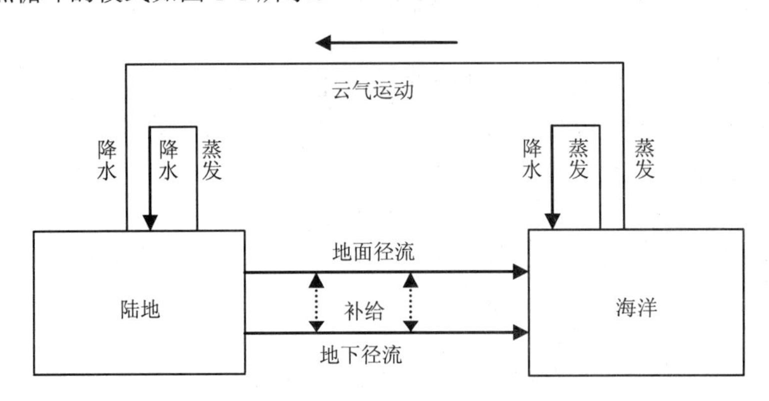

图 1-1　水的自然循环

（2）社会循环

由人的社会需要而促成的循环，称为水的社会循环。它是直接为人们的生活和生产服务的。取之自然而直接供生活和生产（特别是工业生产）使用的水，称为给水；使用后因丧失原有使用价值而废弃外排的水，称为废水。为保证给水能满足用户的使用要求（水量、水质和水压）而采取的整套工程设施，称为给水工程。为保证废水（有时也包括部分雨水）能安全排放或再用而采取的整套工程设施，称为排水工程。给水工程和排水工程构成了水的社会循环（图 1-2）。完善的给水系统和排水系统是现代城市和工业区所必须具备的基础条件。

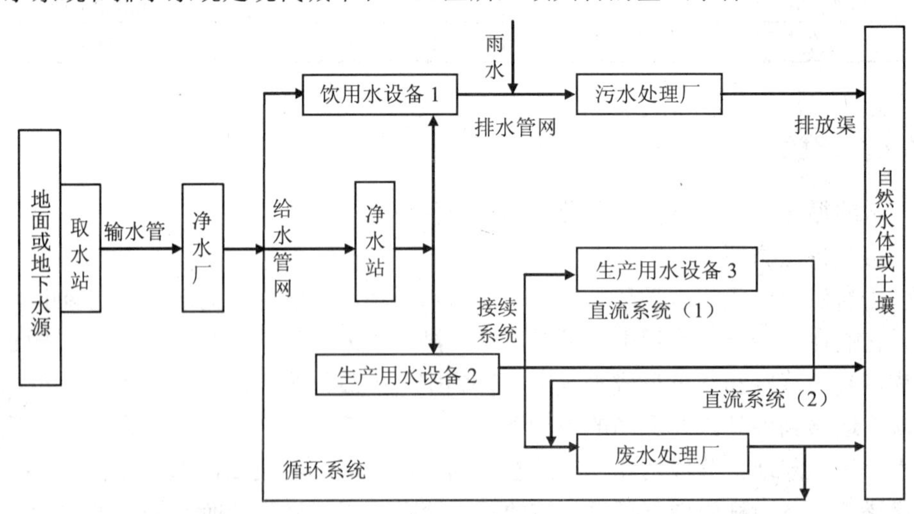

图 1-2　水的社会循环

1.2 水环境污染

1.2.1 水环境污染基本概念

水环境指河流、湖泊、沼泽、水库、地下水、冰川和海洋的总称。水在自然循环中，不可避免地会混入许多杂质，如细菌、藻类及原生动物、泥沙、黏土、溶胶、盐类（钙、镁、钠、铁等）以及气体等物质。水环境污染是指气体、固体污染物和废水污染物进入水体中，导致水体的物理特征、化学特征和生物特征发生不良变化，破坏了水体固有的生态平衡和正常功能的现象。

人是目前自然界污染的主要制造者。人类对水的使用主要是生活用水、工业用水及农业灌溉用水。大部分水在使用过程中会混入各类无机物和有机物，细菌、病毒等致病微生物和重金属类等污染物质。在社会发展的初期，排放的废水经过清洁水体的稀释和自然净化作用变污为清，成为人类可以循环利用的水资源。随着社会经济发展的规模越来越大，人口的不断增长，废水越来越多，水质越来越复杂，大量废水源源不断地排入水体（江、河、湖、海和地下水），使水体有限的自然净化功能不能适应，水环境受到严重污染，对人体健康、工农业生产和人类社会的持续发展带来了极大的危害。污染物进入水体的主要途径有：工业生产过程中产生的废水排放；城、镇人口集中区域的生活污水；使用农药、化肥的农田排水及水土流失；大气中所含污染物，随降水进入地表水体；固体废物堆放场地因雨水冲刷、渗漏及抛入水体所造成的污染等。

1.2.2 水环境污染的危害

水环境污染造成的危害是多方面的，包括对公共事业、工业生产、农业生产、人体健康、水资源、耕地及旅游资源的危害等。其对人类危害的主要表现在如下几方面。

（1）对人体健康的危害

水环境污染对人体健康的危害最为严重，特别是水中的重金属、有害有毒有机污染物及致病菌和病毒等。表 1-2 列举出若干重金属及无机有毒物质的污染危害及其在饮用水中的最高允许浓度。表 1-3 列出 20 种有毒化合物对人体健康的危害和对环境的影响。

表 1-2 重金属及无机有毒物质污染的危害及其在饮水中的最高浓度

有毒物质	在水中的存在形态	污染危害	饮水中最高允许浓度/(mg/L)
汞	Hg^{2+} CH_3Hg^+（甲基汞）	引起人体和动物大脑损害、神经失控、手足痉挛（如日本的“水俣病”）	汞：0.000 5～0.001 甲基汞：检不出
镉	Cd^{2+}	引起骨骼变脆，能取代骨骼中的钙，使骨骼松张，疼痛难忍（如日本的“痛痛病”）能导致肝、肾及肺的病变	0.01
铅	Pb^{2+}	毒害神经系统和造血系统使人精神迟钝、贫血。初患时牙齿上会出现浅黑线	0.05
铬	CrO_4^{2-} $Cr_2O_7^{2-}$（六价铬）	能引起皮肤溃疡、贫血、肾炎等疾病，六价铬有致癌作用	0.05
砷	AsO_3^{3-}（三价砷）	毒害细胞代谢系统，使之紊乱，造成肠胃失常，肾衰竭	0.05
氰化物	CN^-	造成呼吸困难、细胞缺氧，严重时窒息致死	0.05

表 1-3 20 种有毒化合物对人体健康和环境的影响

序号	有毒化合物	对人体健康的影响	对环境的影响
1	艾氏剂/狄氏剂	对心血管有损害；震颤，痉挛、肾炎	对水生生物有害，破坏鸟类和鱼类繁殖能力
2	砷	对心血管有损害；胎儿致畸；呕吐，破坏肝和肾功能	对豆种植物有害
3	苯	对心血管有损害；贫血；骨髓炎	对一些鱼和无脊椎动物有害
4	双合锕系-（2-乙基-己基）酞酸酯	对心血管有损害；胎儿致畸；破坏神经中枢功能	使鸟蛋壳变薄；对鱼类有损害
5	镉	对心血管有损害；胎儿致畸；致癌、肾功能障碍、高血压、动脉硬化、软骨病等	对鱼类有害
6	四氯化碳（CCl_4）	对心血管有损害；破坏肝肾功能；心脏病	破坏臭氧
7	三氯甲烷	损害心血管；破坏肝肾功能	破坏臭氧
8	铜	刺激肠胃，破坏肝功能	对鱼类有害
9	氰化物	剧毒	使鱼死亡，妨碍鱼生长、发育
10	二氯二苯三氯乙烷	损害心血管；胎儿致畸；震颤，痉挛，肾炎	破坏鸟类和鱼类繁殖能力
11	二丁基酞酸酯	破坏神经中枢功能	使鸟蛋壳变薄；对鱼类有损害

序号	有毒化合物	对人体健康的影响	对环境的影响
12	铅	对心血管有损害；胎儿致畸；痉挛、贫血；破坏脑、肾功能	对农作物和家禽有害
13	汞	水俣病、破坏肝肾功能；胎儿致畸	破坏鱼类繁殖能力，妨碍鱼的生长乃至死亡
14	镍	对心血管有影响；对肠胃及中枢系统有害	妨碍水产类繁殖
15	多氯联苯（PCBs）	对心血管有损害；胎儿致畸；呕吐，腹部疼痛；短时间失明	破坏哺乳类动物的肝功能，破坏鸟类肾功能，蛋壳变薄，使鱼失去繁殖能力
16	苯酚		破坏水生生物繁殖
17	锡		对水生生物有毒害作用
18	四氯乙烯	对心血管有影响；影响中枢功能	破坏臭氧
19	甲苯	对心血管有影响	对水生生物有影响
20	氯苯	对心血管有损害；胎儿致畸等	破坏浮游生物繁殖；妨碍鸟类和鱼类的繁殖

世界卫生组织（WHO）认为，已知疾病中约80%都与水污染有关系。许多疾病通过水体媒介传播。如：① 肠道传染病，包括阿米巴痢疾、细菌性痢疾、病毒性肝炎、伤寒、霍乱及小儿麻痹症等；② 肠道寄生虫病，如蛔虫、蛲虫、滴虫、绦虫等；③ 皮肤病，如皮疹、黄水疮、癣等；④ 红眼病；⑤ 钩端螺旋体病；⑥ 血吸虫病等。由于病毒广泛存在于各种受污染水体中，对人体健康的危害十分严重。很多化学药品及重金属污染生活用水会使人们多发心血管病、肝硬化、癌症等。20 世纪五六十年代以来，世界发生过数十起严重的水污染事件，例如日本暴发的“水俣病”和“痛痛病”。

（2）影响工农业生产

有些工业部门，如电子工业、食品工业对水质要求较高，水中有杂质，会使产品质量受到影响。某些化学反应也会由水中的杂质而引发，使产品质量受到影响，废水中的某些有害物质还会腐蚀工厂的设备和设施。废水中的有害物质，不但使土质恶化，还会使农作物及森林、草原植被受损或死亡。如锌浓度 0.1～1.0 mg/L 时即会对作物产生危害，5 mg/L 使作物致毒，3 mg/L 对柑橘有害。

（3）干扰自然界的生态系统

水环境污染引起生态系统紊乱。如废水中的重金属、杀虫剂、石油及有机物对江河湖海的污染会使鱼类大面积死亡。1980 年，英国泰晤士河就因水污染而使水生生物基本灭绝。水体受污染后，会对生态系统造成很大危害，严重时会使水体生态平衡破坏、物质循环终止、水生生物因急性或慢性中毒而死亡。

1.2.3 废水的分类与特征

废水的排放是造成水环境污染的主要原因。废水可以有多种分类方法，根据污浊程度，可分为净废水（如冷却水）和污水（如洗涤水）。根据废水的来源，可分为生活污水和工业废水两大类，又将城镇生活污水和工业废水的混合废水统称为城市污水。按污染物化学类别，可分为无机废水和有机废水。根据毒物的种类不同，可分为含酸废水、含氰废水、含酚废水等，以表明主要毒物，但并不意味着某种毒物是唯一的污染物或含量最多。此外，还可按工业行业或生产工艺命名来分，如电镀废水、造纸废水、皮革废水、印染废水等。

废水的主要来源与特征如下。

（1）生活污水

生活污水是人们日常生活中排放出来的废水。它是从住户、公共设施（饭店、宾馆、影剧院、体育场、机关、学校、商店等）和工厂的厨房、卫生间、浴室及洗衣房等生活设施中排出的粪便水、洗澡水、衣物洗涤水、冲洗水和餐饮排水等。生活污水中通常含有泥沙、粪尿、油脂、皂液、果核、纸屑和食物屑、病菌和其他杂物等。每人每天生活中产生的污染物平均为：70 g COD、35 g BOD_5、20 g TN、8 g NH_4^+-N、4 g P（2 g 洗涤、2 g 排泄）。生活污水的水量及水质均会随季节而有所变化，一般夏季用水量多、废水浓度低，冬季量少质浓。春末夏初天晴时洗涤水增多，洗涤剂含量倍增，水质波动大，往往会对污水处理厂曝气池带来泡沫等一系列运行问题。生活污水以有机污染物为主，可生化性较好，但随着饮食结构的改变，尤其是治病的新药层出不穷，部分随排泄物进入生活污水，使其成分趋于复杂，并对处理效果带来一定的影响。

（2）工业废水

指工业生产过程中排放的废水，它来自工厂的生产车间与厂矿。工业生产用水中除一小部分被真正耗去外（如食品工业等），绝大多数工业用水仅仅是作为洗涤、冷却、地面冲洗等用，因此工业废水中主要夹带了生产过程中所耗用的原料，生产反应的中间体、产物或副产物等。由于各种工业生产的品种、工艺、原材料、使用设备和用水条件等的不同，工业废水的性质千差万别。有些行业的工业生产存在季节性的变化，废水量及水质变化幅度很大。特别是化工、制药行业排放的废水以有机污染物为主，往往含有有毒有害物质、重金属及酸、碱、盐等。有些工业生产中工艺残液的瞬时排放，其污染负荷的冲击往往会危及处理系统的正常运行。相比较于生活污水，工业废水水质水量差异大，通常具有浓度高、难降解、毒性大等特征。比如印染废水的色度很深，感官刺激强烈。工业废水不易通过一种通用技术或工艺来处理，往往要求对其进行多种工艺的联合处理方能达到预期目标。

（3）城市污水

城市污水是通过下水管道收集到的所有排水，它是一种包括生活污水、工业废水和雨水的混合污水。城市污水流量是随着城市活动的变化而不断变化，对绝大多数的城市来说，由于经济的发展、人口的增加，用水量及污水量也在逐年增长，但是随着城市现代化程度的提高，城市污水增长的趋势将逐步减小。各城市之间的城市污水的水质、流量存在一定差异，它主要取决于城市的规模、排水体制、城市的气候特点、工业类别和工业废水所占的比例，也受到城市类型（工业化城市、文化城市还是旅游城市等）、居民生活习惯的影响。

城市的排水体制分为合流制和分流制。合流制下水道系统是将生活污水、工业废水和融雪、雨水混在一个管道内排除的系统。一般是在原系统的排水末端（一般为河渠边）横向铺设干管，并设溢流井成为截流式合流制下水道系统。晴天时，所有城市污水通过原系统和截流管收集和输送到全系统终端的污水处理厂；雨天时，系统仅收集一部分混有雨水的污水，其余部分则通过截流管上的溢流井排放到水体中。如图 1-3 所示。

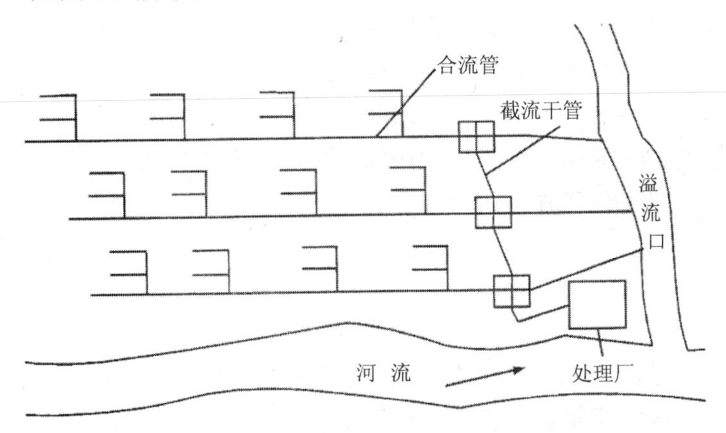

图 1-3 截流式合流制下水道系统

分流制下水道系统是城市污水和雨水分别用各自独立的管道排除的系统。典型的分流制下水道系统是由排除生活污水和工业废水的下水管道与专门用来排除雨水的雨水管渠构成的，如图 1-4 所示。分流制下水道系统仅将生活污水和工业废水收集和输送到污水处理厂内，管线尺寸小，污水处理厂建设规模合理，容易形成完备的处理系统，有利于水污染控制和水环境保护。但是，分流制下水道系统排出的初期雨水水质很差，通过雨水管道直接排入水体造成污染。经济发达的国家已开始建造储水池或储水管道，雨水集中收集，非雨期集中处理。在我国经济发展到一定时期以后也是可以实现的，目前分流制下水道系统在国内外得到广泛采用，是城市下水道系统的发展方向。

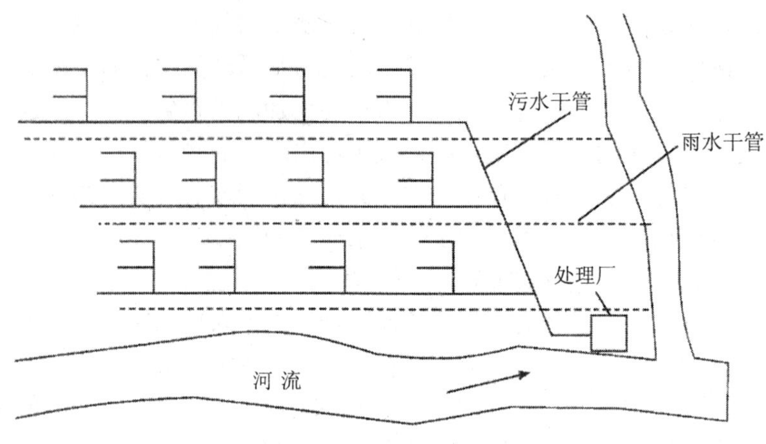

图 1-4 分流制下水道系统

近年来，城市污水处理不仅是一种控制水污染的强有力的手段，而且处理过的水已达到再次利用的资源化程度，国内外都出现了将城市污水处理后的水就近回用于工业、农用或城市杂用的水道系统，日本称之为中水道系统。这种系统对解决水源不足、合理地开发利用各种水资源、创造新的效益、减少污染物排放及控制水污染、保护水环境具有十分积极的作用，是今后促进和完善城市污水处理事业的一项很有前途的工作。

1.2.4 废水中的污染物种类

一般来说，废水中污染物可分为物理、化学及生物三大类。按污染物的物理形态和物理化学性质，大致可分为：固体污染物、有机污染物、有毒污染物、营养性污染物、生物污染物、感官污染物、酸碱污染物、热污染物及其他污染物等。

（1）固体污染物

固体污染物在水中以三种状态存在：悬浮态（颗粒直径 d_s＞100 nm）、胶体态（d_s=1～100 nm）、溶解态（d_s＜1 nm），见表 1-4。

表 1-4 水中固体污染物的分类

分散颗粒	溶解态	胶体态	悬浮态	
颗粒大小/nm	10^{-3}～1	1～10^2	10^2～10^4	10^4～10^6
外观	透明	光照下混浊	混浊	（肉眼可见）

悬浮物常伴随着有机物质一起在水中出现，它们由多种产业活动，如开矿、采石及建筑业等产生，水土流失也是悬浮物的一个来源。

（2）有机污染物

有机化合物来源于动物、植物和人工有机合成生产过程。往往由碳、氢、氧、氮、硫及磷等重要元素组成。绝大多数有机物具有一个共同特点，就是可生物降解性。所谓可生物降解性，是指有机物可被微生物逐渐分解转化的特性。水中存在的好氧微生物，在以有机物为食饵的生化过程中，要消耗水中的溶解氧。当消耗大于从空气中补充的氧量时，溶解氧浓度就降低，当低于某一极限值时，水生生物就会窒息而死。如鱼类要求溶解氧的限值≥4 mg/L，否则会导致大量死亡。当溶解氧耗尽时，厌氧微生物及兼氧微生物就对有机物进行厌氧分解，其代谢产物使水体冒泡、浮垢、发黑，引起混浊、恶臭等。生活污水和某些工业废水中所含的糖、淀粉、纤维素、蛋白质、脂肪和木质素等有机化合物可在微生物作用下最终分解为简单的无机物质，这些有机物在分解过程中要消耗大量的氧气，故被称为耗氧污染物。工业废水中有着大量人工合成有机物，有的结构简单，有的相当复杂，有的易于生物降解，有的难以生物降解。主要有机物质大致分述如下。

1）蛋白质

蛋白质是动植物组织的主要组成部分。除含 C、H、O 元素外，还含有较高含量的 N 及少量 S、P、Fe 等元素。废水中的氮源主要是尿素、蛋白质及其他含氮有机物。蛋白质分解会产生难闻的臭气。

2）碳水化合物

碳水化合物主要包括糖类、淀粉、纤维素等。糖易被某些细菌及酶作用而分解成醇和 CO_2；淀粉较稳定，但在微生物或无机酸作用下可转化成糖；纤维素是废水中难降解的有机物之一。

3）油脂

油脂包括动植物油脂和矿物油。油脂一般是脂肪酸甘油酯。脂肪酸甘油酯在常温下为液体的称为油，为固体的称为脂，是较稳定的化合物，主要由 C、H、O 组成，可水解成脂肪酸及甘油（或多元醇）或与碱作用皂化生成甘油和脂肪酸盐。矿物油主要是石油及其加工产品，如煤油、润滑油、重油等，主要是含 C、H 的链烃。

4）表面活性剂

表面活性剂是一种含有亲水油官能团的能显著降低水的表面能的有机大分子物质，常富集在水体表面，废水曝气时会产生大量泡沫。目前人工合成表面活性剂品种繁多，应用场合广泛，使用后大量转到废水中，有一些是有一定毒性或难生物降解的，因此对含表面活性剂的废水处理逐渐引起关注。

5）农药

有机农药如杀虫剂、除草剂等对大多数生物来说是有毒的，因此，它是一个重要的地面水污染物。有些农药通过水还能富集在植物和鱼类机体中，进而危及人类健康。

6）特殊有机污染物

如苯酚、苯胺、硝基化合物、醛、醇等特殊有机污染物。

（3）有毒污染物

废水中能对生物引起毒性反应的化学物质，称为有毒污染物。工业上使用的有毒化学物质已超过 12 000 种，而且每年约以 500 种的速度递增。废水中毒物可分为三大类：无机化学毒物、有机化学毒物、放射性物质。

毒性对生物的效应分急性和慢性两种。急性指初期效应明显，严重的会致死的效应；慢性指初期效应不很明显，但长期积累可引起突变，致畸、致癌、致死，甚至引起遗传性畸变的效应。急性中毒毒物浓度常用致死量（LD_{50}）来表示，对微量毒物尚缺乏合理判定标准。大多数毒物的毒性与作用的时间、环境条件（温度、pH 值、溶解氧浓度等）、有机体的种类及健康因素（抵抗力）有关。

1）无机化学毒物

无机化学毒物，主要是指重金属离子、氰化物、砷化物、硫化物、氟化物和亚硝酸盐等。重金属一般是指密度大于 4～5 g/cm^3 的金属。废水中有 45～60 种重金属，主要有汞、铬、镉、铅、镍、锌、钴、铜、锰、钛、钒、钼、锑、铋、银等，特别是前 5 种毒性很大。由于砷和硒的化学性质和金属相似，而铍（密度 1.84）的毒性也很大，为方便也将它们包括在重金属范围内。由于它们的毒性大，某些重金属离子在废水处理及处置中要给予重视，特别是生化处理的场合更应引起注意，有不少工厂由于废水中重金属含量较高杀死了微生物，使生化处理操作失败。如在污泥消化器中 Cu 浓度达到 100 mg/L 或 Cr、Ni 的浓度达到 500 mg/L 就会出现生物中毒的现象。

2）有机化学毒物

有机化学毒物的种类繁多，常见有酚、醛、苯、硝基化合物、多氯联苯和有机农药等。含酚废水来源于焦化厂、煤气厂、制药厂、塑料厂、树脂厂、制革厂、炸药厂、木材防腐厂和石油化工厂。酚有累积作用，对人及鱼类危害很大，能使细胞蛋白变性和沉淀，降低血压和体温，麻痹神经中枢。

多氯联苯（PCBs）在鱼及鸟类中累积量极高，通过食物链危害人类。人中毒会引起面部肉瘤、骨节膨胀、全身性皮疹、肝损坏及致癌作用。含多氯联苯（PCBs）的废水来源于电力工业和塑料工业。

有机农药又分有机氯、有机磷和有机汞农药。有机氯农药（农药 DDT、六六

六、艾氏剂等）毒性大，稳定性高。有机磷农药（对硫磷、内吸磷、甲胺磷、敌百虫、敌敌畏等）毒性大，但易分解。有机汞农药对人和动物有累积性，毒性较强。

3）放射性物质

放射性物质，主要是指电离辐射的 X、α、β、γ射线及质子束等。废水中的放射性物质主要来自镭、铀、钍、钚等稀有金属生产和使用过程，如核试验、原子反应堆、核燃料再处理、原料冶炼厂等。一旦中毒会诱发白血病、慢性辐射后遗症（孕妇及胎儿易受损害，缩短寿命，引起遗传性伤害）等。

（4）营养性污染物

水中所含氮、磷（特别是磷）是植物和微生物的主要营养物。过多的营养物质进入天然水体，将使水质恶化，在水面上聚积成大片水华（湖泊）和赤潮（海洋），影响渔业的发展和危害人体健康。如含氮、磷浓度分别超过 0.2 mg/L 和 0.02 mg/L 会引起水体富营养化，促使藻类大量繁殖，造成水中溶解氧急剧变化，藻类的夜间呼吸及死亡藻体的微生物分解作用又会使水体严重缺氧。藻类及其他浮游生物死后被好氧微生物分解，也不断消耗水中溶解氧，若被厌氧微生物分解，则不断产生甲烷和硫化氢等气体，从而恶化水质，造成鱼类和其他水生生物大量死亡。导致水体发黑发臭，迫使物质循环终止，水体自净作用功能几近丧失。

水中营养物质主要来源于生活污水、工业废水和农业废水。人、畜和禽粪便及含磷洗涤剂的生活污水经生化处理，也转化为无机氮和磷，造成营养性污染。食品厂、印染厂、化肥厂、染料、洗毛、制革、炸药等废水中均含有大量氮、磷等营养元素。此外，生化需氧量 BOD、温度、维生素类物质也能促进和触发营养性污染。

（5）病原微生物

废水中往往不同程度地存在着微生物，包括细菌、放线菌、酵母菌、真菌、病毒、后生动物和单细胞藻类，还可能存在原生动物和多细胞藻类。废水中绝大多数微生物是无害的，生物污染主要是指废水中致病性微生物及其他有害的有机体。医院、生活、制革、屠宰、畜禽养殖等污水中含有病原微生物。病原微生物主要有引起疾病的各种致病菌、病毒和寄生虫等，如肝炎、伤寒、副伤寒、霍乱、痢疾、脑炎的病毒和细菌。它可引起疾病的传播，流行病的暴发。病原微生物一般来自疾病感染者和病菌携带者的排泄物。某些工厂废水也常含有大量致病微生物，如制革厂和屠宰厂废水中常带有炭疽杆菌和钩端螺旋体。某些有机体，如蛔虫卵、钩虫卵、腐烂动物机体等都是生物污染物。大肠杆菌是大量寄生在人的肠道中杆状细菌，一个人每天要排放 1×10^{11}～4×10^{11} 个大肠杆菌，一般无致病性，但侵入其他器官也会引起炎症。大肠杆菌在废水处理中不但能分解有机物，而且由于它数量多，且易于测试，故在废水处理中常把它作为指示微生物。处理前后微生物数量的变化是评价水质净化度的指标之一，部分生活污水处理厂以及所有医院污水处理系统排放的废水应予以消毒，以杀灭处理后残存的病原微生物。

（6）感官性污染物

废水中能引起异色、混浊、泡沫、恶臭等现象的物质，虽无重大危害，但能引起人们感官上不快，称为感官性污染物。对生活区、游览区和文体活动的水体而言，感官性污染物造成的危害极为严重。

有色度、混浊的废水主要源于印染厂、染料化工厂、制浆造纸厂、焦化厂、煤气厂、炼油厂（浮油）等。

恶臭废水源于炼油厂、石化厂、化肥厂、橡胶厂、制药厂、焦化厂、屠宰厂、皮革厂等。引起恶臭的化学物质有硫化氢、硫醇、二甲基亚硫酸盐、胺、氨、丁烯、酪酸、丙酮、丙烯酮、乙醛、氯酚、苯、甲苯等。受污染的水体往往会散发出臭气或异味，与人体接触后，轻则使人感到不快、恶心、头疼、食欲不振、妨碍睡眠、嗅觉失调、情绪不振、爱发脾气及诱发哮喘；重则引起慢性病，如使视力下降、中枢神经障碍和病变并缩短寿命；甚至引发急性病造成死亡。

（7）酸碱及无机盐类

酸、碱污染物主要由无机酸和碱进入废水造成，常用 pH 值来衡量。

酸性废水主要来源为化工厂、电镀厂、矿山、金属加工等工业排水以及雨水淋洗含 SO_2 烟气形成酸雨。酸性废水可酸化土壤、损害动植物生长等。碱性废水主要来源为碱法造纸、人造纤维、制碱、制革、纺织、煮炼等工业的废水，酸、碱废水彼此中和可产生各种盐类。此外合成洗涤剂、染料生产、环氧丙烷生产、肠衣加工等废水中也含有各种盐类，它们可腐蚀管道，增加水的硬度，若用以灌溉会引起土壤的盐碱化。

（8）热污染

废水温度过高引起的危害称为热污染。水在工业或人类生活使用过程中温度往往升高，其中工业生产中的冷却水，尤其是核电厂、火力发电厂排放大量高温废水，进入水体后使水温升高，饱和溶解氧值下降，水中需氧污染物耗氧速率加快，导致水体溶解氧量急剧下降，并危及水生生物生存，造成一系列危害。主要表现为：破坏生化处理过程、危害水生生物和农作物、加速水体的富营养化进程、促进溶解在废水中有毒有害气体的逸出。

（9）油类

目前，因人类活动而进入水体的石油每年多达 1 000 万 t，占全世界石油总量的 0.3%～0.5%。其主要来自于石油化工，炼油废水，油船的压舱水，洗舱水，石油在运输过程中的海损、触礁事故泄漏，海底油田开采时井喷等。石油进入水体后会沿水面扩散，使鱼、鱼卵、海鸟等死亡。这些油覆盖于水面不仅影响水体复氧，而且在水中被微生物氧化分解耗去大量溶解氧，使水体缺氧、发臭，降低感观质量，危害水生生物。

此外，废水中的污染物根据对污染物处理技术的不同，也常可作如下分类：

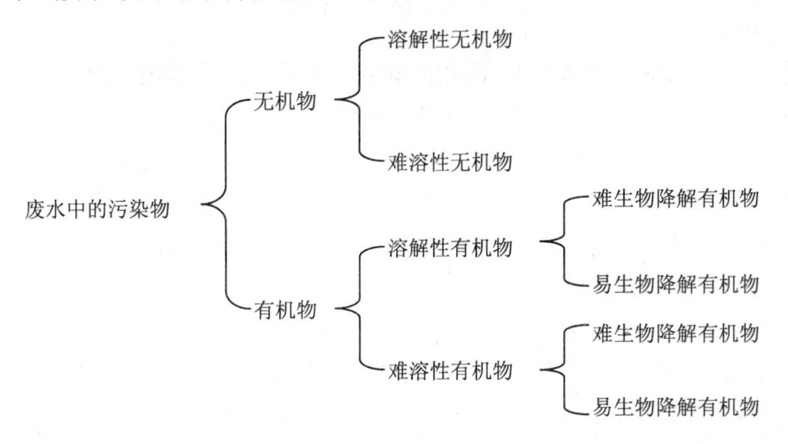

1.3 水质指标与水质标准

1.3.1 水质指标

水质是指水和其中所含杂质共同表现出来的物理学、化学和生物学的综合特征。各项水质指标则表示水中杂质的种类、成分和数量，是判断水质是否符合要求的具体衡量标准。

水质指标主要由三类组成，即物理性水质指标、化学性水质指标与生物性水质指标，每类水质指标由若干能表征其特点的项目组成。

（1）物理性水质指标

它由感官性水质指标（如温度、色度、浊度、嗅与味）、固体物及电导率等组成。

1）温度

水温高低影响：① 水中的化学反应；② 生化反应；③ 水生生物的生命活动；④ 可溶性盐类的溶解度；⑤ 可溶性有机物的溶解度；⑥ 溶解氧在水中的溶解度；⑦ 水体自净及其速度；⑧ 细菌等微生物的繁殖、生长能力与速度。

因此，水温对污水的物理性质、化学性质及生物性质有直接的影响，是污水水质的重要物理性质指标之一。

根据统计资料表明，各地的生活污水的年平均温度差别不大，均在10～20℃。生产污水的水温与生产工艺有关，变化很大。故城市污水的水温，与排入排水系统的生产污水性质、所占比例有关。污水的水温过低（如低于5℃）或过高（如高于40℃）都会影响污水的生物处理的效果。

2）色度

水由于所含杂质不同而呈现不同的颜色。生活污水的颜色常呈灰色。但当污水中的溶解氧降低至零，污水所含有机物腐烂，则水色转呈黑褐色并有臭味。生产污水的色度视工矿企业的性质而异，差别极大，如印染、造纸、农药、焦化、冶金及化工等的生产污水，都有各自的特殊颜色。故色度往往使人感观不悦。

色度可由悬浮固体、胶体或溶解物质形成。悬浮固体形成的色度称为表色。胶体或溶解物质形成的色度称为真色。

通常只对天然水和饮用水作真色的测定。测定的方法是用铂钴标准比色法。先用氯铂酸钾（$KPtCl_6$）和氯化钴（$CoCl_6 \cdot 6H_2O$）配成与天然水黄色色调相同的标准比色系列，然后将水样与此标准系列进行比色，结果以“度”表示。1 L 水中含有相当于1 mg铂时所产生的颜色规定为1度，亦称1个真色单位（True Color Unit，TCU）。

对于废水和污水的颜色不作上述真色测定，而常用文字描述其表色。必要时也可辅以稀释倍数法，即在比色管中将水样用无色清洁水稀释成不同倍数，并与液面高度相同的清洁水作比较，取其刚好看不见颜色时的稀释倍数者，此即为色度。在此法中，色度用稀释倍数来表示。近年来，也有用分光光度法进行颜色测定的。

3）浊度

天然水中由于含有各种颗粒大小不等的不溶解物质，如泥沙、纤维、有机物和微生物等会产生混浊现象。水的混浊程度可用浊度的大小来表示。所谓浊度是指水中的不溶解物质对光线透过时所产生的阻碍程度。也就是说，由于水中有不溶解质的存在，使通过水样的一部分光线被吸收或被散射了，而不是全部呈直线穿透。因此，混浊现象是水的一种光学性质。

一般来说，水中的不溶解物质越多，混浊度也越高，但两者之间并没有固定的定量关系。这是因为混浊度是一种光学效应，它的大小不仅与不溶解物质的数量、浓度有关，而且还与这些不溶解物质的颗粒尺寸、形状和折射指数等性质有关。例如一杯清水中的一颗小石头并不会产生混浊度，但如果把它粉碎成无数细微颗粒，会使水混浊，就可测出浊度来了。

最早用来测定混浊度的仪器是杰克逊烛光浊度计。由于引起混浊的物质种类非常广泛，因此有必要采用一个标准的浊度单位，即在蒸馏水中含有1 mg/L的SiO_2

称为 1 个浊度单位或 1 度。由此测得的混浊度称为杰克逊浊度单位（Jackson Turbidity Unit，JTU）。

近年来，光电浊度计得到了广泛的应用。它是依照光线的散射原理制成的。根据丁道尔效应，散射光强度与悬浮颗粒的大小和总数成比例，即与浊度成比例，散射光的强度越大，表示浊度越高。但要注意，光电浊度计（亦称散射浊度计）与烛光浊度计在光学系统上是有差别的：前者测得的是混浊物质对光线在一个特定方向（与入射光呈 90°角）的散射光强度；而后者是混浊物质对光线通过时的总阻碍程度，包括吸收和散射的影响。因此，即使散射浊度计经过烛光浊度计的校准，两者所测得的结果也很难彼此完全一致。这种在散射浊度计上测得的浊度就另称为散射浊度单位（Nephelometric Turbidity Unit，NTU）。浊度是天然水和饮用水的一项非常重要的水质指标，也是水可能受到污染的重要标志。

4）臭味

水中存在有机物及异物而呈臭味，是水质不纯的表现。工业废水的臭味主要由挥发性化合物造成。臭味大致有鱼腥臭[胺类 CH_3NH_2，$(CH_3)_3N$]、氨臭（氨 NH_3）、腐肉臭[二元胺类 $NH_2(CH_2)_4NH_2$]、腐蛋臭（硫化氢 H_2S）、腐甘蓝臭[有机硫化物 $(CH_3)_2S$]、粪臭（甲基吲哚 $C_8H_5NHCH_3$）以及某些生产污水的特殊臭味。

臭味使人感观不悦，甚至会危及人体生理，导致呼吸困难，倒胃胸闷，呕吐等症状。故臭味也是物理性质的主要指标。

5）固体物质

固体物质按存在形态的不同可分为：悬浮态、胶体态和溶解态三种；按性质的不同可分为：有机物、无机物与生物体三种。固体含量用总固体量作为指标（Total Solids，TS）。把一定量水样在 105～110℃烘箱中烘干至恒重，所得的重量即为总固体量。

悬浮固体（Suspended Solids，SS）或叫悬浮物。把水样用 0.45 μm 滤纸过滤后，被滤纸截留的滤渣，在 105～110℃烘箱中烘干至恒重，所得重量称为悬浮固体；滤液中存在的固体物即为胶体和溶解固体。悬浮固体中，有一部分可在沉淀池中沉淀，形成沉淀污泥，称为可沉淀固体。

悬浮固体也由有机物和无机物组成。故又可分为挥发性悬浮固体（Volatile Suspended Solids，VSS）或称为灼烧减重；非挥发性悬浮固体（Non-Volatile Suspended Solids，NVSS）或称为灰分两种。把悬浮固体，在马弗炉中灼烧（温度为 600℃），所失去的重量称为挥发性悬浮固体；残留的重量称为非挥发性悬浮固体。生活污水中，前者约占 70%，后者约占 30%。

胶体（颗粒粒径为 0.001～0.1 μm）和溶解固体（Dissolved Solids，DS）或称为溶解物也是由有机物与无机物组成。生活污水中的溶解性有机物包括尿素、淀粉、糖类、脂肪、蛋白质及洗涤剂等；溶解性无机物包括无机盐（如碳酸盐、硫酸盐、胺盐、磷酸盐）、氯化物等。工业废水的溶解性固体成分极为复杂，视工矿企业的性质而异，主要包括种类繁多的合成高分子有机物及重金属离子等。溶解固体的浓度与成分对污水处理方法的选择（如生物处理法，物理-化学处理法等）及处理效果产生有直接影响。

6）电导率

水中溶解性盐类都呈离子状态存在，具导电能力。据测定的电导率可得知水中溶解性盐类的多寡。电导率以“μS/cm”表示。通常的每升自来水含盐量从几百至 1 000 mg 左右，测得的电导率为 100～1 000 μS/cm。

（2）化学性水质指标

表示污水化学性质的污染指标可分为有机物指标和无机物指标。

1）无机物指标

表征无机化学组分的性质和指标有 pH 值、碱度、硬度、氮、磷、硫、氯化物及重金属等。

① pH 值

pH 值是水中氢离子浓度或活度的负对数。pH 值表示了水中酸碱强度，是水化学中最常用和最重要的检测项目之一。天然水的 pH 值一般在 6～9。当工业废水进入水体后，pH 值会超出 6～9 的范围，从而对人、畜造成危害，并对污水的物理、化学及生物处理产生不利影响。

在污水处理过程中，pH 值的变化可能对污水处理系统带来如下影响：引起微生物表面的电荷变化，进而影响微生物对营养物的吸收；影响污水中的有机物和无机物的离子化作用（如磷酸盐）及其毒性（如硫化物），进而影响化学除磷效果等；酶只在最适宜 pH 值时才能发挥最大活性，过高或过低 pH 值都会降低微生物对温度和毒性的抵抗能力；pH 值低于 6 的酸性污水对管道、污水处理构筑物及设备产生腐蚀作用。因此，工业废水的排放和污水处理后的尾水均应将 pH 值控制在 6～9 的范围。pH 值会受水温影响，其测定应在规定的温度下进行。pH 值测定可以采用试纸法、比色法和玻璃电极法测定。pH 试纸法较为粗糙、不够精确，但不需要仪器设备，操作方便快捷，因而常用在现场初步测定或判断；比色法简单，但受色度、浊度、胶体物质、氧化剂、还原剂及盐度的干扰。玻璃电极法基本上不受以上因素的干扰，因而成为 pH 值测定的主要方法。

② 碱度

碱度是指污水中含有能与 H^+发生中和反应的物质的总量。地面水的碱度基本上是由氢氧化物碱度、碳酸盐碱度和重碳酸盐碱度组成。当水中含有硼酸盐、磷酸盐或硅酸盐等时，碱度应包含这些部分盐类的作用。在废水等复杂体系的水体中，还含有碱类、金属水解性盐类。污水中碱度非常重要，它使污水处理系统具有一定的缓冲能力，能避免因 pH 值的急剧变化（如硝化反硝化过程）而对生物处理系统带来不良影响。此外，碱度对处理尾水农业灌溉效果有影响。所以碱度指标常用于评价水体的缓冲能力，是对水和废水处理过程控制的判断性指标。碱度一般用 $CaCO_3$ 浓度表示（mg/L）。碱度的测定通常采用中和滴定法，但其测定值往往会因使用指示剂终点 pH 值的不同而有一些差异，只有当试样中的化学组成已知时，才能解释为具体的物质。对于天然水和未污染的地表水可直接以酸滴定至 pH 值为 8.3 时消耗的量，为酚酞碱度。以酸滴定至 pH 值为 4.4～4.5 时消耗的量，为甲基橙碱度。

③ 硬度

水的硬度是由于水中存在某些二价金属离子而产生的，它们能与肥皂作用生成沉淀和与水中某些阴离子化合生成水垢。最重要的致硬金属离子是钙离子和镁离子，其次是铁、锰、锶等二价阳离子。但在天然水中，铁、锰、锶的含量一般不高，对硬度的贡献不大。铝离子和三价铁离子因能与肥皂生成沉淀，有时也被认为是致硬的，但它们在天然水中的含量极少，而且现代多用 EDTA 配合滴定法测定硬度，故一般不把它们包括在致硬离子的范围之内。因此通常只以钙、镁的含量计算硬度。

能与这些致硬阳离子化合的相关阴离子有 HCO_3^-、CO_3^{2-}、SO_4^{2-}、Cl^-和 NO_3^-、SiO_3^{2-}等。按相关阴离子可将硬度分为：

碳酸盐硬度：主要由钙、镁的碳酸盐和重碳酸盐所形成，能经煮沸而除去，故也称为“暂时硬度”。

非碳酸盐硬度：主要由钙、镁的硫酸盐、氯化物等形成，不受加热的影响，故又称“永久硬度”。

水中的碳酸盐硬度与非碳酸盐硬度之和即为总硬度。总硬度的测定方法目前普遍采用 EDTA（乙二胺四乙酸或其钠盐）配位滴定法。

④ 氮

氮是形成蛋白质的重要元素，是植物的重要营养物质。氮主要来源于动植物残体、人畜粪便和尿液、土壤和盐矿、大气雷电等。氮在环境中存在的形态复杂，常见的有氨（NH_3）、铵盐（NH_4^+）、氮（N_2）、亚硝酸盐（NO_2^-）和硝酸盐（NO_3^-）。在废水中，氮主要以有机氮、氨氮、亚硝酸盐氮和硝酸盐氮四种形式存在。氮素能导致水体微生物大量繁殖和富营养化，从而消耗水中的溶解氧，使水体质量恶化。因此，《城镇污水处理厂出水排放标准》（GB 18918—2002）对污水处理厂出水氨氮和 TN 提出更加严格的要求。氮成为衡量水质的重要指标之一。

氮的表征指标与氮化物关系如下：有机氮、氨氮、硝酸氮和亚硝酸氮四者总和叫总氮（Total Nitrogen，TN）；有机氮和氨氮之和称总凯氏氮（Total Kjeldahl Nitrogen，TKN）；硝态氮为总氮和凯氏氮之差。由于污水大多只有有机氮和氨氮存在，凯氏氮基本代表了进水的氮含量，常被用来判断污水好氧生物处理时氮素的量是否适宜，根据 C∶N∶P=100∶5∶1 的比例，若氮的比例偏低则要补氮，反之要脱氮。

总氮测定一般采用滴定法。凯氏氮测定一般采用容量法，当低含量时使用分光光度法，高含量时使用滴定法。氨氮测定常采用容量法、纳氏比色法、水杨酸-次氯酸盐比色法等，当氨氮含量很高时，可采用蒸馏-酸滴定法。硝酸氮测定常用酚二磺酸光度法、离子色谱法和电极法等。铵的测定常采用水杨酸分光光度法。

⑤ 磷

磷是生物细胞新陈代谢过程中起能量传递和贮存作用的辅酶——三磷酸腺苷（ATP）和二磷酸腺苷（ADP）的重要组分。在天然水和废水中，磷可以各种磷酸盐包括正磷酸盐、焦磷酸盐、偏磷酸盐、多磷酸盐以及有机磷（如磷脂等）的形式存在。水体中的磷可分为有机磷与无机磷两大类。有机磷多以葡萄糖-6-磷酸、2-磷酸甘油酸及磷肌酸等胶体和颗粒状形式存在，可溶性有机磷只占 30%左右。无机磷几乎都是可溶磷酸盐形式存在，如正磷酸盐（PO_4^{3-}）、磷酸氢盐（HPO_4^{2-}）、磷酸二氢盐（$H_2PO_4^-$）和偏磷酸盐（PO_3^-）等，此外还有聚合磷酸盐如焦磷酸盐（$P_2O_7^{4-}$）、三磷酸盐（$P_3O_{10}^{5-}$）和三磷酸氢盐（$HP_3O_9^{2-}$）等。水体中磷含量一般较低，但当其超过 0.035 mg/L 时可造成藻类过度繁殖，使湖泊、河流透明度降低，水质变坏。在城镇污水中，磷的含量一般在 4～16 mg/L。化肥、冶炼、合成洗涤剂等行业的工业废水常含有较高含量的磷。磷是生物生长必需的元素之一，但磷在水体中的过量存在会给环境带来危害。因此，磷是评价水质的重要指标之一。

水中磷的测定包括溶解性正磷酸盐、总溶解性磷和总磷。水样经 0.45 μm 滤膜过滤后的滤液可直接测定可溶性正磷酸盐含量，滤液再经消解可测定可溶性总磷酸盐含量。正磷酸盐的测定可采用离子色谱法、钼锑抗光度法等方法测定。水样经消解后将废水中一切含磷化合物都转化成正磷酸盐（PO_4^{3-}）后再进行总磷测定。总磷测定常用方法是钼酸铵分光光度法。

⑥ 重金属

废水中的重金属主要有汞（Hg）、镉（Cd）、铅（Pb）、铬（Cr）、锌（Zn）、铜（Cu）、镍（Ni）、锡（Sn）、铁（Fe）、锰（Mn）等。重金属在自然界广泛分布，其在正常的水体中本底含量很低。但矿山开采、金属冶炼、机械加工制造、电镀等行业排放的废水、废渣和废气常常含有各种重金属，易会造成严重的局部

（域）水土污染。当水体受污染后，重金属离子质量浓度在 0.01～10 mg/L 即可产生生物毒性。由于重金属不能被生物降解，极易在生物体内大量积累，并经过食物链进入人体，在某些器官和身体部位富集，造成慢性中毒。如果重金属在微生物的作用下转化为有机化合物，其生物毒性会显著增加。

重金属离子浓度超过一定值后，即会产生毒害作用，特别是汞、镉、铅、铬及其化合物（第一类污染物）。重金属毒性大小与金属种类、理化性质、浓度及存在的价态和形态有关。例如，汞、铅、镉、铬（Ⅵ）等重金属的有机化合物比相应的无机化合物毒性要强得多，可溶性重金属要比颗粒态重金属毒性大；高价离子要比低价离子的毒性高，如六价铬比三价铬毒性大。

汞（Hg）及其化合物属于剧毒物质，可在体内蓄积。天然水中含汞极少，一般不超过 0.1 μg/L。汞主要来自矿冶、仪表、食盐电解、贵金属加工、温度计制造以及军工生产等工业行业。进入水体的无机汞离子可转变为毒性更大的有机汞，经食物链进入人体，积累到一定程度即引发“水俣病”。因此，《地表水环境质量标准》规定，总汞≤0.000 1 mg/L，《渔业水质标准》规定不得超过 0.000 5 mg/L，《农田灌溉水质标准》规定不得超过 0.001 mg/L。汞的测定常采用冷原子吸收法、冷原子荧光法和原子荧光法。

镉（Cd）不是人体必需的元素。绝大多数淡水含镉量低于 1 μg/L。镉主要来自电镀、采矿、冶炼、染料、电池和化学工业等废水。镉的毒性很大，当水中含镉 0.1 mg/L 时，就会对地表水的自净作用产生抑制；当农灌水中含镉 0.007 mg/L 时，即可造成污染。日本骨痛病就是镉污染的典型案例。因此，《地表水环境质量标准》规定，总镉≤0.01 mg/L，《渔业水质标准》和《农田灌溉水质标准》规定不得超过 0.005 mg/L。测定镉的方法有直接吸入火焰原子吸收分光光度法、萃取或离子交换浓缩火焰原子吸收分光光度法、石墨炉原子吸收分光光度法、双硫腙分光光度法以及等离子发射光谱法等。

铬（Cr）是生物体所必需的微量元素之一。铬离子有三价和六价形式。在水体中，六价铬一般以 CrO_4^{2-}、$Cr_2O_7^{2-}$、$HCrO_4^-$三种阴离子形式存在，受水中 pH 值、有机物、氧化还原物质、温度及硬度等条件影响，三价铬和六价铬的化合物可以相互转化。铬污染主要来自含铬矿石的加工、金属表面处理、皮革鞣制和印染等行业。铬的毒性与其存在价态有关，六价铬的毒性比三价铬要高，且易为人体吸收，在人体富集而导致肝癌。所以，《地表水环境质量标准》规定，六价铬≤0.1 mg/L，《渔业水质标准》和《农田灌溉水质标准》规定不得超过 0.1 mg/L。铬的测定可采用二苯碳酰二肼分光光度法、原子吸收分光光度法、等离子发射光谱法和滴定法。

铅（Pb）是可在人体和动物组织中蓄积的有毒金属。淡水中铅含量范围为

0.06～120 μg/L。铅主要来自蓄电池、冶炼、五金、机械、涂料和电镀工业等工业废水、废渣和废气。铅的主要毒性效应是导致贫血症、神经机能失调和肾损伤。所以，《地表水环境质量标准》规定，总铅≤0.1 mg/L，《渔业水质标准》及《农田灌溉水质标准》规定不得超过 0.1 mg/L。

⑦ 无机非金属有毒有害污染物

水中无机非金属有毒有害污染物主要有砷、硫的化合物以及氰化物等。

砷（As）是人体非必需元素。在一般情况下，土壤、水、空气、植物和人体都含有微量的砷，对人体不会构成危害。砷主要来自于采矿、冶金、化工、化学制药、农药生产、纺织、玻璃、制革等行业废物。砷的毒性较低，但砷的化合物均有剧毒，其中三价砷化合物比五价砷化合物毒性更强，且有机砷对人体和生物都有剧毒。所以，《地表水环境质量标准》规定，总砷≤0.1 mg/L，《渔业水质标准》及《农田灌溉水质标准》规定不得超过 0.1 mg/L。

硫在水中的存在形式有硫酸盐、硫化物、硫化氢以及有机硫化物。硫酸盐在自然界分布广泛。地表水和地下水中硫酸盐主要来源于岩石土壤中矿物组分的风化和淋溶，金属硫化物氧化也会使硫酸盐含量增大。生活废水中的硫酸盐主要来自于人类排泄物，某些工业废水如酸性矿水中含有大量硫酸盐。在排水管道内，硫酸盐还原释放出的 H_2S 对管壁有严重的腐蚀作用；当硫酸盐在污水生物处理系统中，尤其是在厌氧生物处理系统中，被硫酸盐还原菌大量还原后，形成硫化氢会有较强的毒性。河流中的硫酸盐在缺氧条件下易被硫酸盐还原菌还原，使水体发生黑臭，而成为水体严重污染的标志之一。硫化物普遍存在于生活废水、含蛋白质以及硫化颜料、煤气、焦化和炼油等工业废水中。硫化物在水中的存在形式有硫化氢（H_2S）、硫氢化物（HS^-）与硫化物（S^{2-}）。当水体 pH＜6 时，主要以 H_2S 形式存在。当 pH＞9 时，硫化物主要以 S^{2-}形式存在。硫化物属于还原性物质，会消耗水中的溶解氧，使水发生黑臭。硫化氢可与人体细胞色素、氧化酶及该类物质中的二硫键（—S—S—）作用，影响细胞氧化过程，造成细胞组织缺氧，危及人的生命。硫化氢除自身能腐蚀金属外，还可被污水中的微生物氧化成硫酸，进而腐蚀下水道。

硫酸盐的测定方法主要有离子色谱法、硫酸钡重量法、铬酸钡光度法和铬酸钡间接原子吸收法。当废水中杂质较多时可考虑采用硫酸钡重量法，如果废水水样能被滤除混浊物并脱除颜色，也可考虑采用比浊法或滴定法。铬酸钡光度法与铬酸钡间接原子吸收法适用于清洁环境水样的分析，精密度和准确度良好。离子色谱法可以同时测定清洁水样中包括硫酸盐在内的多种离子。硫化物的测定一般采用碘量法，浓度低时亦可采用亚甲基蓝分光光度法。除此之外，还有直接显色分光光度法和气相分子吸收法等。

氰化物是指含有 CN^-一类化合物的总称。最常见的氰化物有氰化氢、氰化钠和氰化钾，极易溶于水，有剧毒。天然水体一般不含氰化物，氰化物的出现往往是电镀、焦化、高炉煤气、制革、选矿、冶金、化纤、塑料、农药等工业废水污染所致。所以，《地表水环境质量标准》规定，CN^-范围为 0.005～0.2 mg/L，《渔业水质标准》及《农田灌溉水质标准》规定不得超过 0.5 mg/L。

2）有机物指标

由于水中所含有机物种类繁多，已有的分析技术难以将其逐一区分和定量，且在实际工程中也没有这个必要，目前多采用有机物在一定的条件下所消耗的氧量来间接表征。通常采用生化需氧量（Bio-Chemical Oxygen Demand，BOD）、化学需氧量（Chemical Oxygen Demand，COD）、总有机碳（Total Organic Carbon，TOC）以及总需氧量（Total Oxygen Demand，TOD）等指标反映水中有机污染物的含量。

① 生物化学需氧量或生化需氧量（BOD）

在水温为 20℃的条件下，由于微生物（主要是细菌）的生活活动，将有机物氧化成无机物所消耗的溶解氧量，称为生物化学需氧量或生化需氧量。生物化学需氧量代表了可生物降解有机物的数量。图 1-5 所示为可生物降解有机物的降解及微生物新细胞的合成过程示意图。

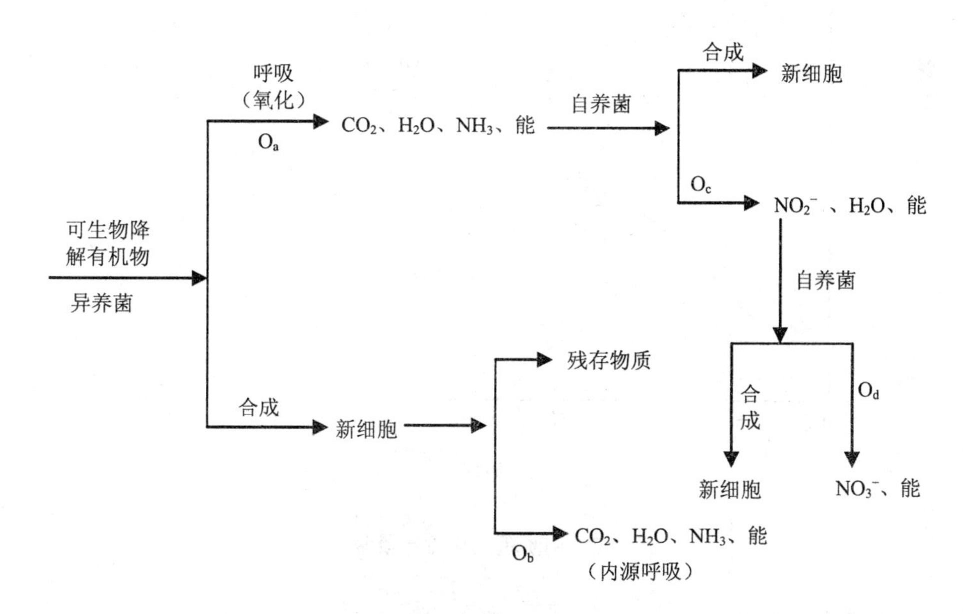

图 1-5 可生物降解有机物降解过程示意

从图 1-5 可知，在有氧的条件下，可生物降解有机物的降解，可分为两个阶段：第一阶段是碳氧化阶段，即在异养菌的作用下，有机物被氧化（或称碳化）为 CO_2、H_2O，含氮有机物被氧化（或称氨化）为 NH_3，所消耗的氧以 O_a 表示。同时合成新细胞并放出能量；第二阶段是硝化阶段，在自养菌的作用下，NH_3 被氧化为 NO_2^- 和 H_2O，所消耗的氧量用 O_c 表示，NO_2^- 继续在自养菌的作用下，被氧化为 NO_3^-，所消耗的氧量用 O_d 表示。与此同时合成新细胞（自养型）。上述两个阶段，都释放出供微生物生活活动所需要的能。合成的新细胞，在生活活动中，进行着新陈代谢，即自身氧化的过程，产生 CO_2、H_2O 与 NH_3，并放出能量与氧化残渣（残存物质），这种过程叫做内源呼吸，所消耗的氧量用 O_b 表示。

耗氧量 O_a+O_b 称为第一阶段生化需氧量（或称为总碳氧化需氧量、总生化需氧量、完全生化需氧量）用 S_a 或 BOD_u 表示。耗氧量 O_c+O_d 称为第二阶段生化需氧量（或称为氮氧化需氧量、硝化需氧量）用硝化 BOD 或 NOD_u 表示。

上述两阶段氧化过程，也可用曲线图表示，在直角坐标纸上，以横坐标表示时间（d），纵坐标表示生化需氧量 BOD（mg/L），见图 1-6，曲线（a）表示第一阶段生化需氧量曲线（即总碳氧化需氧量曲线），曲线（b）表示第二阶段生化需氧量曲线（即氮氧化需氧量曲线）。

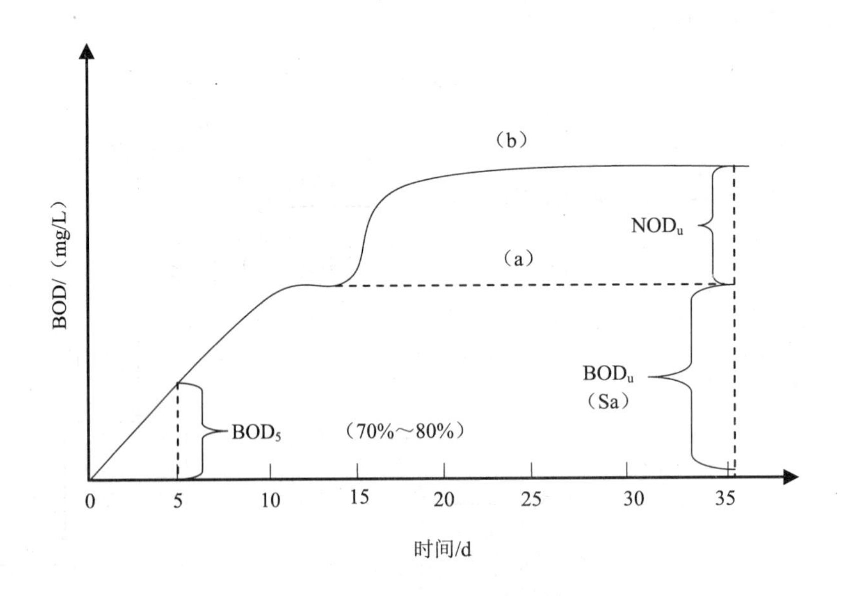

图 1-6　两阶段生化需氧量曲线

由于有机物的生化过程延续时间很长，在 20℃水温下，完成两阶段约需 100 d 以上。从图 1-6 可见，5 d 的生化需氧量约占总碳氧化需氧量 BOD_u 的 70%～80%；

20 d 以后的生化反应过程速度趋于平缓，因此常用 20 d 的生化需氧量 BOD_{20} 作为总生化需氧量 BOD_u，用符号 S_a 表示。在工程实用上，20 d 时间太长，故用 5 d 生化需氧量 BOD_5 作为可生物降解有机物的综合浓度指标。由于硝化菌的世代（即繁殖周期）较长，一般要在碳化阶段开始后的 5～7 d，甚至 10 d 才能繁殖出一定数量的硝化菌，并开始氮氧化阶段，因此，硝化需氧量不对 BOD_5 产生干扰。

以 BOD_5 作为有机物的浓度指标，也存在着一些缺点：a）测定时间需 5 d，仍嫌太长，难以及时指导生产实践；b）如果污水中难生物降解有机物浓度较高，BOD_5 测定的结果误差较大；c）某些工业废水不含微生物生长所需的营养物质或者含有抑制微生物生长的有毒有害物质，影响测定结果。为了克服上述缺点，可采用化学需氧量指标。

② 化学需氧量（COD）

COD 的测定原理是用强氧化剂（我国法定用重铬酸钾），在酸性条件下，将有机物氧化成 CO_2 和 H_2O 所消耗的氧量，即称为化学需氧量，用 COD_{Cr} 表示，一般简写为 COD。由于重铬酸钾的氧化能力极强，可较完全地氧化水中各种性质的有机物，如对低直链化合物的氧化率可达 80%～90%。此外，也可用高锰酸钾作为氧化剂，但其氧化能力较重铬酸钾弱，测出的耗氧量也较低，故称为耗氧量，用 COD_{Mn} 或 OC 表示。在污水处理中，有机污染物测定通常采用重铬酸钾法，而较清洁的地面水和地下水中低浓度有机污染物测定常采用高锰酸钾法。

化学需氧量（COD）的优点是较精确地表示污水中有机物的含量，测定时间仅需数小时，且不受水质的限制。缺点是不能像 BOD 那样反映出微生物氧化有机物、直接地从卫生学角度阐明被污染的程度；此外，污水中存在的还原性无机物（如硫化物）被氧化也需消耗氧，所以 COD 值也存在一定误差。

上述分析可知，COD 的数值大于 BOD_{20}，两者的差值大致等于难生物降解有机物量。差值越大，难生物降解有机物含量越多，越不宜采用生物处理法。因此 BOD_5/COD 的比值，可作为该污水是否适宜采用生物处理的判别标准，故把 BOD_5/COD 的比值称为可生化性指标，比值越大，越容易被生物处理。一般认为此比值大于 0.3 的污水，才适于采用生物处理。

③ 总需氧量（TOD）

由于有机物的主要组成元素是 C、H、O、N、S 等。被氧化后，分别产生 CO_2、H_2O、NO_2 和 SO_2，所消耗的氧量称为总需氧量 TOD。

TOD 的测定原理是将一定数量的水样，注入含氧量已知的氧气流中，再通过以铂钢为触媒的燃烧管，在 900℃高温下燃烧，使水样中含有的有机物被燃烧氧化，消耗掉氧气流的氧，剩余的氧量用电极测定并自动记录。氧气流原有含氧量减去剩余含氧量即等于总需氧量（TOD），测定时间仅需几分钟。由于在高温下燃烧，有机物可被彻底氧化，故 TOD 值大于 COD 值。

④ 理论需氧量（Theoretical Oxygen Demand，ThOD）

如果有机物的化学分子已知，则可根据化学氧化反应方程式，计算出理论需氧量 ThOD。如甘氨酸的分子式为 $CH_2(NH_2)COOH$，氧化过程为：

第一阶段——碳氧化反应方程式

$$CH_2(NH_2)COOH + 3/2\ O_2 \longrightarrow NH_3 + 2CO_2 + H_2O$$

第二阶段——氨氮氧化反应方程式

$$NH_3 + 3/2\ O_2 \longrightarrow HNO_2 + H_2O \text{（亚硝化）}$$

$$HNO_2 + 1/2\ O_2 \longrightarrow HNO_3 \text{（硝化）}$$

可算得甘氨酸的理论需氧量 ThOD：

$$ThOD = 3/2 + 3/2 + 1/2 = 7/2\ mol\ O_2/mol\text{-甘氨酸} = 112\ g\ O_2/mol\text{-甘氨酸}$$

⑤ 总有机碳（TOC）

总有机碳（TOC）是目前国内、外开始使用的另一个表示有机物浓度的综合指标。TOC 的测定原理是先将一定数量的水样经过酸化，用压缩空气吹脱其中的无机碳酸盐，排除干扰，然后注入含氧量已知的氧气流中，再通过以铂钢为触媒的燃烧管，在 900℃高温下燃烧，把有机物所含的碳氧化成 CO_2，用红外气体分析仪记录 CO_2 的数量并折算成含碳量即等于总有机碳（TOC）值，测定时间仅几分钟。

TOD 与 TOC 的测定原理相同，但有机物数量的表示方法不同，前者用消耗的氧量表示，后者用含碳量表示。

水质比较稳定的污水，BOD_5、COD、TOD 和 TOC 之间，有一定的相关关系，数值大小的排序为 ThOD＞TOD＞COD_{Cr}＞BOD_u＞BOD_5＞TOC。生活污水的 BOD_5/COD 比值为 0.4～0.65，BOD_5/TOC 比值为 1.0～1.6。工业废水的 BOD_5/COD 比值，决定于工业性质，变化极大，如果该比值＞0.3，被认为可采用生化处理法；＜0.25 不宜采用生化处理法；在 0.25～0.3 难生化处理。

难生物降解有机物不能用 BOD 作指标，只能用 COD、TOC 或 TOD 等作指标。

（3）生物指标

污水中的有机物是微生物的食料，污水中的微生物以细菌与病菌为主。生活污水、食品工业污水、制革污水、医院污水等含有肠道病原菌（痢疾、伤寒、霍乱菌等）、寄生虫卵（蛔虫、蛲虫、钩虫卵等）、炭疽杆菌与病毒（脊髓灰质炎、肝炎、狂犬、腮腺炎、麻疹等）。如每克粪便中含有 10^4～10^5 个传染性肝炎病毒。

污水中的寄生虫卵，约有 80%以上可在沉淀池中沉淀去除。但病原菌、炭疽杆菌与病毒等，不易沉淀，在水中存活的时间很长，具有传染性。

污水生物性质的检测指标有大肠菌群数（或称大肠菌群值）、大肠菌群指数、病毒及细菌总数。

① 大肠菌群数（大肠菌群值）与大肠菌群指数

大肠菌群数（大肠菌群值）是每升水样中所含有的大肠菌群的数目，以个/L计；大肠菌群指数是查出 1 个大肠菌群所需的最少水量，以毫升计。可见大肠菌群数与大肠菌群指数是互为倒数，若大肠菌群数为 500 个/L，则大肠菌群指数为 2 mL（1 000 mL/500）。

大肠菌群数作为污水被粪便污染程度的卫生指标，原因有两个：a）大肠菌与病原菌都存在于人类肠道系统内，它们的生活习性及在外界环境中的存活时间都基本相同。每人每日排泄的粪便中含有大肠菌 10^{11}～4×10^{11} 个，数量大大多于病原菌，但对人体无害；b）由于大肠菌的数量多且容易培养检验，但病原菌的培养检验十分复杂与困难。因此，常采用大肠菌群数作为卫生指标。水中存在大肠菌，就表明受到粪便的污染，并可能存在病原菌。

② 病毒

污水中已被检出的病毒有 100 多种。检出大肠菌群，可以表明肠道病原菌的存在，但不能表明是否存在病毒及其他病原菌（如炭疽杆菌），因此还需要检验病毒指标。病毒的检验方法目前主要有数量测定法与蚀斑测定法两种。

③ 细菌总数

细菌总数是大肠菌群数、病原菌、病毒及其他细菌数的总和，以每毫升水样中的细菌菌落总数表示。细菌总数越多，表示病原菌与病毒存在的可能性越大。因此用大肠菌群数、病毒及细菌总数 3 个卫生指标来评价污水受生物污染的严重程度就比较全面。

1.3.2 水质标准

（1）水环境质量标准

天然水体是人类的重要资源，为了保护天然水体的质量，不因污水的排入而被污染甚至水质恶化，在水环境管理中需要控制水体水质，以达到一定的水环境标准要求。水环境质量标准是污水排入水体时采用排放标准等级的重要依据，我国目前水环境质量标准主要有《地表水环境质量标准》（GB 3838—2002）、《海水水质标准》（GB 3097—1997）、《地下水质量标准》（GB/T 14848—93）、《农业灌溉水质标准》（GB 5084—2005）、《渔业水质标准》（GB 11607—89）、《景观娱乐用水水质标准》（GB 11941—91）。这些标准详细规定了各类污染物的允许最高含量，以便保证水环境质量。

根据地表水水域环境功能和保护目标，《地表水环境质量标准》按功能高低依次将水体划分如下几类。

Ⅰ类水体：主要适用于源头水、国家自然保护区。

Ⅱ类水体：主要适用于集中式生活饮用水地表水源地一级保护区、珍稀水生生物栖息地、鱼虾类产卵场、幼鱼的索饵场等。

Ⅲ类水体：主要适用于集中式生活饮用水地表水源地二级保护区、鱼虾类越冬场、洄游通道、水产养殖区等渔业水域及游泳区。

Ⅳ类水体：主要适用于一般工业用水区及人体非直接接触的娱乐用水区。

Ⅴ类主要适用于农业用水区及一般景观要求的水域。

《海水水质标准》按照海域不同的使用功能和保护目标，将海水水质分为四类：第一类适用于海洋渔业水城海上自然保护区和珍稀濒危海洋生物保护区；第二类适用于水产养殖区，海水浴场，人体直接接触海水的海上运动或娱乐区，以及与人类食用直接有关的工业用水区；第三类适用于一般工业用水区，滨海风景旅游区；第四类适用于海洋港口水域，海洋开发作业区。

《污水综合排放标准》（GB 8978—1996）规定：排入地表水Ⅲ类水域（划定的保护区和游泳区除外）和排入海洋水体中二类海域的污水，执行一级标准；排入地表水中Ⅳ、Ⅴ类水域和排入海洋水体中三类海域的污水，执行二级标准；排入设置二级污水处理厂的城镇排水系统的污水，执行三级标准；地表水Ⅰ、Ⅱ、Ⅲ类水域中划定的保护区和海洋水体中第一类海域，禁止新建排污口，现有排污口应按水体功能要求实行污染物总量控制，以保证受纳水体水质符合规定用途的水质标准。

（2）污水排放标准

污水排放标准根据控制形式可分为浓度标准和总量控制标准。根据地域管理权限可分为国家排放标准、行业标准、地方排放标准。

1）浓度标准

浓度标准规定了排出口排放污染物的浓度限值，其单位一般为“mg/L”。我国现有的国家标准和地方标准基本上都是浓度标准。浓度标准指标明确，对每个污染指标都执行一个标准，管理方便。但未考虑排放量的大小以及接受水体的环境容量、性状和要求等，因此不能完全保证水体的环境质量。当排放总量超过接纳水体的环境容量时，水体水质不能达到质量标准。此外，排污企业可以通过稀释降低污水排放浓度，造成水资源浪费和水环境污染。

2）总量控制标准

总量控制标准是以水体环境容量为依据而设定的。水体的水环境质量要求高，则环境容量小。水环境容量可采用水质模型法计算。这种标准可以保证水体的质量，但对管理技术要求高，需要与排污许可证制度相结合进行总量控制。我国重视并已实施总量控制标准，《污水排入城镇下水道水质标准》（CJ 343—1999）也提出在有条件的城市，可根据本标准采用总量控制。

3）国家排放标准

国家排放标准按照污水排放去向，规定了水污染物最高允许排放浓度，适用于排污单位水污染物的排放管理，以及建设项目的环境影响评价、建设项目环境保护设施设计、竣工验收及其投产后的排放管理。我国现行的国家排放标准主要有《污水综合排放标准》（GB 8978—1996）、《城镇污水处理厂污染物排放标准》（GB 18918—2002）、《污水排入城镇下水道水质标准》（CJ 343—1999）等一系列排放标准。

4）行业排放标准

根据部分行业排放废水的特点和治理技术发展水平。国家对部分行业制定了国家行业排放标准，如《造纸工业水污染物排放标准》（GB 3544—2001）、《船舶污染物排放标准》（GB 3552—83）、《船舶工业污染物排放标准》（GB 4286—84）、《海洋石油勘探开发污染物排放浓度限值》（GB 4914—85）、《纺织染整工业水污染物排放标准》（GB 4287—2012）、《肉类加工工业水污染物排放标准》（GB 13457—92）、《合成氨工业水污染物排放标准》（GB 13458—2013）、《钢铁工业水污染物排放标准》（GB 13456—2012）、《磷肥工业水污染物排放标准》（GB 15580—2011）、《烧碱、聚氯乙烯工业水污染物排放标准》（GB 15581—95）等。

5）地方排放标准

省、直辖市等根据地方社会经济发展水平和管辖地水体污染控制需要，可以依据《中华人民共和国环境保护法》、《中华人民共和国水污染防治法》制定地方污水排放标准。地方污水排放标准可以增加污染物控制指标数，但不能减少；可以提高对污染物排放标准的要求，但不能降低标准。

【习题与思考题】

1-1　简述水资源的定义及特征。

1-2　什么是水的自然循环和社会循环？

1-3　什么是水环境污染？其造成的危害有哪些？

1-4　废水中污染物的种类有哪些？

1-5 高锰酸钾耗氧量、化学需氧量和生化需氧量三者有何区别？它们之间的关系如何？除了它们以外，还有哪些水质指标可以用来判别水中有机物质含量的多寡？

1-6 BOD、COD两者的优缺点如何？ BOD和COD的差值与比值表示什么意义？其大小对水处理有何指导作用？

1-7 试讨论有机物好氧生物氧化的两个阶段。什么是第一阶段生化需氧量？什么是完全生化需氧量？为什么通常所说的生化需氧量不包括硝化阶段对氧的消耗量？

1-8 与废水处理后排放有关的国家水质标准有哪些？

1-9 《地表水环境质量标准》将地表水分为几类？

第 2 章　水体自净与水环境保护

2.1　水体的自净作用

污染物随污水排入水体后，经过物理、化学与生物化学作用，使污染的浓度降低或总量减少，受污染的水体部分地或完全地恢复原状，这种现象称为水体自净或水体净化（Self-Purification of Water Body）。水体所具备的这种能力称为水体自净能力或自净容量。若污染物的数量超过水体的自净能力，就会导致水体污染。

水体自净过程非常复杂，按净化机理可分为 3 类：①物理净化作用：水体中的污染物通过稀释、混合、沉淀与挥发等作用使浓度降低，但总量不减；②化学净化作用：水体中的污染物通过氧化还原、酸碱反应、分解合成、吸附凝聚等作用发生存在形态变化或浓度降低，但总量不减；③生物化学净化作用：水体中的污染物通过水生生物特别是微生物的氧化分解作用，使其存在形态发生变化、浓度降低的过程。在生物化学净化作用过程中，有机污染物的总量不断减少，并被无机化和无害化。因此，生物化学净化作用在水体自净作用中起主要作用。

河流的自净作用十分复杂，在现实中这些净化作用常常交织在一起，因此，在河流的具体河段，各自所起的作用又有所不同。

2.1.1　物理净化作用

物理净化作用包括稀释、混合、沉淀与挥发。

（1）稀释

污水排入水体后，在流动的过程中，逐渐和水体水相混合，使污染物的浓度不断降低的过程称为稀释。稀释作用受对流与扩散运动的影响。在下游某个断面处污水与河水完全混合，该断面称为完全混合断面（见图 2-1，B-B 断面）。由于大江大河的河床宽阔，污水与河水不易达到完全混合，而在排污口的一侧形成长度与宽度都较稳定的污染带。

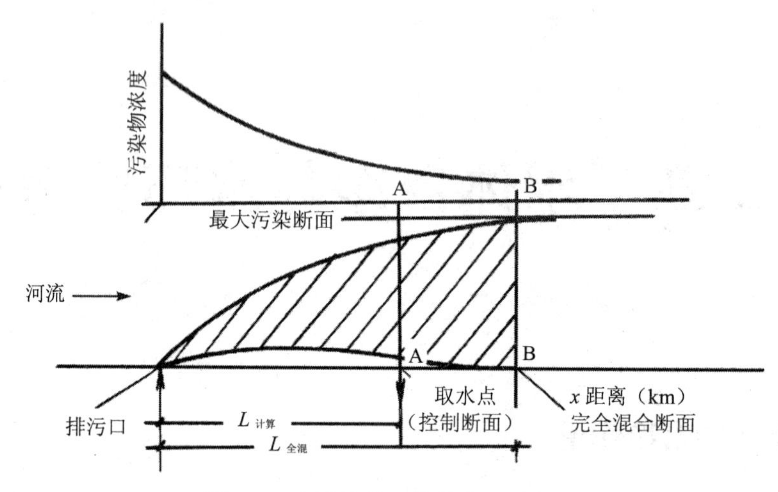

图 2-1　水体的物理净化作用过程图

稀释效果受两种运动形式的影响，即对流与扩散。

1）对流

污染物随水流方向（即纵向 x）运动称为对流。对流是沿纵向 x，横向 y（即河宽方向）和竖向 z（深度方向）运动的统称。污染物在水体内的任意单位面积上的移流率可用下式推求：

$$O_1=U(x, t)\cdot C(x, t)$$

或

$$O_1=U(x, y, z, t)\cdot C(x, y, z, t) \tag{2-1}$$

式中，O_1 —— 污染物在对流时的移流率，mg/（m^2·s）；

U，C —— 分别为水体断面平均流速与污染物平均浓度，m/s、mg/L。

2）扩散

扩散有 3 种方式，分别为：分子扩散、紊流扩散和弥散；其中分子扩散是由于污染物分子的布朗运动引起的扩散；紊流扩散是由水体流态（紊流）造成的污染物浓度降低；弥散是由于水体各水层之间的流速不同，造成的污染物浓度分散。

湖泊、水库等静水体，在没有风生流，异重流（由温度差、浓度差引起）、行船等产生的紊动作用时，扩散的主要方式是分子扩散。流动水体的扩散方式主要是紊动扩散和弥散，分子扩散可忽略不计。

紊流扩散与弥散作用符合虎克定律，可用式（2-2）推求污染物在纵向 x 的扩散量：

$$O_2 = -D_x \frac{\partial C}{\partial x} \tag{2-2}$$

式中，O_2 —— 纵向 x 的扩散通量值，mg/（$m^2 \cdot s$）；

D_x —— 纵向 x 的紊动扩散系数，m^2/s；

$\frac{\partial C}{\partial x}$ —— 纵向 x 的浓度梯度，mg/m^4。

注：“–”表示沿污染物浓度减少方向扩散。

三维方向的扩散通量为：

$$O_2' = -\left(D_x \frac{\partial C}{\partial x} + D_y \frac{\partial C}{\partial y} + D_z \frac{\partial C}{\partial z}\right) \tag{2-3}$$

式中，O_2' —— 三维扩散通量值，mg/（$m^2 \cdot s$）；

D_x，D_y，D_z —— x，y，z 向的紊动扩散系数，m^2/s；

$\frac{\partial C}{\partial x}$，$\frac{\partial C}{\partial y}$，$\frac{\partial C}{\partial z}$ —— x，y，z 向的浓度梯度，mg/m^4。

注：“–”表示沿污染浓度减少方向扩散。

（2）混合

污水与水体混合后，污染物浓度会降低。河流的混合稀释效果，取决于污水与水体的比例和混合系数。混合系数受河流形状、污水排放口形式（包括排放口构造、排放方式、排污量）等因素的影响。若要计算出排污口下游某特定断面处的混合系数，可采用式（2-4）。该特定断面称为计算断面或控制断面（如图 2-1，A-A 断面）：

$$\alpha = \frac{L_{计算}}{L_{全混}} \quad (L_{计算} \leqslant L_{全混}) \tag{2-4}$$

式中，$L_{计算}$ —— 排污口至计算断面（控制断面）的距离，km；

$L_{全混}$ —— 排污口至完全混合断面的距离，km；

α —— 混合系数，当 $L_{计算} \geqslant L_{全混}$，$\alpha = 1$。

当污水完全混合时，完全混合断面污染物平均浓度为：

$$C = \frac{C_W q + C_R \alpha Q}{\alpha Q + q} \tag{2-5}$$

式中，C_W —— 原污水中某污染物的浓度，mg/L；

q —— 污水流量，m^3/s；

C_R —— 河水中该污染物的原有浓度，mg/L；

Q —— 河水流量，m^3/s。

若 $C_R=0$，且河水流量远大于污水流量时，式（2-5）可简化为：

$$C=\frac{C_W q}{\alpha Q}=\frac{C_W}{n} \tag{2-6}$$

式中，n —— 河水和污水的稀释比 $n=\frac{\alpha Q}{q}$。

（3）沉淀与挥发

污染物中的可沉物质，可通过沉淀去除，使水体中污染物的浓度降低，但底泥中污染物的浓度会增加，如果长期沉淀，会淤塞河床，当河流受到暴雨冲刷或扰动，形成二次污染。沉淀作用的大小可用下式表达：

$$\frac{dC}{dt}=-k_3 C \tag{2-7}$$

式中，C —— 水中可沉淀污染物浓度，mg/L；

k_3 —— 沉降速率常数，如果 k_3 取负值，表示已沉降物质再被冲起，d^{-1}。

若污染物属于挥发性物质，挥发会使水体中的污染物浓度降低。

2.1.2 化学净化作用

（1）氧化还原

氧化还原是水体化学净化的主要作用。水体中的溶解氧可与某些污染物产生氧化反应。如铁、锰等重金属可被氧化成难溶性的氢氧化铁、氢氧化锰而沉淀。硫离子可被氧化成硫酸根随水流迁移。还原反应则多在微生物的作用下进行，如硝酸盐在水体缺氧条件下被反硝化菌还原成氮气而被去除。

（2）酸碱反应

水体中存在的矿物质（如石灰石、白云石、硅石）以及游离二氧化碳、碳酸盐碱度等，对排入水体的酸、碱有一定的缓冲能力，使水体的 pH 值维持稳定。当排入的酸、碱量超过缓冲能力后，水体的 pH 值就会发生变化。若变成偏碱性水体，会引起某些物质的逆向反应，例如已沉淀于底泥中的三价铬、硫化砷（AsS，As_2S_3）等，可分别被氧化成六价铬（K_2CrO_4）、硫代亚砷酸盐（AsS_3^{3+}）而重新溶解；若变成偏酸性水体，沉淀于底泥的重金属化合物又会溶解而从污泥中溶出。

（3）吸附与凝聚

属于物理化学作用，产生这种净化作用的原因在于天然水体中存在着大量具有很大表面能并带有电荷的胶体颗粒。胶体颗粒有使能量变为最小并发生同性相斥、异性相吸的物理现象，它们将吸收和凝聚水体中各种阴、阳离子，然后絮凝沉降，达到净化的目的。

2.1.3　生物化学净化作用

图 2-2 为水体生物化学净化过程示意图。

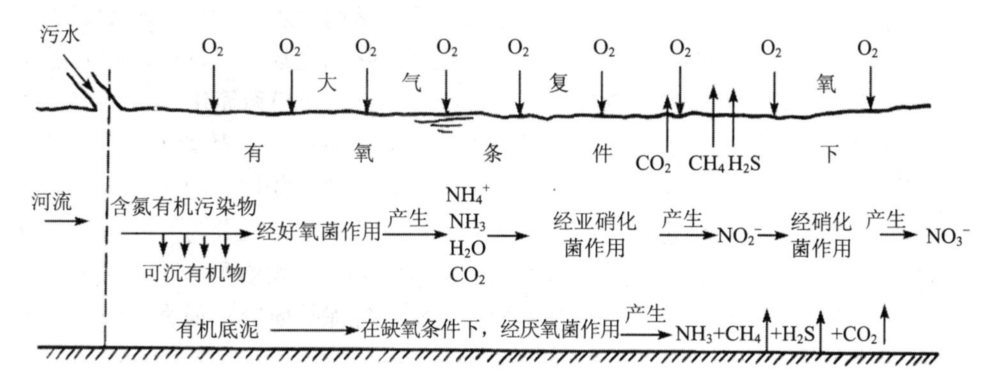

图 2-2　水中含氮有机物生物化学净化过程

以含氮有机物为例，在有溶解氧存在的条件下，经好氧菌作用被氧化分解成铵 NH_4^+，氨 NH_3、H_2O 和 CO_2。NH_4^+与 NH_3 在亚硝化菌作用下，被氧化成亚硝酸盐 NO_2^-，再在硝化菌作用下，被氧化成硝酸盐 NO_3^-。被消耗掉的溶解氧，由水面复氧得到补充。可沉物沉淀后形成的有机底泥，由于底部缺氧，在厌氧细菌的作用下被分解为 NH_3、CH_4、CO_2 及少量 H_2S 等气体。这些气体部分游离于水体中，大部分泄入大气。

化学净化与生物化学净化机制的定量模式，有待进一步研究。目前还只能对污水排入河流并流经一定距离后，污染物被生物化学净化的数量，可用下列模型表达。

$$S = KC \tag{2-8}$$

式中，S —— 每日生物化学净化量，mg/（L·d）；

C —— 可生物降解污染物初始浓度，mg/L；

K —— 该污染物的生物化学降解速率常数，d^{-1}。

2.2 水体水质模型

2.2.1 水体水质基本模型

水体水质的基本模型是表述水体中的污染物，在物理净化、化学净化与生物化学净化的作用下，迁移与转化的过程。这种迁移与转化受水体运动（水体形状、流速与流量、河岸性质、自然条件等）的影响，故常用的水体水质基本模型主要考虑污染物在水体中的物理净化过程，而对化学净化和生物净化过程，则采用综合分析的方法处理，然后再与物理净化过程相叠加，以便模型简化。

水体水质基本模型有五种分类方法：①按水体运动空间分为零维、一维、二维和三维模型；②按水质组成分为单变量型和多变量型；③按时间相关性分为稳态（与时间无关）型和动态（与时间有关）型；④按数学特征分为有线型与非线型，确定性型与随机性型等；⑤按水体类型可分为河流、湖泊和水库、河口、海湾与地下水等水质模型。河流水质基本模型是水环境保护研究中最重要的技术工具，常见的为第一种分类。

实际上，河流、水库和湖泊等水体的污染问题都是三维问题，但在实际应用中，一般都根据污染物和水体的混合情况以及不同层次的水质管理需要将水质模型简化成为二维、一维甚至是零维模型。

（1）零维水质模型

当把所考察的水体看成是一个完全混合反应器时，即水体中水质组分的浓度是均匀分布的，描述这种情况的水质模型称为零维水质模型。

常用零维水质模型的应用对象有：①不考虑混合距离的重金属污染物、部分有毒物质等其他保守物质的下游浓度预测与允许纳污量的估算；②有机物降解性物质的降解项可忽略时，可采用零维模型。

常用零维水质模型的适用条件为：①河流充分混合段；②持久性污染物；③河流为恒定流动；④废水连续稳定排放。

对河流，零维水质模型常见的表现形式为河流稀释模型。通用的点源稀释混合模型方程式为：

$$C=\frac{C_{\mathrm{P}}Q_{\mathrm{P}}+C_{\mathrm{E}}Q_{\mathrm{E}}}{Q_{\mathrm{P}}+Q_{\mathrm{E}}} \tag{2-9}$$

式中，C —— 污染物浓度，mg/L；

Q_{P} —— 废水排放量，m^3/s；

C_P —— 污染物排放浓度，mg/L；

Q_E —— 河流流量，m^3/s；

C_E —— 河流来水中的污染物浓度，mg/L。

当以年为时间尺度来研究湖泊、水库的富营养化过程时，混合反应器，这样盒模型的基本方程为：

$$\frac{V\mathrm{d}C}{\mathrm{d}t} = QC_e - QC + S_c + kCV \tag{2-10}$$

式中，V —— 湖泊中水的体积，m^3；

Q —— 平衡时流入与流出湖泊的流量，m^3/s；

C_e —— 流入湖泊的水量中水质组分浓度，mg/L；

C —— 流出湖泊的水量中水质组分浓度，mg/L；

S_c —— 流入、流出湖泊的其他污染源中的污染物量，mg/d；

k —— 水质组分在湖泊中的反应速率常数，d^{-1}。

上式为零维水质模型基本方程。如果反应器中只有反应过程，应符合一级反应动力学，且是稳定状态衰减反应时，基本方程为：

$$C = C_e\left(\frac{1}{1+Kt}\right) \tag{2-11}$$

式中，t —— 停留时间，s；

K —— 综合降解系数，1/d。

（2）一维水质模型

描述水质组分的迁移变化主要在一个方向上，另外两个方向上是均匀分布的，这种水质模型称为一维水质模型。

如果污染进入水体后，在一定范围内经过平流输移、纵向离散和横向混合后达到充分混合，或者根据水质管理的精度要求，允许不考虑混合过程而假定在排污口断面瞬时完成均匀混合，即假定在水体内某一断面处或某一区域之外实现均匀混合，均可按一维水质模型概化计算。对于河流而言，如对水体管理精度要求不严，且河段长度大于下式的计算结果，可以采用一维水质模型进行模拟。具体方程为：

$$L = \frac{(0.4B - 0.6l)Bu}{(0.058H + 0.0065B)\sqrt{gHI}} \tag{2-12}$$

式中，L —— 混合过程河段极限长度，m；

B —— 河流宽度，m；

l —— 排放口距近岸水边的距离，m；

u —— 河流断面平均流速，m/s；

H —— 河流断面平均水深，m；

g —— 重力加速度，m/s^2；

I —— 河段坡度。

在离散作用时，描述河流污染物一维衰减规律的微分方程为：

$$u\frac{\mathrm{d}C}{\mathrm{d}x}=-KC \tag{2-13}$$

将$u=\frac{\mathrm{d}x}{\mathrm{d}t}$代入，得：

$$\frac{\mathrm{d}C}{\mathrm{d}t}=-KC \tag{2-14}$$

积分得：

$$C=C_0\exp\left(-K\frac{x}{86\,400u}\right) \tag{2-15}$$

式中，x —— 沿程距离，km；

K —— 综合降解系数，1/d；

C —— 沿程污染物浓度，mg/L；

C_0 —— 前一个节点后污染物浓度，mg/L。

（3）二维水质模型

水质组分的迁移变化在两个方向发生，在另外一个方向则是均匀分布，这种水质模型称为二维水质模型。污水进入水体后，不能在短距离内（主要考虑在预测断面处的水质）达到全断面浓度混合均匀的河流均应采用二维模型。实际应用中，水面平均宽度超过 200 m，平均流量大于等于 150 m^3/s 的大型河流应采用二维模型计算。

1）平直河道二维模型

当稳定点源的排放率是 M（单位时间排放量），排放口在无限水域中的平直河道解析解为：

$$C(x,y)=\frac{M}{H\sqrt{u\pi xD_y}}\exp\left(-\frac{y^2u}{4D_yx}-K\frac{x}{u}\right) \tag{2-16}$$

但实际水域总是有岸界的，当污染物迁移、扩散遇到边界时会有 3 种可能：一是物质被边界完全吸收；另一种是物质被边界完全反射；第三种介于完全吸收与完全反射之间。对于宽度为 B 的河流来说，如排放口位于一侧河岸，则由于排放口同侧河岸的反射作用，使得河流中任一点污染物的浓度增加为无限水域时的两倍，同时由于对岸的镜像作用，形成一个虚源，如考虑河流本底浓度 C_0 的降解，此时，二维河流水质模型的解析解为：

$$C(x,y)=\left\{\frac{M}{H\sqrt{u\pi xD_y}}\left[\exp\left(-\frac{y^2u}{4D_yx}\right)+\exp\left(-\frac{(2B-y)^2u}{4D_yx}\right)\right]+C_0\right\}\exp\left(-K\frac{x}{86\,400u}\right) \quad (2\text{-}17)$$

如果研究河段有多个污染源，对于多个污染源有：

$$C(x,y)=\sum_{i=1}^{n}C_i(x,y) \quad (2\text{-}18)$$

$$C_1(x,y)=\left\{\frac{M_1}{H\sqrt{u\pi xD_y}}\left[\exp\left(-\frac{y^2u}{4D_yx}\right)+\exp\left(-\frac{(2B-y)^2u}{4D_yx}\right)\right]+C_0\right\}\exp\left(-K\frac{x}{86\,400u}\right)$$

$$C_i(x,y)=\frac{M_i}{H\sqrt{u\pi xD_y}}\left[\exp\left(-\frac{y^2u}{4D_yx}\right)+\exp\left(-\frac{(2B-y)^2u}{4D_yx}\right)\right]\exp\left(-K\frac{x}{86\,400u}\right) \quad (2\text{-}19)$$

$$C_n(x,y)=\frac{M_n}{H\sqrt{u\pi xD_y}}\left[\exp\left(-\frac{y^2u}{4D_yx}\right)+\exp\left(-\frac{(2B-y)^2u}{4D_yx}\right)\right]\exp\left(-K\frac{x}{86\,400u}\right)$$

2）弯曲河道二维模型

如考虑河流本底浓度 C_0 的降解，此时，弯曲河道二维河流水质模型的解析解为：

$$C(x,y)=\frac{M}{\sqrt{\pi xD_y}}\left[\exp\left(-\frac{q^2}{4D_yx}\right)+\exp\left(-\frac{(2Q-q)^2u}{4D_yx}\right)\right]\exp\left(-K\frac{x}{u}\right)+C_0\exp\left(-K\frac{x}{u}\right) \quad (2\text{-}20)$$

（4）三维水体水质模型

三维水体水质模型以“点”流量参数，水质组分迁移、扩散变化在三个方向进行的水质模型称为三维水质模型。因此，三维水体水质模型更符合水体的实际情况，所以适用于不同规模的河流，但是也更为复杂、求解较为困难。根据质量平衡，可得出三维水体水质模型，即布洛克斯模型：

$$\frac{\partial C}{\partial t}=-\left[\left(u_x\frac{\partial C}{\partial x}+u_y\frac{\partial C}{\partial y}+u_z\frac{\partial C}{\partial z}\right)+\left(D_x\frac{\partial^2C}{\partial x^2}+D_y\frac{\partial^2C}{\partial y^2}+D_z\frac{\partial^2C}{\partial z^2}\right)\right]+\sum S \quad (2\text{-}21)$$

式中，u_x，u_y，u_z —— x，y，z 方向的水流速度，m/s；

D_x，D_y，D_z —— x，y，z 方向的紊动扩散系数，m^3/s；

$\sum S$，C —— 同前。

式（2-21）中，等号右侧中括号内的第 1 项为在 Δt 时间内，由于流速引起污染物在 x、y、z 三维方向上的浓度变化，第 2 项为由于紊动扩散引起污染物在 x、y、z 三维方向上的浓度变化；$\sum S$ 项为旁侧污染物增、减量，可略去不计。

2.2.2 河流氧垂曲线方程

有机物质排入河流后，可被水中微生物氧化分解，同时消耗水中的溶解氧（DO）。所以，受有机污染的河流，水中溶解氧的含量受有机物的降解过程控制。溶解氧含量是使河流生态系统保持平衡的主要因素之一，溶解氧含量的变化会影响水体生态系统平衡和渔业资源。当 DO<1 mg/L 时，大多数鱼类会窒息而死，因此，研究 DO 的变化规律具有重要的实际意义。

（1）氧垂曲线（Oxygen Sag Curve）

有机物排入河流后，经微生物生物降解而大量消耗水中的溶解氧，导致河水迅速亏氧；另一方面，空气中的氧通过河流水面不断地溶入水中，使溶解氧逐渐得到恢复。微生物耗氧与大气复氧同时作用，使河流中的 DO 与 BOD_5 浓度处于图 2-3 的变化模式中。由于污水排入后，水体的 DO 曲线呈悬索状下垂，故称为氧垂曲线；BOD_5 曲线呈逐步下降状，直至恢复到污水排入前的基值浓度。

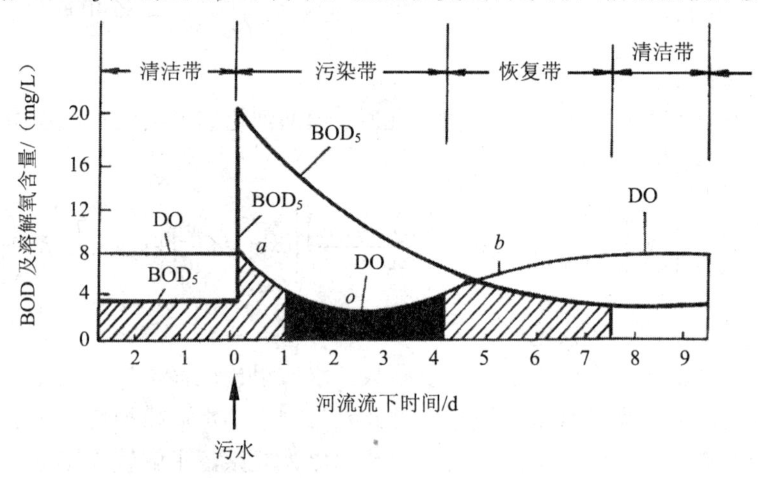

图 2-3 河流中 BOD_5 和 DO 的变化曲线

氧垂曲线可分为三段：第一段 a～o 段，耗氧速率大于复氧速率，水中的溶解氧含量大幅度下降，亏氧量增加，直至耗氧速率等于复氧速率。o 点处，溶解氧量最低，亏氧量最大，称 o 点为临界亏氧点或氧垂点；第二段 o～b 段，复氧速率开始超过耗氧速率，水中溶解氧量开始回升，亏氧量逐渐减少，直至转折点 b；第三段 b 以后，溶解氧含量继续回升，亏氧量继续减少，直至恢复到排污口前的状态。

（2）氧垂曲线方程 —— 菲里普斯方程的建立

1）有机物耗氧动力学

美国学者斯蒂特·菲里普斯（Streeter Phelps）于 1925 年对耗氧过程动力学研究分析后得出：当河流受纳有机物后，沿水流方向产生的输移有机物量远大于扩散稀释量，但河水流量与污水流量稳定，河水温度不变时，则有机物生化降解的耗氧量与该时期河水中存在的有机物量成正比，即呈一级反应，属于一维水体水质模型（所谓一维水体指河流宽度与深度不大的水体，视污染物在河流各断面的宽度和深度方向上分布均匀），表达式为：

$$\begin{cases} \dfrac{\mathrm{d}L}{\mathrm{d}t} = -K_1 L \\ t = 0, L = L_0 \end{cases} \tag{2-22}$$

$$L_t = L_0 \cdot \exp(-K_1 t)$$

或

$$L_t = L_0 \times 10^{-k_1 t} \tag{2-23}$$

式中，L_0 —— 有机物总量，即氧化全部有机物所需要的氧量，也即河水在允许亏氧的条件下，可以氧化的最大有机物量；

L_t —— t 时刻水中残存的有机物量；

t —— 时间，d；

k_1，K_1 —— 耗氧速率常数，$k_1=0.434K_1$。

耗氧速率常数 K_1 或 k_1 因污水性质不同而异，须经实验确定。生活污水排入河流后，k_1 值见表 2-1。

表 2-1 生活污水耗氧速率常数 k_1 单位：d^{-1}

水温/℃	0	5	10	15	20	25	30
k_1 值	0.039 99	0.050 2	0.063 2	0.079 5	0.1	0.126 0	0.158 3

表 2-1 中，不同水温时的耗氧速率常数 k_1 可用式（2-24）互相换算：

$$k_1 = k_2' \cdot \theta^{(T_1-T_2)} \quad 或 \quad k_1 = k_{20} \cdot \theta^{(T_1-T_{20})} \tag{2-24}$$

式中，k_1，k_2'，k_{20} —— 分别为温度为 T_1、T_2、T_{20} 时的耗氧速率常数；

θ —— 温度系数，θ=1.047；

k_{20} —— 20℃时的耗氧速率常数，k_{20}=0.1。

2）溶解氧变化过程动力学

通过河流水面与大气的接触，氧不断溶入河水中。当其他条件一定时，复氧速率与亏氧量成正比例：

$$\begin{cases}\dfrac{\mathrm{d}D}{\mathrm{d}t}=k_2D\\ t=0,D=D_0\end{cases} \tag{2-25}$$

式中，k_2 —— 复氧速率常数；

D —— 亏氧量，$D=C_0-C_x$；

C_0 —— 一定温度下，水中饱和的溶解氧，mg/L；

C_x —— 河水中溶解氧含量，mg/L。

菲里普斯对被有机物污染河流中溶解氧的变化过程动力学进行了研究后得出结论，河水中亏氧量的变化速率是耗氧速率与复氧速率之和。在与耗氧动力学分析相同的前提条件下，亏氧方程也属于一级反应，可用一维水质模型表示：

$$\begin{cases}\dfrac{\mathrm{d}D}{\mathrm{d}t}=k_1L-k_2D\\ t=0,D=D_0,L=L_0\end{cases} \tag{2-26}$$

式中，k_2 —— 复氧速率常数，与水温、水文条件有关，其数值列于表 2-2 中。

表 2-2　复氧速率常数 k_2 值　　单位：d^{-1}

河流水文条件	水温			
	10℃	15℃	20℃	25℃
缓流水体	—	0.110	0.150	—
流速小于 1 m/s 的水体	0.170	0.185	0.200	0.215
流速大于 1 m/s 的水体	0.425	0.460	0.500	0.540
急流水体	0.684	0.740	0.800	0.865

式（2-26）的积分解为：

$$D_t=\frac{k_1L_0}{k_2-k_1}(10^{-k_1t}-10^{-k_2t})+D_0\times10^{-k_2t} \tag{2-27}$$

式中，D_t —— 废水排入河流 t 时刻后，河水与废水混合水中的亏氧量；

D_0 —— 废水排入点处河水与废水混合水中的亏氧量；

k_1，k_2 —— 分别为耗氧速率常数和复氧速率常数。

式（2-27）称为河流中氧垂曲线方程式，即菲里普斯方程式。它的工程意义在于：

①用于分析有机污染河水中溶解氧的变化动态，推求河流的自净过程及其环

境容量，进而确定可排入河流有机物的最大限量。

②推算确定最大的缺氧点即氧垂点的位置及时间，并依此制定河流水体防护措施。氧垂曲线到达氧垂点的时间，可通过方程式（2-27）求定，即 $\frac{\mathrm{d}D}{\mathrm{d}t}=0$ 时：

$$t_c=\frac{\lg\left\{\frac{k_2}{k_1}\left[1-\frac{D_0(k_2-k_1)}{k_1L_0}\right]\right\}}{k_2-k_1} \tag{2-28}$$

$$D_c=\frac{k_1}{k_2}L_0\times10^{-k_1t_C} \tag{2-29}$$

式中，t_c —— 从排污点到氧垂点所需的时间，d；

D_c —— 临界点的亏氧值。

式（2-27）与式（2-28）在使用时应注意如下几点：

①公式只考虑了有机物生化耗氧和大气复氧两个因素，故仅适用于河流截面变化不大，藻类等水生植物和底泥影响可忽略不计的河段；

②仅适用于河水和污水在排放点处完全混合的条件；

③所使用的 k_1、k_2 值必须与水温相适应；

④如沿河有几个排放点，则应根据具体情况合并成一个排放点计算或逐段计算。

按氧垂曲线方程计算，在氧垂点的溶解氧含量达不到地表水最低溶解氧含量要求时，则应对污水进行适当处理。故该方程式可用于确定污水处理厂的处理程度。

（3）氧垂曲线方程—菲里普斯方程的应用

【例题 2-1】某城市污水处理厂的出水排入一河流。最不利的情况发生在夏季温高而河水流量小的时候。已知废水最大流量为 15 000 m^3/d，BOD_5=40 mg/L，DO=2 mg/L，水温为 25℃。废水排入口上游处河流最小流量为 0.5 m^3/s，BOD_5=3 mg/L，DO=8 mg/L，水温 22℃。假定废水和河水能瞬时完全混合，耗氧速率常数 k_1=0.10/d，复氧速率常数 k_2=0.17/d（20℃）。试求临界亏氧量及其发生的时间。

【解】

（1）确定废水与河水混合后

A．废水流量 q=15 000 m^3/d=0.17 m^3/s

河水流量 Q=0.5 m^3/s

B．废水 BOD_5，C_W=40 mg/L

河水 BOD_5，C_R=3 mg/L

混合后的 BOD_5，

$$C=\frac{C_W q+C_R\alpha Q}{q+\alpha Q}=\frac{40\times0.17+3.0\times1\times0.5}{0.17+1\times0.5}=12.4\text{mg/L}$$

$$BOD_u=BOD_5/（1-10^{-k_1\times5}）=18.2\ \text{mg/L}$$

C．混合后水中溶解氧

$$DO_{mix}=\frac{8.0\times0.5+2.0\times0.17}{0.5+0.17}=6.5\text{mg/L}$$

D．混合后水温

$$T_{mix}=\frac{22\times0.5+25\times0.17}{0.5+0.17}=22.8\ ℃$$

（2）对 k_1、k_2 作温度效正

A．$k_{1(22.8)}=k_{1(20)}1.047^{(22.8-20)}=0.10\times1.068=0.11/\text{d}$

B．$k_{2(22.8)}=k_{2(20)}1.047^{(22.8-20)}=0.17\times1.068=0.19/\text{d}$

（3）确定亏氧量（已知 22.8℃时清洁水的饱和溶解氧为 8.7 mg/L）

$$D_0=8.7-6.5=2.2\ \text{mg/L}$$

（4）确定亏氧量及其发生的时间

A．亏氧量发生的时间

$$t_c=\frac{1}{k_2-k_1}\lg\frac{k_2}{k_1}\left[1-\frac{D_0(k_2-k_1)}{k_1L_0}\right]$$

$$=\frac{1}{0.19-0.11}\lg\frac{0.19}{0.11}\left[1-\frac{2.2(0.19-0.11)}{0.11\times18.2}\right]$$

$$=2.5\text{d}$$

B．临界亏氧量

$$D_c=\frac{k_1}{k_2}L_0\times10^{-k_1t_C}=\frac{0.11}{0.19}\times18.2\times10^{-0.11\times2.5}$$

$$=5.6\text{mg/L}$$

2.3 水环境保护

水环境保护有量和质两个方面。以水质保护为主，合理利用水资源，通过规

划提出各种措施与途径，使水体不受污染，以保证水资源的正常用途，满足水体主要功能对水质的要求。

2.3.1 水体水质评价

通过对水体的水质评价能够判明水体被污染的程度，为制定水体的综合防治方案提供科学依据。

水质评价是根据监测取得的大量资料，对水体的水质所作出的综合性的定量评价。水质评价的主要目的是：①对不同地区各个时期水质的变化趋势进行分析；②分析对工农业生产和生态系统的影响；③分析对人体健康的影响。

单项污染指标的具体浓度值，仅能反映这项指标的瞬间水质状况，而不能反映由多种污染物共同排放所形成的复杂水质状况。故应采用综合指数对各种污染物的共同影响进行评价。评价又可分为现状评价和预断评价。

（1）现状评价

目前常用的水质评价方法有：综合污染指数（K）法和水质质量系数（P）法。

1）综合污染指数（K）法

综合污染指数（K）法是表示各种污染物对水体综合污染程度的一种数量指标，计算式为：

$$K=\sum\frac{C_k}{C_{oi}}C_i \tag{2-30}$$

式中，C_k —— 地面水体各种污染物的流一最高允许指标，如对水库此值为 0.1；

C_{oi} —— 各种污染物的地面水环境质量标准，mg/L；

C_i —— 各种污染物的实测浓度，mg/L。

计算结果，如果 $K<0.1$，说明各种污染物总含量之和未超过地表水环境质量标准，属未污染水体；当 $K\geqslant0.1$ 时，表明河水中各种污染物的总含量换算为一种有毒物质已超过地表水环境质量标准，称为污染水体。污染水体又可分为轻度污染（K=0.1～0.2）、中度污染（K=0.2～0.3）和重度污染（$K>0.3$）。

【例题 2-2】按酚、氰、砷、汞、铬 5 项有毒物质指标，计算某河流的综合污染指数，并据此判定其污染程度。该河流按Ⅳ类考虑。

按中华人民共和国国家标准《地面水环境质量标准》（GB 3808—2002），上述 5 项有毒物质的环境质量标准为：挥发酚≤0.01 mg/L；总氰化物≤0.2 mg/L；总砷≤0.1 mg/L；总汞≤0.001 mg/L；铬≤0.05 mg/L。通过实测，该河流中各项浓度为：挥发酚未检出～0.001 5 mg/L；总氰化物未检出～0.000 5 mg/L；总砷未检出痕迹；汞未检出痕迹；铬 0.005 2～0.017 6 mg/L。

【解】用式（2-30），河流中各种污染物的实测浓度 C 均用上限，逐项进行计算后再叠加，得出该河流的综合污染指数。

$$K=\sum\frac{C_k}{C_{oi}}C_i=0.0512<0.1$$

可见，该河流属未受污染水体，即仍为Ⅳ类。

2）水质质量系数（P）法

水质质量系数（P）法的计算式为：

$$P=\sum\frac{C_i}{C_{oi}} \tag{2-31}$$

式中各符号的意义同式（2-30）。

对于有机污染物的水质质量系数（P）法是式（2-31）的具体应用：

$$P=\frac{BOD_i}{BOD_0}+\frac{COD_i}{COD_0}+\frac{NH_3-N_i}{NH_3-N_i}-\frac{DO_i}{DO_0} \tag{2-32}$$

式中，BOD_i，COD_i，NH_3-N_i，DO_i —— 水体各项指标的实测值，mg/L；

BOD_0，COD_0，NH_3-N_0，DO_0 —— 地表水环境质量标准，mg/L；

DO_0 —— 水体溶解氧最低允许浓度，mg/L。因 DO 所起作用是正效应，所以为“–”。

对于河流水体，$P<2$ 表示未受有机污染物污染；$P=2$ 表示受有机污染物污染，P 值越大，受污染的程度越严重。

（2）预断评价

预断评价是指人类活动对水质可能产生的影响进行预先的断定和评价。在建立新的工业基地时必须进行这一工作。

预断评价又分为一般评价和目标评价；一般评价是查明工业建设地区的环境现状、自净能力和环境容量，并以此作根据布置该地区的工业布局。目标评价系指估算生产污水的水量、水质及对环境可能产生的影响。预断评价的数学模式和生态系统模式，可参考有关文献。

2.3.2 水环境容量

水环境容量（Water Environmental Capacity）的定义是：在满足水环境质量标准的条件下，水体所能接纳的最大允许污染物负荷量，又称水体纳污能力。

河流的水环境容量可用函数关系表达为：

$$W=f(C_0, C_N, x, Q, q, t) \tag{2-33}$$

式中，W —— 水环境容量，用污染物浓度乘水量表示，也可用污染物总量表示；

C_0 —— 河水中污染物的原有浓度，mg/L；

C_N —— 地表水环境质量标准，mg/L；

x，Q，q，t —— 分别表示距离，河流流量，排放污水量和时间。

水环境容量一般包括两部分：差值容量与同化容量。水体稀释作用属差值容量；生化作用的去污容量称同化容量。

（1）河流水环境容量的推算

1）中小河流的水环境容量推算

假设污染物沿河呈线性衰减，并且：a）上游传输来的污物量是稳定的，即 C_0 是一定的；b）忽略河段中污染物的分解和沉降作用；c）河流的流量是不变化的，计算时应选取一个设计枯水期流量，以保证安全。

根据污染物排入河流的方式，可分为单点排污，即河段中只有一个排污口；多点排污，即河段中有多个排污口；沿河段均匀排污，即面源污染或称非点源污染。

① 单点排污的水环境容量推算

单点排污的水环境容量的计算图，见图 2-4。水环境容量计算式，见式（2-34）或式（2-35）。

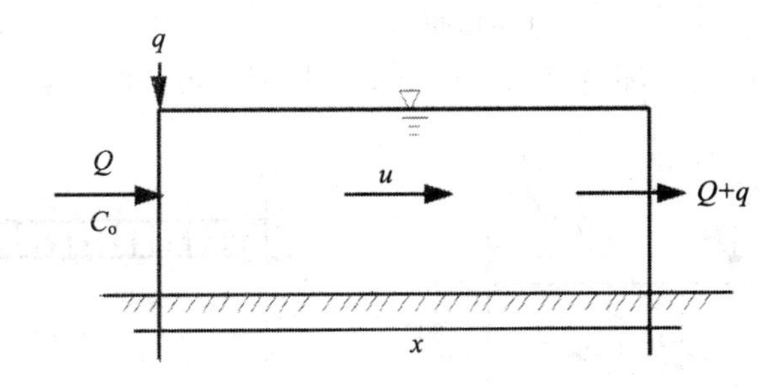

图 2-4　单点排污水环境容量计算

$$W_{点}=86.4[C_N(Q+q)-C_0Q]+k_1\frac{x}{u}C_0(Q+q) \tag{2-34}$$

或

$$W_{点}=86.4\left(\frac{C_N}{\alpha}-C_0\right)Q+k_1\frac{x}{u}C_0(Q+q) \tag{2-35}$$

式中，$W_{点}$ —— 单点排污的水环境容量，kg/d；

C_0 —— 河水中原有污染物浓度，mg/L；

C_N —— 水环境的质量标准，mg/L；

k_1 —— 耗氧速率常数，d^{-1}；

x，u —— 沿河流经过的距离（m）与平均水流速度，m/s；

α —— 稀释流量比，$\alpha=\dfrac{Q}{Q+q}$；

$\left(\dfrac{C_N}{\alpha}-C_0\right)Q$ —— 差值容量；

$k_1\dfrac{x}{u}C_0(Q+q)$ —— 同化容量，对难生物降解有机物，无同化容量项。

② 多点排污的水环境容量推算

多点排污的水环境容量的计算图，见图 2-5。水环境容量计算式，见式(2-36)。

$$\sum W_{点}=86.4(C_N-C_0)Q_0+k_1C_0Q_0\frac{\Delta x_0}{u_0}+86.4C_N\sum_{i=1}^{n}q_i+C_N\sum_{i=1}^{n-1}\left[k_1\frac{\Delta x_i}{u_i}Q_i\right] \quad (2\text{-}36)$$

$$Q_1=Q_0+q_1, Q_2=Q_1+q_2, Q_i=Q_{i-1}+q_i$$

式中，Δx_i —— 各排污口断面之间的距离，m；

其他符号的意义同式（2-34）。

③ 沿河段均匀排污的水环境容量推算

沿河段均匀排污的水环境容量的计算图，见图 2-6。水环境容量计算式，见式（2-37）。

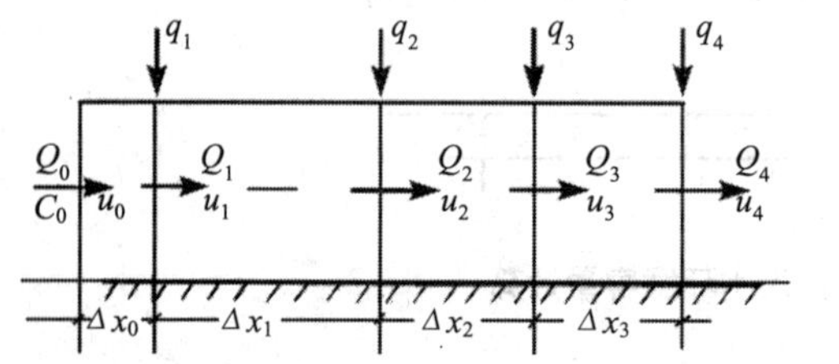

图 2-5 多点排污水环境容量计算图

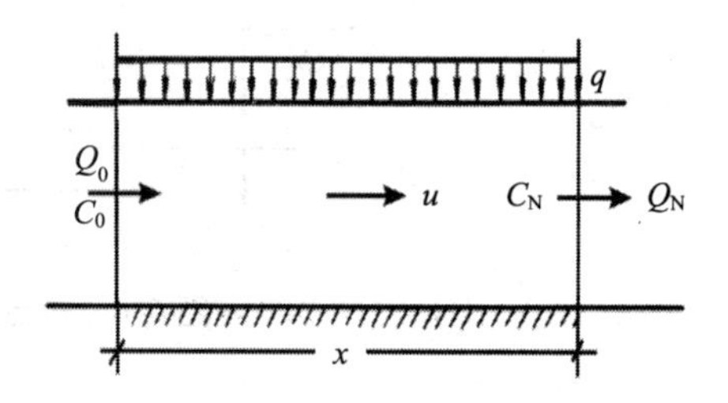

图 2-6 沿河均匀排污水环境容量计算图

沿河段均匀排污的水环境容量计算式是由多点排污的水环境容量计算式（2-36）推算而得，即当时 $n\to\infty$，$\Delta x_i\to 0$ 时，初始流量就等于河流流量 Q_0，河段末端流量为 Q_N。

$$\begin{aligned}W_{最大}&=86.4[(C_N-C_0)Q_0+C_N(Q_N-Q_0)]+\lim_{n\to\infty}k_iC_N\sum_{i=1}^{n-1}Q_i\frac{\Delta x_i}{u_i}\\&=86.4(C_NQ_N-C_0Q_0)+\frac{Q_0+Q_N}{2}C_N\cdot k_i\frac{x}{u}\end{aligned} \quad (2\text{-}37)$$

式中，各符号的意义同式（2-34）。

2）大河流的水环境容量推算

大河流的流量大，宽深比大，流速也大，排入的污水流量相对很少，当进行岸边排放时，污水常形成岸边污染带，污染物质在河道内的横向扩散系数与河道流量、流速、水深以及排放形式有密切关系。水环境容量的计算一般采用简化后的二维水体水质模型。

3）沿河段各排污口排放限量的确定

沿河段各排污口排放限量的计算步骤为：

① 首先应对河流的历史和现状，污染源与污染物进行综合调查，并作现状评价；按河流的自然条件与功能，将河流划分为若干河段；确定几项主要的水质指标，一般可选择 DO，BOD，COD，NH_3-N，酚及 pH，T（℃）等作为水质参数。根据地面水环境质量标准确定上述各指标的标准；确定排污口处的河流流量，从安全考虑，一般以 90%～95%保证率的最枯月平均流量或连续 7 d 最枯平均流量作为河流的设计流量；计算河流水环境容量，先确定数学模式与系数，然后计算河段现有各排污口的河流点容量及其总和；进行不同排放标准方案的经济效益和可行性比较，选择最优方案，确定向河流排污的削减总量及各排污口的合理分配率；按最优排放限量方案，对河段进行水质预测，即预先推测执行排放限量后的河段水质状况。

② 关于削减总量的计算和分配

削减总量用下式计算

$$W_{\mathrm{k}} = W^{*} - \sum W_{点} \tag{2-38}$$

式中，W_{k} —— 削减总量，kg/d；

W^{*} —— 河段中每日排入河流的污染物总和，kg/d；

$\sum W_{点}$ —— 多点排放的河段水环境容量总和，kg/d。

从式（2-38）可知：当 $W^{*} < \sum W_{点}$，W_{k} 为负，即尚有一部分水环境容量未被利用。一般应预留 10%～20%作为安全容量，多余部分可作为今后发展用。

当 $W^{*} > \sum W_{点}$，W_{k} 为正，说明该河已超负荷，各排污口应削减排污量，应削减的量按各排污口的污染物质量比进行加权分配，即某排污口应削减量为：

$$\left(W_{\mathrm{k}}\right)_i = W_{\mathrm{k}} \frac{W_i}{W^{*}} \tag{2-39}$$

式中，W_i —— 某排污口每日排入河流的污染物量，kg/d；

$(W_k)_i$ —— 该排污口应削减量，kg/d。

③ 污水排入河流后，各污染指标的变化计算：

当污水排入河流后，排污口上游及排污口下游某断面，有机污染物浓度的变化可用下式计算：

$$C_{下}=C_{上}(1-0.011\,6\frac{k_1 x}{u}+0.011\,6\frac{W^*}{C_{上}Q})\alpha \tag{2-40}$$

式中，$C_{上}$ —— 排污口上游中某有机污染物的浓度，mg/L；

$C_{下}$ —— 距排污口x处,该有机污染物的浓度，mg/L；

W^* —— 该有机污染物每日排入河流的总量，kg/d；

k_1 —— 耗氧速率常数，d^{-1}；

α —— 稀释流量比，$\alpha=Q/(Q+q)$；

x —— 沿河流经的长度，km。

【例题 2-3】图 2-7 为某城市河流水体功能分段情况，其水文资料及水质实测资料见表 2-3，河流断面 1-1 以上的河段 BOD_5、DO 值均符合《景观娱乐用水水质标准》（GB 12941—91）规定的标准，断面 1-1 以下河段有两个排污口及支流 2 汇入。请按《渔业水质标准》（GB 11607—89）计算排放量。

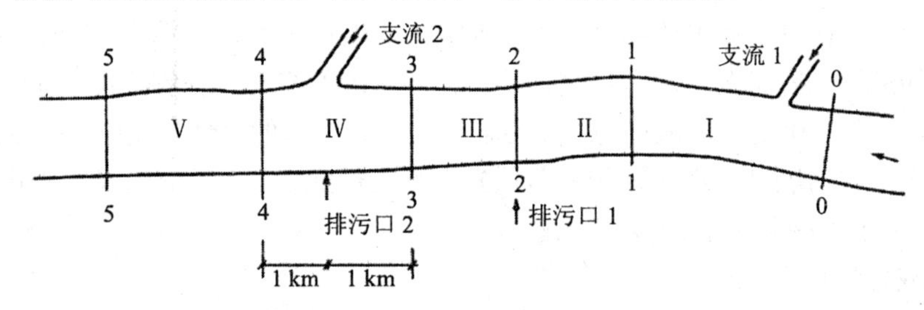

图 2-7 某城市河流水体功能分段及排污口位置

表 2-3 河流各功能分段水文资料和水质实测资料

河流节点编号	距离/km	功能	质量标准/（mg/L）		流量/（m^3/s）		稀释流量比α	水质实测资料			
			BOD_5	DO	河水 Q P=90%	污水 q		BOD_5		COD	
								（mg/L）	（kg/d）	（mg/L）	（kg/d）
断面 0-0	0	游览			4.0		0.8	2.5		7	
支流 1	2.5		4.5	≥6.5	1.0			2.0	172.8[①]	8	691.2[②]
断面 1-1	3.0										
排污口 1	4.5	渔业水体				1.0	0.83	50.0	4 320[①]	0	0
断面 2-2	4.5										
断面 3-3	6.0										
排污口 2	7.5		≤5.0	≥4.5		0.5	0.92	2.0	86.4[①]	0	0
支流 2					1.5		0.81	2.0	259.2[①]	7.5	972
断面 4-4	8.0						0.75				
断面 5-5	10.0										

注：① 因 Q=1m^3/s=86 400m^3/d，所以 86 500 m^3/d×0.002kg/m^3=172.8kg/d。

② 因 Q=1m^3/s=86 400m^3/d，所以 86 400 m^3/d×0.008kg/m^3=691.2kg/d。其他项计算相同。

【解】根据各河段的水文资料（表 2-3），查表 2-1、表 2-2，选定各河段的耗氧速率常数点 k_1 值与复氧速率常数 k_2 值，连同各河段的流速、长度一起，列入表 2-4。

表 2-4 各河段流速、长度 k_1、k_2 值

河段编号	流速/（m/s）	河段长度/km	耗氧速率常数 k_1 /d^{-1}	复氧速率常数 k_2 /d^{-1}
I	0.45	3.0	0.25	0.60
II	0.40	1.5	0.30	0.55
III	0.35	1.5	0.35	0.50
IV	0.30	2.0	0.32	0.30
V	0.25	2.0	0.37	0.40

① 求断面 1-1 处的 BOD_5 值

断面 1-1 的污染源是支流 1 流入的 BOD_5=172.8 kg/d，河段 I 长度为 x=3 km，流速 u = 0.45 m/s，耗氧常数 k_1=0.25 d^{-1}（表 2-3 及表 2-4）。把上列已知数值代入式（2-40），计算断面 1-1 处 BOD_5 值[式（2-31）中的 C_0]：

$$BOD_{1-1} = 2.5\times\left(1-0.0116\times\frac{0.25\times3}{0.45}+0.0116\times\frac{172.8}{2.5\times4}\right)\times0.8 = 2.362\ \text{mg/L}$$

② 求河段 II 的（或排污口 1 前）水环境容量（以 BOD_5 计，下同）

该处河流流量为干流流量与支流 1 流量之和，即 Q=4+1=5 m^3/s、稀释流量比 α=0.83（见表 2-3）。根据渔业水质标准 C_N=5 mg/L。因 C_0=2.362 mg/L，河段 I 加河段 II 的长度 x=3+1.5=4.5 km，河段流速 u= 0.4 m/s，无污水排入（q =0）。上述各值代入式（2-35），可得排污口 1 前的水环境容量：

$$W_{点} = 86.4\left(\frac{C_N}{\alpha}-C_0\right)Q + k_1\frac{x}{u}C_0(Q+q)$$

$$= 86.4\times\left(\frac{5}{0.83}-2.362\right)\times5+0.3\times\frac{4.5}{0.4}\times2.362\times5 = 1\,622\ \text{kg/d} < 4\,320\text{kg/d}$$

从表 2-3 可知，排污口 1 的排污量为 BOD_5=4 320 kg/d，远大于该处的河流水环境容量，故排污口 1 必须削减的排污量为 4 320–1 622=2 698 kg/d。

③ 求断面 3-3 处的 BOD_5 值

由于从断面 2-2 至断面 3-3 没有排污口，所以 W^*=0，α =1，河段III长度 x =1.5 km，流速 u=0.35 m/s 耗氧常数 k_1=0.35 d^{-1}，故：

$$BOD_{3-3} = 5\times\left(1-0.0116\times\frac{0.35\times1.5}{0.35}\right) = 4.91\ \text{mg/L}$$ [即（2-36）中的 C_0]

④ 求河段Ⅳ的水环境容量总和

本段实际排放 BOD_5 量应包括排污口 2 与支流 2，即 BOD_5=86.4+259.2=345.6 kg/d（表 2-3）。由式（2-36）得本段水环境容量总和：

$$\sum W_{点}=86.4\times(C_{\mathrm{N}}-C_0)Q+k_1\frac{\Delta x_0}{u_0}C_0Q_0+86.4C_{\mathrm{N}}\sum_{i=1}^{n}q_i+C_{\mathrm{N}}\sum_{i=1}^{n-1}(k_1\frac{\Delta x_i}{u_i}Q_i)$$

$$=86.4\times(5-4.91)\times6+0.32\times4.91\times6\times\frac{1.5}{0.3}+86.4\times5\times(0.5+1.5)+$$

$$5\times[0.32\times\frac{1}{0.3}\times(6+0.5)+0.32\times\frac{1}{0.3}\times(6+0.5+1.5)]$$

$$=1\,035\ \mathrm{kg/d}>345.6\ \mathrm{kg/d}$$

实际排污量 BOD_5 并未超过该河段各点的水环境容量总和，因此该河段不会超过《渔业水质标准》。

⑤ 求排污口 2 处的水环境容量

排污口 2 处的水环境容量由式（2-35）计算得：

$$W_{点}=86.4\left(\frac{C_{\mathrm{N}}}{a}-C_0\right)Q+k_1\frac{x}{u}C_0(Q+q)$$

$$=86.4\times\left(\frac{5}{0.92}-4.91\right)\times6+0.32\times\frac{1}{0.3}\times4.91+(6+0.5)=306.04\ \mathrm{kg/d}$$

此处的实际排污量为 BOD_5=86.4+259.2=345.6 kg/d（包括排污口 2 及支流 2），故排污口 2 需要削减的排污量为：

$$BOD_5=345.6-306.04=39.56\ \mathrm{kg/d}$$

（2）湖泊、水库水环境容量的推算

湖泊、水库根据排污口的多少，可分为单点排污的水环境容量推算与多点排污的水环境容量推算。

1）单点排污的水环境容量推算

所谓湖泊、水库单点排污是指只有一个排污口或者在一个排污口周围相当广阔的水域内没有其他污染源的情况。允许排污量即水环境容量可按单点排污的水环境容量计算，计算前应确定：① 排污口附近水域的水质标准，根据水体主要功能和污水中的主要污染物确定；② 污水入湖的扩散角度ϕ；③ 计算点离排污口距离 r（m），应与有关部门共同商定；④ 按 90%～95%保证率定出湖、库月平均水位、相应的安全设计容积及扩散区内的平均深度 H(m)；⑤ 计算允许排污浓度 C，式中的自净速率系数 K 根据现场调查或室内实验确定。

允许排污量即水环境容量用下式计算：

$$W_{点}=C\cdot q \tag{2-41}$$

式中，C —— 允许排污浓度，mg/L；

q —— 入湖污水量，m^3/d。

计算所得的水环境容量 $W_{点}$与实际排污量 W^*作比较，如 $W_{点}>W^*$，则湖、库水质不受影响；如 $W_{点}<W^*$，则需要削减排污量，并应进行削减总量计算。

2）多点排污的水环境容量推算

湖泊、水库周围常有多个排污口，在这种情况下，应进行多点排污的水环境容量推算，推算步骤如下。

① 调查与搜集资料：a）按 90%～95%保证率定出湖、库最枯月平均水位、相应的安全设计容积及平均深度 H（m）；b）枯水季的降雨量与年降雨量；c）枯水季的入湖地表径流量及年地表径流量；d）各排污口的排污量及主要污染物的种类和浓度；e）湖、库水质监测点的布设与监测资料。

② 进行湖、库水质现状评价，以湖、库的主要功能的水质作为评价的标准，并确定需要控制的污染物及可能的技术措施。

③ 根据湖、库水质标准及水体水质模型，作主要污染物的允许排污量（即水环境容量）计算，计算式如下：

$$\sum W_{点}=C_0\left(H\frac{Q}{V}+10\right)A \tag{2-42}$$

式中，$\sum W_{点}$ —— 该湖、库水体对某种污染物的允许排污量，kg/a；

C_0 —— 湖、库水体对某种污染物的允许浓度，g/m^3；

Q —— 进入该湖、库的年水量（包括流入湖、库的地表径流、湖面降雨与污水量），$10^4\ m^3/a$；

V —— 90%～95%保证率时的最枯月平均水位相应的湖、库水容积，$10^4\ m^3$；

H —— 90%～95%保证率时的湖、库最枯月平均水位相应的平均深度，m；

A —— 90%～95%保证率时的湖、库最枯月平均水位相应的湖泊面积，$10^4\ m^2$。

④ 将计算所得的水环境容量$\sum W_{点}$与实际排污量 W^*相比较。如$\sum W_{点}>W^*$，则湖、库水质不受影响；如$\sum W_{点}<W^*$，则需削减排污量，并进行削减总量计算。

2.4　废水处理基本方法与系统

2.4.1　废水处理基本方法

废水处理的基本方法、废水处理技术发展至今，已有 100 余年的历史。为了适应不断出现的污染问题，满足环境保护的要求，废水处理技术伴随着社会的需求在不断地发展，通过技术的创新与进步，从最初简单的物理沉淀和最原始的生物滤池（生物滴滤），发展到活性污泥法和生物膜法，再到目前多种日趋完善的技术用于废水处理的局面。在现代的废水处理工艺中，又将这些工艺进行了不断的改进、革新和创新，形成了现代废水处理新工艺的基本单元，即包括采用物理方法、化学方法、物理化学方法和生物方法的各种处理单元。

（1）物理方法

主要是利用物理作用分离废水中呈悬浮状态的污染物质，在处理过程中不改变污染物的化学性质，常用的有采用格栅、筛网、砂滤等方法截留各类漂浮物、悬浮物等；利用沉淀、气浮和离心等方法分离比重与水不同的各类污染物质等。

（2）化学方法

利用化学反应的作用，通过改变污染物的性质，降低其危害性或有利于污染物的分离除去，包括向废水中投加各类药剂，使之与水中的污染物起化学反应，生成不溶于水或难溶于水的化合物，析出沉淀，使废水得到净化的化学沉淀法；利用中和作用处理酸性或碱性水的中和法；利用液氯、臭氧等强氧化剂氧化分解废水中污染物的化学氧化法；利用电解的原理，在阴阳两极分别发生氧化和还原反应，使水质达到净化的电解法等。

（3）物理化学方法

包括混凝处理、吸附处理、离子交换、萃取和膜分离处理等处理方法。

（4）生物方法

也称为生物化学法，简称为生化法。生物处理法是废水处理中应用最久、最广和比较经济有效的一种方法，它是利用自然界中存在的各种微生物，将废水中污染物进行分解和转化，达到净化的目的。污染物经生化法处理后可彻底地消除其对环境的污染和危害。新一代生物处理工艺在高效去除有机物的同时，又能高效地去除营养物，提高了出水水质，有效地保护水资源和水环境。

2.4.2　废水处理系统

废水处理是利用各种方法将废水中所含的污染物质分离出来，或将其转化为无害的物质，从而使废水得到净化。其基本目的是：① 满足废水达标排放的要求；② 满足水资源再生利用的要求。由于废水中的污染物种类繁多，不同的污染物需要应用不同的方法进行处理，通常采用这些工艺单元的有机组合，来实现不同的处理目的。而多种废水处理方法组合就构成废水处理系统。按照处理对象的不同，主要分为城市污水处理系统和工业废水处理系统。

（1）城市污水处理系统

城市污水处理系统目前应用的有一级处理、二级处理、三级处理，污泥的处理与处置。国内外最普遍流行的是以传统活性污泥法为核心的二级处理，其典型的二级处理工艺流程如图 2-8 所示。

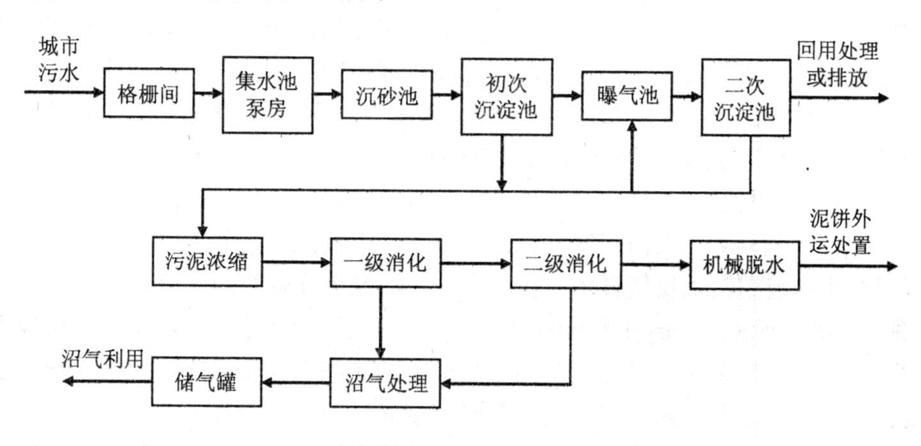

图 2-8　城市污水处理工艺流程

1）一级处理（Primary Treatment）。城市污水处理厂的一级处理通常是物理处理工艺，去除那些能损坏设备的大块固体污物和废水中可沉淀的或者悬浮物质。因此，一级处理又称为预处理或物理处理。一级处理设施通常包括格栅、集水池和提升泵房、沉砂池和初次沉淀池。格栅处理的目的是截留大块物质以保护后续水泵管线、设备的正常运行。泵房提升的目的是提高水头，以保证污水可以靠重力流过后续建在地面上的各个后续处理构筑物。沉砂处理的目的是去除污水中裹携的砂、石与大块颗粒物，以减少它们在后续构筑物中的沉降，防止造成设施淤砂，影响功效，或造成磨损堵塞，影响管线设备的正常运行。初次沉淀池是将污水中悬浮物尽可能地沉降去除，一般初次沉淀池可去除 50%左右的悬浮物和 25%左右的 BOD_5。强化一级处理通常采用化学混凝沉淀，以强化悬浮物的去除和减少不溶解性固体的浓度。在废水中悬浮有机物含量占的比例较大时，采用化学混凝沉淀强化一级处理，不仅能有效地去除悬浮固体，还能有效地去除有机物，COD去除50%～70%。强化一级处理还能通过化学沉淀有效地除磷。

2）二级处理（Secondary Treatment）。是采用生物化学的方法去除大部分的有机物。主要由曝气池和二次沉淀池构成，通过微生物的新陈代谢将废水中的大部分有机污染物变成 CO_2 和 H_2O。曝气池内微生物在反应过后与水一起以混合液形式流入二次沉淀池，污泥（微生物）沉在池底，并通过管道和泵回送到曝气池前端与新流入的污水混合；二次沉淀池上面澄清的处理水则源源不断地通过出水堰流出污水处理厂。近年来，由于保护水体和水资源的需要，生物除磷脱氮技术获得了长足的进步，研究开发和推广应用了多种新的生物脱氮除磷工艺。为了保护受纳水体防止其富营养化，现在国内外新建和改建的多数城市污水处理厂，都采用生物脱氮除磷工艺。为此需要提供足够的碳源，而国内许多废水处理厂的实际运行证明，进入曝气池的碳源偏少，不能提供支持生物除磷和脱氮所需的有机碳源，造成脱氮除磷效果不佳。因此，在需要进行生物脱氮除磷的废水处理厂，应当根据生物脱氮除磷所需的有机碳（BOD 或 COD）的数量确定初沉池的取舍。对于悬浮物和有机物浓度较低的进水，如 TSS 和 BOD，都小于 150 mg/L，为了防止活性污泥膨胀和保证在其后的生物反应池中进行硝化-反硝化时有足够碳源，可不设置初次沉淀池。取消初次沉淀池，废水在曝气池中好氧微生物的作用下能够形成密实和较重的生物絮凝体，在二次沉淀池能进行有效的沉淀分离。

3）三级处理（Tertiary Treatment）。三级处理的目的是进一步除去二级处理不能去除的残余有机物。三级处理是满足高标准的受纳水体要求或回用等特殊用途而进行的进一步处理，通用的工艺有混凝沉淀和过滤。三级处理的末端往往还需要有加氯设备和接触池。随着城市社会经济的高水平发展，三级处理是未来发展的需要。

4）污泥处理与处置。主要包括浓缩、消化、脱水、堆肥或农用填埋。浓缩有机械浓缩和重力浓缩，后续的消化通常是厌氧中温消化，消化产生的沼气可作为能源燃烧或发电，或用于制作化工产品等。消化产生的污泥性质稳定、具有肥效，经过脱水减少体积成饼成形，有利于运输。为了进一步改善污泥的卫生学质量，污泥还可以进行人工堆肥或机械堆肥。堆肥后的污泥是一种很好的土壤改良剂。对于重金属含量超标的污泥，经脱水处理后要慎重处置，一般需要将其填埋封闭起来。

（2）工业废水处理系统

工业废水处理是针对企业内部的废水末端处理，由于工业废水种类繁多，性质各异，工业废水处理工艺相对复杂，有很多变化。按处理程度，可分为预处理和达标处理。将处理出水接入城市污水管网进入城市污水处理厂继续处理，执行《污水综合排放标准》三级标准的企业内部的废水处理称为预处理；将处理出水达到《污水综合排放标准》一级标准后，排入自然水体的工业废水处理称为达标处理。工业废水处理系统按工艺流程的程序，也可分为预处理、主处理和后处理（深度处理）以及污泥处理系统，见图 2-9。

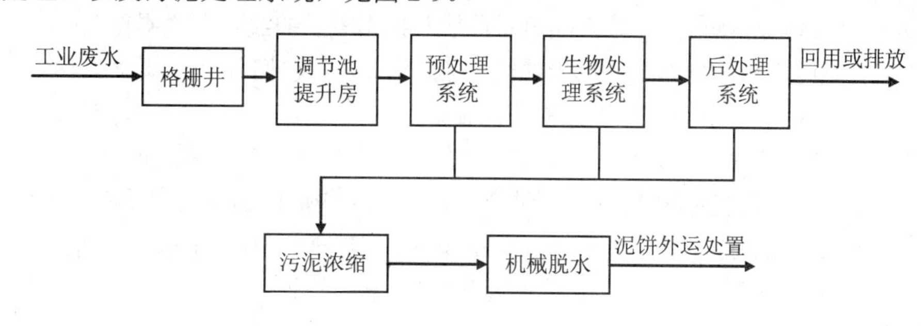

图 2-9　工业废水处理工艺流程示意

1）预处理。设置预处理系统的目的在于截留大块物质，去除部分污染物，改善废水水质，提高废水可生化性。工业废水的预处理通常包括：格栅处理、水质水量调节、水泵提升、中和处理和混凝沉淀处理。水质水量的调节是为了确保后续处理系统的稳定运行。由于工业废水水质水量的变化大，调节是必需的。其调节容积应根据排水规律，并应满足后续处理设施连续稳定运行的要求。工业废水的酸碱性较强时，设置中和处理，以进一步稳定水质。当废水的悬浮物浓度较高时，设置初次沉淀，将废水中悬浮物尽可能地沉降去除。若以去除废水中的 COD 为目的时，初次沉淀通常采用混凝沉淀来提高处理效果。此外，由于工业废水具有污染物成分复杂、浓度高、难生物降解等特点，在预处理工艺中往往需要考虑设置必要的手段，以改善废水水质，提高废水可生化性。如混凝技术、氧化技术、氧化还原技术、水解酸化技术等。

2）主处理。对有机污染为主的废水，通常以生物处理为主处理工艺，当废水污染物浓度较高时，以“物化-生物”、“生化-物化”联合构成主处理工艺。主要目的是通过微生物的新陈代谢氧化分解废水中的大部分污染物，通过物理化学方法去除废水中的部分难降解污染物。

3）后处理。为了满足高标准的受纳水体要求，采用物理化学方法对生化出水进一步处理，去除废水中的残余污染物，使之达标排放。当以回用为目的时，需要为适用于工业生产等特殊用途而进行进一步处理。

4）污泥处理和处置。主要包括浓缩、脱水、填埋或综合利用。工业废水处理的生化处理技术是当前水污染控制领域最活跃的一个方面，新技术不断涌现，但必须具有针对性，适用于所要处理的废水。

【习题与思考题】

2-1 什么叫水体自净？什么叫氧垂曲线？根据氧垂曲线可以说明什么问题？

2-2 何谓水环境容量？环境容量包括哪两部分？它们各自的概念如何？

2-3 废水各级处理的去除对象是什么？

2-4 举例说明废水处理与利用的物理法、化学法、生物法三者之间的主要区别。

2-5 一废水流量 q=0.15 m^3/s，钠离子浓度 ρ_1=2500 mg/L，今排入某河流。排入口上游处河水流量 Q=20 m^3/s，流速 v=0.3 m/s，钠离子浓度 ρ_0=12 mg/L。求河流下游不远处的钠离子浓度。

2-6 某生活污水经沉淀处理后的出水排入附近河流。各项参数如表 2-5 所示。试求：

（1）2 天后河流中的溶解氧量。

（2）临界亏氧量及其发生的时间。

表 2-5 污水与河水各项参数

参数	污水处理厂出水	河水
流量/（m^3/s）	0.2	5.0
水温/℃	15	20
DO/（mg/L）	1.0	6.0
$BOD_{5(20)}$/（mg/L）	100	3.0
$k_{1(20)}$/d^{-1}	0.2	—
$k_{2(20)}$/d^{-1}	—	0.3

2-7 一城市污水处理厂出水流量为 q=20 000 m^3/d，BOD_5=30 mg/L，DO=2 mg/L，水温 20℃，k_1=0.17d^{-1}。将此处水排入某河流，排放口上游处河水流量为 Q=0.65 m^3/s，BOD_5=5.0 mg/L，DO=7.5 mg/L，水温 23℃，混合后水流速度 v=0.5 m/s，k_2 可取 0.25d^{-1}。试求混合后溶解氧最低值及其发生在距排放口多远处？

2-8 一奶制品工厂废水欲排入某河流，各项参数如表 2-6 所示。问：

（1）如果废水不做任何处理，排入河流后，最低溶解氧量是多少？

（2）如果该河流规定Ⅲ类水体，要求溶解最低值不得低于 5.0 mg/L，工厂应该将废水的 $BOD_{5(20)}$ 处理到不超过多少浓度时才能排放？

表 2-6 废水与河水各项参数

参数	废水	河水
流量/（m^3/d）	1 000	19 000
水温/℃	50	10
DO/（mg/L）	0	7.0
$BOD_{5(20)}$/（mg/L）	1 250	3.0
$k_{1(20)}/d^{-1}$	0.35	—
$k_{2(20)}/d^{-1}$	—	0.5

第二篇

物理、化学及物理化学处理理论与技术

第 3 章　废水的物理处理

物理处理是指借助重力、离心力等物理作用使污水中的某些污染物得以分离的处理过程。生活污水和工业废水都可能含有大量的漂浮物、悬浮物以及泥沙等，其进入水处理构筑物会沉入水底或浮于水面，会淤塞处理构筑物，给污水处理设备的正常运行带来影响。污水物理处理的作用就在于去除这些不利于处理构筑物及其设备运行的漂浮物、悬浮物和泥沙等。污水的物理处理方法有筛滤、截留、水质水量调节、重力分离、离心分离等；采用的处理设备和构筑物有筛网、格栅、滤池、微滤机、沉砂池、旋流分离器、沉淀池、隔油池等。根据污水和工业废水的性质及其需要的处理程度，上述处理设备和构筑物可以单独使用，也可以与化学处理和生物化学处理工艺联合使用。

3.1　筛滤

3.1.1　格栅

（1）格栅的作用

格栅（Grid）由一组或多组相平行的金属栅条与框架组成，安装在污水渠道、泵房集水井的进口处或污水处理厂的前部，用以截留较大的悬浮物或漂浮物，如纤维、毛发、果皮、蔬菜、烟蒂、塑料和泡沫制品等，以减轻后续处理构筑物的处理负荷，并使之正常运行。被截留的物质称为栅渣，栅渣的含水率为 70%～80%，容重约为 750 kg/m^3。

（2）格栅的分类

格栅按栅条的间隙大小分细格栅（3～10 mm）、中格栅（10～40 mm）和粗格栅（50～100 mm）。按形状又可分为平面格栅与曲面格栅两类。平面格栅与曲面格栅都可以做成细格栅、中格栅和粗格栅。目前，污水处理厂一般采用粗、中两道格栅，甚至采用粗、中、细 3 道格栅。

1）平面格栅

平面格栅由栅条与框架组成。基本形式见图 3-1。图中 A 型平面格栅是栅条布置在框架的外侧，适用于机械清渣或人工清渣；B 型平面格栅是栅条布置在框架的内侧，在格栅的顶部设有起吊架，可将格栅吊起，进行人工清渣。

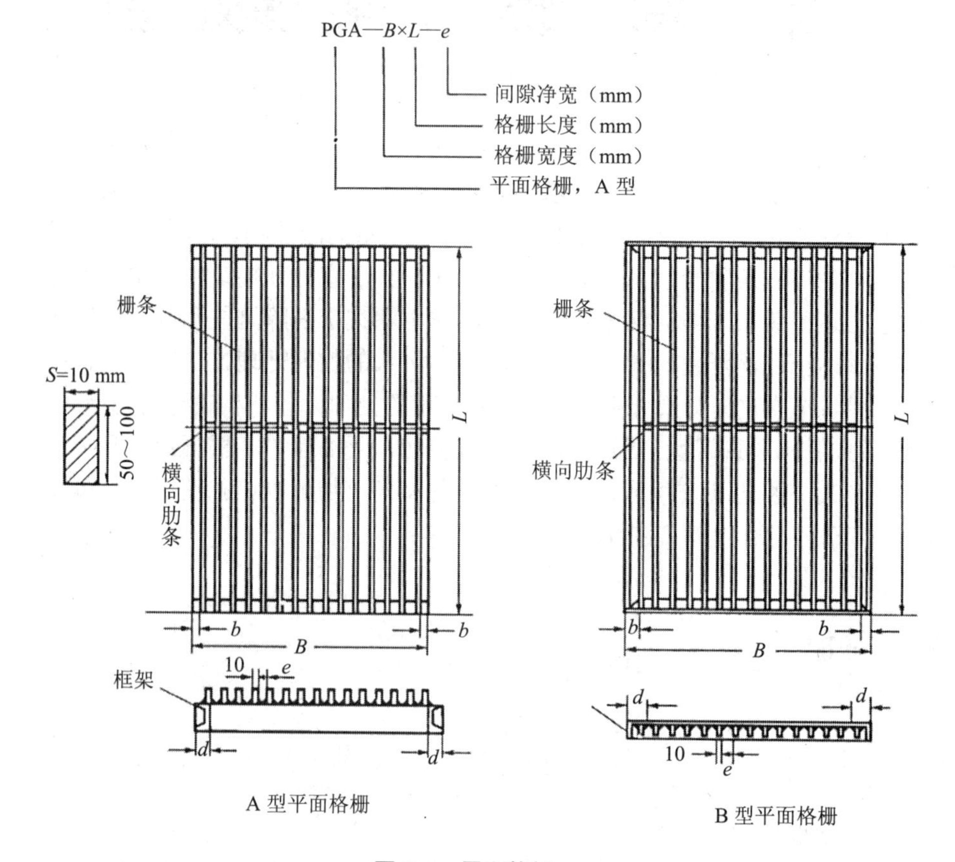

图 3-1 平面格栅

平面格栅的基本参数与尺寸包括宽度 B、长度 L、间隙净空隙 e、栅条至外边框的距离 b，具体参数与尺寸见表 3-1。

① 粗格栅

粗格栅一般位于泵站集水井口和污水处理厂提升泵站之前，以防粗大漂浮物堵塞构筑物的孔道、闸门、管道或者损坏水泵、水下搅拌机或推进器等机械设备。

粗格栅按清渣方式可分为人工清渣和机械清渣两种。为了改善管理人员的工作条件，减轻劳动强度，宜采用机械格栅清污机。

表 3-1 格栅的基本参数与尺寸 单位：mm

名 称	数 值
格栅宽度 B	600，800，1 000，1 200，1 400，1 600，1 800，2 000，2 200，2 400，2 600，2 800，3 000，3 200，3 400，3 600，3 800，4 000，用移动除渣机时，$B>4\,000$
格栅长度 L	600，800，1 000，1 200，…（以 200 为一级增长，上限值决定于水深）
间隙净宽 e	10，15，20，25，30，40，50，60，80，100
栅条至外边框距离 b	b 值按下式计算： $b=\dfrac{B-10n-(n-1)e}{2}$；$b\leqslant d$ 式中：B —— 格栅宽度； n —— 格栅根数； e —— 间隙净宽； d —— 框架周边宽度

机械清渣格栅适于较大的污水处理厂或当栅渣量大于 0.2 m^3/d 时采用。其安装位置基本与人工清渣格栅相同。根据污水渠道、泵房集水井和提升泵房布置，平面格栅可倾斜布设和垂直布设。

目前，机械清渣的方式有多种，常见的有往复式移动耙机械格栅、回转式机械格栅、转鼓式机械格栅和钢丝绳牵引机械格栅等（图 3-2）。为便于维护，机械清渣格栅台组数不宜少于 2 台，每座格栅前后水渠均应设置动阈门，以利于清空和检修。如果只安装一座机械清渣格栅，必须设置一座人工清渣格栅备用。

回转式机械格栅是一种可以连续自动清除栅渣的格栅[图 3-2（a）]。它由许多个相同的耙齿机件交错平行组装成一组封闭的耙齿链，在电动机和减速机的驱动下，通过一组槽轮和链条形成连续不断的自下而上的循环运动，达到不断清除栅渣的目的。当耙齿链运转到设备上部及背部时，由于链轮和弯轨的导向作用，可以使平行的耙齿排产生错位，促使粗大固体污物靠自重下落到渣槽内。

往复式移动耙机械格栅通过设在水面上部的驱动装置将渣耙从格栅的前部或者后部嵌入栅条，往复上下将栅渣从栅条上剥离下来[图 3-2（b）]。

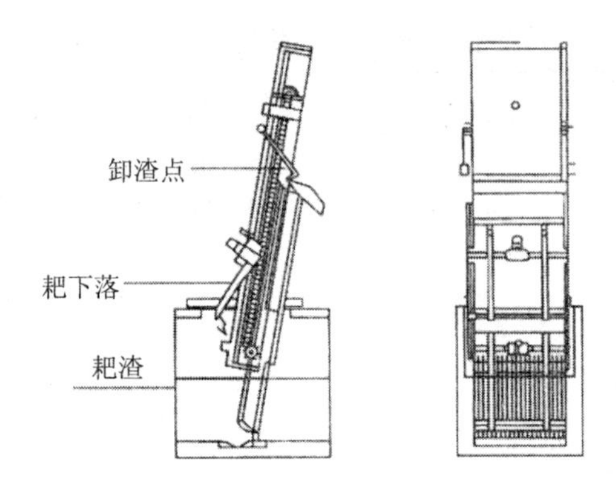

（a）回转式机械格栅

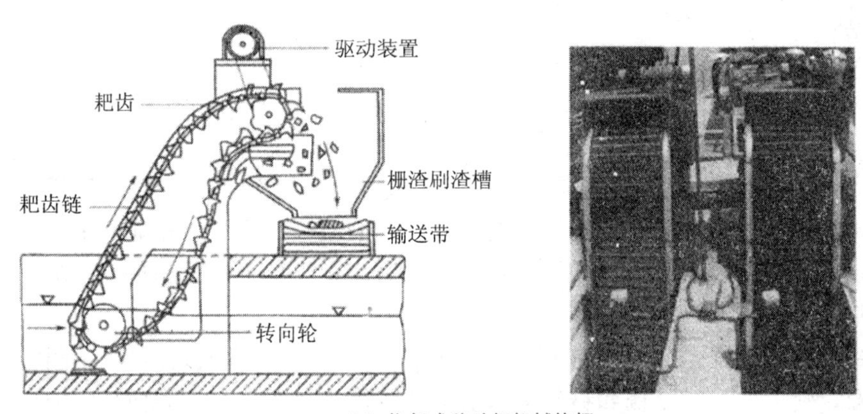

（b）往复式移动耙机械格栅

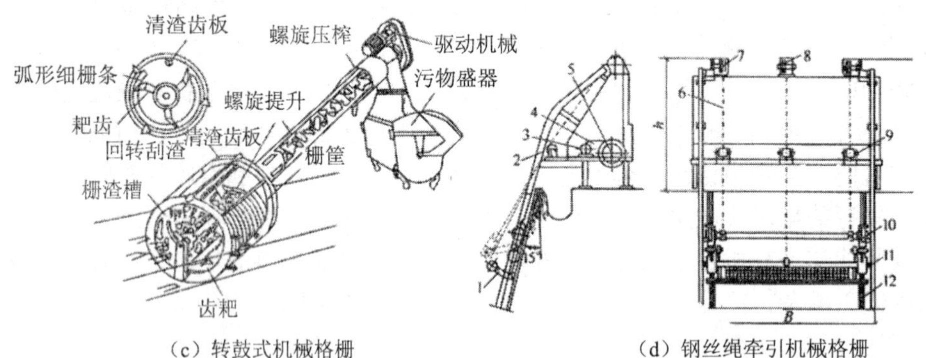

（c）转鼓式机械格栅

（d）钢丝绳牵引机械格栅

1-除污耙；2-上导轨；3-电动机；4-齿轮减速箱；5-钢丝绳卷筒；6-钢丝绳；7-两侧转向滑轮；8-中间转向滑轮；9-导向轮；10-滚轮；11-侧轮；12-扁钢轨道

图 3-2 机械格栅

转鼓式机械格栅是一种集细格栅除污机、栅渣螺旋提升机和栅渣螺旋压榨机于一体的设备[图 3-2（c）]。格栅片按栅间隙制成鼓形栅筐，处理水从栅筐前端流入，通过格栅过滤，流向栅筐后的渠道，栅渣被截留在栅筐内栅面上，当栅内外的水位差达到一定值时，安装在中心轴上的旋转齿耙回转清污，当清渣齿耙把污物扒至栅筐顶点的位置，通过栅渣自重、水的冲洗及挡渣板的作用，栅渣卸入中间渣槽，再由槽底螺旋输送器提升，至上部压榨段压榨脱水后外运。

钢丝绳牵引机械格栅[图 3-2（d）]依靠钢绳驱动装置放绳，耙斗从最高位置沿导轨下行，撇渣板在自重的作用下随耙斗下降。当撇渣板复位后，耙斗在开闭耙装置（电动推杆）的推动下通过中间钢绳的牵引张开并继续下行直抵格栅底部下限位，待耙齿插入格栅间隙后，钢绳驱动装置收绳，强制耙斗完全闭合后耙斗和斗车沿导轨上行，清除栅渣直至触及撇渣板，在两者相对运动的作用下，栅渣被撇出，经导渣板落入渣槽，实现清渣。

② 中、细格栅

中、细格栅位于粗格栅和提升泵站后。其作用、类型、安装与粗格栅基本相同。为防止细格栅堵塞，应有连续清除所截留悬浮固体的装置。

2）曲面格栅

曲面格栅又可分为固定曲面格栅与旋转鼓筒式格栅两种（图 3-3），其中图 3-3（a）为固定曲面格栅，利用渠道水流速度推动除渣桨板；图 3-3（b）为旋转鼓筒式格栅，污水从鼓筒内向鼓筒外流动，被格除的栅渣，由冲洗水管冲入渣槽（带网眼）内排出。

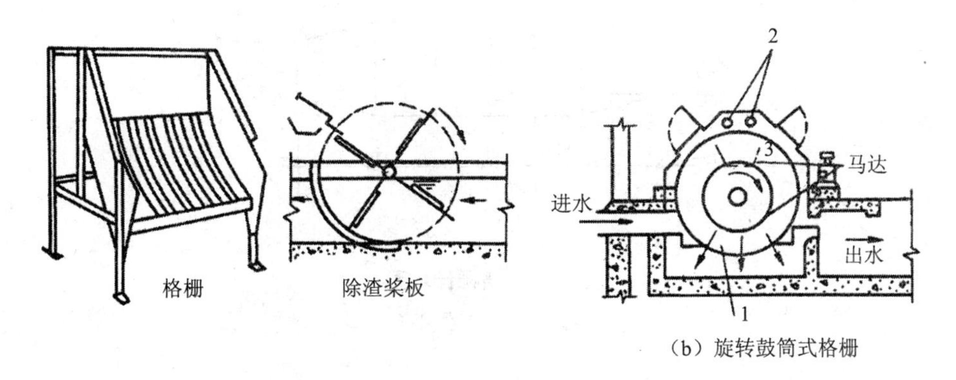

（b）旋转鼓筒式格栅

（a）固定曲面格栅　　1-鼓筒；2-冲洗水管；3-渣槽

图 3-3　曲面格栅

（3）格栅的设计计算

1）设计规范要求

① 污水泵站一般采用固定式清污机，单台工作宽度不宜超过 3 m，否则应使用多台，以保证运行效果。

② 栅条的间隙

a. 污水泵站主要使用中格栅一道；在污水处理厂的进水泵房中，泵前设一道中格栅，泵后再设一道细格栅，以利于污水的后续处理。

b. 格栅间隙大小应考虑：

- 根据水泵叶轮间隙允许通过的污物能力决定，即格栅间隙应小于水泵叶轮的间隙。
- 根据泵站收水范围的地区特点、栅渣的性质决定。一般格栅间隙 20～25 mm。

③格栅安装角度

机械清渣一般 60°～75°，回转式一般 60°～90°，特殊时为 90°。

2）设计计算

格栅的设计内容包括尺寸计算、水力计算、栅渣量计算以及清渣机械的选用等。图 3-4 为格栅计算图。

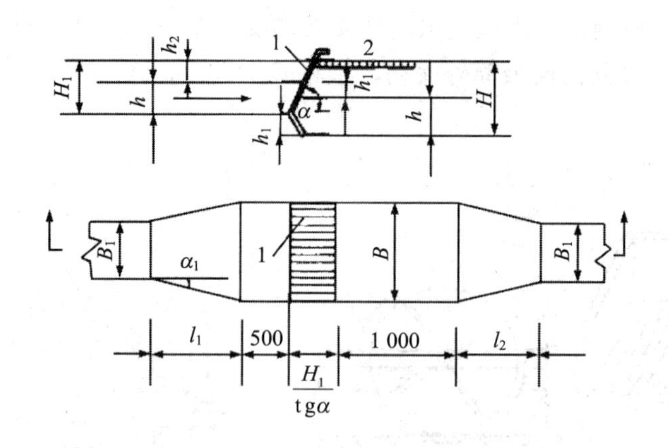

图 3-4 格栅计算图

1-栅条；2-工作平台

栅槽宽度：

$$B = S(n-1) + en \tag{3-1}$$

式中，B —— 栅槽宽度，m；

S —— 栅条宽度，m；

e —— 栅条净间隙，m；

n —— 格栅间隙数。

$$n = \frac{Q_{max}\sqrt{\sin\alpha}}{ehv} \tag{3-2}$$

式中，Q_{max} —— 最大设计流量，m^3/s；

α —— 格栅倾角，度（°）；

h —— 栅前水深，m；

v —— 过栅流速，m/s，最大设计流量时为 0.8～1.0 m/s，平均设计流量时为 0.3 m/s；

$\sqrt{\sin\alpha}$ —— 经验系数。

过栅的水头损失：

$$h_1 = kh_0 \tag{3-3}$$

$$h_0 = \xi\frac{v^2}{2g}\sin\alpha \tag{3-4}$$

式中，h_1 —— 过栅水头损失，m；

h_0 —— 计算水头损失，m；

g —— 重力加速度，9.81 m/s^2；

k —— 系数，格栅受污物堵塞后，水头损失增大的倍数，一般 k 取 3；

ξ —— 阻力系数，与栅条断面形状有关，$\xi = \beta\left(\frac{S}{e}\right)^{4/3}$，当为矩形断面时，$\beta$=2.42。

为避免造成栅前涌水，故将栅后槽底下降 h_1 作为补偿。

栅槽总高度：

$$H = h + h_1 + h_2 \tag{3-5}$$

式中，H —— 栅槽总高度，m；

h —— 栅前水深，m；

h_2 —— 栅前渠道超高，m，一般用 0.3 m。

栅槽总长度：

$$L = l_1 + l_2 + 1.0 + 0.5 + \frac{H_1}{\text{tg}\alpha} \tag{3-6}$$

$$l_1 = \frac{B - B_1}{2\text{tg}\alpha_1} \quad (3\text{-}7)$$

$$l_2 = \frac{l_1}{2} \quad (3\text{-}8)$$

$$H_1 = h + h_2 \quad (3\text{-}9)$$

式中，L —— 栅槽总长度，m；

H_1 —— 栅前槽高，m；

l_1 —— 进水渠道渐宽部分长度，m；

B_1 —— 进水渠道宽度，m；

α_1 —— 进水渠展开角，一般用 20°；

l_2 —— 栅槽与出水渠连接渠的渐缩长度，m。

每日栅渣量计算：

$$W = \frac{Q_{max} W_1 \times 86\,400}{K_{总} \times 1\,000} \quad (3\text{-}10)$$

式中，W —— 每日栅渣量，m^3/d；

W_1 —— 栅渣量（$m^3/10^3\ m^3$ 污水），取 0.1～0.01，粗格栅用小值，细格栅用大值，中格栅用中值；

$K_{总}$ —— 生活污水流量总变化系数，见表 3-2。

表 3-2 生活污水量总变化系数 $K_{总}$

平均流量/（L/s）	4	6	10	15	25	40	70	120	200	400	750	1 600
$K_{总}$	2.3	2.2	2.1	2.0	1.89	1.80	1.69	1.59	1.51	1.40	1.30	1.20

【例题 3-1】已知某城市的最大设计污水量 Q_{max}=0.2 m^3/s，$K_{总}$=1.5，计算格栅各部尺寸。

【解】格栅计算草图见图 3-4。设栅前水深 h=0.4 m，过栅流速取 v=0.9 m/s，用中格栅，栅条间隙 e=20 mm，格栅安装倾角 α=60°。

栅条间隙数：

$$n = \frac{Q_{max}\sqrt{\sin\alpha}}{ehv} = \frac{0.2\sqrt{\sin 60^\circ}}{20 \times 0.4 \times 0.9} \approx 26$$

栅槽宽度：

用式（3-1），取栅条宽度 S=0.01 m

$$B = S(n-1) + en = 0.01(26-1) + 0.02 \times 26 \approx 0.8\text{m}$$

进水渠道渐宽部分长度：

若进水渠宽 B_1=0.65 m，渐宽部分展开角α_1=20°，此时进水渠道内的流速为0.77 m/s，

$$l_1=\frac{B-B_1}{2\mathrm{tg}\alpha_1}=\frac{0.8-0.65}{2\mathrm{tg}20^\circ}\approx 0.22\mathrm{m}$$

栅槽与出水渠道连接处的渐窄部分长度：

$$l_2=\frac{l_1}{2}=\frac{0.22}{2}=0.11\mathrm{m}$$

过栅水头损失：

因栅条为矩形截面，取 k=3，并将已知数据代入式（3-2）得：

$$h_1=2.42\left(\frac{0.01}{0.02}\right)^{4/3}\frac{0.9^2}{2\times 9.81}\sin 60^\circ\times 3=0.097\mathrm{m}$$

栅槽总高度：取栅前渠道超高 h_2=0.3 m，栅前槽高 $H_1=h+h_2=0.7\mathrm{m}$

$$H=h+h_1+h_2=0.4+0.097+0.3=0.8\mathrm{m}$$

栅槽总长度：

$$L=l_1+l_2+1.0+0.5+\frac{H_1}{\mathrm{tg}\alpha}=0.22+0.11+1.0+0.5+\frac{0.7}{\mathrm{tg}60^\circ}=2.24\mathrm{m}$$

栅渣量：用式（3-10），取 W_1=0.07 m^3/（$10^3\mathrm{m}^3$）

$$W=\frac{Q_{\max}W_1\times 86\,400}{K_{总}\times 1\,000}=\frac{0.2\times 0.07\times 86\,400}{1.5\times 1\,000}=0.8\mathrm{m}^3/\mathrm{d}$$

栅渣量大于 0.2 m^3/d，所以采用机械清渣。

3.1.2　筛网

一些工业废水含有较细小的悬浮物，它们不能被格栅截留，也难以用沉淀法去除。为了去除这类污染物，工业上常用筛网（Screen）。选择不同尺寸的筛网，能去除和回收不同类型和大小的悬浮物，如纤维、纸浆、藻类等。

筛网过滤装置很多，有振动筛网、水力筛网、转鼓式筛网、转盘式筛网、微滤机等。下面只介绍前面两种。

振动筛网示意图见图 3-5。它由振动筛和固定筛组成。污水通过振动筛时，悬浮物等杂质被留在振动筛上，并通过振动卸到固定筛网上，以进一步脱水。

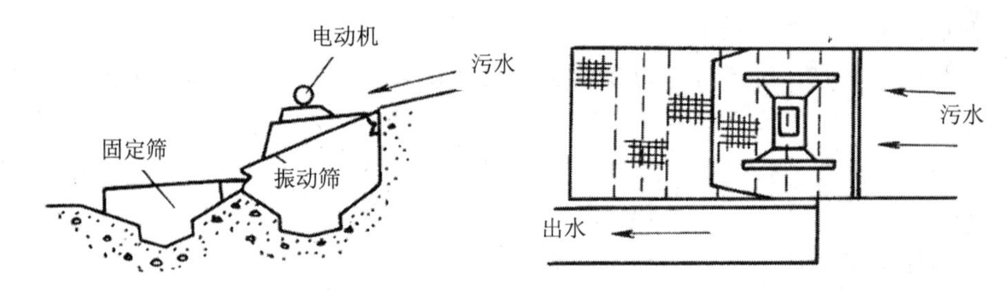

图 3-5 振动筛网示意

水力筛网的构造见图 3-6。转动筛网呈截顶圆锥形，中心轴呈水平状态，锥体则呈倾斜状态。污水从圆锥体的小端进入，水流在从小端到大端的流动过程中，纤维状污染物被筛网截留，水则从筛网的细小孔中流入集水装置。由于整个筛网呈圆锥体，被截留的污染物沿筛网的倾斜面卸到固定筛上，以进一步滤去水滴。这种筛网利用水的冲击力和重力作用产生旋转运动。

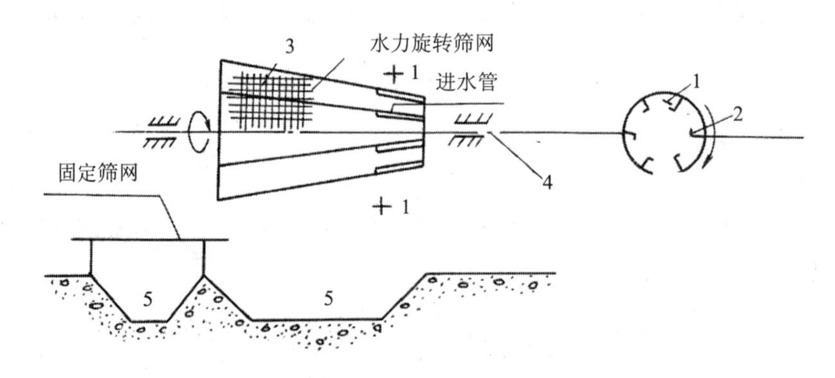

图 3-6 水力筛网构造示意

1-进水方向；2-导水叶片；3-筛网；4-转动轴；5-水沟

3.1.3 破碎机

破碎机是将污水中较大的悬浮固体破碎成较小、均匀的碎块，留在污水中随水流进入后续构筑物处理。国外使用破碎机非常普遍，也取得了显著效果。破碎机可以安装在格栅后污水泵前，作为格栅的补充，防止污水泵堵塞，也可安装在沉砂池之后，以免无机颗粒损坏破碎机，破碎机的构造及安装见图 3-7。

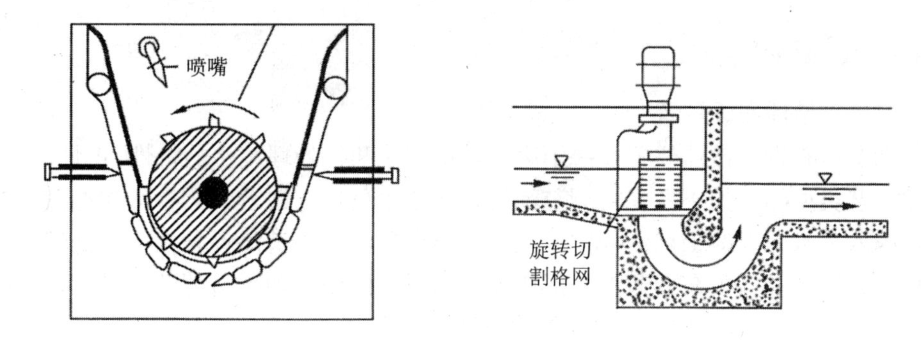

图 3-7　破碎机的构造及安装图安装示意

3.2　调节池

工业企业往往采用分批或周期性方式组织生产，由于采用的生产工艺和所用原料的不同，导致许多工业废水的流量、污染物组成和污染物的浓度或负荷随时间而波动。为使污水处理设施正常工作，需要采用均衡调节的方法来缓和这种水质和水量的波动，以维持污水处理工艺的稳定运行。

3.2.1　调节池的作用

调节池具有如下作用或功能：①尽量减少或防止有机物冲击负荷以及高浓度有毒物质对生物处理系统的不利影响；②实现酸性废水和碱性废水中和，尽可能使处理过程中的 pH 值保持稳定，以减少中和所需要化学药品的数量；③加速热量散失，使不同温度废水得到充分混合，调节水温；④当工厂不开工或间歇排放废水时，可以在一定时间内保持生物处理系统的连续进水。

设置调节池，具有以下的优点：由于消除或降低了冲击负荷，抑制性物质得以稀释，稳定了 pH 值，后续生物处理的效果得到了保证；由于生物处理单元在固体负荷率方面保持相对一致性，后续的二沉池在出水质量和沉淀分离方面效果也大大改善；在需要投加化学药剂的场合，由于水量与水质得到调节，化学投药易于控制，工艺也越具有可靠性。当然，设置调节池也具有其本身存在的不足。例如，占地面积较大，可能需要加盖以防臭味逸散，基建投资增加，需要一定程度的管理与维护等。

3.2.2 调节池的设置

（1）调节池布设位置

调节池布设的最佳位置取决于废水收集系统和待处理废水的特性、占地需要、处理工艺类型等。如果考虑将调节池设置在废水处理厂附近，需要考虑如何将调节池纳入废水处理的工艺流程中。在一些场合，可将调节池设置在一级处理与生物处理之间，以避免在调节池内形成浮渣和固体沉积。如果将调节池设置在一级处理之前，应当选择合理的搅拌方式。

（2）调节池的类型与均质、均量方式

如果调节池的作用是调节水量，则只需设置简单的水池，保持必要的调节池容积并使出水均匀即可。如果调节池的作用是使废水水质能达到均衡，则需使调节池的构造特殊一些，以使不同时间进入调节池的废水能得到相互混合，获得水质均质的效果，穿孔导流槽式调节池就属于此类。为了使废水进行充分混合，防止悬浮物在调节池内沉淀与累积，工程上更多使用的方式是在调节池内增设空气搅拌、机械搅拌、水力搅拌等设施。

3.2.3 调节池的设计计算

（1）水量调节池

常用的水量调节池，如图 3-8 所示。进水为重力流，出水用泵抽升，池中最高水位不高于进水管的设计水位，有效水深一般为 2～3 m。最低水位为死水位。

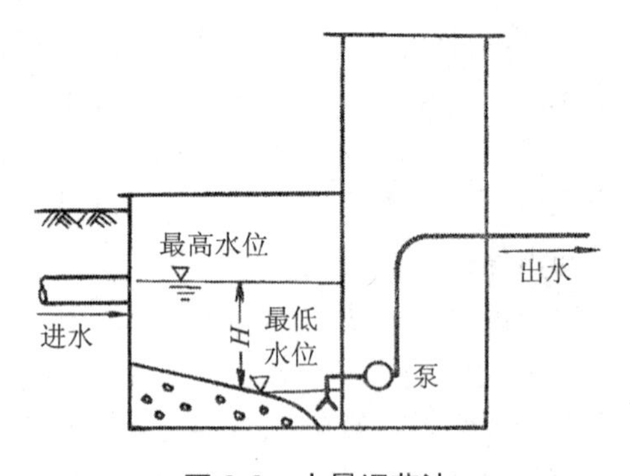

图 3-8　水量调节池

调节池的容积可用图解法计算。例如某工厂的废水在生产周期（T）内的废水流量变化曲线，如图 3-9 所示。曲线下在 T 小时内所围的面积，等于废水总量 W_T（m^3）。

$$W_T = \sum_{i=0}^{T} q_i t_i \tag{3-11}$$

式中，q_i —— 在 t 时段内废水的平均流量，m^3/h；

t_i —— 时段，h。

在周期 T 内废水平均流量 Q，m^3/h。Q 计算公式为：

$$Q = \frac{W_T}{T} = \frac{\sum_{i=0}^{T} q_i t_i}{T} \tag{3-12}$$

根据废水量变化曲线，可绘制如图 3-10 所示的废水流量累积曲线。流量累积曲线与周期 T（本例为 24 h）的交点 A 读数为 W_T（1 464 m^3），连接 OA 直线，其斜率为 Q（61 m^3/h）。假设一台水泵工作，该线即为泵抽水量的累积水量。

对废水量累积曲线，作平行于 OA 的两条切线 ab、cd，切点为 B 和 C，通过 B 和 C，作平行于纵坐标的直线 BD 和 CE，此二直线与出水累积曲线分别相交于 D 和 E 点。从纵坐标可得到 BD 和 CE 的水量分别为 220 m^3 和 90 m^3，两者相加即为所需调节池的容积为 310 m^3。图中虚线为调节池内水量变化曲线。

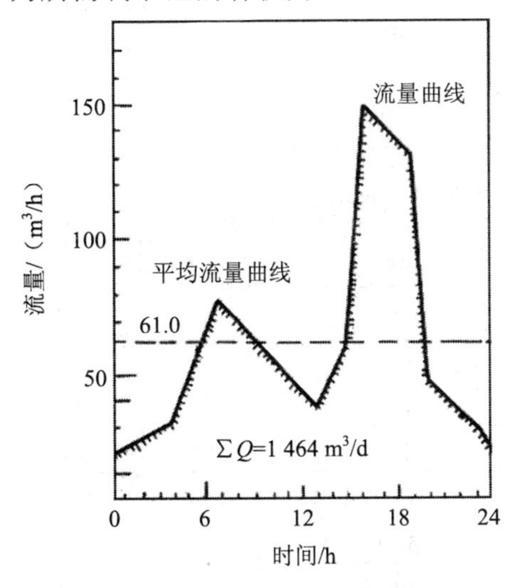

图 3-9　某厂废水流量曲线

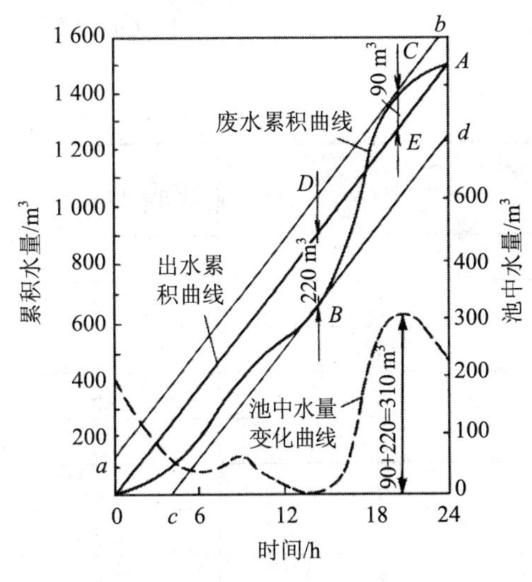

图 3-10　某厂废水流量累积曲线

（2）水质调节池

1）普通水质调节池

对调节池可写出物料平衡方程：

$$C_1QT + C_0V = C_2QT + C_2V \tag{3-13}$$

式中，Q —— 取样间隔时间内的平均流量；

C_1 —— 取样间隔时间内进入调节池污物的浓度；

T —— 取样间隔时间；

C_0 —— 取样间隔开始时调节池内污物的浓度；

V —— 调节池容积；

C_2 —— 取样间隔时间终了时调节池出水污物的浓度。

假设在一个取样间隔时间内出水浓度不变，将上式变化后，每一个取样间隔后的出水度为

$$C_2 = \frac{C_1 T + C_0 V / Q}{T + V / Q} \tag{3-14}$$

当调节池容积已知时，利用上式可求出各间隔时间的出水污物浓度。

【例题 3-2】某工厂生产周期为 8 h，废水水量和 BOD 浓度变化如表 3-3 所示。取样间隔时间为 1 h。求调节池停留时间为 8 h 和 4 h 出水 BOD 的浓度。

【解】从表 3-3 查得平均流量为 4.63 m^3/min，停留时间为 8 h，调节池的容积为：

$$V=Qt=4.63\times 8\times 60=2\ 223\ \text{m}^3$$

表 3-3　流量和进出水 BOD 浓度

时段	流量/（m^3/min）	进水浓度/（mg/L）	出水浓度/（mg/L）	
			t =8 h	t =4 h
1	6.1	245	187	198
2	0.8	64	185	193
3	3.8	54	173	169
4	4.5	167	172	169
5	6.0	329	194	208
6	7.6	48	169	162
7	4.5	55	157	141
8	3.8	395	179	181
平均	4.63	178	177	178
P（最大、最小浓度比）	—	—	1.09	1.17

第一时间间隔后的出水浓度为：

$$C_2 = \frac{C_1 T + C_0 V / Q}{T + V / Q} = \frac{245\times 1 + 179\times 2\ 223(6.1\times 60)}{1 + 2\ 223(6.1\times 60)} = 187\text{mg/L}$$

其他时间间隔后的出水浓度列于表 3-3 中。

调节池出水最大浓度与最小浓度比 P 为：

$$P=\frac{194}{178}=1.09$$

同样，可算出停留时间为 4 h，调节池的容积，各时间间隔后的出水浓度及出水的 P 值。调节池出水的 P 值应小于 1.2。实际调节池采用 4 h。

2）穿孔导流槽式水质调节池

穿孔导流槽式调节池如图 3-11 所示。同时进入调节池的废水，由于流程长短不同，使前后进入调节池的废水相混合，以此达到均和水质的目的。

这种调节池的容积可按下式计算：

$$W_T=\sum_{i=1}^{t}\frac{q_i}{2} \tag{3-15}$$

考虑到废水在池内流动可能出现短路等因素，一般引入 η=0.7 的容积加大系数。则上式应为：

$$W_T=\sum_{i=1}^{t}\frac{q_i}{2\eta} \tag{3-16}$$

水质调节池的形式除上述矩形的调节池外还有方形和圆形的调节池。圆形调节池如图 3-12 所示。

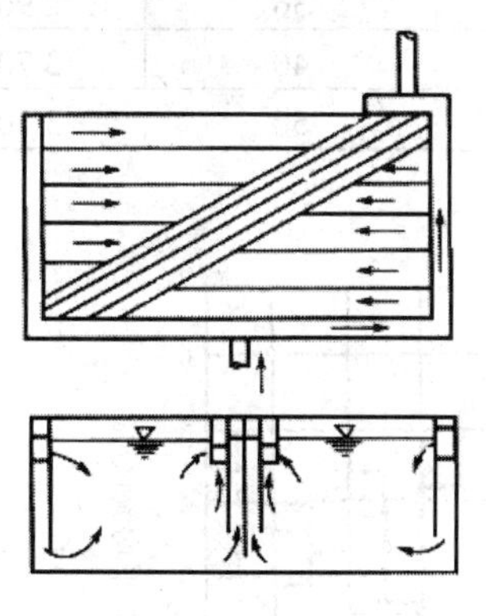

图 3-11　穿孔导流槽式调节池

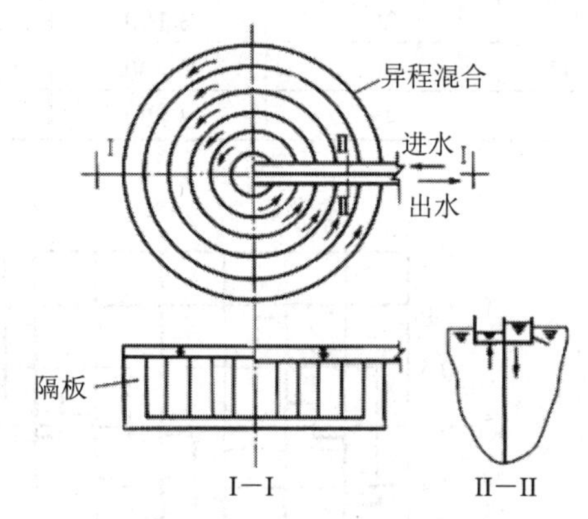

图 3-12　圆形调节池

【例题 3-3】已知某化工厂酸性废水的平均日流量为 1 000 m^3/d，废水流量及盐酸浓度列于表 3-4 中，求 6 h 的平均浓度和调节池的容积。

【解】将表 3-4 中的数据绘制成水质和水量变化曲线图（见图 3-13）。

从图 3-13 可以看出，废水流量和浓度较高的时段为 12～18 h。此 6 h 废水的平均浓度为：

$$=\frac{5\,700\times 37+4\,700\times 68+3\,000\times 40+3\,500\times 64+5\,300\times 40+4\,200\times 40}{37+68+40+64+40+40}$$

$=4\,350$ mg/L

选用矩形平面对角线出水调节池，其容积为：

$$W_T=\frac{\sum_{i=1}^{t}q_i}{2\eta}=\frac{284}{2\times 0.7}=206\ \text{m}^3$$

表 3-4　某化工厂酸性废水浓度与流量的变化

时间/h	流量/（m^3/min）	浓度/（mg/L）	时间/h	流量/（m^3/min）	浓度/（mg/L）
0～1	50	3 000	12～13	37	5 700
1～2	29	2 700	13～14	68	4 700
2～3	40	3 800	14～15	40	3 000
3～4	53	4 400	15～16	64	3 500
4～5	58	2 300	16～17	40	5 300
5～6	36	1 800	17～18	40	4 200
6～7	38	2 800	18～19	25	2 600
7～8	31	3 900	19～20	25	4 400
8～9	48	2 400	20～21	33	4 000
9～10	38	3 100	21～22	36	2 900
10～11	40	4 200	22～23	40	3 700
11～12	45	3 800	23～24	50	3 100

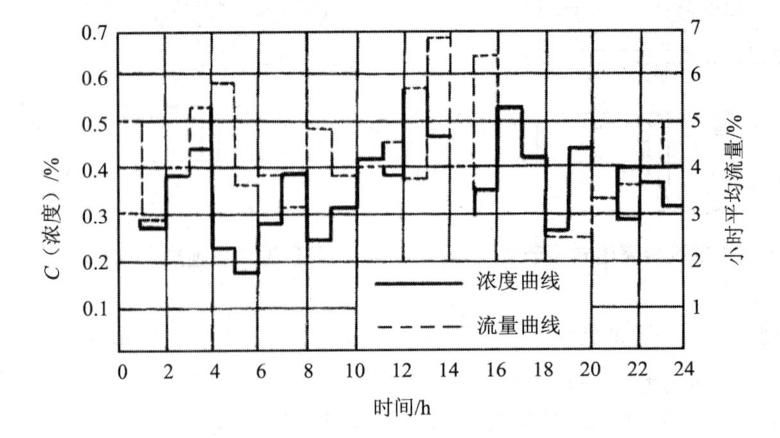

图 3-13　某化工厂酸性废水浓度和流量变化曲线

设有效水深取 1.5 m，则调节池面积为 137 m^2。池宽取 6 m，池长为 23 m。纵向隔板间距采用 1.5 m，将池宽分为 4 格。沿调节池长度方向设 3 个污泥斗，沿宽度方向设 2 个污泥斗，污泥斗坡取 50°。

（3）搅拌调节池

采用空气搅拌的调节池，一般多在池底或池一侧装设曝气穿孔管或采用机械曝气装置。空气搅拌不仅起到混合及防止悬浮物下沉作用，还有一定程度的预除臭和预曝气作用。为了保持调节池内的好氧条件，空气供给量以维持 0.01～0.015 m^3/（m^3·min）为宜。

机械搅拌调节池一般是在池内安装机械搅拌设备以实现废水的充分混合。为降低机械搅拌功率，调节池尽可能设置在沉砂池之后，搅拌功率宜控制在 0.004～0.008 kW。

水力搅拌调节池多采用水泵强制循环搅拌，即在调节池内设穿孔管，穿孔管与水泵的压水管相连，利用水压差进行强制搅拌。

3.3 废水的沉淀处理

沉淀（Sedimentation）是利用重力沉降作用使污水和废水中密度较大的悬浮物分离的一种过程。它是水污染控制工程应用中使用最为广泛的方法之一。在城市污水处理厂，无论是传统的二级生物处理，还是具有脱氮除磷功能的 A^2/O 工艺，沉淀法可用于沉砂池的除砂、初沉池去除悬浮固体污染物、二沉池泥水分离和浓缩池的污泥浓缩。

3.3.1 沉淀类型

根据悬浮物质的性质、浓度及絮凝性能，沉淀可分为 4 种类型。

第一类为自由沉淀（Discrete Settling）。自由沉淀发生在水中悬浮固体浓度不高时的一种沉淀类型。在沉淀的过程中，颗粒之间互不碰撞，呈单颗粒状态，各自独立地完成沉淀过程。典型例子是砂粒在沉砂池中的沉淀以及初沉池中沉淀初期的沉淀过程。自由沉淀过程可用牛顿第二定律及斯托克斯公式描述。

第二类为絮凝沉淀（Flocculent Settling）（也称干涉沉淀）。在絮凝沉淀中，悬浮固体浓度不高（50～500 mg/L），但颗粒与颗粒之间可能互相碰撞产生絮凝作用，使颗粒的粒径与质量逐渐加大，沉淀速度不断加快，这时实际沉速很难用理论公式计算，主要依靠试验测定。典型例子是化学混凝沉淀和活性污泥在二次沉淀池中间段的沉淀。

第三类为区域沉淀（Zone Settling）（或称成层沉淀、拥挤沉淀）。当悬浮物质浓度大于 500 mg/L 时，相邻颗粒之间互相妨碍、干扰，沉速大的颗粒也无法超越沉速小的颗粒，颗粒群结合成一个整体向下沉淀，各自保持相对位置不变，并与澄清水之间形成清晰的液—固界面。典型例子是二次沉淀池下部的沉淀过程及浓缩池开始阶段。

第四类为压缩沉淀（Compression Settling）。随着区域沉淀的继续，悬浮固体浓度不断加大，颗粒间互相接触和支撑，上层颗粒在重力作用下挤出下层颗粒的间隙水，使污泥得到浓缩。典型的例子是活性污泥在二次沉淀池的污泥斗中及浓缩池中的浓缩过程。

活性污泥在二次沉淀池及浓缩池的沉淀与浓缩过程中，实际上都依次存在着上述四种沉淀类型，只是产生各类沉淀的时间长短不同而已。图 3-14 所示的沉淀曲线，即活性污泥在二次沉淀池中的沉淀过程。

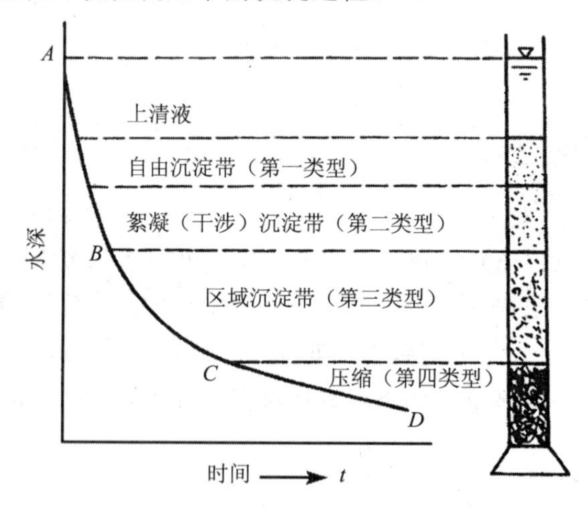

图 3-14 活性污泥在二沉池中的沉淀过程

3.3.2 沉淀类型分析

（1）自由沉淀分析

悬浮固体在静水中会受到三种作用力：悬浮固体自身的重力 F_1、悬浮固体排开水体体积所产生的浮力 F_2 和颗粒下沉过程中受到的摩擦阻力 F_3（图 3-15）。

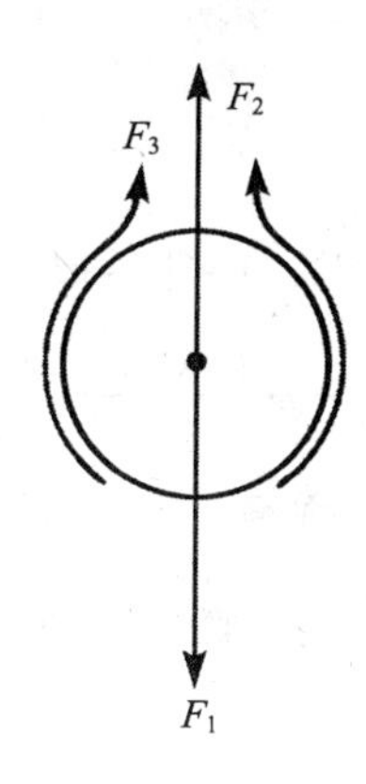

图 3-15　自由沉淀过程

沉淀开始时，因重力作用大于其他两种力的作用而加速下沉；随着沉速加大，摩擦阻力也随之加大，三种作用力逐渐达到平衡，颗粒最后呈等速下沉。假设颗粒为球形，其沉淀过程可通过牛顿第二定律表示：

$$m\frac{\mathrm{d}u}{\mathrm{d}t}=F_1-F_2-F_3 \tag{3-17}$$

式中，u —— 颗粒沉速，m/s；

m —— 颗粒质量；

t —— 沉淀时间，s；

F_1 —— 颗粒的重量，$F_1=\frac{\pi d^3}{6}g\rho_g$；

F_2 —— 颗粒的浮力，$F_2=\frac{\pi d^3}{6}g\rho_y$；

F_3 —— 下沉过程中，受到的摩擦阻力 $F_3=\frac{C\pi d^2\rho_y u^2}{8}=C\frac{\pi d^2}{4}\rho_y\frac{u^2}{2}=CA\rho_y\frac{u^2}{2}$；

A —— 颗粒在垂直面上的投影面积；

d —— 颗粒的直径，m；

C —— 阻力系数；是球形颗粒周围液体绕流雷诺的函数，由于污水中颗粒直径较小，沉速不大，绕流处于层流状态，可用层流阻力系数公式 $C=\frac{24}{Re}$；

Re —— 雷诺数，$Re=\frac{\mathrm{d}u\rho_{\mathrm{y}}}{\mu}$；

μ —— 液体的黏滞度；

ρ_g —— 颗粒的密度；

ρ_y —— 液体的密度。

把上列各关系式代入式（3-17），整理后得：

$$m\frac{\mathrm{d}u}{\mathrm{d}t}=g(\rho_g-\rho_y)\frac{\pi d^3}{6}-C\frac{\pi d^2}{4}\rho_y\frac{u^2}{2} \tag{3-18}$$

颗粒下沉时，起始沉速为 0，逐渐加速，摩擦阻力 F_3 也随之增加，很快约束重力与阻力达到平衡，加速度 $\frac{\mathrm{d}u}{\mathrm{d}t}=0$，颗粒等速下降。故式（3-18）可改写为：

$$u=\left(\frac{4}{3}\frac{g}{C}\cdot\frac{\rho_g-\rho_y}{\rho_y}\right)^{1/2} \tag{3-19}$$

代入阻力系数公式，整理后得：

$$u=\frac{\rho_g-\rho_y}{18\mu}gd^2 \tag{3-20}$$

式（3-20）即为斯托克斯公式。从该式可知：①颗粒沉速的决定因素是（$\rho_g-\rho_y$），当$\rho_g<\rho_y$时，u 呈负值，颗粒上浮；$\rho_g>\rho_y$时，u 呈正值，颗粒下沉；$\rho_g=\rho_y$时，$u=0$，颗粒在水中随机，不沉不浮，对于这种情况，在水处理工程中就需要采用混凝或气浮的方法加以强制沉降或上浮给予去除。②沉速 u 与颗粒的直径 d^2 成正比，所以增大颗粒直径 d，可大大地提高沉淀（或上浮）效果。③ u 与μ成反比，取决于水质与水温，在水质相同的条件下，水温高则μ值小，有利于颗粒下沉（或上浮）。④由于污水中颗粒非球形，故不能直接利用式（3-20）进行工艺计算，需要加非球形修正，但该公式有助于对沉淀规律的理解，并以此指导对沉淀过程的分析。

自由沉淀规律，可通过沉淀试验得到。试验方法有两种。

第一种试验方法：取直径为 80～100 mm，高度为 1 500～2 000 mm 的沉淀筒 n 个（一般为 6～8 个）。将已知悬浮物浓度 C_0 与水温的水样，注入各沉淀筒，搅拌均匀后，同时开始沉淀试验。取样点设在水深 H=1 200 mm 处。经沉淀时间 t_1，t_2，…，t_i，…，t_n 时，分别在 1#，2#，…，i#，…，n#沉淀筒取出水样 100 mL，并分析各水样的悬浮物浓度 C_1，C_2，…，C_i，…，C_n。在直角坐标纸上，作去除率 $\eta=\frac{C_0-C_i}{C_0}\times100\%$ 与沉淀时间 t_i 之间的关系曲线；去除率 η 与沉速 $u_i=\frac{H}{t_i}$ 之间的关系曲线。所谓沉速 u_i，是指在沉淀时间 t_i 内，能从水面恰巧下沉到水深 H 处的最小颗粒的沉淀速度。两条关系曲线见图 3-16（a）、（b）。

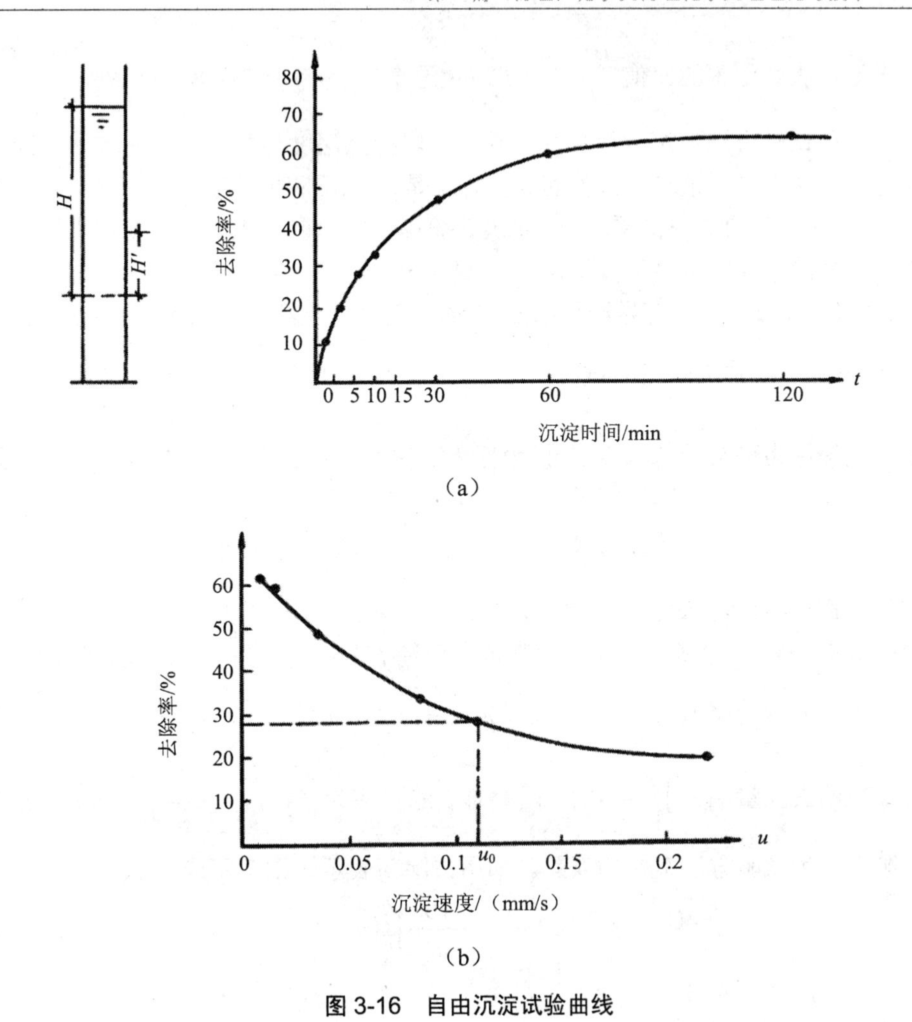

图 3-16　自由沉淀试验曲线

当已知沉淀时间或已知需要去除的颗粒沉速，即可在图 3-16（a）、（b）曲线上查出去除率。这种试验方法存在着明显的误差，即 $u_i \geqslant u_0 = \dfrac{H}{t}$ 的颗粒，在 t 时间内可被全部沉淀去除。而 $u_i < u_0$ 的颗粒，在相同的时间 t 内能否被去除，取决于这些颗粒存在的位置：若处于 H' 的范围内，则能被去除；若处于 H' 以上，则可及时地下沉补充并存在于所取的水样中。因此去除率没有包含这些颗粒的去除量。由此而产生的误差量，可用如下分析得出：因 $u_0 = \dfrac{H}{t}$，$\therefore t = \dfrac{H}{u_0}$；又因 $u_t = \dfrac{H'}{t}$，$\therefore t = \dfrac{H'}{u_0}$，故 $\dfrac{H}{u_0} = \dfrac{H'}{u_t}$，$\dfrac{H'}{H} = \dfrac{u_t}{u_0}$，可见 $u_i < u_0$ 的那些颗粒的去除量，等于 $\dfrac{u_t}{u_0}$ 值，

也等于颗粒所处位置的比值$\frac{H'}{H}$。为了避免这个误差，可采用第二种试验方法。

第二种试验方法：沉淀筒尺寸、数目及取样点深度与第一种试验方法相同，但取样的方法不同。第二种试验的取样方法是：在沉淀时间为t_1，t_2，…，t_i，…，t_n时，分别在$1^\#$，$2^\#$，…，$i^\#$，…，$n^\#$沉淀筒内，取出取样点以上的全部水样，并分析各水样的悬浮物浓度C_1，C_2，…，C_i，…，C_n，记录于表 3-5 中。水样中的悬浮物浓度C_i与污水原有悬浮物浓度C_0的比值称为悬浮物剩余量，简称剩余量，用$P_0=\frac{C_i}{C_0}$表示，相应的去除量应为（1− P_0）。根据表 3-5 所列数值，在直角坐标纸上，纵坐标为剩余量$P_0=\frac{C_i}{C_0}$，横坐标为沉速u_t，作剩余量 P_0与沉速u_t关系曲线，见图 3-17。若要求沉淀去除沉速为$u_0=\frac{H}{t}$的颗粒，显然凡沉速$u_t \geqslant u_0$的所有颗粒，都可被沉淀去除，去除量为（$1-P_0$）；而$u_t < u_0$的那部分颗粒能被沉淀去除的数量，可作如下分析：设其中某特定粒径的颗粒的重量是悬浮物总量的 dP，它能被沉淀去除的比值为$\frac{u_t}{u_0}$，则被沉淀去除的数量应为$\frac{u_t}{u_0}$dP，可见$u_t < u_0$的那部分颗粒的去除量应为$\int_0^{P_0}\frac{u_t}{u_0}\mathrm{d}P$。因此总去除量应为（$1-P_0$）$+\frac{1}{u_0}\int_0^{P_0}u_t\mathrm{d}P$，这就避免了第一种试验方法存在的误差。如用去除率表示，则可写成：

$$\eta=(100-P_0)+\frac{100}{u_0}\int_0^{P_0}u_t\mathrm{d}P \tag{3-21}$$

式中，P_0用百分率代入。

表 3-5 沉淀试验记录

取样时间/min	悬浮浓度/（mg/L）	去除量 $1-P_0=1-C_i/C_0$	沉速/（mm/s）	沉速/（m/min）	剩余量/ $P_0=C_i/C_0$
0	C_0=400	0	0	0	1
5	C_1=240	（400−240）/400=0.4	1 200/（5×60）=4	0.24	240/400=0.6
15	C_2=208	0.48	1.33	0.08	0.52
30	C_3=184	0.54	0.67	0.04	0.46
45	C_4=160	0.60	0.44	0.027	0.40
60	C_5=132	0.67	0.32	0.020	0.33
90	C_6=108	0.73	0.22	0.013	0.27
120	C_7=88	0.78	0.17	0.01	0.22

根据表 3-5，在直角坐标纸上，纵坐标为剩余量 P_0，横坐标为沉速 u_t，作 P_0-u_t 关系曲线图 3-17，从图可知，$u_t\,\mathrm{d}P$ 是一块微小面积（图 3-17 阴影部分），$\int_0^{P_0}\frac{u_t}{u_0}\mathrm{d}P$ 是关系曲线与纵坐标所包围的面积，如把此包围的面积划分成很多矩形小块，便可用图解的方法求得去除率。

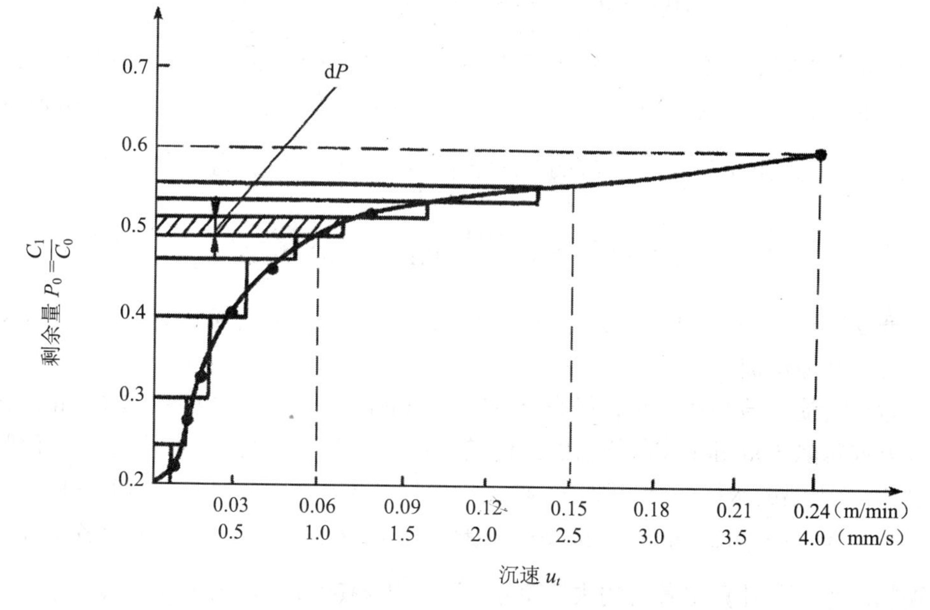

图 3-17　（P_0）-（u_t）关系曲线

【例题 3-4】污水悬浮物浓度 C_0＝400 mg/L，用第二种试验方法试验的结果，见表 3-5，试求：①需去除 u_0=2.5 mm/s（0.15 m/min）的颗粒的总去除率；②需去除 u_0=l mm/s（0.06 m/min）的颗粒的总去除率。

【解】用图解法，把图 3-17 划分为 8 个矩形小块（划分越多，结果越精确），累计面积 $\int_0^{P_0}\frac{u_t}{u_0}\mathrm{d}P$ 计算结果，列于表 3-6。

表 3-6　图解计算值

u_t/（mm/s）	dP	u_t dP	u_t/（mm/s）	dP	u_t dP
0.11	0.04	0.004 4	0.88	0.03	0.026 4
0.25	0.06	0.015	1.17	0.02	0.023 4
0.37	0.10	0.037	1.67	0.02	0.033 4
0.58	0.07	0.040 6	2.30	0.02	0.046
合计 $\int_0^{P_0}u_t\mathrm{d}P=0.226$					

①要求去除u_0=2.5 mm/s 的颗粒的总去除率为：从图 3-17 查得u_0=2.5 mm/s 时，剩余量P_0=0.56；沉速$u_t < u_0$=2.5 mm/s 的颗粒的去除量$\int_0^{P_0}\frac{u_t}{u_0}\mathrm{d}P$=0.226（由表 3-6），总去除率为：

$$\eta=(100-56)+\frac{100}{2.5}\times0.226=44+9.04=53\%$$

即$u_t \geqslant$2.5 mm/s 的颗粒，可去除 44%，$u_t <$2.5 mm/s 的颗粒，可去除 9%。

②要求去除沉速u_0=1.0 mm/s 的颗粒的总去除率：从图 3-17 查得，u_0=1.0 mm/s 时，P_0=0.5；沉速$u_t < u_0$的颗粒的去除量$\int_0^{P_0}\frac{u_t}{u_0}\mathrm{d}P$=0.123 4，总去除率为：

$$\eta=(100-50)+\frac{100}{1}\times0.1234=62.3\%$$

即$u_t \geqslant u_0$=1.0 mm/s 的颗粒，可去除 50%，$u_t < u_0$=1.0 mm/s 的颗粒，可去除 12.3%。

（2）絮凝沉淀

絮凝沉淀试验是在一个直径为 150～200 mm，高度为 2 000～2 500 mm，在高度方向每隔 500 mm 设取样口的沉淀筒内进行，见图 3-18（a）。将已知悬浮物浓度C_0及水温的水样注满沉淀筒，搅拌均匀后开始计时，每隔一定时间间隔，如 10，20，30，…，120 min，同时在各取样口取水样 50～100 mL，分析各水样的悬浮物浓度，并计算出各自的去除率$\eta=\frac{C_0-C_i}{C_0}\times100\%$，记录于表 3-7。

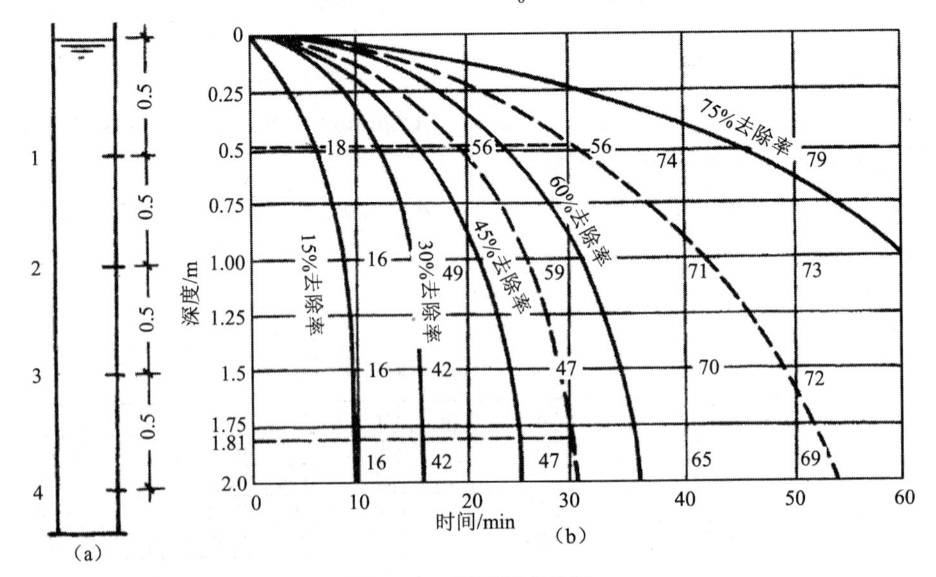

图 3-18 絮凝沉降曲线

表 3-7　絮凝试验记录

取样口编号	取样深度/m	取样时间							
		0 min		10 min		20 min		…	
		浓度/（mg/L）	去除率/%	浓度/（mg/L）	去除率/%	浓度/（mg/L）	去除率/%	浓度/（mg/L）	去除率/%
1	0.5	200	0	180	10	160	19	…	…
2	1.0	200	0	184	8	170	15	…	…
3	1.5	200	0	188	6	178	11	…	…
4	2.0	200	0	190	5	182	9	…	…

根据表 3-7，在直角坐标纸上，纵坐标为取样口深度（m），横坐标为取样时间（min），将同一沉淀时间，不同深度的去除率标于其上，然后把去除率相等的各点连接成等去除率曲线，见图 3-18（b）。从图 3-18（b）可求出与不同沉淀时间、不同深度相对应的总去除率。求解方法，通过例题 3-5 说明。

【例题 3-5】图 3-18（b）是某城市污水的絮凝沉淀试验得到的等去除率曲线。根据该图求解沉淀时间 30 min，深度 2 m 处的总去除率。

【解】沉淀时间 t=30 min，深度 H=2 m 处的沉速为：$u_0=\frac{H}{t}=\frac{2\text{m}}{30\text{min}}=0.067\ \text{m/min}=1.11\ \text{mm/s}$。故凡 $u_t \geqslant u_0=0.067\ \text{m/min}$ 的颗粒都可被去除。由图 3-18（b）知，这部分颗粒的去除率为 45%，$u_t < u_0$（0.067 m/min）的颗粒的去除率可用图解法求得。图解法的步骤：①在等去除率曲线 45%与 60%之间作中间曲线（见图 3-18（b）上的虚线），该曲线与 t=30 min 的垂直线交点对应的深度为 1.81 m，得颗粒的平均沉速为 $u_1=\frac{1.81}{30}=0.06\ \text{m/min}=1.0\ \text{mm/s}$，②用同样的方法，在 60%与 75%两条曲线之间，作中间曲线，中间曲线与 t=30 min 的垂直线交点对应深度为 0.5 m，得这部分颗粒的平均沉速为 $u_1=\frac{0.5}{30}=0.017\ \text{m/min}=0.28\ \text{mm/s}$。沉速更小的颗粒可略去不计。故沉淀时间 t=30 min，H=2 m 深度处的总去除率为：

$$\begin{aligned}\eta &= 45\% + \frac{u_1}{u_0}(60-45) + \frac{u_2}{u_0}(75-60) + \cdots \\ &= 45\% + \frac{1.0}{1.11}\times 15 + \frac{0.28}{1.11}\times 15 + \cdots \\ &= 62.3\%\end{aligned}$$

（3）区域沉淀与压缩

区域沉淀与压缩试验，可在直径为 100～150 mm，高度为 1 000～2 000 mm 的沉淀筒内进行。将已知悬浮物浓度 C_0（C_0＞500 mg/L，否则不会形成区域沉淀）的污水，装入沉淀筒内（深度为 H_0），搅拌均匀后，开始计时，水样会很快形成上清液与污泥层之间的清晰界面。污泥层内的颗粒之间相对位置稳定，沉淀表现为界面的下沉，而不是单颗粒下沉，沉速用界面沉速表达。

界面下沉的初始阶段，由于浓度较稀，沉速是悬浮物浓度的函数 $u=f（C）$，呈等速沉淀，见图 3-19 *A* 段。随着界面继续下沉，悬浮物浓度不断增加，界面沉速逐渐减慢，出现过渡段，见图 3-19 *B* 段。此时，颗粒之间的水分被挤出并穿过颗粒上升，成为上清液。界面继续下沉，浓度更浓，污泥层内的下层颗粒能够机械地承托上层颗粒，因而产生压缩区，见图 3-19 *C* 段。区域沉淀与压缩试验结果，记录于表 3-8 中。根据表 3-8，在直角坐标纸上，以纵坐标为界面高度，横坐标为沉淀时间，作界面高度与沉淀时间关系图，即图 3-19。

表 3-8　区域沉淀与压缩试验记录

沉淀时间/min	界面高度/mm	界面沉速/（mm/min）	沉淀时间/min	界面高度/mm	界面沉速/（mm/min）
$t=0$	H_0		t_6		
t_1			t_7		
t_2			.		
t_3			.		
t_4			.		
t_5			t_n		

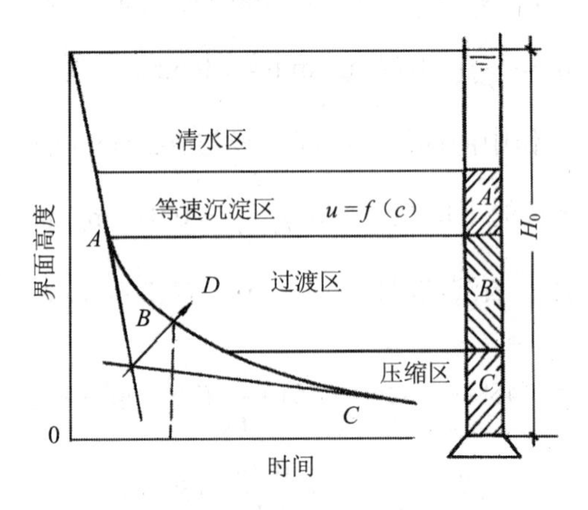

图 3-19　区域沉淀曲线及装置

A-等速沉淀区；*B*-过渡区；*C*-压缩区

通过图 3-19 曲线任一点，作曲线的切线，切线的斜率即为该点相对应的界面的界面沉速。分别作等速沉淀段的切线及压缩段的切线，两切线交角的角平分线交沉淀曲线于 D 点，D 点就是等速沉淀区与压缩区的分界点。与 D 点相对应的时间即压缩开始时间。这种静态试验方法可用来表述动态二次沉淀池与浓缩池的工况。

3.3.3 理想沉淀池原理

上述 4 种类型的沉淀理论与实际沉淀池的运动规律及工程应用，还有差距。为了分析悬浮颗粒在实际沉淀池内的运动规律和沉淀效果，提出了“理想沉淀池”这一概念。理想沉淀池的假设条件是：

①污水在池内沿水平方向作等速流动，水平流速为 v，从入口到出口的流动时间为 t；②在流入区，颗粒沿截面 AB 均匀分布并处于自由沉淀状态，颗粒的水平分速等于水平流速 v；③颗粒沉到池底即认为被去除。

（1）平流理想沉淀池

平流理想沉淀池见图 3-20。

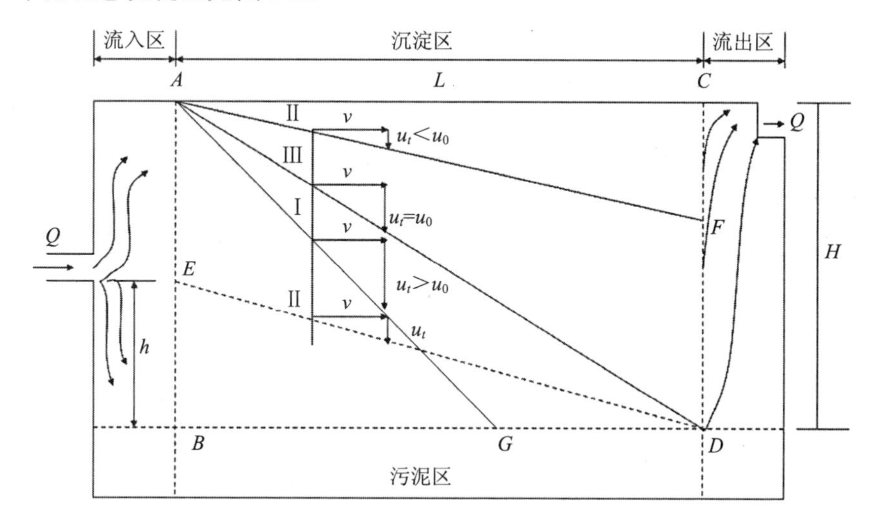

图 3-20 平流理想沉淀池示意

理想沉淀池分流入区、流出区、沉淀区和污泥区。从点 A 进入的颗粒，它们的运动轨迹是水平流速 v 和颗粒沉速 u 的矢量和。这些颗粒中，必存在着某一粒径的颗粒，其沉速为 u_0，刚巧能沉至池底。故可得关系式：

$$\frac{u_0}{v}=\frac{H}{L} \qquad u_0=v\frac{H}{L} \tag{3-22}$$

式中，u_0 —— 颗粒沉速；

v —— 污水的水平流速，即颗粒的水平分速；

H —— 沉淀区水深；

L —— 沉淀区长度。

从图 3-20，与自由沉淀相同的原理进行分析，沉速 $u_t \geqslant u_0$ 的颗粒，都可在 D 点前沉淀（见轨迹 I 所代表的颗粒）。沉速 $u_t < u_0$ 的那些颗粒，视其在流入区所处在的位置而定，若处在靠近水面处，则不能被去除（见轨迹Ⅱ实线所代表的颗粒）；同样的颗粒若处在靠近池底的位置，就能被去除（见轨迹Ⅱ虚线所代表的颗粒）。若沉速 $u_t < u_0$ 的颗粒的重量，占全部颗粒重量的 dP（%），可被沉淀去除的量应为 $\frac{h}{H}\mathrm{d}P$（%），$\because h = u_t t$，$H = u_0 t$，$\therefore \frac{h}{u_t} = \frac{H}{u_0}$，$\frac{u_t}{u_0}\mathrm{d}P = \frac{h}{H}\mathrm{d}P$，积分得为 $\int_0^{P_0}\frac{u_t}{u_0}\mathrm{d}P = \frac{1}{u_0}\int_0^{P_0}u_t\mathrm{d}P$。可见，沉速小于 u_0 的颗粒被沉淀去除的量为 $\frac{1}{u_0}\int_0^{P_0}u_t\mathrm{d}P$。理想沉淀池总去除量为：$(1-P_0)+\frac{1}{u_0}\int_0^{P_0}u_t\mathrm{d}P$，$P_0$ 为沉速小于 u_0 的颗粒占全部悬浮颗粒的比值（即剩余量）。用去除率表示，可改写为：

$$\eta = (100 - P_0) + \frac{100}{u_0}\int_0^{P_0}u_t\mathrm{d}P \tag{3-23}$$

可见式（3-23）与式（3-21）相同，式中 P_0 用百分数代入。

根据理想沉淀池的原理，可说明两点：

①设处理水量为 Q（m^3/s），沉淀池的宽度为 B，水面面积为 $A=B \cdot L$（m^2），故颗粒在池内的沉淀时间为：

$$t = \frac{L}{v} = \frac{H}{u_0} \tag{3-24}$$

沉淀池的容积为：$V = Qt = HBL$，因 $Q = \frac{V}{t} = \frac{HBL}{t} = Au_0$，所以

$$\frac{Q}{A} = u_0 = q \tag{3-25}$$

$\frac{Q}{A}$ 的物理意义是：在单位时间内通过沉淀池单位表面积的流量，称为表面负荷或溢流率，用符号 q 表示。表面负荷或溢流率 q 的量纲是：$m^3/(m^2 \cdot s)$ 或 $m^3/(m^2 \cdot h)$，也可简化为 m/s 或 m/h。表面负荷的数值等于颗粒沉速 u_0，若需要去除的颗粒的沉速 u_0 确定后，则沉淀池的表面负荷 q 值同时被确定。

②根据图 3-20，在水深 h 以下入流的颗粒，可被全部沉淀去除，$\because \dfrac{h}{u_t}=\dfrac{L}{v}$，$\therefore h=\dfrac{u_t}{v}L$，则沉速为 u_t 的颗粒的去除率为：

$$\eta=\frac{h}{H}=\frac{\frac{u_t}{v}L}{H}=\frac{u_t}{\left(\frac{vH}{L}\right)}=\frac{u_t}{\left(\frac{vHB}{LB}\right)}=\frac{u_t}{\left(\frac{Q}{A}\right)}=\frac{u_t}{q} \tag{3-26}$$

从式（3-26）可知，平流理想沉淀池的去除率仅取决于表面负荷 q 及颗粒沉速 u_t，而与沉淀时间无关。

（2）圆形理想沉淀池

圆形理想沉淀池有辐流与竖流两种，见图 3-21。

沉淀池的半径为 R，中心筒半径为 r，沉淀区高度为 H。

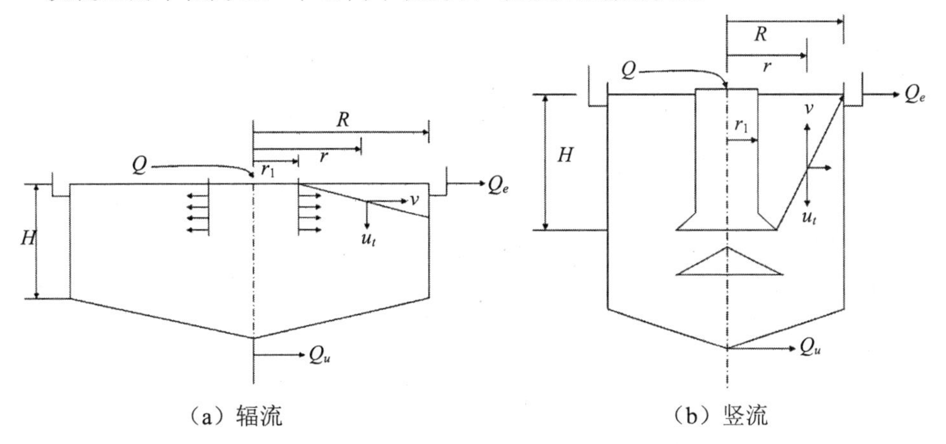

图 3-21 圆形理想沉淀池

辐流理想沉淀池中，取半径 r 处的任一点，有沉速为 u_t 的颗粒，该颗粒的沉淀轨迹是颗粒沉速 u_t 和 r 处的水平流速的矢量和，即：

$$\mathrm{d}r=v\mathrm{d}t\,,\quad \mathrm{d}H=u_t\mathrm{d}t \tag{3-27}$$

式中，v —— 半径 r 处的水平流速；

u_t —— 某颗粒的沉速；

t —— 沉淀时间。

该颗粒被沉淀去除的条件为：

$$\int_0^H \frac{dH}{u_t} \leqslant \int_{r_1}^R \frac{dr}{v} \tag{3-28}$$

在辐流理想沉淀池中，水平流速随半径的增加而减少，即 $v = \frac{Q}{2\pi rH}$，代入式（3-28）并积分整理后，可得：

$$u_t \geqslant \frac{Q}{\pi(R_2 - r_1^2)} = \frac{Q}{A} = u_0 = q \tag{3-29}$$

式中，A —— 沉淀区表面积。

可见上式与式（3-25）相同。由于辐流理想沉淀池的流态与平流理想沉淀池基本相同，故辐流理想沉淀池的去除率也可采用式（3-23），即：

$$\eta = (100 - P_0) + \frac{100}{u_0}\int_0^{P_0} u_t \mathrm{d}P \tag{3-30}$$

竖流理想沉淀池中，在半径 r 处的任一点，水流速度的垂直分速为 v，$v = \frac{H}{t}$，t 为沉淀时间。凡是沉速 $u_t \geqslant u_0$ 的那些颗粒，即 $u_t \geqslant -\frac{H}{t}$（因颗粒下沉，方向与水流的垂直分速相反，故用“–”），$H = vt = -u_t t$ 的那些颗粒才能被沉淀去除；而 $u_t < u_0$ 的所有颗粒，都不可能被沉淀去除，若这部分颗粒的重量与全部颗粒的重量之比值为 P_0（即剩余量），则竖流理想沉淀池的去除率仅为 $\eta = (100 - P_0)$，而没有 $\frac{100}{u_0}\int_0^{P_0} u_t \mathrm{d}P$ 项。

3.4 沉砂池

沉砂池的功能是去除比重较大的无机颗粒［如泥沙，煤渣等，它们的相对密度（水=1）约为 2.65］。沉砂池一般设于泵站、倒虹管前，以便减轻无机颗粒对水泵、管道的磨损；也可设于初次沉淀池前，以减轻沉淀池负荷及改善污泥处理构筑物的处理条件。常用的沉砂池有平流沉砂池、曝气沉砂池、竖流沉砂池、多尔沉砂池和钟式沉砂池等。

3.4.1 平流沉砂池

（1）平流沉砂池的构造

平流沉砂池由入流渠、出流渠、闸板、水流部分及沉砂斗组成（图 3-22）。

它具有截留无机颗粒效果较好、工作稳定、构造简单、排沉砂较方便等优点。

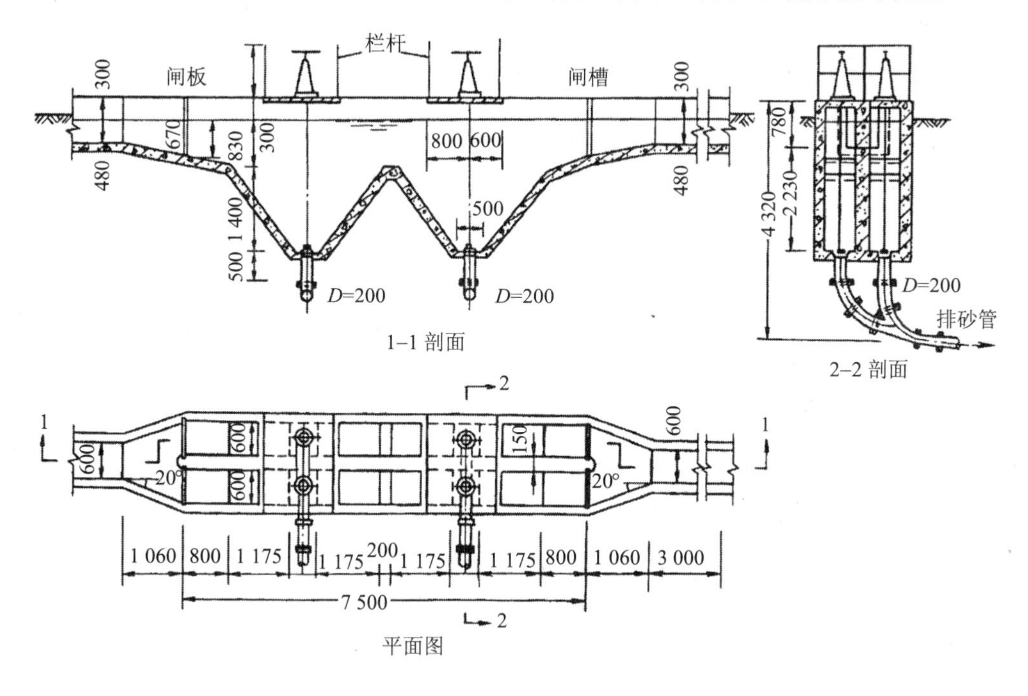

图 3-22　平流沉砂池工艺图

（2）平流沉砂池的设计

1）平流沉砂池的设计参数

平流沉砂池的设计参数为去除相对密度为 2.65，粒径大于 0.2 mm 的砂粒确定的。主要参数的确定：①设计流量的确定：当污水自流入池时，应按最大设计流量计算；当污水用水泵抽升入池时，按工作水泵的最大组合流量计算；合流制处理系统，按降雨时的设计流量计算；②设计流量时的水平流速：最大流速为 0.3 m/s，最小流速为 0.15 m/s。这样的流速范围，可基本保证无机颗粒能沉掉，而有机物不能下沉；③最大设计流量时，污水在池内的停留时间不少于 30 s，一般为 30～60 s；④设计有效水深不应大于 1.2 m，一般采用 0.25～1.0 m，每格池宽不宜小于 0.6 m；⑤沉砂量的确定：生活污水按每人每天 0.01～0.02L 计，城市污水按每 10 万 m^3 污水的砂量为 3 m^3 计，沉砂含水率约为 60%，容重 1.5 t/m^3，贮砂斗的容积按 2 天的沉砂量计，斗壁倾角 55°～60°；⑥沉砂池超高不宜小于 0.3 m。

2）计算公式

① 沉砂池水流部分的长度

沉砂池两闸板之间的长度为水流部分长度：

$$L=vt \tag{3-31}$$

式中，L —— 水流部分长度，m；

v —— 最大流速，m/s；

t —— 最大设计流量时的停留时间，s。

② 水流断面积

$$A=\frac{Q_{\max}}{v} \tag{3-32}$$

式中，A —— 水流断面积，m^2；

$Q_{\max}$ —— 最大设计流量，m^3/s。

③ 池总宽度

$$B=\frac{A}{h_2} \tag{3-33}$$

式中，B —— 池总宽度，m；

h_2 —— 设计有效水深，m。

④ 沉砂斗容积

$$V=\frac{86\,400Q_{\max}t\cdot x_1}{10^5K_{总}} \quad 或 \quad V=Nx_2t' \tag{3-34}$$

式中，V —— 沉砂斗容积，m^3；

x_1 —— 城市污水沉砂量，3 $m^3/10^5$ m^3；

x_2 —— 生活污水沉砂量，L/（人·d）；

t' —— 清除沉砂的时间间隔，d；

$K_{总}$ —— 流量总变化系数；

N —— 沉砂池服务人口数。

⑤ 沉砂池总高度

$$H=h_1+h_2+h_3 \tag{3-35}$$

式中，H —— 总高度，m；

h_1 —— 超高，0.3 m；

h_3 —— 贮砂斗高度，m。

⑥ 验算

按最小流量时，池内最小流速 $v_{\min}\geqslant 0.15$ m/s 进行验算。

$$v_{\min}=\frac{Q_{\min}}{n\omega} \tag{3-36}$$

式中，v_{min} —— 最小流速，m/s；

Q_{min} —— 最小流量，m^3/s；

n —— 最小流量时，工作的沉砂池个数；

ω —— 作沉砂池的水流断面面积，m^2。

（3）平流沉砂池的排砂装置

平流沉砂池常用的排砂方法与装置主要有重力排砂与机械排砂两类。图 3-23 所示为砂斗加贮砂罐及底闸，进行重力排砂，排砂管直径 200 mm。图中 1 为钢制贮砂罐，2、3 为手动或电动蝶阀，4 为旁通水管，将贮砂罐的上清液挤回沉砂池，5 为运砂小车，这种排砂方法的优点是排砂的含水率低，排砂量容易计算，缺点是沉砂池需要高架或挖小车通道。

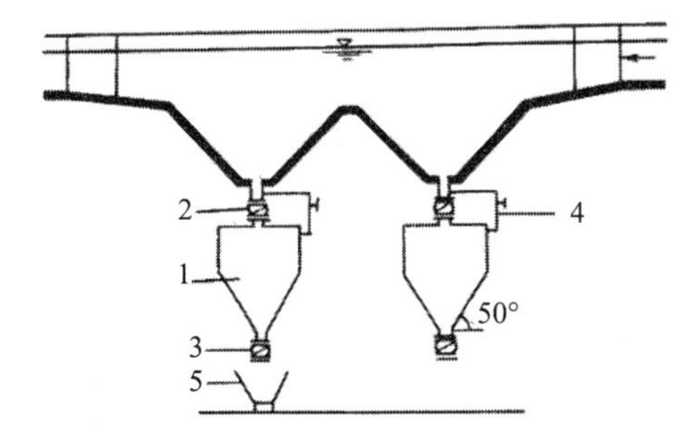

图 3-23　平流式沉砂池重力排砂法

1-钢制贮砂罐；2，3-手动或电动蝶阀；4-旁通水管；5-运砂小车

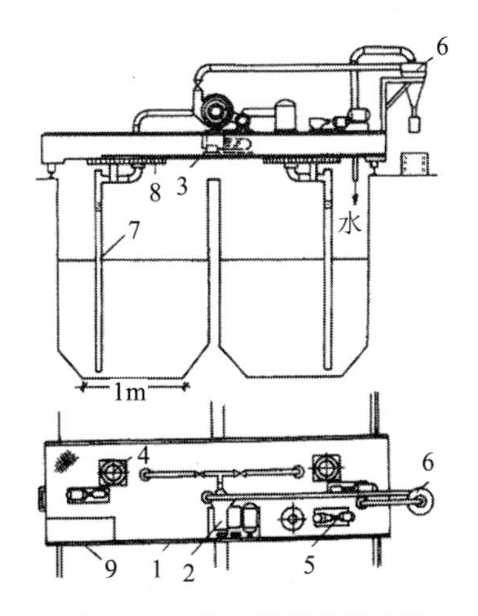

图 3-24　单口泵吸式排砂机

1-桁架；2-砂泵；3-桁架行走装置；4-回转装置；5-真空泵；

6-旋流分离器；7-吸砂管；8-齿轮；9-操作台

图 3-24 所示为机械排砂法的一种单口泵吸式排砂机。沉砂池为平底，砂泵（2）、真空泵（5）、吸砂管（7）、旋流分离器（6），均安装在行走桁架（1）上。桁架沿池长方向往返行走排砂。经旋流分离器分离的水分回流到沉砂池，沉砂可用小车，皮带输送器等运至洒砂场或贮砂池。这种排砂方法自动化程度高，排砂含水率低，工作条件好。机械排砂法还有链板刮砂法、抓斗排砂法等。中、大型污水处理厂应采用机械排砂法。

3.4.2 曝气沉砂池

平流沉砂池的主要缺点是沉砂中约夹杂有 15%的有机物，使沉砂的后续处理增加难度。故常需配洗砂机，把排砂经清洗后，有机物含量低于 10%，此时可称为清洁砂，再外运。曝气沉砂池可克服这一缺点。

（1）曝气沉砂池的构造

曝气沉砂池呈矩形，池底一侧有 i=0.1～0.5 的坡度，坡向另一侧的集砂槽。曝气装置设在集砂槽侧，空气扩散板距池底 0.6～0.9 m，使池内水流做旋流运动，无机颗粒之间的互相碰撞与摩擦机会增加，把表面附着的有机物磨去。此外，由于旋流产生的离心力，把相对密度较大的无机物颗粒甩向外层并下沉，相对密度较轻的有机物旋至水流的中心部位随水带走。可使沉砂中的有机物含量低于 10%，集砂槽中的砂可采用机械刮砂、空气提升器或泵吸式排砂机排除。曝气沉砂池断面见图 3-25。

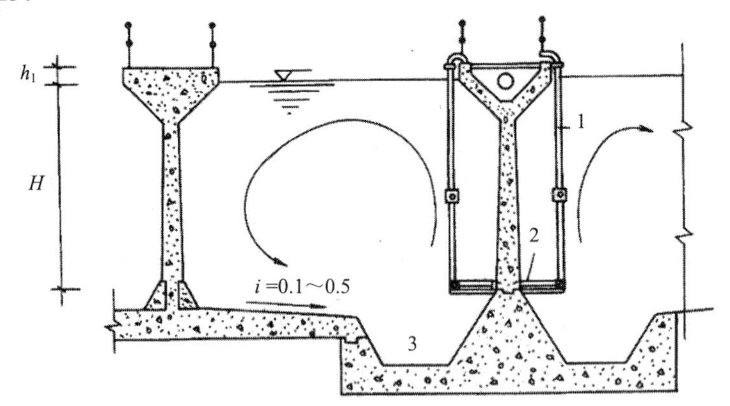

图 3-25 曝气沉砂池剖面图

1-压缩空气管；2-空气扩散板；3-集砂槽

（2）曝气沉砂池设计

1）设计参数

①旋流速度控制在 0.25～0.30 m/s；②最大时流量的停留时间为 1～3 min、水

平流速为 0.1 m/s；③有效水深为 2～3 m，宽深比为 1.0～1.5，长宽比可达 5；④曝气装置，可采用压缩空气竖管连接穿孔管（穿孔孔径为 2.5～6.0 mm）或采用压缩空气竖管连接空气扩散板，每立方米污水所需曝气量为 0.1～0.2 m^3 或每平方米池表面积 3～5 m^3/h。

2）计算公式

① 总有效容积

$$V=60\,Q_{max}t \tag{3-37}$$

式中，V —— 总有效容积，m^3；

Q_{max} —— 最大设计流量，m^3/s；

t —— 最大设计流量时的停留时间，min。

② 池断面积

$$A=\frac{Q_{max}}{v} \tag{3-38}$$

式中，A —— 池断面积，m^2；

v —— 最大设计流量时的水平前进流速，m/s。

③ 池总宽度

$$B=\frac{A}{H} \tag{3-39}$$

式中，B —— 池总宽度，m；

H —— 有效水深，m。

④ 池长

$$L=\frac{V}{A} \tag{3-40}$$

式中，L —— 池长，m。

⑤ 所需曝气量

$$q=3\,600DQ_{max} \tag{3-41}$$

式中，q —— 所需曝气量，m^3/h；

D —— 每 m^3 污水所需曝气量，m^3/m^3。

3.4.3 竖流式沉砂池

（1）竖流式沉砂池构造

构造如图 3-26 所示，污水由中心管引入，然后由下向上流至水面排出池外。

沉渣落入池子下部的沉砂斗，借重力或水射器排出。处理效果不及平流式和曝气式沉砂池。

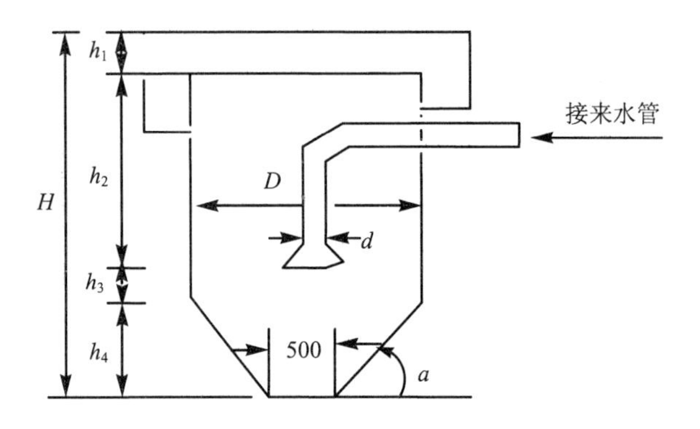

图 3-26 竖流式沉砂池

（2）竖流式沉砂池的设计计算

1）竖流式沉砂池的设计参数

① 中心进水管内最大流速为 0.3 m/s

② 池内水流上升流速最大为 0.1 m/s，最小为 0.02 m/s

③ 最大流量时的停留时间不小于 20 s，一般采用 30～60 s

2）计算公式

① 中心管直径 d

$$d=\sqrt{\frac{4Q_{\max}}{\pi v_1}} \tag{3-42}$$

式中，v_1 —— 中心管流速，m/s；

$Q_{\max}$ —— 最大设计流量，m^3/s。

② 池子直径 D

$$D=\sqrt{\frac{4Q_{\max}(v_1+v_2)}{\pi v_1 v_2}} \tag{3-43}$$

式中，v_2 —— 池内水流上升中流速，m/s。

③ 水流部分高度 h_2

$$h_2=v_2T \tag{3-44}$$

式中，T —— 最大流量时的停留时间，s。

④ 沉砂斗高度 h_4

$$h_4 = \left(\frac{D-d'}{2}\right)\mathrm{tg}\alpha \tag{3-45}$$

式中，D —— 池子直径，m；

d' —— 沉砂斗底直径，m；

α —— 斗壁角，一般为 55°～60°。

⑤ 沉砂池总高度 H

$$H = h_1 + h_2 + h_3 + h_4 \tag{3-46}$$

式中，h_1 —— 保护高度，m；

h_2 —— 水流部分高度，m；

h_3 —— 中心喇叭口至沉砂面之间的缓冲层高度，m；

h_4 —— 沉砂斗高度，m。

⑥ 沉砂池下部圆截锥部分实有容积 V_1

$$V_1 = \frac{\pi h_4}{3}\left(R^2 + Rr + r^2\right) \tag{3-47}$$

⑦ 沉砂斗容积 V

$$V = \frac{Q_{\max} \cdot X \cdot T \cdot 86\,400}{k_z \cdot 10^6} \tag{3-48}$$

式中，X —— 城市污水的沉砂量，一般采用 30 $\mathrm{m^3/10^6\,m^3}$（污水）；

T —— 排砂时间的间隔，d；

K_z —— 生活污水流量的总变化系数。

3.4.4　多尔沉砂池

（1）多尔沉砂池的构造

多尔沉砂池由污水入口和整流器、沉砂池、出水溢流堰、刮砂机、排砂坑、洗砂机、有机物回流机和回流管以及排砂机组成。工艺构造见图 3-27。

沉砂被旋转刮砂机刮至排砂坑，用往复齿耙沿斜面耙上，在此过程中，把附在砂粒上的有机物洗掉，洗下来的有机物经有机物回流机及回流管随污水一起回流至沉砂池，沉砂中的有机物含量低于 10%，达到清洁沉砂标准。

（2）多尔沉砂池的设计

1）沉砂池的面积

沉砂池的面积根据要求去除的砂粒直径及污水温度确定，可查图 3-28。

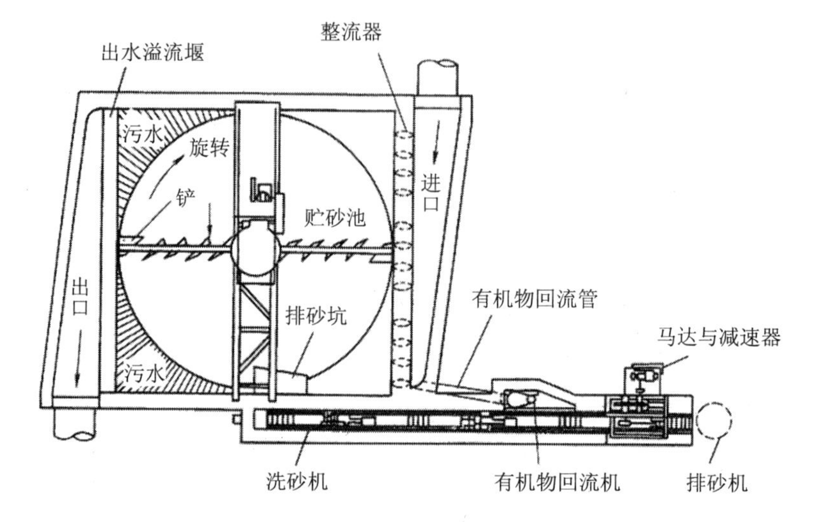

图 3-27 多尔沉砂池工艺

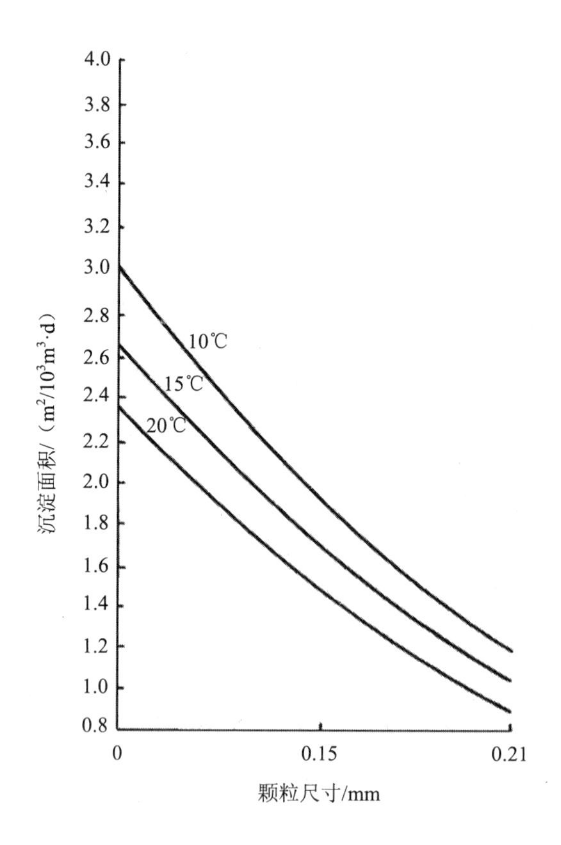

图 3-28 多尔沉砂池求面积

2）沉砂池最大设计流速

最大设计流速为 0.3 m/s。

3）主要设计参数见表 3-9。

表 3-9 多尔沉砂池设计参数

沉砂池直径/m		3.0	6.0	9.0	12.0
最大流量/（m^3/s）	要求去除砂粒直径为 0.21 mm	0.17	0.70	1.58	2.80
	要求去除砂粒直径为 0.15 mm	0.11	0.45	1.02	1.81
沉砂池深度/m		1.1	1.2	1.4	1.5
最大设计流量时的水深/m		0.5	0.6	0.9	1.1
洗砂机宽度/m		0.4	0.4	0.7	0.7
洗砂机斜面长度/m		8.0	9.0	10.0	12.0

3.4.5 钟式沉砂池

（1）钟式沉砂池的构造

钟式沉砂池是利用机械力控制水流流态与流速，加速砂粒的沉淀并使有机物被水流带走的沉砂装置。沉砂池由流入口、流出口、沉砂区、砂斗及带变速箱的电动机、传动齿轮、压缩空气输送管和砂提升管以及排砂管组成。污水由流入口切线方向流入沉砂区，利用电动机及传动装置带动转盘和斜坡式叶片，利用所受离心力的不同，把砂粒甩向池壁，掉入砂斗，有机物被送回污水中。调整转速，可达到最佳沉砂效果。沉砂用压缩空气经砂提升管，排砂部分管清洗后排除，清洗水回流至沉砂区，排砂达到清洁砂标准。钟式沉砂池工艺图见图 3-29。

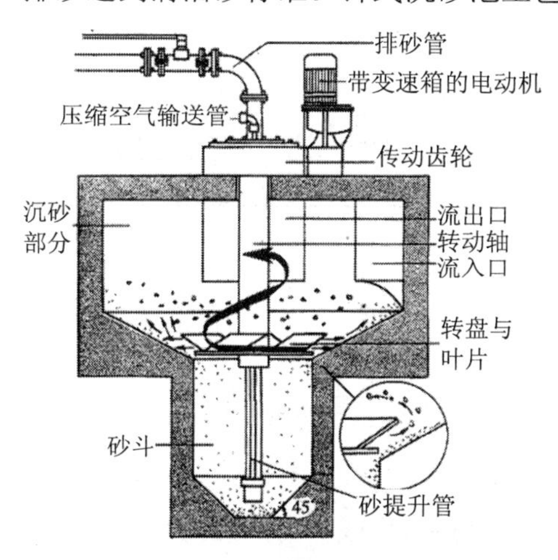

图 3-29 钟式沉砂池工艺

（2）钟式沉砂池的设计

钟式沉砂池的各部分尺寸标于图 3-30。根据设计污水流量的大小，有多种型号供设计选用。钟式沉砂池型号及尺寸见表 3-10。

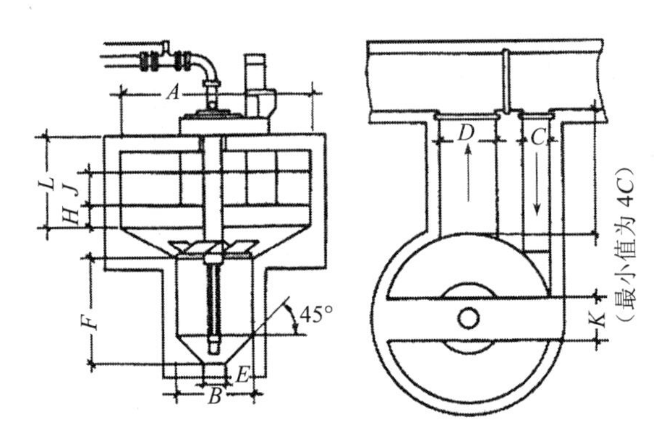

图 3-30　钟式沉砂池各部尺寸

表 3-10　钟式沉砂池型号及尺寸　　单位：m

型号	流量/（L/s）	A	B	C	D	E	F	G	H	J	K	L
50	50	1.83	1.0	0.305	0.610	0.30	1.40	0.30	0.30	0.20	0.80	1.10
100	110	2.13	1.0	0.380	0.760	0.30	1.40	0.30	0.30	0.30	0.80	1.10
200	180	2.43	1.0	0.450	0.900	0.30	1.35	0.40	0.30	0.40	0.80	1.15
300	310	3.05	1.0	0.610	1.20	0.30	1.55	0.45	0.30	0.45	0.80	1.35
550	530	3.65	1.5	0.750	1.50	0.40	1.70	0.60	0.51	0.58	0.80	1.45
900	880	4.87	1.5	1.00	2.00	0.40	2.20	1.00	0.61	0.60	0.80	1.85
1 300	1 320	5.48	1.5	1.10	2.20	0.4	2.20	1.00	0.75	0.63	0.80	1.85
1 750	1 750	5.80	1.5	1.20	2.40	0.40	2.50	1.30	0.75	0.70	0.80	1.95
2 000	2 200	6.10	1.5	1.20	2.40	0.40	2.50	1.30	0.89	0.75	0.80	1.95

3.5　沉淀池

沉淀池按工艺布置的不同，可分为初次沉淀池和二次沉淀池。初次沉淀池是一级污水处理厂的主体处理构筑物或作为二级污水处理厂的预处理构筑物设在生物处理构筑物的前面。处理的对象是悬浮物质（英文缩写为 SS，可去除 40%～

55%），同时可去除部分 BOD_5（占总 BOD_5 的 20%～30%，主要是悬浮性 BOD_5），可改善生物处理构筑物的运行条件并降低其 BOD_5 负荷。初次沉淀池中沉淀的物质称为初次沉淀污泥；二次沉淀池设在生物处理构筑物（活性污泥法或生物膜法）的后面，用于沉淀去除活性污泥或腐殖污泥（指生物膜法脱落的生物膜），它是生物处理系统的重要组成部分。初沉池、生物膜法及其后的二沉池 SS 总去除率为 60%～90%，BOD_5 总去除率为 65%～90%；初沉池、活性污泥法及其后的二沉池的 SS、BOD_5 总去除率分别为 70%～90%和 65%～95%。沉淀池按池内水流方向的不同，可分为平流式沉淀池、辐流式沉淀池和竖流式沉淀池（图 3-31）。

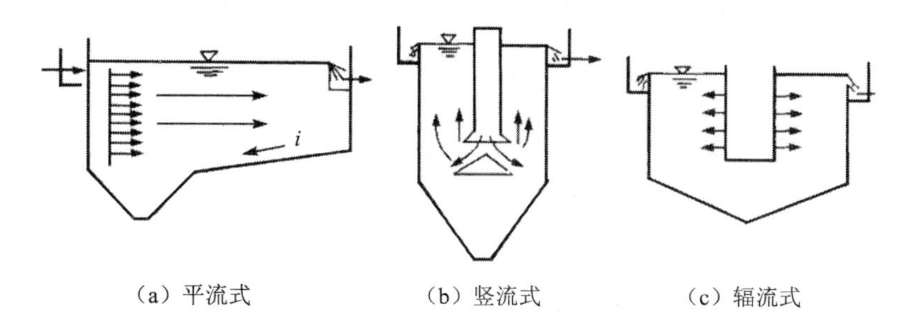

（a）平流式 （b）竖流式 （c）辐流式

图 3-31 沉淀池示意

3.5.1 设计规范要求

（1）一般要求

1）设计流量：沉淀池的设计流量与沉砂池的设计流量相同。在分流制的污水处理系统中，当污水是自流进入沉淀池时，应以最大流量作为设计流量；当用水泵提升时，应以水泵的最大组合流量作为设计流量。在合流制系统中应按降雨时的设计流量校核，但沉淀时间应不小于 30 min。

2）沉淀池数量：对于城镇污水处理厂，沉淀池应不少于两座，并考虑一座发生故障时，其余工作的沉淀池能够负担全部流量。

3）沉淀池经验设计参数：城镇污水处理厂，如无污水沉淀性能的实测资料时，可参照表 3-11 的经验参数选用。

4）沉淀池构造尺寸：沉淀池超高不应小于 0.3 m；有效水深宜采用 2.0～4.0 m；缓冲层高度，非机械排泥时宜采用 0.5 m，机械排泥时，应根据刮泥板高度确定，且缓冲层上缘宜高出刮泥板 0.3 m；贮泥斗斜壁的倾角，方斗宜为 60°，圆斗宜为 55°。

表 3-11　沉淀池经验设计参数

类型	在处理工艺中的作用	沉淀时间/h	表面水力负荷/[m^3/（m^2·h）]	每人每日污泥量/[g/（人·d）]	污泥含水率/%	固体负荷/[kg/（m^2·d）]
初沉池	单独沉淀处理	1.5～2.0	1.5～2.5	16～36	95～97	—
	生物处理前	0.5～1.5	2.0～4.5	14～26	95～97	—
二沉池	生物膜法后	1.5～4.0	1.0～2.0	10～26	96～98	≤150
	活性污泥法后	1.5～4.0	0.6～1.5	12～32	99.2～99.6	≤150

5）沉淀池出水部分：一般采用堰流，堰口应保持水平。为减轻堰的水力负荷或提高出水水质，可采用多槽出水布置。

6）污泥区容积：初沉池一般按不大于 2 d 的污泥量计算，采用机械排泥的污泥斗可按 4 h 污泥量计算；二沉池的污泥区体积，宜按不小于 2 h 贮泥量计算。

7）排泥部分：沉淀池一般采用静水压力排泥，初沉池排泥静水头不应小于 1.5 m H_2O；生物膜法的二沉池不应小于 1.2 m H_2O；活性污泥法的二沉池不应小于 0.9 m H_2O；排泥管直径不应小于 200 mm；采用多斗排泥时，每个泥斗均应设单独的闸阀和排泥管。

（2）设计参数

1）平流式沉淀池

沉淀池长宽比不小于 4，以 4～5 为宜；长深比不小于 8，以 8～12 为宜；沉淀区有效水深多介于 2.5～3.0 m；池底坡不小于 0.005，一般采用 0.01～0.02；最大水平流速为初沉池 7 mm/s、二沉池 5 mm/s。

进出口处应设挡板，其高出池内水面 0.1～0.15 m。挡板淹没深度为进口处不应小于 0.25 m，一般为 0.5～1.0 m；出水口一般为 0.3～0.4 m。挡板位置距进水口 0.5～1.0 m，距出水口 0.25～0.5 m。溢流多采用三角堰出水，水面宜位于齿高的 1/2 处。出水堰前需要设置收集和排除浮渣的设施。

2）竖流式沉淀池

竖流式沉淀池直径与有效水深之比不大于 3，池直径不宜大于 8 m，一般采用 4～7 m；中心管流速不大于 30 mm/s。中心管下口设反射板，其倾角为 17°，板底距泥面应大于 0.3 m；当池直径小于 7 m 时，采用周边出水；反之，应增设集水支渠；排泥管上端超出水面不小于 0.4 m，下端距池底不大于 0.2 m。

3）辐流式沉淀池

辐流式沉淀池池径不宜小于 16 m，沉淀区有效水深 2～4 m，池径与有效水深之比宜为 6～12；池底坡一般采用 0.05。当池径小于 20 m 时，一般采用中心传动刮泥机；池径大于 20 m 时，一般采用周边传动的刮泥机。刮泥机转速一般为 1～

3 r/h，外周线速不超过 3 m/min，一般采用 1.5 m/min；在进水口周围设置整流板，整流板开孔面积为池断面面积的 10%～20%。对于周边进水辐流沉淀池，除上述规定外，其流入槽采用环形平底槽，等距设布水孔，孔径一般为 50～100 mm，并加 50～100 mm 长度的短管，管内流速 0.3～0.8 m/s。为了施工安装方便，导流絮凝区的宽度 B≥0.4 m，与配水槽等宽；设计表面负荷为中心进水辐流式沉淀池的 2 倍，即取 3～4 m^3/（m^2·h）。

3.5.2　平流式沉淀池

（1）平流式沉淀池构造

平流式沉淀池由流入区、流出区、沉淀区、缓冲层、污泥区及排泥管等组成（见图 3-32）。

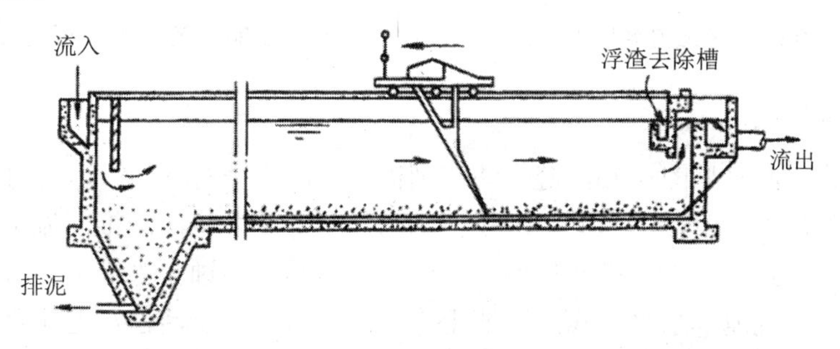

图 3-32　平流式沉淀池

流入装置由设有侧向或槽底潜孔的配水槽、挡流板组成，起均匀布水与消能作用。挡流板水下深度不小于 0.25 m、水面以上 0.15～0.2 m，距流入槽 0.15 m。

流出装置由流出槽与挡板组成。流出槽设有自由溢流堰，溢流堰常采用锯齿形，要求严格水平，以保证水流均匀，并控制沉淀池水位（见图 3-33）。溢流堰最大负荷不宜大于 2.9 L/（m·s）（初沉池）和 1.7 L/（m·s）（二沉池）。为了减少水力负荷、改善出水水质，溢流堰可采用多槽沿程布置，但堰前需设出流挡板阻挡浮渣随水流走。出流挡板入水深度 0.3～0.4 m，距溢流堰 0.25～0.5 m。

缓冲层的作用是避免已沉淀污泥被水流搅起以及缓解冲击负荷。

污泥区起贮存、浓缩和排泥的作用。

排泥装置与方法一般有：

1）静水压力法

利用池内的静水压力，将污泥排出池外（图 3-34）。排泥管直径 d=200 mm，插入污泥斗，上端伸出水面以便清通。静水压力 H 分别取 1.5 m（初沉池）、0.9 m（活性污泥法后二沉池）和 1.2 m（生物膜法后二沉池）。为了使池底污泥能滑入污泥斗，沉淀池底应有 0.01～0.02 的坡度，也可采用多斗式平流沉淀池排泥。

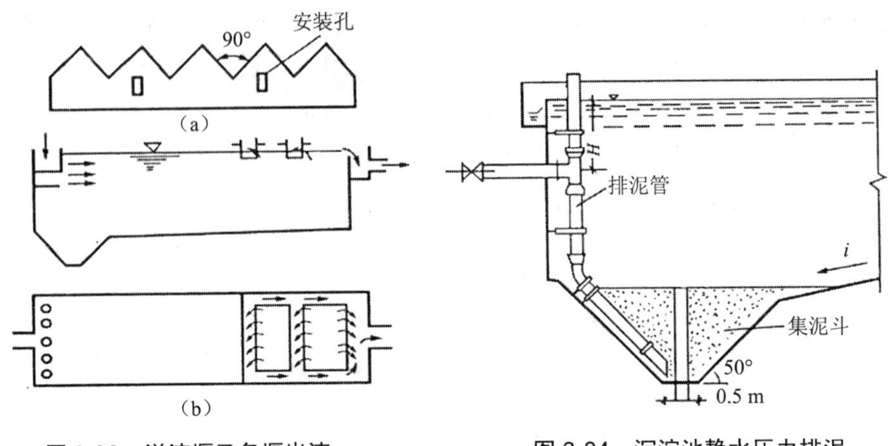

图 3-33　溢流堰及多堰出流

图 3-34　沉淀池静水压力排泥

2）机械排泥法

链带式刮泥机见图 3-35，链带装有刮板，沿池底缓慢移动，速度约 1 m/min，把沉泥缓缓推入污泥斗，当链带刮板转到水面时，又可将浮渣推向流出挡板处的浮渣槽。链带式的缺点是机件长期浸于污水中，易被腐蚀且难维修。机械排泥法主要适用于初沉池。当平流式沉淀池用作二沉池时，由于活性污泥比重轻，含水率高达 99%以上，呈絮状，不可能被刮除，只能采用单口扫描泵吸，使集泥与排泥同时完成。吸泥时的耗水量占处理水量的 0.3%～0.6%。由于排泥方法得到较好地解决，故平流式沉淀池可用作二沉池。若将曝气池的出口直接作为二沉池的入口，则可使污水处理厂的总水头损失大为减小。采用机械排泥时，平流式沉淀池可采用平底，池深也可大大减小。

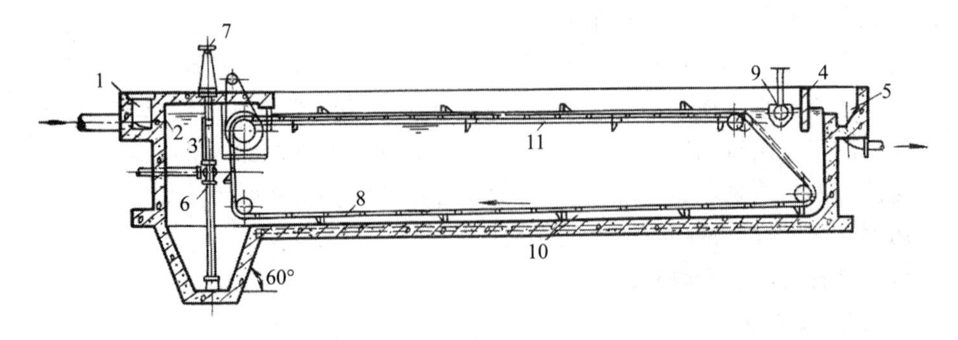

图 3-35　设有链带式刮泥机的平流式沉淀池

1-进水槽；2-进水孔；3-进水挡板；4-出水挡板；5-出水槽；6-排泥管；7-排泥闸门；8-链带；9-排渣管槽（能转动）；10-刮板；11-链带支撑

（2）平流式沉淀池的设计

设计内容包括流入、流出装置、沉淀区、污泥区、排泥和排浮渣设备选择等。

如前所述，实际沉淀池存在着水流在池宽与深度方向不均匀及紊流，流态与理想沉淀池大不相同。故不能完全按沉淀理论进行设计，而是以沉淀试验为依据并参考同类沉淀池的运行资料进行设计。

1）沉淀区尺寸计算

沉淀区尺寸的计算方法有两种。

第一种方法 —— 按沉淀时间和水平流速或表面负荷计算的方法，当无污水悬浮物沉淀试验资料时，可用本方法计算。

① 沉淀区有效水深 h_2

$$h_2 = qt \tag{3-49}$$

式中，h_2 —— 有效水深，m；

q —— 表面水力负荷，即要求去除的颗粒沉速，如无试验资料，可参考表 3-11 选用；

t —— 污水沉淀时间，初次沉淀池 1～2 h，二次沉淀池 1.5～2.5 h，参见表 3-11。

沉淀区有效水深 h_2，一般用 2.0～4.0 m，超高不应小于 0.3 m。

② 沉淀区有效容积 V_1：

$$V_1 = Ah_2 \tag{3-50}$$

$$V_1 = Q_{max}t \tag{3-51}$$

式中，V_1 —— 有效容积，m^3；

A —— 沉淀区水面积，m^2，$A = \frac{Q_{max}}{q}$；

Q_{max} —— 最大设计流量，m^3/h。

③ 沉淀区长度

$$L = 3.6\,vt \tag{3-52}$$

式中，L —— 沉淀区长度，m；

v —— 最大设计流量时的水平流速，mm/s，一般不大于 5 mm/s。

④ 沉淀区总宽度

$$B = \frac{A}{L} \tag{3-53}$$

式中，B —— 沉淀区总宽度，m。

⑤ 沉淀池座数或分格数

$$n = \frac{B}{b} \tag{3-54}$$

式中，n —— 沉淀池座数或分格数；

b —— 每座或每格宽度，与刮泥机有关，一般用 5～10 m。

为了使水流均匀分布，沉淀区长度一般采用 30～50 m，长宽比不小于 4∶1，长深比不小于 8，沉淀池的总长度等于沉淀区长度加前后挡板至池壁的距离。

第二种方法 —— 按表面水力负荷的计算方法，当已有沉淀试验数据时采用。

① 沉淀区水面积 A：

$$q = \frac{Q_{max}}{A}, \quad A = \frac{Q_{max}}{q} \tag{3-55}$$

且 $$q=u_0$$

式中，A —— 沉淀区水面积，m^2；

q —— 表面水力负荷，$m^3/(m^2 \cdot h)$，通过试验取得或参见表 3-11；

u_0 —— 要求去除的颗粒的最小沉速，m/h 或 mm/s。

② 沉淀池有效水深

$$h_2 = \frac{Q_{max} t}{A} = u_0 t \tag{3-56}$$

式中，h_2 —— 有效水深，m；

Q_{max}，t 同前。

2）污泥区计算

按每日污泥量和排泥的时间间隔设计。

每日产生的污泥量

$$W = \frac{SNt}{1\,000} \tag{3-57}$$

式中，W —— 每日污泥量，m^3/d；

S —— 每人每日产生的污泥量，L/（人·d）。生活污水的污泥量见表 3-11；

N —— 设计人口数；

t —— 两次排泥的时间间隔，初次沉淀池按 2 d 考虑。曝气池后的二次沉淀池按 2 h 考虑。机械排泥的初次沉淀池和生物膜法处理后的二次沉淀池污泥区容积宜按 4 h 的污泥量计算。

如已知污水悬浮物浓度与去除率，污泥量可按下式计算

$$W=\frac{Q_{max}\cdot 24(C_0-C_1)100}{\gamma(100-p_0)}\cdot t \tag{3-58}$$

式中，C_0，C_1 —— 分别是进水与沉淀出水的悬浮物浓度，kg/m^3，如有浓缩池、消化池及污泥脱水机的上清液回流至初次沉淀池，则式中的 C_1 应取 1.3 C_0，C_1 应取 1.3 C_0 的 50%～60%；

p_0 —— 污泥含水率，%，见表 3-11；

γ —— 污泥容重，kg/m^3，因污泥的主要成分是有机物，含水率在 95%以上，故可取 1 000 kg/m^3；

t —— 两次排泥的时间之隔，同上。

3）沉淀池的总高度

$$H=h_1+h_2+h_3+h_4 \tag{3-59}$$

式中，H —— 总高度，m；

h_1 —— 超高，采用 0.3 m；

h_2 —— 沉淀区高度，m；

h_3 —— 缓冲区高度，当无刮泥机时，取 0.5 m；有刮泥机时，缓冲层的上缘应高出刮板 0.3 m；一般采用机械排泥，排泥机械的行进速度为 0.3～1.2 m/min；

h_4 —— 污泥区高度，m，根据污泥量、池底坡度、污泥斗几何高度及是否采用刮泥机决定。一般规定池底纵坡不小于 0.01，机械刮泥时，纵坡为 0，污泥斗倾角α：方斗宜为 60°，圆半宜为 55°。

4）沉淀池数目

沉淀池数目不少于两座，并应考虑一座发生故障时，另一座有负担全部流量的可能性。

5）沉淀池出水堰最大负荷

初次沉淀池不宜大于 2.9 L/（s·m）；二次沉淀池不宜大于 1.7 L/（s·m）。

6）沉淀池应设置撇渣设施

城市污水沉淀池的设计数据，根据表 3-11 选用。

【例题 3-6】某工业区的工业废水量为 100 000 m^3/d，悬浮物浓度 C_0=250 mg/L，沉淀水悬浮物浓度不超过 50 mg/L，污泥含水率 97%。通过试验取得的沉淀曲线见图 3-36。

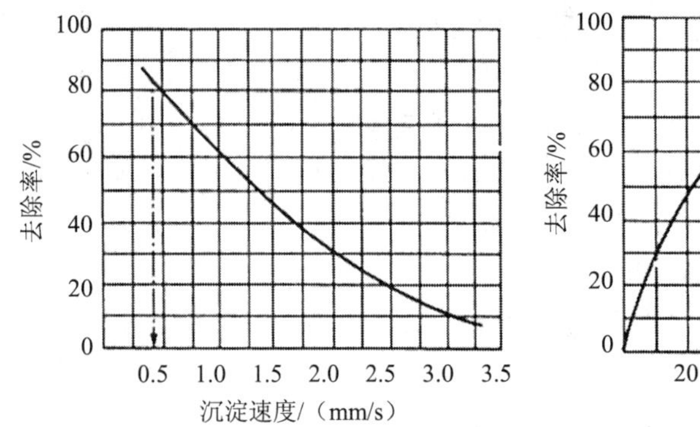

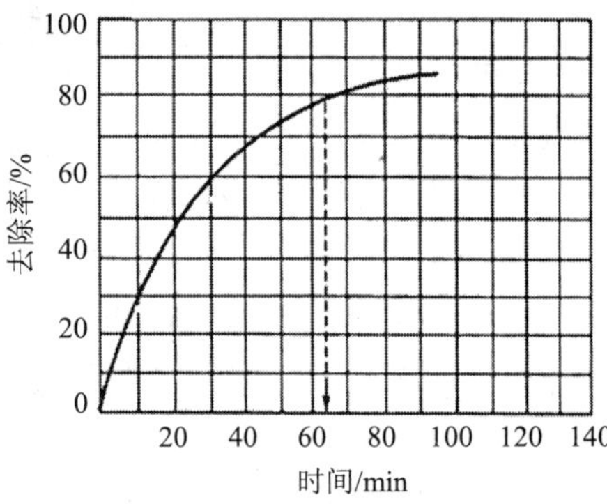

图 3-36　沉淀曲线

【解】（1）设计参数的确定

根据题意，沉淀池的去除率应为$\eta=\dfrac{250-50}{250}\times100\%=80\%$，由图 3-36 可查得，当$\eta$=80%时，应去除的最小颗粒的沉速为 0.4 mm/s（1.44 m/h），即表面负荷 q=1.44 m^3/（m^2·h），沉淀时间 t=65 min。

为使设计留有余地，对表面负荷及沉淀时间分别除 1.5 及乘 1.75 的系数：

设计表面负荷 $q_0=\dfrac{q}{1.5}=\dfrac{1.44}{1.5}=0.96\ \text{m}^3/(\text{m}^2\cdot\text{h})$

由于 $q_0=u_0$，故 $u_0=\dfrac{1.44}{1.5}=0.96\ \text{m}^3/(\text{m}^2\cdot\text{h})=0.27\ \text{mm/s}$

设计沉淀时间 t_0=1.75 t=1.75×65=113.75 min≈1.9 h

设计污水量 $Q_{\max}=\dfrac{10^5}{24\times60\times60}=1.157\ \text{m}^3/\text{s}=4166.7\ \text{m}^3/\text{h}$

（2）沉淀区各部尺寸（计算草图见图 3-37）

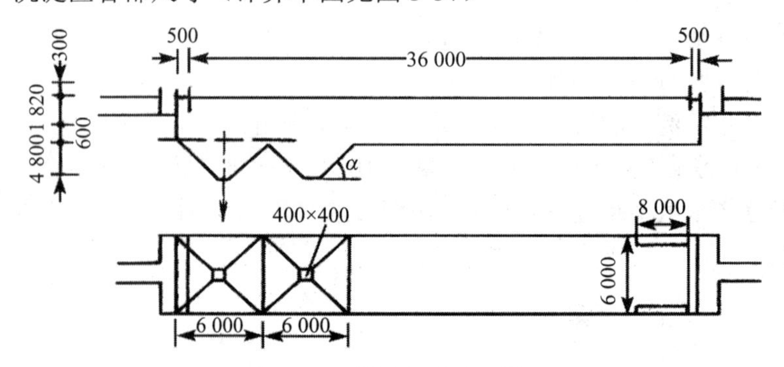

图 3-37　平流沉淀池计算

总有效沉淀面积 $A=\frac{Q_{max}}{q_0}=\frac{4\,166.7}{0.96}=4\,340.3\ m^2$

采用 20 座沉淀池，每池表面积 A_1=217 m^2，每池的处理量为 Q_1=208.3 m^3/h

沉淀池有效水深，用式（3-56）

$$h_2=\frac{Q_1 t}{A_1}=\frac{208.3\times1.9}{217}=1.82\ m$$

每个池宽为 b 取 6.0 m，池长为

$$L=\frac{A_1}{b}=\frac{217}{6}=36\ m$$

长宽比核算 $\frac{36}{6}=\frac{6}{1}>4:1$ 合格。

（3）污泥区尺寸

每日产生的污泥量用式（3-58）计算

$$W=\frac{10^5(250-50)\times100}{1\,000\times1\,000\times(100-97)}=666.7\ m^3$$

$$每座沉淀池的污泥量\ W=\frac{666.7}{20}=33.3\ m^3$$

污泥斗容积（用锥体体积公式）：

$$V_1=\frac{1}{3}h_4(f_1+f_2+\sqrt{f_1 f_2}) \tag{3-60}$$

式中，f_1 —— 污泥斗上口面积，m^2；

f_2 —— 污泥斗下底面积，m^2；

h_4 —— 污泥斗的高度，m。

本题的 f_1=6×6=36 m^2，f_2=0.4×0.4=0.16 m^2，污泥斗为方斗，α=60°，h_4=2.8×1.732=4.8 m（见图 3-37）。

若每座沉淀池设两个污泥斗，每个污泥斗的容积为：

$$\begin{aligned}V_1&=\frac{1}{3}h_4(f_1+f_2+\sqrt{f_1 f_2})\\&=\frac{1}{3}4.8(36+0.16+\sqrt{36\times0.16})\\&=61.7m^3>33.3m^3\end{aligned}$$

故每座沉淀池的污泥斗可储存 2 d 的污泥量，满足要求。

（4）沉淀池的总高度用式（3-59）计算，采用机械刮泥，缓冲层高 h_3=0.6 m（含刮泥板），平底，故：

$$H = h_1 + h_2 + h_3 + h_4 = 0.3 + 1.82 + 0.6 + 4.8 = 7.52 \text{ m}$$

（5）沉淀池总长度

$$L = 0.5 + 0.3 + 36 = 36.8 \text{ m}$$

式中，0.5 —— 流入口至挡板距离；

0.3 —— 流出口至挡板距离。

（6）出水堰长度复核

出水堰长度见图 3-37 所示。每池出水堰长度为 6 m+8 m+8 m=22 m，出水堰负荷为 208.3×1 000/3 600=58 L/s，58/22=2.64 L/（s·m）＜2.9 合格。

3.5.3 普通辐流式沉淀池

（1）辐流式沉淀池的构造

普通辐流式沉淀池呈圆形或正方形，直径（或边长）6～60 m，最大可达 100 m，池周水深 1.5～3.0 m，用机械排泥，池底坡度不宜小于 0.05。辐流式沉淀池可用作初次沉淀池或二次沉淀池。工艺构造见图 3-38，图为中心进水，周边出水，中心传动排泥的辐流式沉淀池。为了使布水均匀，进水管设穿孔挡板，穿孔率为 10%～20%。出水堰亦采用锯齿堰，堰前设挡板，拦截浮渣。

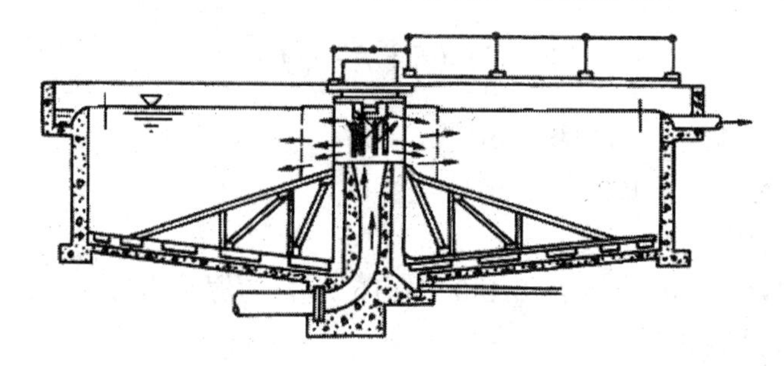

图 3-38 普通辐流式沉淀池工艺图

刮泥机由桁架及传动装置组成。当池径小于 20 m 时，用中心传动；当池径大于 20 m 时用周边传动，周边线速不宜大于 3 m/min，转速为 1～3 r/h，将污泥推入污泥斗，然后用静水压力或污泥泵排出。当作为二次沉淀池时，沉淀的活性污泥含水率高达 99%以上，不可能被刮板刮除，可采用如图 3-39 所示的静水压力法排泥，图中 1 为穿孔挡板，2 为排泥槽，槽内泥面与沉淀池水面的落差大约 30 cm，3 为对称的两排泥槽之间的连接管，连接管通过密封装置将泥从排泥总管排出，4 为沿底缓慢转动的排泥管，对称，两边各 4 条，每条负担底部一个环区的排泥，

依靠 h 静水压力，将底泥排入排泥槽 2。

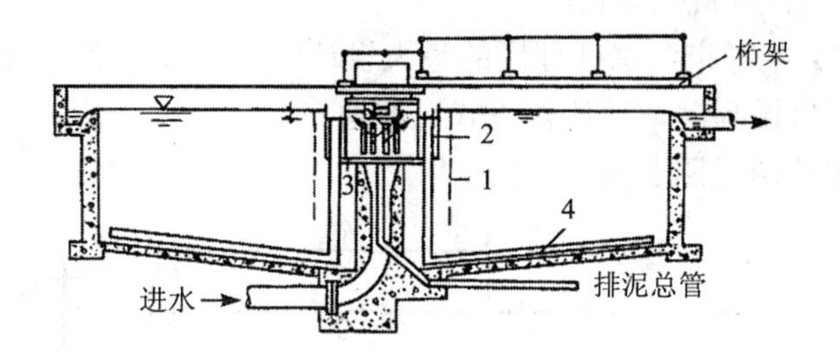

图 3-39　静水压力排泥示意

（2）辐流式沉淀池的设计

1）每座沉淀池表面积和池径

$$A=\frac{Q_{max}}{nq_0} \tag{3-61}$$

$$D=\sqrt{\frac{4A_1}{\pi}} \tag{3-62}$$

式中，A_1 —— 每池表面积，m^2；

D —— 每池直径，m；

n —— 池数；

q_0 —— 表面水力负荷，$m^3/(m^2 \cdot h)$，见前。

2）沉淀池有效水深

$$h_2=q_0t \tag{3-63}$$

式中，h_2 —— 有效水深，m；

t —— 沉淀时间，见前。

池径与水深比宜用 6～12。

3）沉淀池总高度

$$H=h_1+h_2+h_3+h_4+h_5 \tag{3-64}$$

式中，H —— 总高度，m；

h_1 —— 保护高，取 0.3 m；

h_2 —— 有效水深，m；

h_3 —— 缓冲层高，m，非机械排泥时宜为 0.5 m；机械排泥时，缓冲层上缘宜高出刮泥板 0.3 m；

h_4 —— 沉淀池底坡落差，m；

h_5 —— 污泥斗高度，m。

【例题 3-7】某城市污水处理厂的最大设计流量 Q_{max}= 2 450 m^3/L，设计人口 N=34 万，采用机械刮泥，设计辐流式沉淀池。

【解】计算草图见图 3-40。

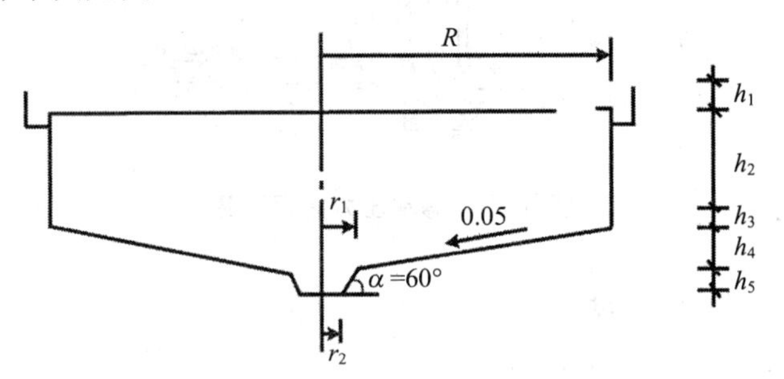

图 3-40　辐流式沉淀池计算图

（1）沉淀池表面积和池直径

设池数 n=2，表面水力负荷 q_0=2 m^3/（m^2·h），

$$A_1=\frac{q_{max}}{nq_0}=\frac{2\,450}{2\times 2}=612.5\ \text{m}^2$$

$$D=\sqrt{\frac{4A_1}{\pi}}=\sqrt{\frac{4\times 612.5}{\pi}}=28\ \text{m}$$

（2）沉淀池有效水深（设沉淀时间 t=1.5 h）

$$h_2=q_0 t=2\times 1.5=3\ \text{m}$$

（3）沉淀部分有效容积 V'

$$V'=Q_{max}\cdot t/n=2\,900\times 1.5/2=2\,175\ \text{m}^3$$

（4）污泥部分所需的容积 V

设每人每日产生的湿污泥量 S=0.5L，取污泥清除时间间隔 T=4 h，则

$$V=\frac{S\cdot N\cdot T}{1\,000n}=\frac{0.5\times 340\,000\times 4}{1\,000\times 2\times 24}=14.2\ \text{m}^3$$

（5）污泥斗容积 V_1

设中心泥斗的上口半径 r_1=2 m，下口半径 r_2=1 m，

斗壁倾角α =60°，则污泥斗高度

$$h_5=(r_1-r_2)\text{tg}\alpha=(2-1)\text{tg}60°=1.73\text{ m}$$

$$V_1=\frac{\pi h_5}{3}\left(r_1^2+r_1r_2+r_2^2\right)=\frac{\pi\times1.73}{3}\times(2^2+1^2+2\times1)=12.7\text{ m}^3$$

（6）污泥斗以上池底污泥容积 V_2

设池底坡度为 i=0.05，则泥斗以上池底积泥厚度

$$h_4=(R-r_1)i=(14-2)\times0.05=0.6\text{ m}$$

$$V_2=\frac{\pi h_4}{3}\left(R^2+Rr_1+r_1^2\right)=\frac{\pi\times0.7}{3}\times(14^2+2^2+14\times2)=143.3\text{ m}^3$$

共可贮存污泥体积为 V_1+V_2=12.7+143.3=156 m^3 ＞ 14.2 m^3，足够

（7）沉淀池总高度 H

取保护高 h_1=0.3 m；

$$H=h_1+h_2+h_3+h_4+h_5=0.3+3.0+0.5+0.6+1.73=6.13\text{ m}$$

（8）校核径深比

D/h_2=28/3=9.3（在 6～12 范围内，符合要求）

3.5.4 向心辐流式沉淀池

上述辐流式沉淀池的进水管设在池中心，流出槽设在池子四周，故可称为中心进水周边出水辐流式沉淀池。因中心导流筒内的流速较大，可达到 100 mm/s，当作为二次沉淀池用时，活性污泥在中心导流筒内难以絮凝，并且这股水流向下流动时的动能较大，易冲击池底沉泥，池的容积利用系数也较小（约 48%）。

向心辐流式沉淀池流入区设在池周边，流出槽设在沉淀池中心部位的 1/4R、1/3R、1/2R 处或设在沉淀池的周边，俗称周边进水中心出水向心辐流式沉淀池或周边进水周边出水向心辐流式沉淀池。由于进、出水的这一改进，在一定程度上克服了上述普通辐流式沉淀池的缺点。

（1）向心辐流式沉淀池的功能分区

向心辐流式沉淀池可分为 5 个功能区，即流入槽、导流絮凝区、沉淀区、流

出槽、污泥区，见图 3-41。

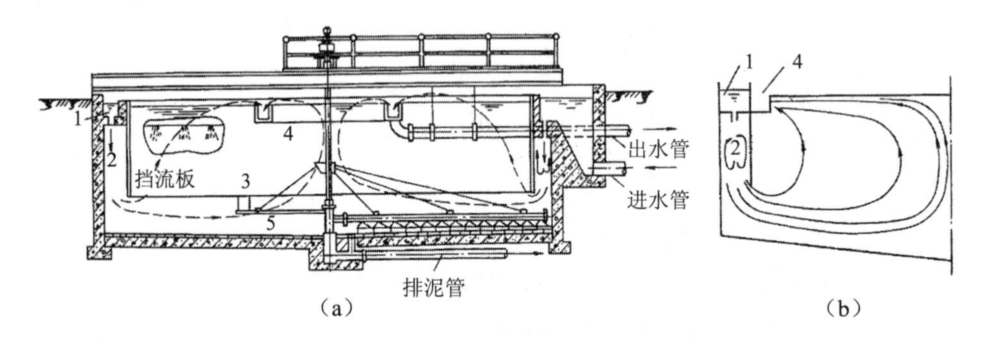

图 3-41 向心式辐流沉淀池

1-流入槽；2-导流絮凝区；3-沉淀区；4-流出槽；5-污泥区

流入槽沿周边设置，槽底均匀地开设布水孔及短管，供布水用。

导流絮凝区主要有三个作用：使进水导向沉淀区并使布水均匀；因进水自布水孔及短管进入导流絮凝区后，在区内形成回流，可促使活性污泥絮凝，加速沉淀区的沉淀；因该区的过水面积较大，故向下流的流速小，对池底沉泥无冲击现象。

沉淀区的功能主要是起沉淀作用，此外，由于沉淀区下部的水流方向是向心流，故可将沉淀污泥推向池中心的污泥斗，便于排泥。

流出槽的位置可设在：①等于池的半径 *R* 处［图 3-41（b）］；②*R*/2 处；③*R*/3 处［图 3-41（a）］；④*R*/4 处。根据实测资料，向心辐流式沉淀池的容积利用系数高于中心进水的辐流式沉淀池。不同流出槽位置，容积利用系数略有差别，见表 3-12。

表 3-12 流出槽不同位置的容积利用系数表

出水槽位置	容积利用系数/%	出水槽位置	容积利用系数/%
R 处	93.6	*R*/3 处	87.5
R/2 处	79.7	*R*/4 处	85.7

从表 3-12 可知，流出槽的较佳位置是设在 *R* 处，根据安装方面的情况，也可设在 *R*/3 或 *R*/4 处。

（2）向心式辐流沉淀池的设计

流入槽：采用环形平底槽，等距设布水孔，孔径一般取 50～100 mm，并加 50～100 mm 长度的短管，管内流速 0.3～0.8 m/s。

$$\upsilon_n = \sqrt{2t\nu}G_{\mathrm{m}} \tag{3-65}$$

$$G_{\mathrm{m}}^2 = \left(\frac{\upsilon_1^2 - \upsilon_2^2}{2t\nu}\right)^2 \tag{3-66}$$

式中，υ_n —— 配水孔平均流速，0.3～0.8 m/s；

t —— 导流絮凝区平均停留时间，s，池周有效水深为 2～4 m 时，t 取 360～720 s；

ν —— 污水的运动黏度，与水温有关，可查手册；

G_{m} —— 导流絮凝区的平均速度梯度，一般可取 10～30 s^{-1}；

υ_1 —— 配水孔水流收缩断面的流速 m/s，$\upsilon_1 = \frac{\upsilon_{\mathrm{n}}}{\varepsilon}$，$\varepsilon$为收缩系数，因设有短管，取$\varepsilon$=1；

υ_2 —— 导流絮凝区平均向下流速，m/s。

$$\upsilon_2 = \frac{Q_1}{f}$$

式中，Q_1 —— 每池的最大设计流量，$\mathrm{m^3/s}$；

f —— 导流絮凝区环形面积，m^2。

为了施工安装方便，导流絮凝区的宽度 $B \geqslant 0.4$ m，与配水槽等宽，采用式（3-66）验算 G_{m} 值。若 G_{m} 值在 10～30 s^{-1} 之间为合格。否则需调整 B 值再算。

沉淀区，向心辐流式沉淀池的表面负荷可高于普通辐流式的 2 倍，即可用 3～4 $\mathrm{m^3}$/（$\mathrm{m^2 \cdot h}$）。

流出槽，可用锯齿堰出水，使每齿的出水流速均较大，不易在齿角处积泥或滋生藻类。

其他设计同普通辐流沉淀池。

【例题 3-8】某城市的设计污水量为 50 000 $\mathrm{m^3/d}$，曝气池回流污泥比为 0.5，污水温度 20℃，设计周边进、出水辐流沉淀池。

【解】用两座池，表面负荷取 3 $\mathrm{m^3}$/（$\mathrm{m^2 \cdot h}$），沉淀区面积为

$$A_1 = \frac{Q}{2q_0 \times 24} = \frac{50\,000}{2 \times 3 \times 24} = 347\ \mathrm{m}^2$$

$$R = \sqrt{\frac{347}{\pi}} = 10.5\ \mathrm{m} \quad 取 D = 21\ \mathrm{m}$$

流入槽：设计流量应加上回流污泥量，即 50 000+0.5×50 000=75 000 $\mathrm{m^3/d}$。设流入槽宽 B=0.6 m，水深 0.5 m，流入槽流速：

$$\upsilon = \frac{75\,000}{2\times 24\times 0.6\times 0.5\times 3\,600} = 1.45 \text{ m/s}$$

取导流絮凝区停留时间为 600 s，$G_{\rm m}$=20 s^{-1}，水温为 20℃，查得 ν=1.06×10^{-6} m^2/s，

$$\upsilon_n = \sqrt{2t\nu}G_m = \sqrt{2\times 600\times 1.06\times 10^{-6}}\times 20 = 0.71 \text{ m/s}$$

孔径用ϕ 50 mm，每座池流入槽内的孔数：

$$n = \frac{75\,000}{2\times 0.71\times \frac{\pi}{4}\times 0.05^2\times 86\,400} = 312\text{个}$$

孔距
$$l = \frac{\pi(D+B)}{n} = \frac{\pi(21+0.6)}{312} = 0.214\text{m}$$

导流絮凝区：导流絮凝区的平均流速

$$\upsilon_2 = \frac{Q}{n\pi(D+B)\times B\times 86\,400} = \frac{75\,000}{2\pi(21+0.6)\times 0.6\times 86\,400} = 0.011 \text{ m/s}$$

式中，n —— 池数。

用式（3-66）核算 $G_{\rm m}$ 值，

$$G_{\rm m} = \left(\frac{\upsilon_1^2 - \upsilon_2^2}{2t\nu}\right)^{1/2} = \left(\frac{0.71^2 - 0.011^2}{2\times 600\times 1.06\times 10^{-6}}\right)^{1/2} = 19.9\text{s}^{-1}$$

$G_{\rm m}$ 在 10～30 s^{-1}，合格。

3.5.5 竖流式沉淀池

（1）竖流式沉淀池的构造

竖流式沉淀池可用圆形或正方形。为了池内水流分布均匀，池径不宜太大，一般采用 4～7 m，不大于 10 m。沉淀区呈柱形，污泥斗呈截头倒锥体。图 3-42 为圆形竖流式沉淀池。

图 3-42 中 1 为进水管，污水从中心管 2 自上而下，经反射板 3 折向上流，沉淀水用设在池周的锯齿溢流堰，溢入流出槽 6，7 为出水管。如果池径大于 7 m，为了使池内水流分布均匀，可增设辐射方向的流出槽。流出槽前设有挡板 5，隔除浮渣。污泥斗的倾角用 55°～60°。污泥依靠静水压力 h，将污泥从排泥管 4 排出，排泥管径用 200 mm。作为初次沉淀池用时，h 不应小于 1.5 m；作为二次沉淀池用时，生物滤池后的不应小于 1.2 m，曝气池后的不应小于 0.9 m。

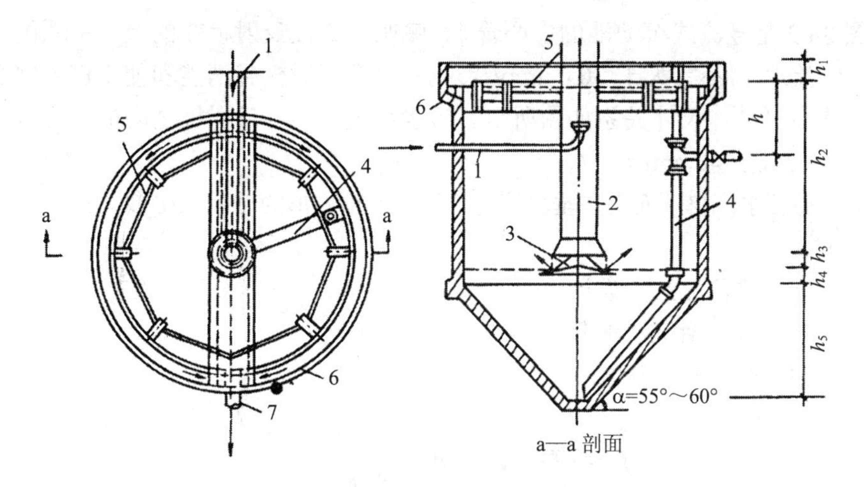

图 3-42 圆形竖流式沉淀池

1-进水管；2-中心管；3-反射板；4-排泥管；5-挡板；6-流出槽；7-出水管

竖流式沉淀池的水流流速 v 是向上的，而颗粒沉速 u 是向下的，颗粒的实际沉速是 v 与 u 的矢量和，如前所述只有 $u \geqslant v$ 的颗粒才能被沉淀去除，因此比较平流与辐流式池，去除率少 $\frac{100}{u_0}\int_0^{P_0} u_t \mathrm{d}P$，但若颗粒具有絮凝性能，则由于水流向上，带着微颗粒在上升的过程中，互相碰撞，促进絮凝，颗粒变大，沉速随之增大，又有被去除的可能。故竖流式沉淀池作为二次沉淀池是可行的。竖流式沉淀池的池深较深，故适用于中小型污水处理厂。

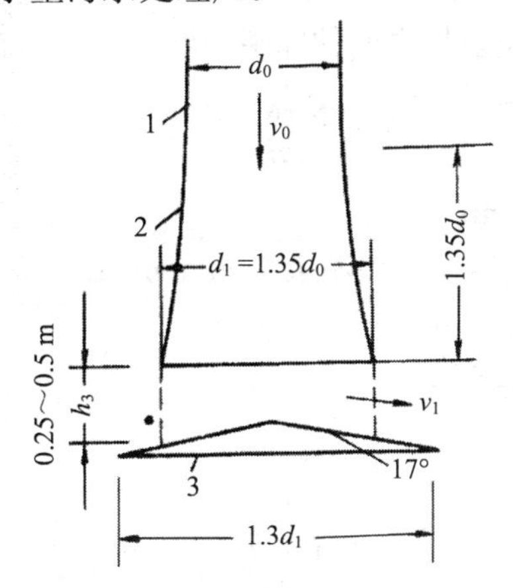

图 3-43 中心管和反射板的结构尺寸

1-中心管；2-喇叭口；3-反射板

图 3-43 是竖流式沉淀池的中心管 1，喇叭口 2 及反射板 3 的尺寸关系图。中心管内的流速 v_0 不宜大于 30.0 mm/s，喇叭口及反射板起消能和使水流方向折向上流的作用。具体尺寸关系如图所示。污水从喇叭门与反射板之间的间隙流出的流速 v_1 不应大于 40 mm/s。

为了保证水流自下而上作垂直流动，径（或正方形的边）深比 $D:h_2$ 不大于 3。见图 3-42。

（2）竖流式沉淀池的设计

设计的内容包括沉淀池各部尺寸。

1）中心管面积与直径

$$f_1 = \frac{q_{max}}{v_0}, \qquad d_0 = \sqrt{\frac{4f_1}{\pi}} \tag{3-67}$$

式中，f_1 —— 中心管截面积，m^2；

d_0 —— 中心管直径，m；

v_0 —— 中心管内的流速，m/s；

q_{max} —— 最大设计流量，m^3/s。

2）沉淀池的有效沉淀高度，即中心管的高度

$$h_2 = 3\,600vt \tag{3-68}$$

式中，h_2 —— 有效沉淀高度，m；

v —— 污水在沉淀区的上升流速，mm/s（无数据时可选 0.5～1.0 mm/s）；

t —— 沉淀时间，一般采用初次沉淀池 1.0～2.0 h，二次沉淀池 1.5～2.5 h。

3）中心管喇叭口到反射板之间的间隙高度

$$h_3 = \frac{q_{max}}{v_1 \pi d_1} \tag{3-69}$$

式中，h_3 —— 间隙高度，m；

v_1 —— 间隙流出速度，一般不大于 40 mm/s；

d_1 —— 喇叭口直径，m。

4）沉淀池总面积和池径

$$f_2 = \frac{q_{max}}{v} \tag{3-70}$$

$$A = f_1 + f_2 \tag{3-71}$$

$$D = \sqrt{\frac{4A}{\pi}} \tag{3-72}$$

式中，f_2 —— 沉淀区面积，m^2；

A —— 沉淀池面积，m^2；

D —— 沉淀池直径，m。

5）缓冲层高度 h_4 采用 0.3 m

6）污泥斗及污泥斗高度（参见平流式沉淀池）

7）沉淀池总高度

$$H = h_1 + h_2 + h_3 + h_4 + h_5 \tag{3-73}$$

式中，H —— 池总高度，m；

h_1 —— 超高，采用 0.3 m（h_2、h_3、h_4、h_5 见图 3-42）。

【例题 3-9】某城市污水最大秒流量为 q_{max}=0.4 m^3/s，拟采用竖流式沉淀池作为初次沉淀池。

【解】由于没有提供试验资料，故根据竖流式沉淀池的一般规定进行设计。

（1）中心管面积与直径

$$f_1 = \frac{q_{max}}{v_0} = \frac{0.4}{0.03} = 13.3\ m^2$$

若用 8 座沉淀池，则每座池中心管面积为

$$\frac{13.3}{8} = 1.7\ m^2$$

$$d_0 = \sqrt{\frac{4f_1}{\pi}} = \sqrt{\frac{4\times1.7}{3.14}} = 1.47\ m\text{，取 }1.5\ m$$

（2）沉淀池的有效沉淀高度，即中心管高度

$$h_2 = 3\,600vt = 3\,600\times0.000\,7\times1.5 = 3.78\ m\text{，取 }3.8\ m$$

（3）中心管喇叭口到反射板之间的间隙高度

$$h_3 = \frac{q_{max}}{v_1\pi d_1} = \frac{0.4/8}{0.3\times3.14\times1.9} = 0.2m$$

其中，d_1=1.35d_0=1.35×1.5=1.925m，取 1.9m；

v_1 —— 取 0.04 m/s。

（4）沉淀池总面积及沉淀池直径

每座沉淀池的沉淀区面积

$$f_2 = \frac{q_{max}}{v} = \frac{0.4/8}{0.000\,7} = 71.4\ m^2\text{，取 }72\ m^2$$

每座池的总面积为

$$A = f_1 + f_2 = 85.3\ m^2$$

每座直径

$$D=\sqrt{\frac{4A}{\pi}}=\sqrt{\frac{4\times85.3}{\pi}}=10.4\ \text{m}，取 10 m$$

（5）污泥斗及污泥斗高度

取α=60°，截头直径 0.4 m，则

$$h_5=\frac{10-0.4}{2}\text{tg}60°=7.6\ \text{m}$$

（6）沉淀池的总高度

$$H=h_1+h_2+h_3+h_4+h_5=0.3+3.8+0.2+0.3+7.6=12.2\ \text{m}$$

3.5.6 斜板（管）沉淀池

（1）斜板（管）沉淀池的理论基础

如前所述，池长为 L，池深为 H，池中水平流速为 v，颗粒沉速为 u_0 的沉淀池中，在理想状态下，$L/H=v/u_0$。

可见，L 与 v 值不变时，池深 H 越浅，可被沉淀去除的悬浮物颗粒也越小。若用水平隔板，将 H 分为 3 等层，每层深 $H/3$，见图 3-44（a），在 u_0 与 v 不变的条件下，则只需 $L/3$，就可将沉速为 u_0 的颗粒去除，也即总容积可减小到 1/3。如果池长 L 不变，见图 3-44（b），由于池深为 $H/3$，则水平流速可增加到 3 v，仍能将沉速为 u_0 的颗粒沉淀掉，也即处理能力可提高 3 倍。把沉淀池分成 n 层就可把处理能力提高 n 倍。这就是 20 世纪初，哈真（Hazen）提出的浅池沉淀理论。

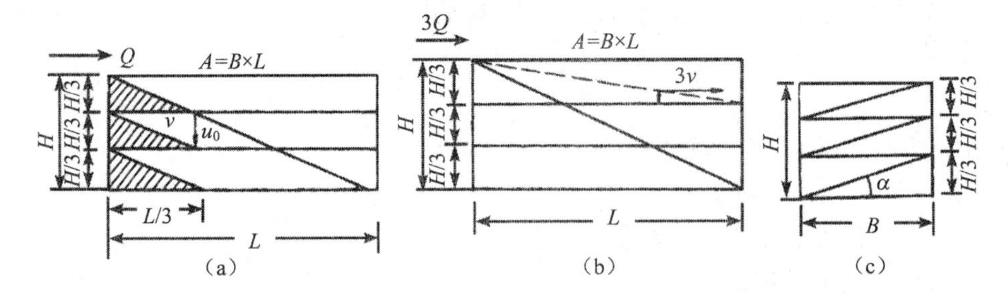

图 3-44 浅池沉淀原理

为了解决沉淀池的排泥问题，浅池理论在实际应用时，把水平隔板改为倾角为α的斜板（管）。采用 50°～60°。所以把斜板（管）的有效面积的总和乘以 cosα，即得水平沉淀面积：

$$A=\sum_{n=1}^{n}A_h\cos\alpha \tag{3-74}$$

为了创造理想的层流条件，提高去除率，需控制雷诺数 $Re=\frac{\upsilon\omega}{\nu P}$，式中 υ 为流速，ω 为过水断面积，ν 为动力黏度，P 为过水断面的湿周。斜板（管）由于湿周 P 长，故 Re 可控制在 200 以下，远小于层流界限 500。又从弗劳德数 $Fr=\frac{\upsilon^2 P}{\omega g}$ 可知，由于 P 长，ω 小，Fr 数可达 10^{-4}～10^{-3}，确保了水流的稳定性。

（2）斜板（管）沉淀池的分类与设计

按水流方向与颗粒的沉淀方向之间的相对关系，可分为：①侧向流斜板（管）沉淀池，水流方向与颗粒沉淀方向互相垂直，见图 3-45（a）；②同向流斜板（管）沉淀池，水流方向与颗粒沉淀方向相同，见图 3-45（b）；③逆向流斜板（管）沉淀池，见图 3-45（c），水流方向与颗粒沉淀方向相反。

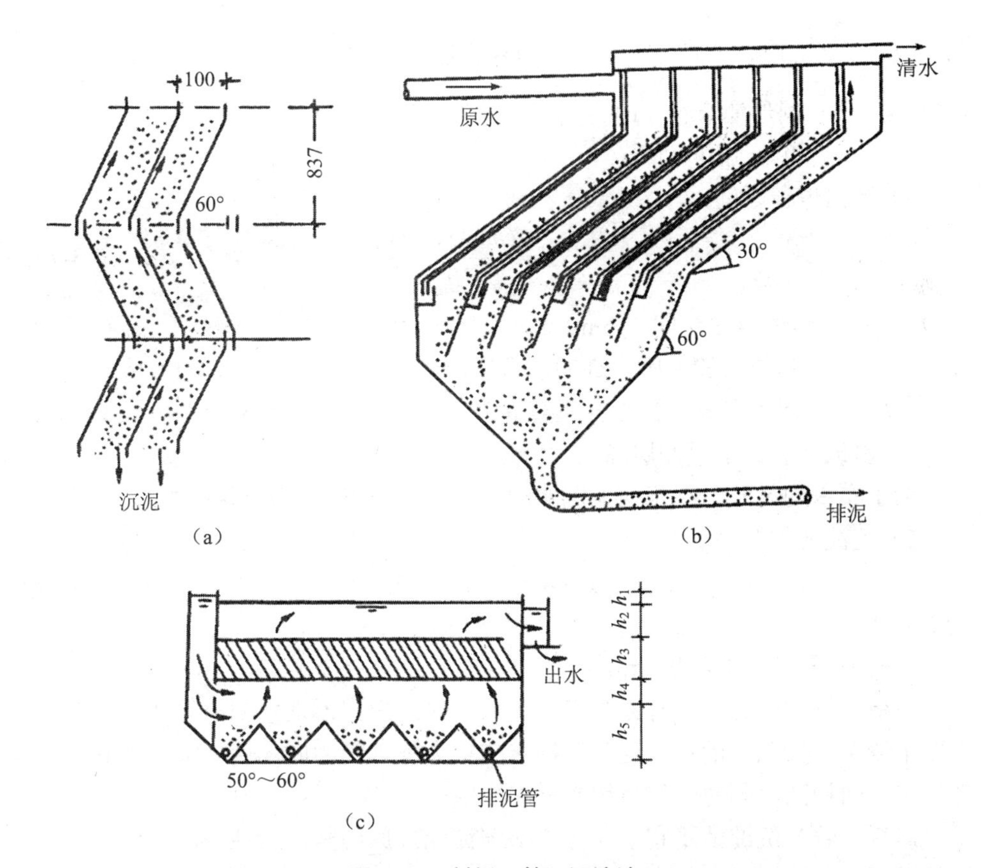

图 3-45　斜板（管）沉淀池

现以逆向（也称异向）流为例，说明设计步骤。

1）沉淀池水表面积

$$A = \frac{Q_{max}}{nq_0 \times 0.91} \tag{3-75}$$

式中，A —— 水表面积，m^2；

n —— 池数，个；

q_0 —— 表面负荷，初沉池可用表 3-11 所列数字的一倍，但对于二沉池，尚应以固体负荷核算；

Q_{max} —— 最大设计流量，m^3/h；

0.91 —— 斜板（管）面积利用系数。

2）沉淀池平面尺寸

$$D = \sqrt{\frac{4A}{\pi}} \tag{3-76}$$

或

$$a = \sqrt{A}$$

式中，D —— 圆形池直径，m；

a —— 矩形池边长，m。

3）池内停留时间

$$t = \frac{(h_2 + h_3) \cdot 60}{q_0} \tag{3-77}$$

式中，t —— 池内停留时间，min；

h_2 —— 斜板（管）区上部的清水层高度，m，一般为 0.7～1.0 m；

h_3 —— 斜板（管）的自身垂直高度，m，一般为 0.866～1.0 m。

4）斜板（管）下缓冲层高

为了布水均匀并不会扰动下沉的污泥，h_4 一般采用 1.0 m。

5）沉淀池的总高度

$$H = h_1 + h_2 + h_3 + h_4 + h_5 \tag{3-78}$$

式中，H —— 总高度，m；

h_5 —— 污泥斗高度，m。

斜板（管）沉淀池具有去除率高，停留时间短，占地面积小等优点，故常用于以下情况：①已有的污水处理厂挖潜或扩大处理能力时采用；②当受到污水处理厂占地面积的限制时，作为初次沉淀池用。

斜板（管）沉淀池不宜于作为二次沉淀池，原因是：活性污泥的黏度较大，容易黏附在斜板（管）上，影响沉淀效果甚至可能堵塞斜板（管）。同时，在厌氧的情况下，经厌氧消化产生的气体上升时会干扰污泥的沉淀，并把从板（管）上脱落下来的污泥带至水面结成污泥层。

3.6 废水的隔油和破乳处理

3.6.1 含油废水的来源、特征与危害

含油废水主要来源于石油、石油化工、钢铁、焦化、煤气发生站、机械加工等工业企业。含油废水的含油量及其特征，随工业种类不同而异，同一种工业也因生产工艺流程、设备和操作条件等不同而相差较大。

废水中所含油类，除重焦油的比重可达 1.1 以上外，其余的比重都小于 1。本节重点介绍含油比重小于 1 的含油废水处理。

油类在水中的存在形式可分为浮油、分散油、乳化油和溶解油 4 类。

① 浮油这种油珠粒径较大，一般大于 100 μm。易浮于水面，形成油膜或油层。② 分散油油珠粒径一般为 10～100 μm，以微小油珠悬浮于水中，不稳定，静置一定时间后往往形成浮油。③ 乳化油油珠粒径小于 10 μm，一般为 0.1～2 μm。往往因水中含有表面活性剂使油珠成为稳定的乳化液。④ 溶解油油珠粒径比乳化油还小，有的可小到几纳米，是溶于水的油微粒。

油类对环境的污染主要表现在对生态系统及自然环境（土壤、水体）的严重影响。流到水体中的可浮油，形成油膜后会阻碍大气复氧，断绝水体氧的来源；而水中的乳化油和溶解油，由于需氧微生物的作用，在分解过程中消耗水中溶解氧（生成 CO_2 和 H_2O），使水体形成缺氧状态，水体中二氧化碳浓度增高，使水体 pH 值降低到正常范围以下，以致鱼类和水生生物不能生存。含油废水流到土壤，由于土层对油污的吸附和过滤作用，也会在土壤形成油膜，使空气难以透入，阻碍土壤微生物的增殖，破坏土层团粒结构。含油废水排入城市排水管道，对排水设备和城市污水处理厂都会造成影响，流入生物处理构筑物混合污水的含油浓度，通常不能大于 30～50 mg/L，否则将影响活性污泥和生物膜的正常代谢过程。

3.6.2 隔油池

（1）隔油池结构

1）平流式隔油池

图 3-46 为典型的平流式隔油池，它与平流式沉淀池在构造上基本相同。废水从池子的一端流入池子，以较低的水平流速（2～5 mm/s）流经池子，流动过程中，

密度小于水的油粒浮出水面，密度大于水的颗粒杂质沉于池底，水从池子的另一端流出。在隔油池的出水端设置集油管。集油管一般用直径为200～300 mm的钢管制成，沿长度在管壁的一侧开弧度为60°～90°的槽口。集油管可以绕轴线转动，平时槽口位于水面上，当浮油层积到一定厚度时，将集油管的开槽方向转向水面以下，让浮油进入管内，导出池外。为了能及时排油及排除底泥，在大型隔油池中还应设置刮油刮泥机。刮油刮泥机的刮板移动速度一般应与池中水流流速相近，以减少对水流的影响。收集在排泥斗中的污泥由设在池底的排泥管借助静水压力排走。隔油池池底底坡一般为0.01～0.02，泥斗倾角45°，池底构造与沉淀池基本相同。

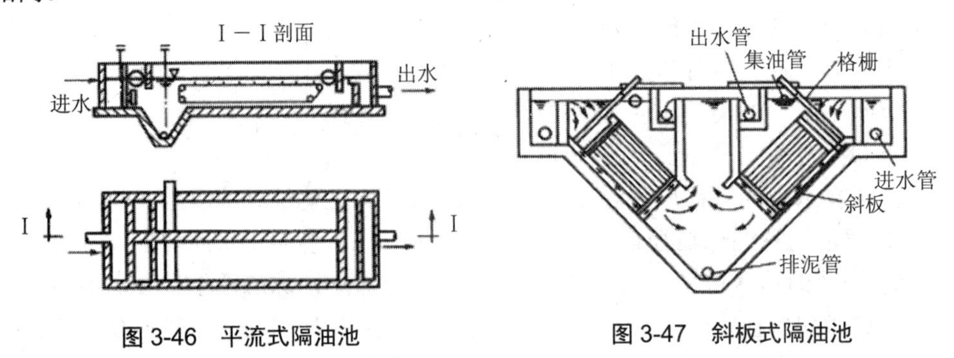

图3-46　平流式隔油池　　　　图3-47　斜板式隔油池

平流式隔油池表面一般应设置盖板便于冬季保持浮渣的温度，从而保证它的流动性，并且可防火与防雨。在寒冷地区还应在集油管及油层内设置加温设施。

平流式隔油池的特点是构造简单、便于运行管理、油水分离效果稳定。有资料表明，平流式隔油池可以去除的最小油滴直径为100～150 μm，相应的上升速度不高于0.9 mm/s。

2）斜板隔油池

图3-47为斜板式隔油池，由进水区、出水区、集油区和油水分离装置组成。斜板隔油池进水、出水和集油与平流式隔油池基本相同。其油水分离通常采用波纹形斜板，板间距约40 mm，倾角不小于45°，废水沿板面向下流动，从出水堰排出，水中油滴沿板的下表面向上流动，经集油管收集排出。斜板隔油池的工作原理可以利用浅池理论说明。

斜板隔油池可分离油滴的最小粒径约为80 μm，相应的上升速度约为0.2 mm/s，表面水力负荷为0.6～0.8 m^3/（m^2·h），停留时间一般不大于30 min。仅仅依靠油滴与水的密度差产生上浮而进行油、水分离，油的去除效率一般为70%～80%，隔油池的出水仍含有一定数量的乳化油和附着在悬浮固体上的油分，一般较难降到排放标准以下。

（2）隔油池的设计计算

平流式隔油池的设计与平流式沉淀池基本相似，按表面负荷设计时，一般采用 1.2 m^3/（$m^2 \cdot h$）；按停留时间设计时，一般采用 1.5～2.0 h。具体计算公式为：

1）隔油池的总有效容积 V

$$V = Q_{max} \cdot T \tag{3-79}$$

式中，T —— 停留时间，h；

Q_{max} —— 最大设计流量，m^3/h。

2）隔油池总过水断面积 A_0

$$A_0 = Q_{max}/3.6\,v \tag{3-80}$$

式中，v —— 采用水平流速，mm/s。

3）分格数 n

$$n = \frac{A_0}{B \times h_2} \tag{3-81}$$

式中，B —— 每格宽度，m；

h_2 —— 工作水深，m。

4）校核池内实际水平流速 v

$$v = \frac{Q_{max}}{n \cdot b \cdot h_2} \quad (2\ \text{mm/s} < v < 5\ \text{mm/s}) \tag{3-82}$$

5）有效池长 L

$$L = 3.6\,v \cdot t \tag{3-83}$$

6）校核尺寸比例：

$$L/B > 4;\ h_2/B > 0.4 \tag{3-84}$$

7）池总高度 H

$$H = h_1 + h_2 \tag{3-85}$$

式中，h_1 —— 超高，m；

h_2 —— 工作水深，m。

3.6.3　乳化油及破乳方法

当油和水相混，又有乳化剂存在，乳化剂会在油滴与水滴表面上形成一层稳定的薄膜，这时油和水就不会分层，而呈一种不透明的乳状液。当分散相是油滴时，称水包油乳状液；当分散相是水滴时，则称为油包水乳状液。乳状液的类型取决于乳化剂。

（1）乳化油的形成

乳化油的主要来源：①由于生产工艺的需要而制成的。如机械加工中车床切削用的冷却液，是人为制成的乳化液；②洗涤剂清洗受油污染的机械零件、油槽车等而产生乳化油废水；③含油（可浮油）废水在沟道与含乳化剂的废水相混合，受水流搅动而形成。在含油废水产生的地点立即用隔油池进行油水分离，可以避免油分乳化，而且还可以就地回收油品，降低含油废水的处理费用。例如，石油炼制厂减压塔塔顶冷凝器流出的含油废水，立即进行隔油回收，得到的浮油实际上就是塔顶馏分，经过简单的脱水，就是一种中间产品。如果隔油后，废水中仍含有乳化油，可就地破乳，此时，废水的成分比较简单，容易收到较好的效果。

（2）破乳方法简介

破乳的方法有多种，但基本原理一样，即破坏液滴界面上的稳定薄膜，使油、水得以分离。破乳途径有下述几种：

1）投加换型乳化剂。例如，氯化钙可以使以钠皂为乳化剂的水包油乳状液转换为以钙皂为乳化剂的油包水乳状液。在转型过程中存在着一个由钠皂占优势转化为钙皂占优势的转化点，这时的乳状液非常不稳定，油、水可能形成分层。因此控制“换型剂”的用量，即可达到破乳的目的。这一转化点用量应由实验确定。

2）投加盐类、酸类。可使乳化剂失去乳化作用。

3）投加某种本身不能成为乳化剂的表面活性剂。例如异戊醇，从两相界面上挤掉乳化剂使其失去乳化作用。

4）搅拌、振荡、转动。通过剧烈的搅拌、振荡或转动，使乳化的液滴猛烈相碰撞而合并。

5）过滤。如以粉末为乳化剂的乳状液，可以用过滤法拦截被固体粉末包围的油滴。

6）改变温度。改变乳化液的温度（加热或冷冻）来破坏乳状液的稳定。

破乳方法的选择是以试验为依据。某些石油工业的含油废水，当废水温度升到65～75℃时，可达到破乳的效果。相当多的乳状液，必须投加化学破乳剂。目前所用的化学破乳剂通常是钙、镁、铁、铝的盐类或无机酸。有的含油废水亦可用碱（NaOH）进行破乳。水处理中常用的混凝剂也是较好的破乳剂。它不仅有破坏乳化剂的作用，而且还对废水中的其他杂质起到混凝的作用。

3.7 废水的过滤处理

3.7.1 过滤机理

水和废水通过粒状滤料（如石英砂）床层时，其中的悬浮颗粒和胶体就被截留在滤料的表面和内部空隙中，这种通过粒状介质层分离不溶性污染物的方法称为粒状介质过滤。它既可用于活性炭吸附和离子交换等深度处理过程之前作为预处理，也可用于化学混凝和生化处理之后作为后处理过程。

粒状介质过滤的机理，可概括为以下三个方面。

（1）阻力截留

当原水自上而下流过粒状滤料层时，粒径较大的悬浮颗粒首先被截留在表层滤料的空隙中，从而使此层滤料间的空隙越来越小，截污能力随之变得越来越高，结果逐渐形成一层主要由被截留的固体颗粒构成的滤膜，并由它起主要的过滤作用。这种作用属于阻力截留或筛滤作用。筛滤作用的强度，主要取决于表层滤料的最小粒径和水中悬浮物的粒径，并与过滤速度有关。悬浮物粒径越大，表层滤料和滤速越小，就越容易形成表层筛滤膜，滤膜的截污能力也越强。

（2）重力沉降

原水通过滤料层时，众多的滤料表面提供了巨大的沉降面积。据估计，$1m^3$粒径为 0.5 mm 的滤料中就拥有 400 m^2 不受水力冲刷而可供悬浮物沉降的单数面积，形成无数的小沉淀池，悬浮物极易在此沉降下来。重力沉降强度主要与滤料直径和过滤速度有关。滤料越小，沉降面积越大，滤速越小，则水流越平稳，这些都有利于悬浮物的沉降。

（3）接触絮凝

由于滤料具有巨大的表面积，它与悬浮物之间有明显的物理吸附作用。此外，砂粒在水中常带有表面负电荷，能吸附带正电荷的铁、铝等胶体，从而在滤料表面形成带正电荷的薄膜，进而吸附带负电荷的黏土和多种有机物等胶体，在砂粒上发生接触絮凝。在大多数情况下，滤料表面对尚未凝聚的胶体还能起接触碰撞的媒介作用，促进其凝聚过程。

在实际过滤过程中，上述 3 种机理往往同时起作用，只是依条件不同而有主次之分。对粒径较大的悬浮颗粒，以阻力截留为主，由于这一过程主要发生在滤料表层，通常称为表面过滤。对于细微悬浮物，以发生在滤料深层的重力沉降和接触絮凝为主，称为深层过滤。

目前常用的滤池类型很多，从滤料的种类分，有单层滤池、双层滤池和多层滤池，按作用水头分，有重力式滤池（作用水头 4～5 m）和压力滤池（15～20 m），从进、出水及反冲洗水的供给与排除方式分为普通快滤池、虹吸滤池和无阀滤池。然而各种滤池的基本构造是相似的。下面以普通快滤池为重点，介绍各种滤池的构造和工作原理。

3.7.2 普通快滤池

（1）快滤池的基本构造和过滤工艺过程

普通快滤池是应用较广的池型之一，一般是矩形的钢筋混凝土池子，可以几个池子相连成单行或双行排列。图 3-48 为单行布置的普通快滤池构造示意图。过滤工艺过程包括过滤和反洗两个基本阶段。过滤即截留污染物，反洗即把被截留的污染物从滤料层中洗去，使之恢复过滤能力。从过滤开始到结束所延续的时间称为滤池的工作周期，一般应大于 8 h，最长可达 48 h 以上。从过滤开始到反洗结束称为一个过滤循环。

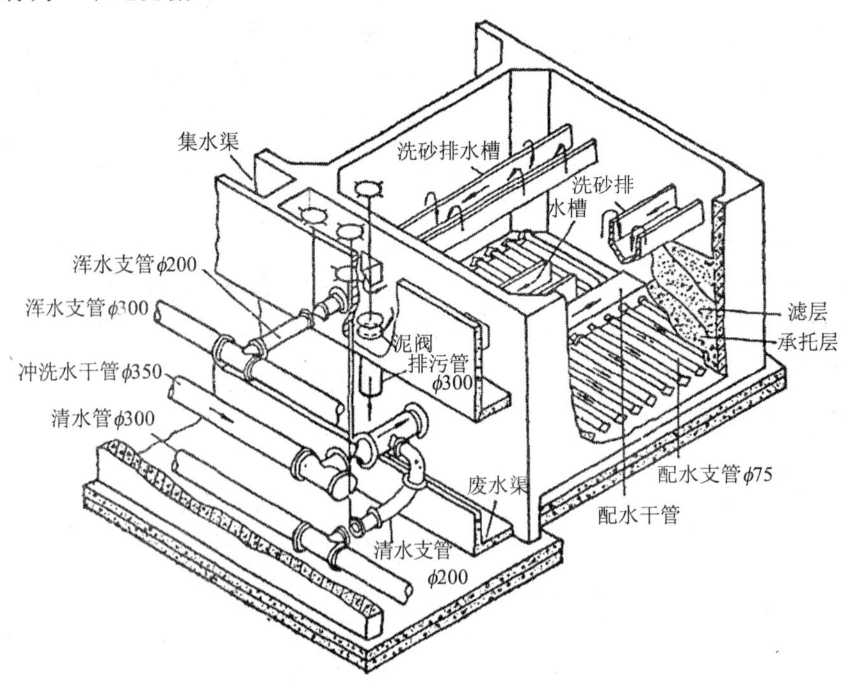

图 3-48 普通快滤池构造透视图

过滤开始时，原水自进水管（浑水管）经集水渠、洗砂排水槽分配进入滤池，在池内水自上而下穿过滤料层、垫料层（承托层），由配水系统收集，并经清水管排出。经过一段时间过滤后，滤料层被悬浮物质所阻塞，水头损失逐渐增大至一个极限值，以致滤池出水量锐减，另一方面，由于水流的冲刷力又会使一些已截留的悬浮物质从滤料表面剥落下来而被大量带出，影响出水水质。这时，滤池应停止工作，进行反冲洗。

反冲洗时，关闭浑水管及清水管，开启排水阀及反冲洗进水管，反冲洗水自下而上通过配水系统、垫料层、滤料层，并由洗砂排水槽收集，经集水渠内的排水管排走。反洗过程中，由于反洗水的进入会使滤料层膨胀流化，滤料颗粒之间相互摩擦、碰撞，附着在滤料表面的悬浮物质被冲刷下来，由反洗水带走。

滤池经反冲洗后，恢复过滤和截污的能力，又可重新投入工作。如果开始过滤的出水水质较差，则应排入下水道，直至出水合格，这称为初滤排水。

（2）滤料和垫层结构

滤料是滤池中最重要的组成部分，是完成过滤的主要介质。优良的滤料必须满足以下要求：有足够的机械强度，有较好的化学稳定性，有适宜的级配和足够的孔隙率。所谓级配，就是滤料的粒径范围以及在此范围内物种粒径的滤料数量比例。滤料的外形最好接近于球形，表面粗糙而有棱角，以获得较大的孔隙率和比表面积。目前常用的滤料有石英砂、无烟煤、陶粒、高炉渣，以及最近用于生产的聚氯乙烯和聚苯乙烯球等。滤料的性能指标有以下各项：

1）有效直径和不均匀系数：有效直径是指能使 10%的滤料通过的筛孔直径（mm），以 d_{10} 表示，即粒径小于 d_{10} 的滤料占总量的 10%。同样，d_{80} 表示能使 80%的滤料通过的筛孔直径（mm）。d_{80} 与 d_{10} 的比值就称为滤料的不均匀系数，以 k_{80} 表示。例如，d_{10}=0.60 mm，d_{80}=1.0 mm，则 k_{80}=1.0/0.60=1.67。显然，不均匀系数越大，则滤料越不均匀，小颗粒会填充于大颗粒的间隙内，从而使滤料的孔隙率和纳污能力降低，水头损失增大，因此不均匀系数以小为佳。但是不均匀系数越小，加工费用也越高。通常 k_{80} 值应控制在 1.65～1.80 的范围内。

2）滤料的纳污能力：滤料层承纳污染物的容量常用纳污能力来表示。其含义是在保证出水水质的前提下，在过滤周期内单位体积滤料中能截留的污物量，以 kg/m^3，或 g/cm^3 表示。其大小与滤料的粒径、形状等因素有关。

3）滤料的孔隙率和比表面积：孔隙率是指在一定体积的滤层中空隙所占的体积与总体积的比值。常用的石英砂和白煤滤料的空隙率分别为 0.4 和 0.5。滤料的比表面积，是指单位重量或单位体积滤料所具有的表面积，以 cm^2/g 或 cm/cm^3 表示。

单层滤池通常以石英砂作为滤料。由于石英砂粒度较小，因而虽能获得较好的出水水质，但污物穿透深度浅，不能充分利用整个滤层的纳污能力。此外，沉积于细砂顶面上的污物极易固结，反洗时也不易被冲去，增加了水头损失。这种现象在过滤悬浮物浓度较高的原水时尤为严重。

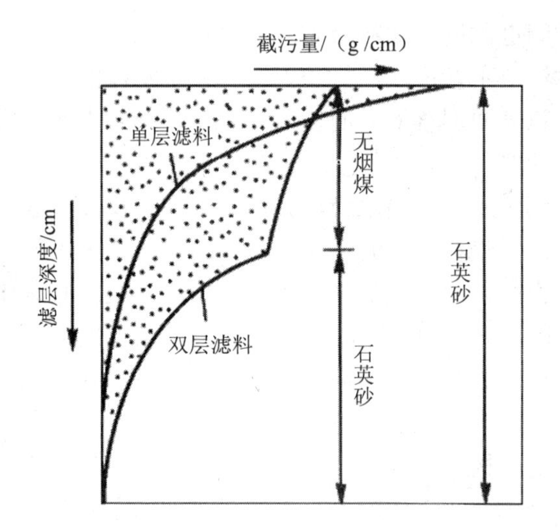

图 3-49 单层和双层滤料中杂质分布示意图

双层滤池正是为了克服上述缺点而产生的，一般是在石英砂滤层上铺一层相对密度轻而粒度较大的无烟煤滤料。无烟煤的棱角多，孔隙率比砂大，因而具有较大的纳污能力，能除去进水中的大部分悬浮物。下层的细砂则主要起精滤作用，以保证较好的出水水质。图 3-49 为单层和双层滤料中杂质分布示意图。由图可见，双层滤料的纳污能力明显地增大了。此外，无烟煤的相对密度比砂小（二者分别为 1.4～1.7 和 2.55～2.65），在反洗时比较容易膨胀，只要粒度适宜，反洗后仍能处于滤床的上层，而不致产生很大程度的混杂。

表 3-13 列出了单层砂滤料与双层滤料（无烟煤与砂）滤池的滤速与滤料层组成。

表 3-13 滤池的滤速及滤料组成

类 别	滤料组成			滤速/（m/h）	强制滤速/（m/h）
	粒径/mm	不均匀系数 k_{10}	厚度/mm		
石英砂滤料池	d_{min}=0.5 d_{max}=1.2	2.0	700	8～12	10～14
双层滤料池	无烟煤 d_{min}=0.8 d_{max}=1.8	2.0	400～500	12～16	14～18
	石英砂 d_{min}=0.5 d_{max}=1.2	2.0	400～500		

垫层填充于滤层与集（配）水系统之间，其作用是过滤时阻挡滤料进入集水系统，反洗时还能起均匀布水作用。垫层材料一般采用天然卵石或碎石。垫层材料亦应有足够的机械强度和化学稳定性，其最小粒径不应小于滤料的最大粒径，从上至下按粒度由小到大分层铺设，反洗时不能被水冲动而发生位移。其规格如表 3-14 所示。

表 3-14　垫层规格

层次	粒径/mm	厚度/cm
1	2～4	10
2	4～8	10
3	8～16	10
4	16～32	10

（3）过滤时的水头损失

假设在整个过滤周期内，滤池的水位和滤速都保持不变，那么如果测得滤池进水、出水以及出水阀后的水头，就能得出滤池各部位水头损失的变化情况（见图 3-50）。

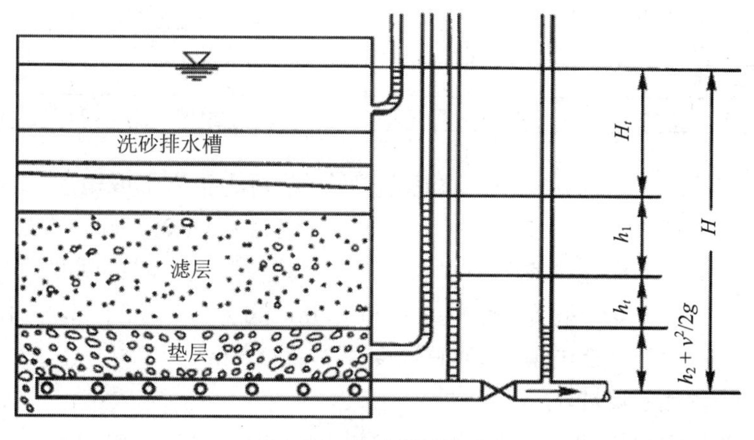

图 3-50　水头损失示意

滤池的总水头 H 可分解为五部分：流经滤料层的水头损失 H_t（从开始时的 H_0，随时间呈直线增加）；流经垫层和集水系统的水头损失 h_1（不随时间而变）；流经流量控制阀的水头损失 h_t（开始时为 h_0，可通过开启阀门改变）；出水管内流速水头 $v^2/2g$；剩余水头 h_2。于是总水头应为：

$$H = H_t + h_1 + h_t + \frac{v^2}{2g} + h_2 \tag{3-86}$$

过滤时，H_t逐渐增加，为使剩余水头h_2不变，可开大出水阀，使h_1减小。当过滤周期快结束时，出水阀已全开，h_1已达最小，此时继续过滤，h_2就要逐渐减小，直至被消耗完，滤池不再出水。实际操作时，一般在出水阀全开时就停止过滤而进行反冲洗。过滤时间t即为过滤周期。

（4）滤速、滤池总表面积及滤池数的确定

进行滤池设计时，必须首先选择适宜的过滤速度。单层砂滤池的滤速一般采用 8～12 m/h，以无烟煤和石英砂为滤料的双层滤池则一般采用 12～16 m/h。滤速确定后，可按下式计算滤池的总表面积A：

$$A=\frac{Q}{v} \tag{3-87}$$

式中，Q —— 设计流量，m^3/h；

v —— 设计滤速，m/h。

滤池个数的确定应考虑运行的灵活性以及基建和运行费用的经济性两个方面，一般不能少于 2 个。滤池总表面积A与个数n的合理关系如表 3-15 所示。

表 3-15　滤池总表面积与个数的关系

滤池总表面积 A/m^2	滤池个数 n	滤池总表面积 A/m^2	滤池个数 n
＜30	2	150	4～6
30～50	3	200	5～6
100	3～4	300	6～8

单个滤池的表面积$a=A/n$。滤池的平面形状可为正方形或矩形。当a＜30 m^2时，宜选用正方形，当a＞30 m^2时，宜选用长宽比为（1.25∶1～1.5∶1）的矩形。

滤池的总深度应包括底部集水系统高度、垫层厚度、滤层厚度、工作水深及保护高度。各层高度一般为：垫层 0.4～0.45 m，滤层 0.7～0.75 m，工作水深（滤层上面的水深）1.5～2.0 m，滤池总深度为 3.0～3.5 m。

（5）快滤池的反冲洗

滤池多采用逆流冲洗方式，有时也兼用压缩空气反冲、水力表面冲洗以及机械或超声波搅动等辅助冲洗措施。

沉积于滤层内的污物是靠上升的反洗水流剪力以及滤料颗粒间的碰撞、摩擦而剥落下来，并随水流冲走的。因此，反洗强度要足以使滤料悬浮起来，即必须造成滤层的膨胀。但反洗强度过大，滤层膨胀过高，减少了单位体积流化床内的滤料颗粒数，使碰撞机会减少，反洗效果变差，此外，还会造成滤料流失和冲洗水的浪费。因此，确定适宜的反洗强度和滤层膨胀率是十分重要的。

设静止滤层的厚度为l_0，孔隙率为ε_0；反冲洗时流化床高度为l，孔隙率为ε，

则滤层膨胀率 e 可用下式表示：

$$e=(l-l_0)/l_0\times100\%=\left(\frac{\varepsilon-\varepsilon_0}{1-\varepsilon}\right)\times100\% \tag{3-88}$$

反洗时单位滤池面积上通过的反洗水流量称为反洗强度，以 q 表示，单位常用 L/（$m^2·s$）。适宜的反洗强度因滤料级配、比重和水温而异。滤料粒径相同时，比重大的要求较大的反洗强度；比重相同时，粒径较大的要求反洗强度也大。此外，水温高时水的黏度小，不利于污物的剥离，因此要求有较大的反洗强度。

单层砂滤池常用反冲洗强度为 12～15 L/（$m^2·s$），e 约为 45%，历时 5～7 min；双层滤池反冲洗强度为 13～16 L/（$m^2·s$），相应的 e 为 50%，历时 6～8 min。

（6）配水系统

配（集）水系统的作用是保证反洗水能均匀地分布在整个滤池断面上，而在过滤时也能均匀地收集滤过水。如果反洗水分布不均，则流量小的部位滤料冲洗不净，污物逐渐黏结成“泥球”或“泥饼”，流量大的部位，则可能使垫层被冲动，滤料和垫层混杂，并造成“跑砂”，最终必然导致过滤过程的破坏。

配水不均匀是由于反冲洗水从进口到滤池各部分距离不同，水头损失不同而引起的。为克服配水的不均匀性，目前常用的做法是增大整个配水系统布水孔眼的阻力，降低由于距离不同而引起的水头损失的差异在总水头损失中的比例或者减小整个配水系统的总水头损失，使距离不同引起的水头损失的差异减小来达到配水均匀的目的。前者称为大阻力配水系统，后者称为小阻力配水系统。

管式大阻力配水系统的结构如图 3-51 所示。系统由一条总管和许多配水支管组成，每根支管上钻有若干数目相同的配水孔眼或装上滤头。

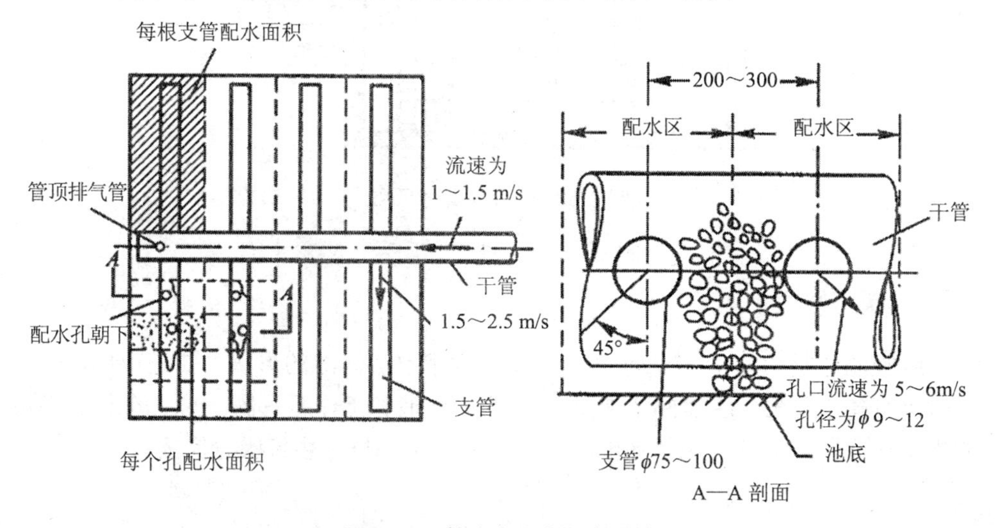

图 3-51　管式大阻力配水系统

大阻力配水系统水力计算的主要内容，是确定其总管和支管的直径以及反洗水通过布水孔的水头损失。与此有关的设计参数列于表 3-16。

表 3-16　管式大阻力配水系统设计数据

总管进口流速	1.0～1.5 m/s
支管进口流速	1.5～2.5 m/s
支管中心距	0.2～0.3 m
支管直径	75～100 mm
布水孔总面积	占滤池面积的 0.2%～0.25%
布水孔中心距	75～300 mm
布水孔直径	9～12 mm

大阻力配水系统配水均匀，在生产实践中工作可靠，是主要的配水形式。

小阻力系统则是采用配水室代替配水管，在室顶安装栅条，尼龙网和多孔板等配水装置。由于配水室中水流速度很小，反洗水流经配水系统的水头损失也大大减小，要求的冲洗水头在 2 m 以下，而且结构也比较简单，但配水均匀性较差，常应用于面积较小的虹吸滤池等新型滤池。图 3-52 为小阻力配水系统构造示意图。

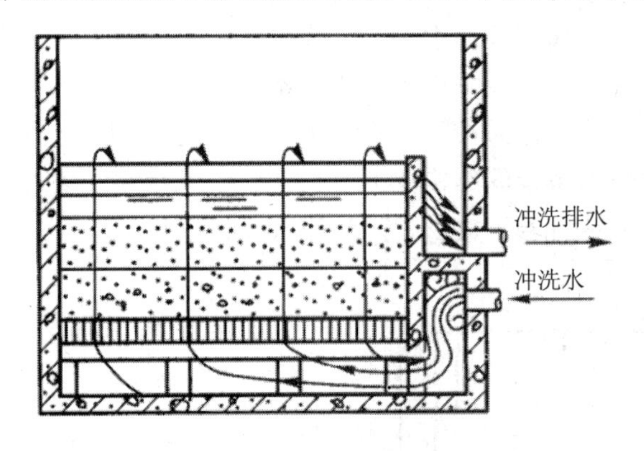

图 3-52　小阻力配水系统

3.7.3　虹吸滤池

虹吸滤池是由 6～8 个单元滤池组成一个整体，滤池的形状主要是矩形，水量少时也可建成圆形。图 3-53 为圆形虹吸滤池构造和工作示意图。滤池的中心部分相当于普通快滤池的管廊，滤池的进水和冲洗水的排除由虹吸管完成。

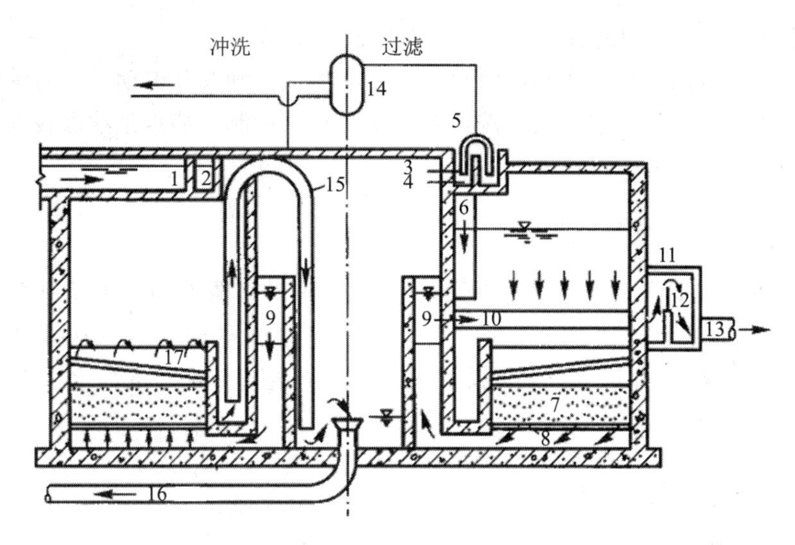

图 3-53 虹吸滤池构造和工作示意

1-水槽；2-配水槽；3-进水虹吸管；4-单个滤池进水槽；5-进水堰；6-布水管；7-滤层；8-配水系统；9-集水槽；10-出水管；11-出水井；12-控制堰；13-清水管；14-真空系统；15-冲洗虹吸管；16-冲洗排水管；17-冲洗排水槽

图 3-53 的右半部表示过滤时的情况：经过澄清的水由进水槽 1 流入滤池上部的配水槽 2。经虹吸管 3 流入单元滤池的进水槽 4，再经过进水堰 5 和布水管 6 流入滤池。水经过滤层 7 和配水系统 8 而流入清水槽 9，再经出水管 10 流入出水井 11，通过控制堰 12 流出滤池。

在滤池过滤过程中滤层含污量不断增加，水头损失不断增长，要保持控制堰 12 上的水位，即维持一定的滤速，则滤池内的水位应该不断地上升，才能克服滤层增长的水头损失。当滤池内水位上升到预定的高度时，水头损失达到了最大允许值（一般采用 1.5～2.0 m），滤层就需要进行冲洗。

图 3-53 的左半部表示滤池冲洗时的情况：首先破坏进水虹吸管 3 的真空状态，则配水槽 2 的水不再进入滤池，滤池继续过滤。起初滤池内水位下降较快，但很快就无显著下降，此时就可以开始冲洗。利用真空系统 14 抽出冲洗虹吸管 15 中的空气，使它形成虹吸，并把滤池内的存水通过冲洗虹吸管 15 抽到池中心的下部，再由冲洗排水管 16 排走。此时滤池内水位降低，当清水槽的水位与池内水位形成一定的水位差时，冲洗工作就正式开始了。冲洗水的流程与普通快滤池相似。当滤料冲洗干净后，破坏冲洗虹吸管的真空状态，冲洗立即停止，然后，再启动虹吸管 3，滤池又可以进行过滤。

虹吸滤池必须用小阻力配水系统。冲洗水头一般采用 1.1～1.3 m。平均冲洗强度一般采用 12～15 L/（m^2·s），冲洗历时 5～6 min。

虹吸滤池利用虹吸作用控制滤池运行，不需大型闸阀及电动、水力等控制设备，能利用滤池本身的水位反冲洗，便于实现自动控制。缺点是池深较大，适用于中小型水处理厂。

3.7.4 重力式无阀滤池

无阀滤池有重力式和压力式两种，前者应用较广。图 3-54 为重力式无阀滤池示意图。原水自进水管 2 进入滤池后，自上而下穿过滤层 6，滤后水从排水系统 7、8、9，通过联络管 10 进入顶部冲洗水箱 11，待水箱充满后，滤后水由出水管 12 溢流排走清水池。

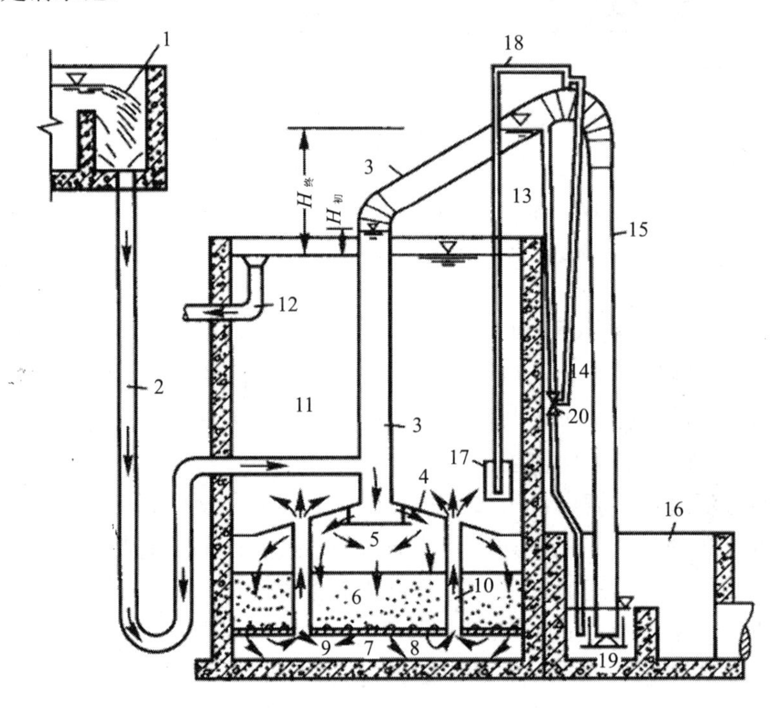

图 3-54 无阀滤池

1-进水配水槽；2-进水管；3-虹吸上升管；4-顶盖；5-配水挡板；6-滤层；7-滤头；8-垫板；9-集水空间；10-联络管；11-冲洗水箱；12-出水管；13-虹吸辅助管；14-抽气管；15-虹吸下降管；16-排水井；17-虹吸破坏斗；18-虹吸破坏管；19-锥形挡板；20-水射器

随着过滤时间的延长，过滤阻力逐步增加，进水水位逐渐上升，与进水连通的虹吸上升管 3 中的水位也不断上升，当达到虹吸辅助管 13 的管口时，水从辅助管下落，通过水射器 20 由抽气管 14 抽吸虹吸辅助管顶部的空气，在一个短时间内，虹吸辅助管因出现负压，使虹吸上升管 3 和下降管 15 中的水位上升会合，形成虹吸，冲洗水箱的水便从联络管经排水系统反向流过滤层，经上升管 3 和下降管 15 进入排水井 16 排走，这就是滤池的反冲洗。直至水箱内水位下降至虹吸破坏管 18 管口以下时，虹吸管吸进空气，虹吸破坏，反冲洗结束，滤池恢复自上而下过滤。

无阀滤池的冲洗强度可用升降锥形挡板 19 进行调整。起始冲洗强度一般采用 12L/（m^2·s），终了强度为 8 L/（m^2·s），滤层膨胀率为 30%～50%，冲洗时间为 3.5～5.0 min。

无阀滤池的运行全部自动，操作方便，工作稳定可靠，结构简单，材料节省，造价比普通快滤池低 30%～50%。但滤池的总高度较大，滤池冲洗时，进水管照样进水，并被排走，浪费了一部分澄清水。这种滤池适用于小型水处理厂。

3.7.5　压力滤池

压力滤池是密闭的钢罐，里面装有和快滤池相似的配水系统和滤料等，是在压力下进行工作的。在工业给水处理中，它常与离子交换软化器串联使用，过滤后的水往往可以直接送到用水点。

压力滤池的构造见图 3-55。滤料的粒径和厚度都比普通快滤池大，分别为 0.6～1.0 mm 和 1.1～1.2 m。滤速常采用 8～10 m/h 以上，甚至更大。压力滤池的反洗常用空气助洗和压力水反洗混合的方式，以节省冲洗水量，提高反洗效果。压力滤池的进、出水管上都装有压力表，两表压力的差值就是过滤时的水头损失，一般可达 5～6 m，有时可达 10 m。配水系统多采用小阻力系统中的缝隙式滤头。

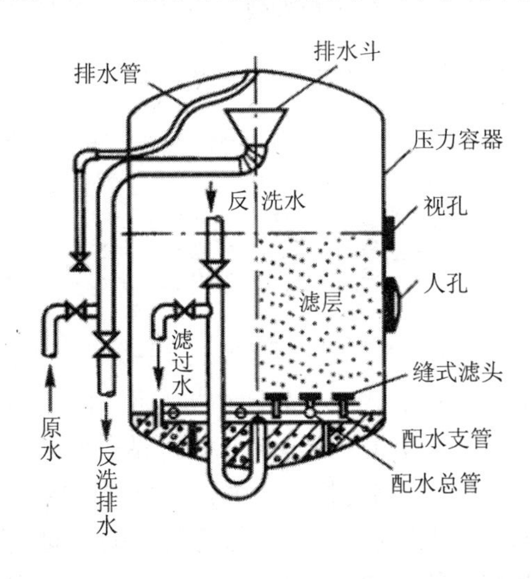

图 3-55　压力滤池

压力滤池分竖式和卧式，竖式滤池有现成的产品，直径一般不超过 3 m。卧式滤池直径不超过 3 m，但长度可达 10 m。

压力滤池耗费钢材多，投资较大，但因占地少，又有定型产品，可缩短建设周期，且运转管理方便，在工业中采用较广。

3.8 废水的离心分离和磁力分离处理

3.8.1 离心分离

（1）离心分离原理

物体高速旋转时会产生离心力场。利用离心力分离废水中杂质的处理方法称为离心分离法（Centrifugal Separation）。废水做高速旋转时，由于悬浮固体和水的质量不同，所受的离心力也不相同，质量大的悬浮固体被抛向外侧，质量小的水被推向内层，这样悬浮固体和水从各自出口排除，从而使废水得到处理。

废水高速旋转时，悬浮固体颗粒同时受到两种径向力的作用，即离心力和水对颗粒的向心推力。设颗粒和同体积水的质量分别为 m（kg）、m_0（kg），旋转半径为 r（m），角速度为 ω（rad/s），颗粒受到的离心力分别为 $m\omega^2 r$（N）和 $m_0\omega^2 r$（N），此时颗粒受到净离心力 F_c（N）为两者之差，即

$$F_c=(m-m_0)\omega^2 r \tag{3-89}$$

该颗粒在水中的净重力为 $F_g=(m-m_0)g$。若以 n 表示转速（r/min），并将 $\omega=\dfrac{2\pi n}{60}$ 代入式（3-89），用α表示颗粒所受离心力与重力之比，则

$$\alpha=\frac{F_C}{F_g}=\frac{\omega^2 r}{g}\approx\frac{rn^2}{900} \tag{3-90}$$

α称为离心设备的分离因素，是衡量离心设备分离性能的基本参数。当旋转半径 r 一定时，α 值随转速 n 的平方急剧增大。例如，当 r=0.1 m，n=500 r/min 时，α=28；而当 n=1 800 r/min 时，则α=110。可见在分离过程中，离心力对悬浮颗粒的作用远远超过了重力，因此极大地强化了分离过程。

另外，根据颗粒随水旋转时所受的向心力与水的反向阻力平衡原理，可导出粒径为 d（m）的颗粒的分离速度 u_c（m/s）为

$$u_c = \frac{\omega^2 r(\rho - \rho_0)d^2}{18\mu} \tag{3-91}$$

式中，ρ，ρ_0 —— 分别为颗粒和水的密度，kg/m^3；

μ —— 水的动力黏度，$0.1Pa·s$。

当 $\rho>\rho_0$ 时，u_c 为正值，颗粒被抛向周边；当 $\rho<\rho_0$ 时，颗粒被推向中心。这说明，废水高速旋转时，密度大于水的悬浮颗粒，被沉降在离心分离设备的最外侧，而密度小于水的悬浮颗粒（如乳化油）被“浮上”在离心设备最里面，所以离心分离设备能进行离心沉降和离心浮上两种操作。

（2）离心分离设备

按产生离心力的方式不同，离心分离设备可分为离心机和水力旋流器两类。

1）离心机

离心机是依靠一个可随传动轴旋转的转鼓，在外界传动设备的驱动下高速旋转，转鼓带动需进行分离的废水一起旋转，利用废水中不同密度的悬浮颗粒所受离心力不同进行分离的一种分离设备。

离心机的种类和形式有多种。按分离因素大小可分为高速离心机（$\alpha>3\ 000$）、中速离心机（$\alpha=1\ 000\sim3\ 000$）和低速离心机（$\alpha<1\ 000$）。中、低速离心机通称为常速离心机。按转鼓的几何形状不同，可分为转筒式、管式、盘式和板式离心机；按操作过程可分为间歇式和连续式离心机；按转鼓的安装角度可分为立式离心机和卧式离心机。

① 常速离心机。多用于与水有较大密度差的悬浮物的分离。分离效果主要取决于离心机的转速及悬浮物的密度和粒径的大小。国内某些厂家生产的转筒式连续离心机在回收废水中的纤维物质时，回收率可达60%～70%；进行污泥脱水时，泥饼的含水率可降低到80%左右。

② 高速离心机。多用于乳化油和蛋白质等密度较小的微细悬浮物的分离。如从洗毛废水中回收羊毛脂，从淀粉麸质水中回收玉米蛋白质等。

图 3-56 为盘式离心机的构造示意图。在转鼓中有十几到几十个锥形金属盘片，盘片的间距为 0.4～1.5 mm，斜面与垂线的夹角为 30°～50°。这些盘片，缩短了悬浮物分离时所需移动的距离，减少涡流的形成，从而提高了分离效率。离心机运行时，乳浊液沿中心管自上而下进入下部的转鼓空腔，并由此进入锥形盘分离区，在 5 000 r/min 以上的高速离心力的作用下，乳浊液的重组分（水）被抛向器壁，汇集于重液出口排出，轻组分（油）则沿盘间锥形环状窄缝上升，汇集于轻液出口排出。

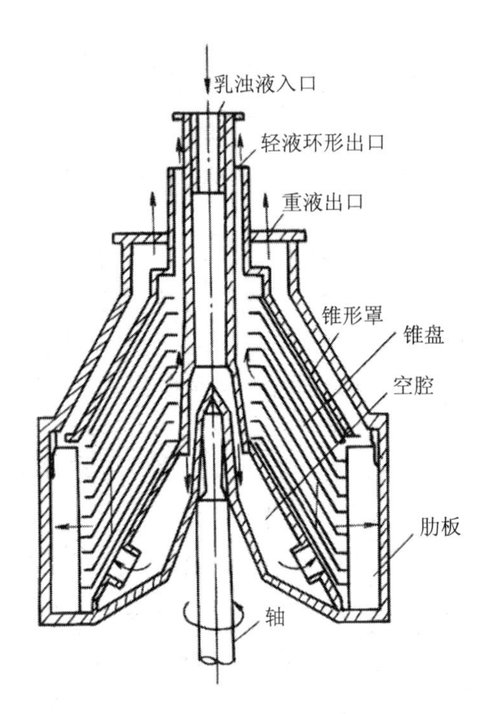

图 3-56 盘式离心机的转筒结构

2）水力旋流器

水力旋流器有压力式和重力式两种。

① 压力式水力旋流器。其构造如图 3-57 所示。水力旋流器用钢板或其他耐磨材料制造，其上部是直径为 D 的圆筒，下部是锥角为θ的截头圆锥体。进水管以逐渐收缩的形式与圆筒以切向连接。废水通过加压后以切线方式进入器内，进口处的流速可达 6～10 m/s。废水在器内沿器壁向下做螺旋运动的一次涡流，废水中粒径及密度较大的悬浮颗粒被抛向器壁，并在下旋水推动和重力作用下沿器壁下滑，在锥底形成浓缩液连续排出。锥底部水流在越来越窄的锥壁反向压力作用下改变方向，由锥底向上做螺旋运动，形成二次涡流，经溢流管进入溢流筒后，从出水管排出。在水力旋流中心，形成一束绕轴线分布的自下而上的空气涡流柱。流体在器内的流动状态如图 3-58 所示。水力旋流分离器的计算，通常先确定分离器的尺寸，然后计算处理水量和极限截留颗粒直径，最后确定分离器台数。

A. 各部结构尺寸　各部的相关尺寸对分离效果有很大影响，经验得到的最佳尺寸如下：

圆筒直径	D
圆筒高度	$H_0=1.7D$
锥体高度	$H_k=3\ H_0$
锥体角度	$\theta=10°\sim15°$
中心溢流管直径	$d_0=$（0.25～0.3）D
进水管直径	$d_1=$（0.25～0.4）D
出水管直径	$d_2=$（0.25～0.5）D
锥底直径	$d_3=$（0.5～0.8）d_0

因离心力与旋转半径成反比，所以旋流器直径不宜过大，一般在 500 mm 以内。如果处理水量较大，可选多台，并联使用。

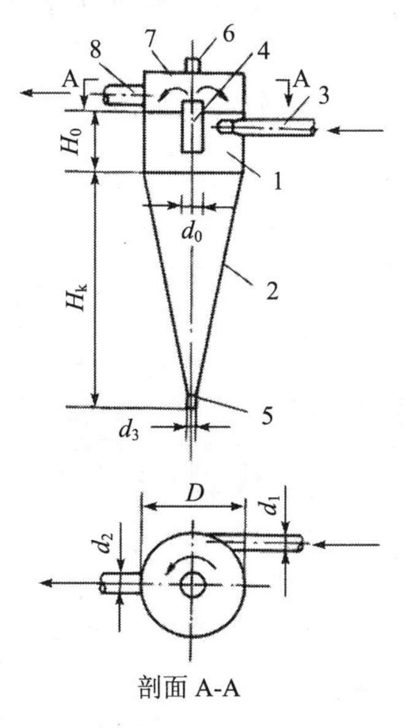

图 3-57 水力旋流器的构造

1-圆筒；2-圆锥体；3-进水管；4-溢流管；

5-排渣口；6-通气管；7-溢流筒；8-出水管

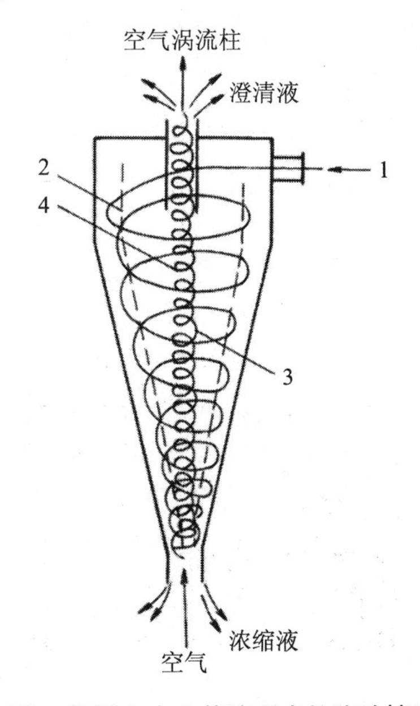

图 3-58 物料在水力旋流器内的流动情况

1-入流；2-一次涡流；

3-二次涡流；4-空气涡流柱

进水口应紧贴器壁，做成高宽比为 1.5～2.5 的矩形，出口流速一般采用 6～10 m/s。为加强水流的向下旋流，进水管应向下倾斜 3°～5°。溢流管下端与进水管轴线的距离以 $H_0/2$ 为宜。为保持空气柱内稳定的真空度，出水管不能满管工作，因此需 $d_2>d_0$。器顶设通气管，以平衡器内的压力。

B．处理水量

$$Q = KDd_0\sqrt{g\Delta P} \tag{3-92}$$

式中，Q —— 处理水量，L/min；

K —— 流量系数，$K = 5.5\frac{d_1}{D}$；

ΔP —— 进出口压差，MPa，$\Delta P=P_1-P_2$，一般取 0.1～0.2MPa；

g —— 重力加速度，m/s^2。

C．被分离颗粒的极限直径

水力旋流器的分离效率与结构尺寸，被分离颗粒的性质等因素有关，一般通过试验确定。某种废水的颗粒直径与分离效率的试验曲线如图 3-59 所示。从图可知，曲线呈 S 形。分离效率为 50%的颗粒，其直径称为极限直径。它是判断水力旋流分离器分离效果的重要指标之一。极限直径越小，分离效果越好。极限直径也可按经验公式确定。

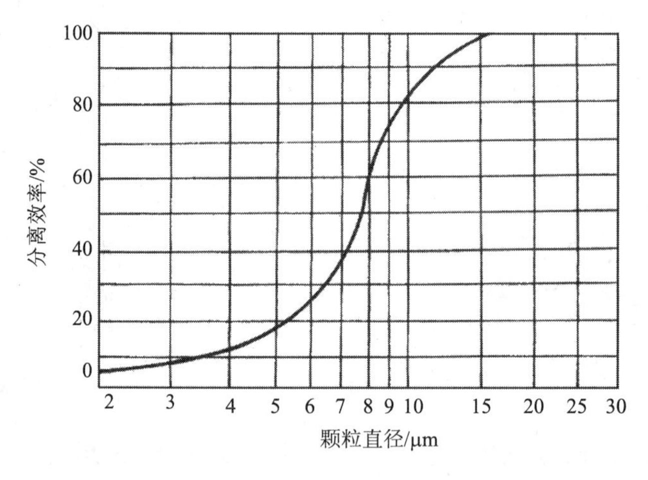

图 3-59 颗粒直径与分离效率的关系

$$d_c = 0.75\frac{d_1^2}{\varphi}\sqrt{\frac{\pi\mu}{Qh(\rho-\rho_0)}} \tag{3-93}$$

式中，d_c —— 极限直径，cm；

μ —— 水的动力黏度，Pa·s；

ϕ —— 环流速度的变化系数，与分离器的构造有关，ϕ 约为 $0.1D/d$；

h —— 中心流速高度，cm，其值约为锥体高度的 2/3，即 $h=(D-d_3)/3\ \mathrm{tg}\theta$；

Q —— 处理水量，cm^3/s；

ρ，ρ_0 —— 分别为颗粒和水的密度，g/cm^3。

旋流分离器具有体积小，单位容积处理能力高的优点。例如用旋流分离器用于轧钢废水处理时，氧化铁皮的去除效果接近于沉淀池，但沉淀池的表面负荷仅为 1.0 $m^3/(m^2\cdot h)$，而旋流器则高达 950 $m^3/(m^2\cdot h)$。此外，旋流分离器还具有易于安装、便于维护等优点，因此，较广泛地用于轧钢废水处理以及高浊度河水的预处理等。

旋流分离器的缺点是器壁易受磨损和电能消耗较大等。

器壁宜用铸铁或铬锰合金钢等耐磨材料制造或内衬橡胶，并应力求光滑。

② 重力式旋流分离器

重力式旋流分离器又称水力旋流沉淀池。废水也以切线方向进入器内，借助进出水头差在器内呈旋转流动。与压力式旋流器相比较，这种设备的容积大，电能消耗低。图 3-60 是重力式旋流分离器示意图。

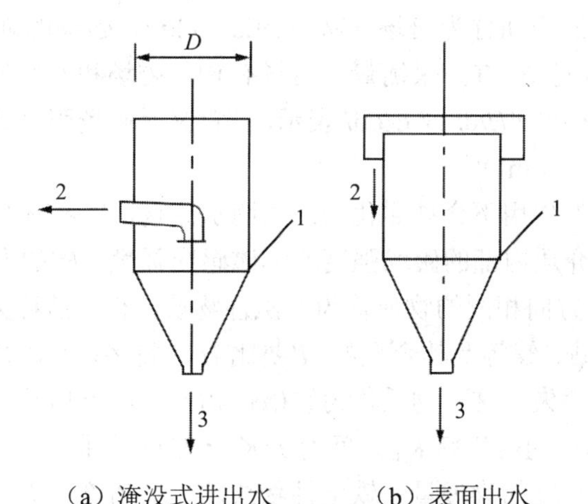

（a）淹没式进出水　　（b）表面出水

图 3-60　重力式旋流分离器示意

1-进水；2-出水；3-排渣

重力式旋流分离器的表面负荷大大地低于压力式，一般为 25～30 $m^3/(m^2\cdot h)$。废水在器内停留 15～20 min，从进水口到出水溢流堰的有效深度 H_0=1.2D，进水口到渣斗上缘应有 0.8～1.0 m 的保护高，以免将沉渣冲起；废水在进水口的流速 v 为 0.9～1.1 m/s。水头差可按下列公式计算：

$$h = a\frac{v^2}{2g} + 1.1\left(\sum \xi \frac{v_1^2}{2g} + l_i\right) \tag{3-94}$$

式中，α —— 系数，通过试验确定，采用4.5；

ξ —— 局部阻力系数；

v_1 —— 进口处流速，m/s；

l —— 进水管长度，m；

i —— 进水管单位长度的沿程损失。

3.8.2 磁力分离法

磁力分离（Magnetic Separation）是借助外加非均匀磁力将水中的磁性悬浮物吸出而分离的水处理方法。与传统的液固分离方法相比，磁力分离具有处理能力大、效率高和设备紧凑等优点。它不但已成功地应用于钢铁工业废水中磁性悬浮物的分离，而且经过适当的辅助处理之后，还能用于其他工业废水、城市污水和地面水的处理。

（1）磁力分离原理

磁体磁力作用的空间称为磁场（Magnetic field）。磁场的强弱用磁场强度 H（A/m）或磁感应强度 B（T）来衡量。磁场有均匀磁场和非均匀磁场之分。磁场的不均匀性用磁场梯度 $\mathrm{d}H/\mathrm{d}l$ 或 $\mathrm{d}B/\mathrm{d}l$ 表示，其意义是磁场强度或磁感应强度在单位长度上的变化率（$\mathrm{A/m^2}$）。

物质在外磁场的作用下会被磁化而产生附加磁场，其磁场强度 H' 与磁场强度 H 的向量和即为磁介质内部的磁场强度或称磁感应强度，H' 的方向与 H 相同，也可以相反。H' 与 H 方向相同的物质称为顺磁性物质，相反的称为反磁性物质。顺磁性物质中，铁、钴、镍等及其合金的 H' 要比 H 大得多，且附加磁场强度不随外磁场的消失而立即消失，这类物质称为铁磁性物质。由于物质的磁化强度 I 与外磁场强度 H 和该物质的磁化率 K_m 之间有 $I=K_m \cdot H$ 的关系，因此可将磁化率作为衡量物质磁化难易程度的物理量。铁磁性物质的 K_m 值都很大，它们不但很容易被磁化，而且能使原有磁场显著增强，因而在磁分离器中常作为磁化物质使用。如果废水中的悬浮物是铁磁性物质，最适于用磁力分离法去除。其余顺磁性物质的 K_m 值很小，在外磁场强度较弱时不能被明显磁化，只有采用高梯度磁分离法才能除去。反磁性物质本身的分子磁矩为零，附加磁矩又与外磁场反向，因此不能直接用磁力分离除去。

磁性粒子在外磁场中受到两种基本力：一种是磁力，另一种是机械力，其中磁力 F_m（N）为：

$$F_m = K_m V H \frac{\mathrm{d}H}{\mathrm{d}l} \tag{3-95}$$

式中，K_m —— 颗粒磁化率；

V —— 颗粒体积，m^3；

H —— 外磁场强度，A/m；

$\frac{dH}{dl}$ —— 磁场强度，A/m^2。

由上式可见，增大磁力的途径是：使悬浮粒子与磁性粒子团聚，以增大 K_m 和 V 提高磁场强度和磁场梯度。在磁场强度受电耗限制的情况下，最好的方法是采用高梯度磁分离器。这种磁分离器用直流电通过激磁线圈产生背景磁场，并在分离区内装填纤维状不锈钢作为磁化物质，使磁力线在极不规则的钢毛周围发生紊乱的密集和散发，从而产生高达数百以致数千 $10^{-4}T/\mu m$ 的磁场梯度，能产生比永磁分离器高几个数量级的磁力。因此，它不仅能轻易地分离铁磁性和顺磁性悬浮物，而且在使磁种与悬浮物形成絮凝体后，还能有效地分离反磁性物质。

颗粒所受的机械力包括水流阻力、重力、摩擦力、惯性力和范德华引力等，其中，最主要的是水流阻力 F_d（N），$F_d=3\pi\cdot\mu\cdot v\cdot d_s$。但在水的动力黏度$\mu$（Pa·s）基本不变，且水速 v（m/s）不大，颗粒直径 d_s 很小的情况下，始终有 $F_m > F_d$，从而能使分离过程顺利进行。

（2）磁力分离设备及分离流程

按产生外磁场的方法不同，磁分离设备可分为永磁型、电磁型和超导型三类。永磁型（即普通型）应用较多的是磁盘分离机，图 3-61 是该机永磁磁盘的结构示意图。磁盘底板用不锈钢板制成，直径为 800～1 000 mm。在底板的两面，按极性交错、单层密排的方式黏结数百至上千块永久磁块，然后再用铝板或不锈钢板覆面。磁块的层数根据盘面场强的不同要求，常为 2～4 层。磁盘转动时，盘面下部浸入水中，磁性颗粒被吸到盘面上，当这部分盘面转出水面后，上面的泥渣由刮刀刮下，落入“V”形槽中送走。

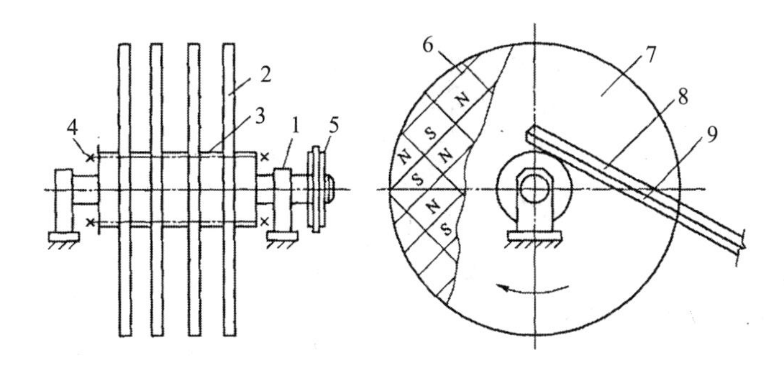

图 3-61　磁盘分离机的永磁磁盘结构

1-轴承座；2-磁盘；3-铝挡圈；4-紧固螺栓；5-皮带轮；6-永磁块；7-铝板覆面；8-刮泥刀；9-“V”形输泥槽

图 3-62 是一种投药絮凝和预磁磁聚相结合的磁盘分离流程。在混合槽中投入 HPAM 絮凝剂，使废水中的磁性与非磁性粒子结合为微絮粒，通过预磁器进行瞬时充磁，使微絮粒磁化，然后进入反应室，在进一步絮凝的同时，借助剩磁使颗粒与微絮粒之间产生磁聚，形成絮凝-磁聚复合体，最后在磁盘水槽中被磁盘除去。这种流程主要用于钢铁工业废水中磁性和非磁性混合悬浮物的分离。

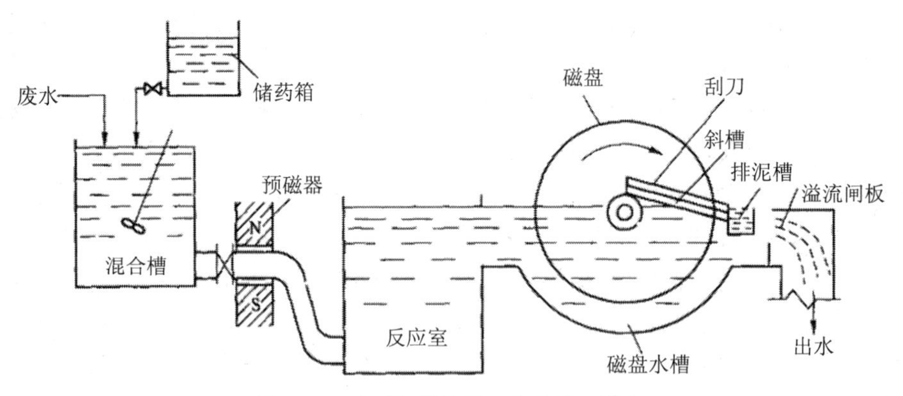

图 3-62 絮凝-磁聚磁盘分离处理流程

高梯度磁力过滤器的结构如图 3-63 所示。其主要部件是激磁线圈和装填不锈钢毛的过滤框。在激磁线圈中通直流电，便在不锈钢毛周围形成很高的磁场梯度。过滤器的场强可按需要调节。冷却水由单独的循环系统供给，并有液流信号器进行缺水保护。反冲洗采用气、水混合脉冲式。运行程度用气动或电动阀自控转换。

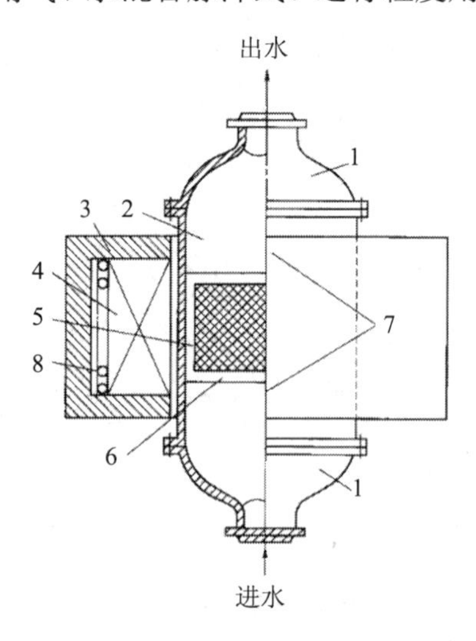

图 3-63 高梯度磁力过滤器的结构

1-上、下封头；2-过滤筒；3-轭铁；4-激磁线圈；5-不锈钢毛；6-过滤框；7-上、下磁极；8-冷却水管用高梯度磁分离法（high gradient magnetic separation）处理钢铁废水的工艺参数实例如表 3-17 所示。所用的高梯度磁过滤器的直径为 0.75～2.1 m，滤框高 0.15 m，不锈钢毛直径 10～100 μm，填充率 5%～10%，SS 堆积量为 0.5×10^3～5×10^3 kg/m^3，对 1μm 以上的磁性 SS 去除率为 95%～99%。当用高梯度磁分离法处理电镀废水、有色冶炼废水等含重金属离子废水时，需先用化学沉淀池、铁氧体法、铁盐共沉法等将金属离子转化为沉淀物。在使用化学沉淀法时，还需投加磁种和絮凝剂。国内外研究和生产实践表明，用上述方法处理含 Hg^{2+}、Cd^{2+}、Cr^{6+}、Pb^{2+}、Cu^{2+}和 Zn^{2+}的废水，分离效率都在 95%以上。

表 3-17 高梯度磁分离处理钢铁工业废水的工艺参数实例

项目 \ 废水种类	高炉煤气洗涤水	转炉烟气净化废水	热轧废水	连铸废水
悬浮物主要成分	Fe_2O_3，Fe_3O_4，炭粒	Fe_3O_4，Fe_2O_3，FeO	Fe_3O_4，Fe_2O_3，FeO，油	Fe_3O_4，Fe_2O_3
悬浮颗粒直径/μm	1～40	5～20	200～1 000	100～1 000
SS 磁化强度/（T/g）	32.10×10^{-4}	57.70×10^{-4}		
SS 比磁化系数/（cm^3/g）	0.031	0.043		
原水 SS 浓度/（mg/L）	200	150～200	100～150	150～200
处理水 SS 浓度/（mg/L）	10	＜15	15～20	5
磁场强度/（kA/m）	＞28.8	＞28.8	＞28.8	＞9.6
过滤速度/（m/h）	500	200	500～600	900
过滤器电耗/（kW·h/m^3）		0.25	0.025	

超导型磁分离器的工作原理与普通电磁分离基本相同，只是其载流导线是用超导材料制成，导线中容许通过的电流密度要比普通导体高 2～3 个数量级，因此只需很小的体积就能产生 2T 以上磁场强度，并大大节省了电能。目前，超导磁分离器虽然尚处于试验阶段，但随着新型超导磁体的不断开发和零电阻温度的迅速提高，进入实用性阶段已为期不远，前景十分广阔。

【习题与思考题】

3-1 自由沉淀、絮凝沉淀、拥挤沉淀与压缩沉淀各有什么特点？说明它们内在区别和特点。

3-2 水中颗粒的密度ρ_s=2.6 g/cm^3，粒径 d=0.1 mm，求它在水温 10℃情况下

的单颗粒沉降速度。

3-3 非絮凝性悬浮颗粒在静置条件下的沉降数据列于下表中。试确定理想式沉淀池过流率为 1.8 m^3/（$m^2 \cdot h$）时的悬浮颗粒去除率。试验用的沉淀柱取样口离水面 120 cm 和 240 cm。ρ 表示在时间 t 时由各个取样口取出的水样中悬浮物的浓度，ρ_0 代表初始的悬浮物浓度。

表 3-18 静置条件沉降数据

时间 t/min	0	15	30	45	60	90	180
120 cm 处的 ρ/ρ_0	1	0.96	0.81	0.62	0.46	0.23	0.06
240 cm 处的 ρ/ρ_0	1	0.99	0.97	0.93	0.86	0.70	0.32

3-4 生活污水悬浮物浓度 300 mg/L，静置沉淀试验所得资料如表 3-19 所示。求沉淀效率为 65%时的颗粒截留速度。

表 3-19 静置实验结果

取样口离水面高度/m	在下列时间测定的悬浮物去除率/%						
	5 min	10 min	20 min	40 min	60 min	90 min	120 min
0.6	41	55	60	67	72	73	76
1.2	19	33	45	58	62	70	74
1.8	15	31	38	54	59	63	71

3-5 一污水处理厂，污水流量 Q_{max}=0.4 m^3/s，K_z=1.5，渣量 W=0.08 m^3/（10 m^3污水），对该污水处理厂的格栅进行设计。

3-6 某城市污水处理厂最大设计流量 0.2 m^3/s，最小设计污水量 0.1 m^3/s，总变化系数 K_z =1.50，试设计一平流式沉砂池。

3-7 已知某城市污水处理厂的最大设计流量为 0.8 m^3/s，求曝气沉砂池的各部分尺寸。

3-8 某城市污水处理厂最大设计流量 Q_{max}=43 200 m^3/d，设计人口 N=250 000 人，沉淀时间 T 取为 1.5 h。拟建以链带式刮泥的平流式沉淀池，试设计此平流式沉淀池。

3-9 如何从理想沉淀池的理论分析得出斜板（管）沉淀池产生依据？

3-10 什么叫乳化油？乳化油的破乳方法有哪些？

3-11 简述废水过滤所涉及的作用机理。

3-12 什么叫滤料“有效粒径”和“不均匀系数”？不均匀系数过大对过滤

和反冲洗有何影响？“均质滤料”的含义是什么？

3-13　滤池反冲洗的目的是什么？常用的反冲洗方式有哪些？影响反冲洗效果的因素是什么？

3-14　反冲洗配水系统的作用是什么？常用的配水系统有哪两种？每种配水系统的原理是什么？各有何优缺点？

第 4 章　废水的化学处理

4.1　废水的中和处理

4.1.1　酸碱废水的来源及危害

酸性工业废水和碱性工业废水来源广泛，如化工厂、化纤厂、电镀厂、煤加工厂及金属酸洗车间等都排出酸性废水，有的废水含无机酸，有的含有机酸，有的同时含有机酸和无机酸。含酸废水浓度差别很大，可从小于 1%到 10%以上。印染厂、金属加工厂、炼油厂、造纸厂等排出碱性废水。其中有有机碱，也有无机碱，浓度可高达百分之几。废水中除含酸或碱外，还可能含有酸式盐、碱式盐以及其他的无机和有机物质。

酸具有腐蚀性，能够腐蚀钢管、混凝土、纺织品、烧灼皮肤；还能改变环境介质的 pH 值。碱所造成的危害程度较小。将酸和碱随意排放不仅会造成污染、腐蚀管道、毁坏农作物，危害渔业生产，破坏生物处理系统的正常运行，而且也是极大的浪费。因此，对酸或碱废水首先应当考虑回收和综合利用。当必须排放时，需要进行无害化处理。

当酸或碱废水的浓度很高时，例如在 3%～5%以上，应考虑回用和综合利用的可能性，例如用其制造硫酸亚铁、硫酸铁、石膏、化肥，也可以考虑供其他工厂使用等；当浓度不高（例如小于 3%），回收或综合利用经济意义不大时，才考虑中和处理。

在工业废水处理中，中和处理常用于以下几种情况：

① 废水排入水体之前，因为水生生物对 pH 值的变化非常敏感，即使 pH 值与 7 略有偏离，也会产生不良影响。

② 废水排入城市排水管道之前，因为酸或碱会对排水管道产生腐蚀作用，废水的 pH 值应符合排放标准。

③ 化学处理或生物处理前，因为有的化学处理法要求废水的 pH 值升高或降低到某一个最佳值，生物处理要求废水的 pH 值在某一范围内。

用化学法去除废水中的酸或碱，使其 pH 值达到中性左右的过程称为中和（Neutralization）。处理含酸废水以碱为中和剂，处理碱性废水以酸作中和剂。被处理的酸与碱主要是无机酸或无机碱。

酸性废水的中和方法可分为酸性废水与碱性废水互相中和、药剂中和及过滤中和 3 种方法；碱性废水的中和方法可分为碱性废水与酸性废水互相中和、药剂中和等。

在选择废水中和处理方法时，应考虑下列因素：① 含酸或含碱废水所含酸类或碱类的性质、浓度、水量及其变化规律。② 有无就地取材的酸性或碱性废料，并尽可能加以利用。③ 本地区中和药剂和滤料（白云石、石灰石等）的供应情况。④ 受纳水体条件、城市排水系统容纳废水的条件、后续处理（如生物处理）对 pH 值的要求等。

4.1.2 酸碱废水互相中和法

（1）酸性废水或碱性废水需要量

利用酸性废水和碱性废水互相中和时，应进行中和能力的计算。中和时两种废水的酸和碱的当量数应相等，即按当量定律来计算，公式如下：

$$Q_1C_1=Q_2C_2 \tag{4-1}$$

式中，Q_1 —— 酸性废水流量，L/h；

C_1 —— 酸性废水酸的当量浓度，克当量/L；

Q_2 —— 碱性废水流量，L/h；

C_2 —— 碱性废水碱的当量浓度，克当量/L。

在中和过程中，酸碱双方的当量恰好相等时称为中和反应的等当点。强酸强碱互相中和时，由于生成的强酸强碱盐不发生水解，因此等当点即中性点，溶液的 pH 值等于 7.0。但中和的一方若为弱酸或弱碱时，由于中和过程中所生成的盐的水解，尽管达到等当点，但溶液并非中性，pH 值大小取决于所生成盐的水解度。

（2）中和设备

中和设备可根据酸碱废水排放规律及水质变化来确定。

① 当水质水量变化较小或后续处理对 pH 要求较宽时，可在集水井（或管道、混合槽）内进行连续混合反应。

② 当水质水量变化不大或后续处理对 pH 值要求高时，可设连续流中和池。中和时间 t 视水质水量变化情况确定，一般采用 1～2 h。有效容积按下式计算：

$$V=(Q_1+Q_2)t \tag{4-2}$$

式中，V—— 中和池有效容积，m^3；

Q_1—— 酸性废水设计流量，m^3/h；

Q_2—— 碱性废水设计流量，m^3/h；

t—— 中和时间，h。

③当水质水量变化较大且水量较小时，连续流无法保证出水 pH 要求或出水中还含有其他杂质或重金属离子时，多采用间歇式中和池。池有效容积可按污水排放周期（如一班或一昼夜）中的废水量计算。中和池至少两座交替使用。在间歇式中和池内完成混合、反应、沉淀、排泥等工序。

4.1.3 药剂中和法

（1）酸性废水的药剂中和处理

1）中和剂

酸性废水中和剂有石灰、石灰石、大理石、白云石、碳酸钠、苛性钠、氧化镁等。常用者为石灰。当投加石灰乳时，氢氧化钙对废水中杂质有凝聚作用，因此适用于处理杂质多浓度高的酸性废水。在选择中和剂时，还应尽可能使用一些工业废渣，如化学软水站排出的废渣（白垩），其主要成分为碳酸钙；有机化工厂或乙炔发生站排放的电石废渣，其主要成分为氢氧化钙；钢厂或电石厂筛下的废石灰；热电厂的炉灰渣或硼酸厂的硼泥。

2）中和反应

石灰可以中和不同浓度的酸性废水，在用石灰乳时，中和反应方程式如下：

$$H_2SO_4+Ca(OH)_2=CaSO_4+2H_2O$$
$$2HNO_3+Ca(OH)_2=Ca(NO_3)_2+2H_2O$$
$$2HCl+Ca(OH)_2=CaCl_2+2H_2O$$
$$2H_3PO_4+3Ca(OH)_2=Ca_3(PO_4)_2+6H_2O$$
$$2CH_3COOH+Ca(OH)_2=Ca(CH_3COO)_2+2H_2O$$

废水中含有其他金属盐类，如铁、铅、锌、铜、镍等也消耗石灰乳的用量，反应如下：

$$FeCl_2+Ca(OH)_2=Fe(OH)_2+CaCl_2$$
$$PbCl_2+Ca(OH)_2=Pb(OH)_2+CaCl_2$$

最常遇到的是硫酸废水的中和，根据使用的药剂不同，中和反应方程式如下：

$$H_2SO_4+Ca(OH)_2 = CaSO_4+2H_2O$$

$$H_2SO_4+CaCO_3 = CaSO_4+H_2O+CO_2$$

$$H_2SO_4+Ca(HCO_3)_2 = CaSO_4+2H_2O+2CO_2$$

3）中和剂用量

中和酸性废水所需的药剂的理论比耗量可根据中和反应方程式来计算。

由于药剂中常含有不参与中和反应的惰性杂质（如砂土、黏土），因此药剂的实际耗量应比理论比耗量要大些。以α（%）表示药剂的纯度，α应根据药剂分析资料确定。当没有分析资料时，可参考下列数据采用：生石灰含 60%～80%有效 CaO，熟石灰含 65%～75%$Ca(OH)_2$；电石渣及废石灰含 60%～70%有效 CaO；石灰石含 90%～95%$CaCO_3$；白云石含 45%～50% $CaCO_3$。

由于酸性废水中含有影响中和反应的杂质（如金属离子等）及中和反应混合不均匀，因此中和剂的实际耗量应比理论耗量为高，用不均匀系数 K 来表示。如无试验资料时，用石灰乳中和硫酸时，K 采用 1.05～1.10，干投或石灰浆投加时，K 值采用 1.4～1.5；中和硝酸、盐酸时，K 值采用 1.05。

因此，药剂总耗量可按下式计算：

$$G_a = \frac{KQ(C_1a_1 + C_2a_2)}{\alpha} \tag{4-3}$$

式中，G_a —— 药剂总消耗量，kg/d；

Q —— 酸性废水量，m^3/d；

C_1 —— 废水含酸浓度，kg/m^3；

C_2 —— 废水中需中和的酸性盐浓度，kg/m^3；

a_1 —— 中和 1 kg 酸所需的碱量，kg/kg；

a_2 —— 中和 1 kg 酸性盐所需的碱性药剂量，kg/kg；

K —— 不均匀系数；一般为 1.05～1.10；

α —— 中和剂的纯度，%。

中和反应产生的盐类及药剂中惰性杂质以及原废水中的悬浮物一般用沉淀法去除。渣量可根据试验确定，也可按下式计算：

$$G = G_a(B+e) + Q(S-c-d) \tag{4-4}$$

式中，G —— 沉渣量，kg/d；

G_a —— 药剂总耗量，kg/d；

Q —— 酸性废水量，m^3/d；

B —— 消耗单位药剂所产生的盐量，kg/kg，见表 4-1；

e —— 单位药剂中杂质含量，kg/kg；

S —— 原水悬浮物浓度，kg/m^3；

c —— 中和后溶于废水中的盐量，kg/m^3；

d —— 中和后出水悬浮物浓度，kg/m^3。

表 4-1 消耗单位药剂所产生的盐和二氧化碳量

酸	盐和 CO_2	用下列药剂中和 1 g 酸生成的盐和 CO_2				
		$Ca(OH)_2$	NaOH	$CaCO_3$	HCO_3^-	$CaMg(CO_3)_2$
硫酸	$CaSO_4$	1.39	—	1.39	—	0.695
	Na_2SO_4	—	1.45	—	—	—
	$MgSO_4$	—	—	—	—	0.612
	CO_2	—	—	0.45	0.9	0.45
盐酸	$CaCl_2$	1.53	—	1.53	—	0.775
	NaCl	—	1.61	—	—	—
	$MgCl_2$	—	—	—	—	0.662
	CO_2	—	—	0.61	1.22	0.61
硝酸	$Ca(NO_3)_2$	1.3	—	1.3	—	0.65
	$NaNO_3$	—	1.25	—	—	—
	$Mg(NO_3)_2$	—	—	—	—	0.588
	CO_2	—	—	0.35	0.7	0.35

4）药剂中和处理工艺流程

废水量少时（每小时几吨到十几吨）宜采用间歇处理，两、三池（格）交替工作。废水量大时宜采用连续式处理。为获得稳定可靠的中和处理效果宜采用多级式自动控制系统。目前多采用二级或三级，分为粗调和终调或粗调、中调和终调。投药量由设在池出口的 pH 值检测仪控制。一般初调可将 pH 值调至 4～5。药剂中和处理工艺流程如图 4-1 所示。

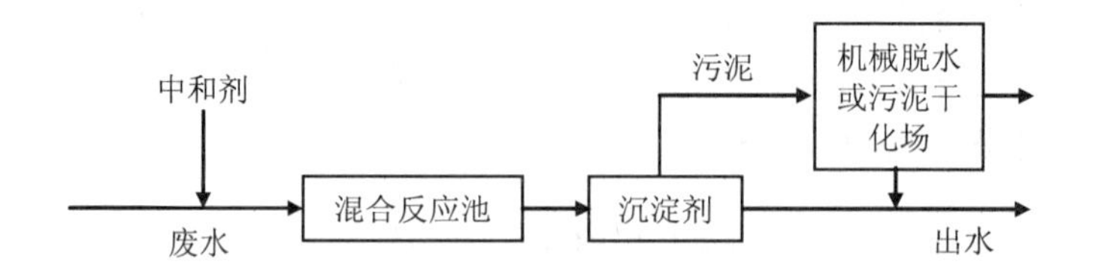

图 4-1 药剂中和处理工艺流程

① 投药装置

采用石灰作中和剂时，药剂投配方法分干投和湿投。一般采用湿法投配。

石灰用量在 1 t/d 以内时，可用人工方法在消解槽内进行搅拌和消解。一般在消解槽内制成40%～50%的乳浊液。消解槽的有效容积可按下式计算：

$$V_1=K\cdot V_0 \tag{4-5}$$

式中，V_1 —— 消解槽的有效容积，m^3；

V_0 —— 一次配制的药剂量，m^3；

K —— 容积系数，一般采用2～5。

石灰用量超过1 t/d时，应采用机械方法进行消解。消解机有立式和卧式两种。立式消解机适用于石灰耗量在4～8 t/d时，但排渣比较麻烦；卧式消解机适用于石灰用量在8 t/d以上时。可根据石灰用量，按设备产品样本进行选择。设计时应有防止粉尘飞扬的措施。经消解后的石灰乳排至溶液槽。溶液槽的有效容积可按下式计算：

$$V_2=\frac{G_a\times 100}{\gamma\cdot C\cdot n} \tag{4-6}$$

式中，V_2 —— 溶液槽的有效容积，m^3；

G_a —— 石灰消耗量，t/d；

γ —— 石灰的容重，一般采用0.9～1.1 t/m^3；

C —— 石灰乳的浓度，一般采用5%～10%；

n —— 每天搅拌的次数，用人工搅拌时按3次，用机械搅拌时按6次计算。

溶液槽最少采用2个，轮换使用。为防止石灰的沉积，应设搅拌装置。采用机械搅拌时，搅拌机的转速一般为20～40 r/min；如用压缩空气搅拌，其强度采用8～10 L/（$s\cdot m^2$），亦可用水泵搅拌。

投药量大时，可设单独的投配器，如图4-2所示。一般情况下由溶液槽直接用管道投药。如有条件可设自动酸度计，将调节阀安装在投药管上，由浸在处理后废水中的酸度发送器进行控制，以保证处理效果和提高管理工作水平。

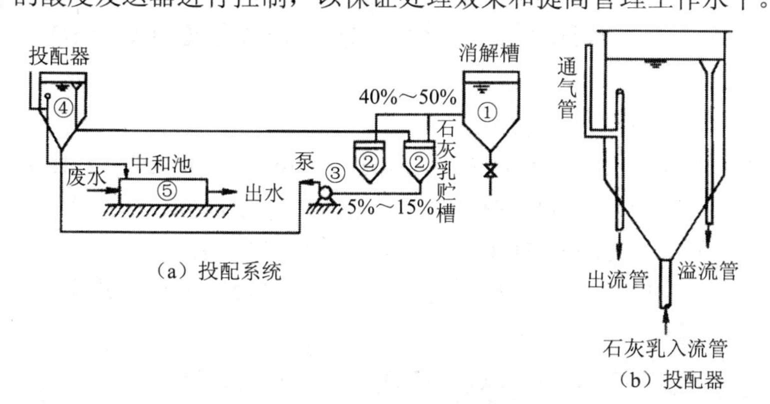

图4-2 石灰乳投配装置

② 混合反应装置

用石灰中和酸性废水时，混合反应时间一般采用 2～5 min，但废水含金属盐类或其他毒物时，还应考虑去除金属及毒物的要求。采用其他中和剂时，混合反应时间采用 5～20 min。

当废水量较少和浓度较低且不产生大量沉渣时，可不设混合反应池，中和剂可直接投加在水泵吸水井中，在管道中进行反应。但必须满足混合反应时间的要求。当废水量大时，一般须设混合反应池，混合反应可在同一池内进行，石灰乳在池前投入。图 4-3 为 4 室隔板混合反应池，池内用压缩空气或机械进行搅拌。

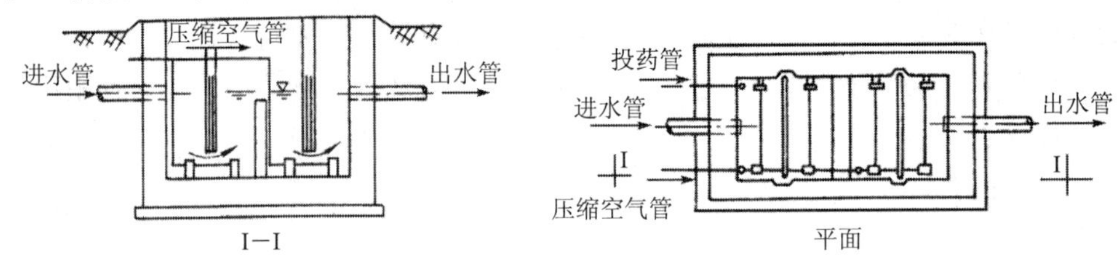

图 4-3 四室隔板混合反应池

③ 沉淀池

当沉渣量少，且重力排渣时，可采用竖流式沉淀池；当沉渣量大，重力排泥困难时，可采用平流式沉淀池，沉渣用污泥泵排出。以石灰中和含硫酸废水为例，一般沉淀时间为 1～2 h，沉渣体积为废水体积的 10%～15%，含水率约为 95%。

④ 沉渣脱水装置

可采用机械脱水或干化场脱水。

（2）碱性废水的药剂中和处理

1）中和剂

碱性废水中和剂有硫酸、盐酸、硝酸等。常用的药剂为工业硫酸，工业废酸更经济。有条件时，也可以采取向碱性废水中通入烟道气（CO_2、SO_2 等）的办法加以中和。

2）中和反应

以含氢氧化钠和氢氧化铵碱性废水为例，中和剂用工业硫酸，其化学反应如下：

$$2NaOH+H_2SO_4 \longrightarrow Na_2SO_4+2H_2O$$

$$2NH_4OH+H_2SO_4 \longrightarrow (NH_4)_2SO_4+2H_2O$$

如果硫酸铵的浓度足够，可考虑回收利用。以含氢氧化钠碱性废水为例，用烟道气中和，其化学反应如下：

$$2NaOH + CO_2 + H_2O \longrightarrow Na_2CO_3+2H_2O$$

$$2NaOH + SO_2 + H_2O \longrightarrow Na_2SO_3+2H_2O$$

烟道气一般含 CO_2 量可达 24%，有的还含有少量的 SO_2 和 H_2S。烟道气如果用湿法除水膜除尘器，可用碱性废水作为除尘水进行喷淋。废水从接触塔顶淋下或沿塔内壁流下，烟道气和废水逆流接触，进行中和反应。据某厂的经验，出水的 pH 值可由 10～12 降至中性。此法的优点是以废治废、投资省、运行费用低、节水且尚可回收烟灰及煤，把废水处理与消烟除尘结合起来，但出水的硫化物、色度、耗氧量、水温等指标都会升高，还需进一步处理。

中和各种碱性废水所需不同浓度（%）酸的比耗量酸见表 4-2。

表 4-2　中和各种碱所需酸的理论比耗量

碱的名称	中和 1 克碱需酸的克数/（g/g）							
	H_2SO_4		HCl		HNO_3		CO_2	SO_2
	100%	98%	100%	36%	100%	65%		
NaOH	1.22	1.24	0.91	2.53	1.57	2.42	0.55	0.80
KOH	0.88	0.90	0.65	1.80	1.13	1.74	0.39	0.57
$Ca(OH)_2$	1.32	1.34	0.99	2.74	1.70	2.62	0.59	0.86
NH_3	2.88	2.93	2.12	5.90	3.71	5.70	1.29	1.88

实际上，由于工业废水中含有的成分复杂，因此，药剂投加量不能只按化学计算得到，应留有一定余量，最好作中和曲线后再进行估算。

4.1.4　过滤中和法

过滤中和法仅用于酸性废水的中和处理。酸性废水流过碱性滤料时与滤料进行中和反应的方法称为过滤中和法。碱性滤料主要有石灰石、大理石、白云石等。中和滤池分 3 类：普通中和滤池、升流式膨胀中和滤池和滚筒中和滤池。

（1）普通中和滤池

1）适用范围

过滤中和法较石灰药剂法具有操作方便，运行费用低及劳动条件好等优点。但不适于中和浓度高的酸性废水，对硫酸废水，因中和过程中生成的硫酸钙在水中溶解度很小，易在滤料表面形成覆盖层，阻碍滤料和酸的接触反应。因此极限浓度应根据试验决定，如无试验资料时，用石灰石时为 2 g/L，白云石为 5 g/L。对硝酸及盐酸废水，因浓度过高，滤料消耗快，给处理造成一定的困难，因此极限浓度可采用 20 g/L。另外，废水中铁盐，泥沙及惰性物质的含量亦不能过高，否则会使滤池堵塞。中和酸性废水常用的滤料有石灰石、白云石及白垩等。

采用石灰石作滤料时，其中和反应方程式如下：

$$2HCl + CaCO_3 = CaCl_2 + H_2O + CO_2$$
$$2HNO_3 + CaCO_3 = Ca(NO_3)_2 + H_2O + CO_2$$
$$H_2SO_4 + CaCO_3 = CaSO_4 + H_2O + CO_2$$

为避免在滤料表面形成硫酸钙覆盖层，当硫酸的浓度在 2～5 g/L 范围内，因中和时产生的硫酸镁易溶于水，可用白云石作滤料。反应速度较石灰石慢，反应式为：

$$2H_2SO_4 + CaCO_3 \cdot MgCO_3 = CaSO_4 + MgSO_4 + 2H_2O + 2CO_2$$

2）普通中和滤池的形式

普通中和滤池为固定床。滤池按水流方向分为平流式和竖流式两种，目前多用竖流式。竖流式又可分为升流式和降流式两种（图 4-4）。

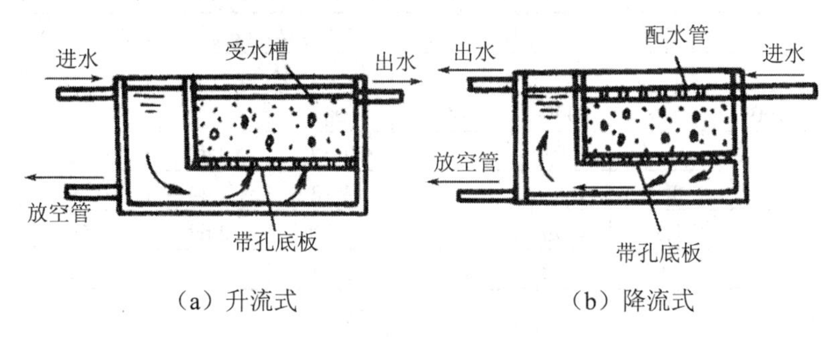

（a）升流式　　（b）降流式

图 4-4　普通中和滤池

普通中和滤池的滤料粒径不宜过大，一般为 30～50 mm，不得混有粉状杂质。当废水含有可能堵塞滤料的杂质时，应进行预处理。过滤速度一般为 1～1.5 m/h，不大于 5 m/h，接触时间不少于 10 min，滤床厚度一般为 1～1.5 m。

（2）升流式膨胀中和滤池

升流式膨胀中和滤池，废水从滤池的底部进入，从池顶流出，使滤料处于膨胀状态。升流式膨胀中和滤池又可分为恒滤速和变滤速两种。恒滤速升流式膨胀中和滤池如图 4-5 所示。进水装置可采用大阻力或小阻力布水系统。采用大阻力穿孔管布水系统时，滤池底部装有栅状配管，干管上部和支管下部开有孔眼，孔径为 9～12 mm，孔距和孔数可根据计算确定。卵石承托层厚度一般为 0.15～0.2 m，粒径为 20～40 mm。滤料粒径为 0.5～3 mm，滤层高度应根据酸性废水浓度、滤料粒径、中和反应时间等条件确定。新的或全部更新后的滤料层高度一般为 1.0～1.2 m。当滤料层高度因惰性物质的积累达到 2.0 m 时应更新全部滤料。运行初期采用 1 m，最终换料时一般不小于 2 m。中和滤池的高度一般为 3～3.5 m。为使滤料处于膨胀状态并互相摩擦，不结垢，垢屑随水流出，避免滤床堵塞，流速一般采用 60～80 m/h，膨胀率保持在 50%左右。上部清水区高度为 0.5 m。中和滤池至少有一池备用，以供倒床换料。

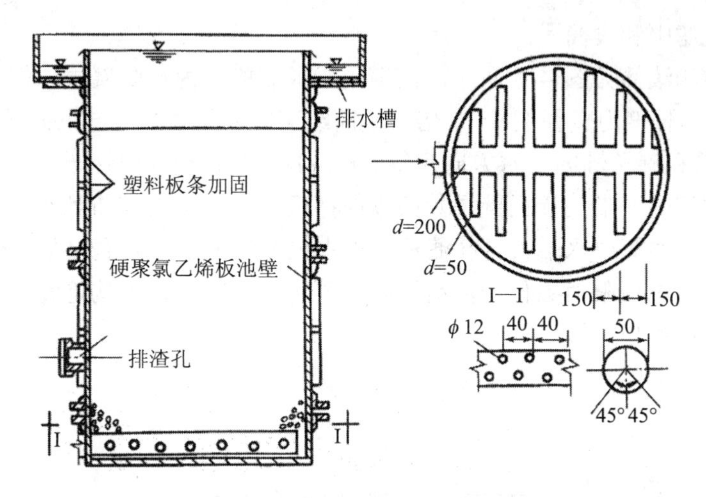

图 4-5 恒滤速升流膨胀中和滤池示意

当废水硫酸浓度小于 2 200 mg/L 时，经中和处理后，出水的 pH 值可达 4.2～5。若将出水再经脱气池，除去其中 CO_2 气体后，废水的 pH 值可提高到 6～6.5。

膨胀中和滤池一般每班加料 2～4 次。当出水的 pH≤4.2 时，须倒床换料。滤料量大时，加料和倒床须考虑机械化，以减轻劳动强度。

变速膨胀中和滤池如图 4-6 所示。滤池下部横截面积小，上部大。滤速下部为 130～150 m/h，上部为 40～60 m/h，使滤层全部都能膨胀，上部出水可少带料，克服了恒速膨胀滤池下部膨胀不起来，上部带出小颗粒滤料的缺点。滤池出水中的 CO_2 用除气塔除去。

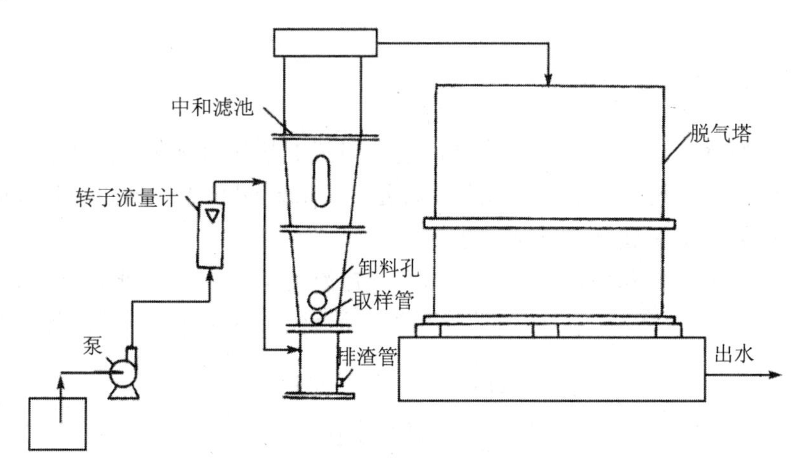

图 4-6 变速中和滤池——除气塔布置流程示意

（3）过滤中和滚筒

过滤中和滚筒如图 4-7 所示。滚筒用钢板制成，内衬防腐层。筒为卧式，直径 1 m 以上，长度为直径的 6～7 倍。滚筒线速度采用 0.3～0.5 m/s，转速为 10～20 r/min。筒和旋转轴向出水方向倾斜 0.5°～1°。滤料粒径可达十几毫米，装料体积占筒体体积的一半。筒内壁焊数条纵向挡板，带动滤料不断翻滚。为避免滤料被水带出，在滚筒出水端设穿孔滤板，出水也需脱 CO_2。这种装置的优点是进水硫酸浓度可超过极限值数倍，滤料不必破碎到很小粒径，但构造复杂，动力费用高，运行时设备噪声较大。

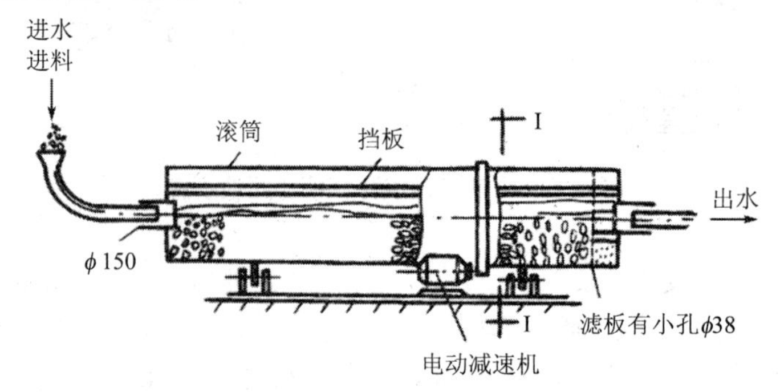

图 4-7 卧式过滤中和滚筒示意

4.2 废水的化学沉淀处理

4.2.1 化学沉淀基本原理

向工业废水中投加某种化学物质，使它和其中某些溶解物质产生反应，生成难溶盐沉淀下来，这种方法称为化学沉淀法（Chemical Sedimentation Methods），它一般用以处理含金属离子的工业废水。

水中的难溶盐服从溶度积原则，即在一定温度下，在含有难溶盐 M_mN_n（固体）的饱和溶液中，各种离子浓度的乘积为一常数，称为溶度积常数，记为 $L_{M_mN_n}$：

$$M_mN_n \Longleftrightarrow mM^{n+} + nN^{m-}$$
$$L_{M_mN_n} = [M^{n+}]^m[N^{m-}]^n \tag{4-7}$$

式中，M^{n+} —— 金属阳离子；

N^{m-} —— 阴离子；

[ ]—— 摩尔浓度（mol/L）。

式（4-7）对各种难溶盐都应成立的。而当$[M^{n+}]^m[N^{m-}]^n > L_{M_mN_n}$时，溶液过饱和，超过饱和那部分将析出沉淀，直到符合式（4-7）时为止。如果$[M^{n+}]^m[N^{m-}]^n < L_{M_mN_n}$，溶液不饱和，难溶盐将溶解，也直到符合式（4-7）时为止。

这是简化了的理想情况，实际上由于许多因素的影响，情况要复杂得多，但它仍然有实际的指导意义。

根据这种原理，可用它来去除废水中的金属离子M^{n+}。为了去除废水中的M^{n+}离子，向其中投加具有N^{m-}离子的某种化合物，使$[M^{n+}]^m[N^{m-}]^n > L_{M_mN_n}$，形成$M_mN_n$沉淀，从而降低废水中的$M^{n+}$离子的浓度。通常称具有这种作用的化学物质为沉淀剂。

从式（4-7）可以看出，为了最大限度地使$[M^{n+}]^m$降低，也就是使M^{n+}离子更完全地被去除，可以考虑增大$[N^{m-}]^n$，也就是增大沉淀剂的用量，但是沉淀剂的用量也不宜加的过多，否则会导致相反的作用，一般不超过理论用量的20%～50%。根据使用的沉淀剂的不同，化学沉淀法可分为石灰法、氢氧化物法、硫化物法、钡盐法和铁氧体法等。

4.2.2 氢氧化物沉淀法

（1）原理

工业废水中的许多金属离子可以生成氢氧化物沉淀而得以去除。氢氧化物沉淀与pH值有很大关系。如以$M(OH)_n$表示金属氢氧化物，则有：

$$M(OH)_n \Longleftrightarrow M^{n+} + nOH^- \\ L_{M(OH)_n} = [M^{n+}][OH^-]^n \tag{4-8}$$

同时发生水的解离：

$$H_2O \Longleftrightarrow H^+ + OH^- \tag{4-9}$$

离子积为：

$$K_{H_2O} = [H^+][OH^-] = 1\times10^{-14}\ （25℃） \tag{4-10}$$

代入式（4-8），则有：

$$[M^{n+}] = \frac{L_{M(OH)_n}}{\left\{\dfrac{K_{H_2O}}{[H^+]}\right\}^n}$$

将上式两边取对数，则得到：

$$\begin{aligned}\lg[M^{n+}] &= \lg L_{M(OH)_n} - \{n\lg K_{H_2O} - n\lg[H^+]\} \\ &= -pL_{M(OH)_n} + npK_{H_2O} - npH \\ &= x - npH\end{aligned} \tag{4-11}$$

式中，$-\lg L_{M(OH)_n} = pL_{M(OH)_n}$；$-\lg K_{H_2O} = pK_{H_2O}$；$x = -pL_{M(OH)_n} + npK_{H_2O}$，对一定的氢氧化物为一常数，见表 4-3。

表 4-3 金属氢氧化物的溶解度与 pH 值的关系

金属氢氧化物	$pL_{M(OH)_n}$	$\lg[M^{n+}]=x-npH$	金属氢氧化物	$pL_{M(OH)_n}$	$\lg[M^{n+}]=x-npH$
$Ca(OH)_2$	20	$\lg[Cu^{2+}]=8.0-2\ pH$	$Cd(OH)_2$	14.2	$\lg[Cd^{2+}]=13.8-2\ pH$
$Zn(OH)_2$	17	$\lg[Zn^{2+}]=11.0-2\ pH$	$Mn(OH)_2$	12.8	$\lg[Mn^{2+}]=15.2-2\ pH$
$Ni(OH)_2$	18.1	$\lg[Ni^{2+}]=9.9-2\ pH$	$Fe(OH)_3$	38	$\lg[Fe^{3+}]=4.0-3\ pH$
$Pb(OH)_2$	15.3	$\lg[Pb^{2+}]=12.7-2\ pH$	$Al(OH)_3$	33	$\lg[Al^{3+}]=9.0-3\ pH$
$Fe(OH)_2$	15.2	$\lg[Fe^{2+}]=12.8-2\ pH$	$Cr(OH)_3$	10	$\lg[Cr^{3+}]=12.0-3\ pH$

式（4-11）为一直线方程，直线的斜率为$-n$。由此可知，对于同一价数的金属氢氧化物，它们的斜率相等为平行线。对于不同价数的金属氢氧化物，价数越高，直线越陡，它表明 M^{n+}离子浓度随 pH 值的变化差异比价数低的要大，这些情况可参见图 4-8。

由于废水的水质比较复杂，例如实际上氢氧化物在废水中的溶解度与 pH 值关系和上述理论计算值有出入，因此控制条件必须通过试验来确定。尽管如此，上述理论计算值仍然有一定的参考价值。

应当指出，有些金属氢氧化物沉淀（例如 Zn、Pb、Cr、Sn、Al 等）具有两性，即它们既具有酸性，又具有碱性；既能和酸作用，又能和碱作用。以 Zn 为例，在 pH 值等于 9 时，Zn 几乎全部以 $Zn(OH)_2$ 的形式沉淀。但是当碱加到某一数量，使 pH＞11 时，生成的 $Zn(OH)_2$ 又能和碱作用，溶于碱中，生成 $Zn(OH)_4^{2-}$或 ZnO_2^{2-}离子，反应如下：

$$Zn(OH)_2\downarrow + 2OH^{-1} = Zn(OH)_4^{2-}$$

或

$$Zn(OH)_2\downarrow = H_2ZnO_2$$

$$H_2ZnO_2 + 2OH^{-1} = ZnO_2^{2-} + 2H_2O$$

在平衡时有：

$$\frac{[ZnO_2^{2-}][H_2O]^2}{[H_2ZnO_2][OH^-]^2}=K$$

$$\frac{[ZnO_2^{2-}][H^+]^2[H_2O]^2}{[H_2ZnO_2]K_{H_2O}^2}=K$$

$$[ZnO_2^{2-}]=\frac{K\cdot[H_2ZnO_2]\cdot K_{H_2O}^2}{[H^+]^2[H_2O]^2}=\frac{K'}{[H^+]^2}$$

式中，K_{H_2O}、$[H_2O]$、$[H_2ZnO_2]$ 均为常数，与 K 合并为 $K'\left(K'=\frac{K\cdot[H_2ZnO_2]\cdot K_{H_2O}^2}{[H_2O]^2}\right)$

将上式两边取对数：

$$\lg[ZnO_2^{2-}]=\lg K'+2pH=2pH-pK' \qquad (4\text{-}12)$$

式（4-12）亦是一条直线，它指出随着 pH 的增大，ZnO_2^{2-}离子浓度成直线的增加。此直线的斜率为 2，见图 4-8 右边虚线所示。

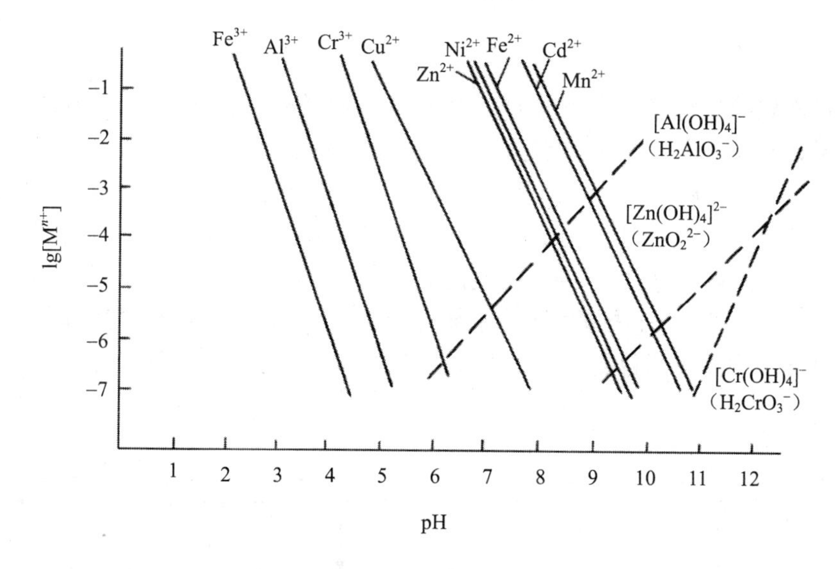

图 4-8 重金属离子溶解度与 pH 的关系

综上所述，用氢氧化物法分离废水中重金属时，控制废水的 pH 是操作的一个重要条件。例如处理含锌废水时，投加石灰控制 pH 在 9～11 范围内，使其生成氢氧化锌沉淀。据资料介绍，当原水不含其他金属时，经此法处理后，出水中锌浓度为 2～2.5 mg/L；当原水中含有铁、铜等金属时，出水中锌的浓度在 1 mg/L 以下。

（2）氢氧化物沉淀法在废水处理中的应用

1）矿山废水处理

某矿山废水含铜 83.4 mg/L，总铁 1 260 mg/L，二价铁 10 mg/L，pH 为 2.23，沉淀剂采用石灰乳，其工艺流程如图 4-9 所示。一级化学沉淀控制 pH 3.47，使铁先沉淀，铁渣含铁 32.84%，含铜 0.148%。第二级化学沉淀控制 pH 在 7.5～8.5 范围，使铜沉淀，铜渣含铜 3.06%，含铁 1.38%。废水经二级化学沉淀后，出水可达到排放标准，铁渣和铜渣可回收利用。

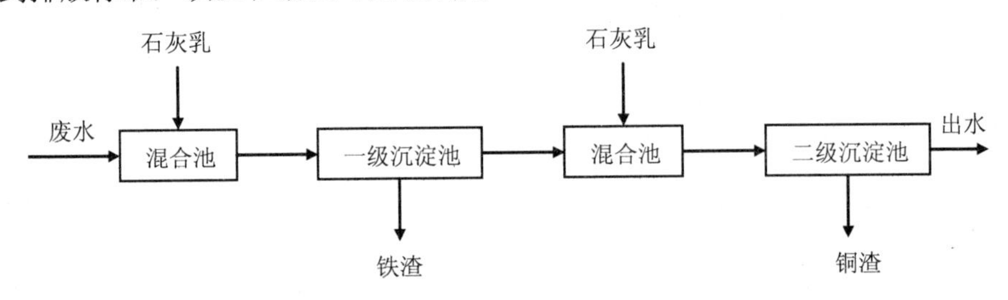

图 4-9 矿山废水处理工艺流程

2）铅锌冶炼厂废水处理

某厂在铅锌冶炼过程中排出大量的含铅、锌、镉、汞、砷、氰等多种有害物质的废水，采用石灰乳为沉淀剂去除金属离子，采用漂白粉氧化法除氰，废水量 400 m^3/h，其工艺流程如图 4-10 所示。废水经泵提升送入第一沉淀池，初步分离悬浮固体后，进入反应池，向反应池投加石灰乳和漂白粉溶液，反应池控制 pH 在 9.5～10.5 范围内，然后送到第二沉淀池进行沉淀，上清液再送到第三沉淀池进一步沉淀，出水基本达到排放标准，水质见表 4-4。各沉淀池沉渣送烧结系统利用。每年可从废水中回收铅锌约 384 t，回收价值基本与废水处理费用持平。

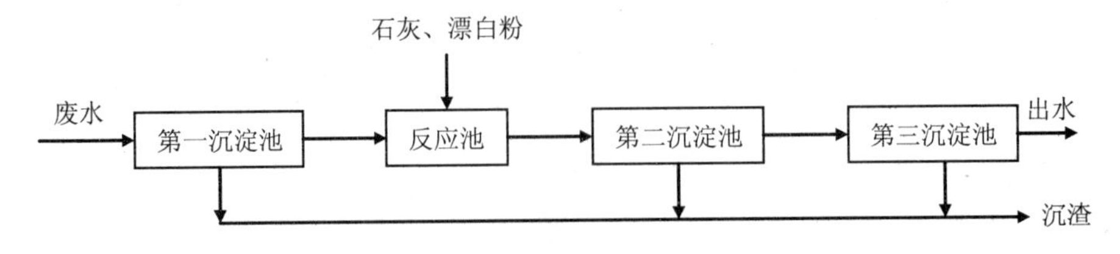

图 4-10 铅锌冶炼废水处理工艺流程

表 4-4 铅锌冶炼厂废水处理水质

取样点＼水质	Pb	Zn	Cd	As	CN^-	pH
处理前/（mg/L）	1.06～19.68	83.48～2.02	1.68～10.23	0.55	0.73～2.20	6.4～7.8
处理后/（mg/L）	＜0.6	1.79	＜0.09	＜0.1	＜0.022	9.9～11.0

4.2.3 硫化物沉淀法

许多金属能形成硫化物沉淀。由于大多数金属硫化物的溶解度一般比其氢氧化物的要小很多，采用硫化物可使金属得到更完全地去除。

在金属硫化物沉淀的饱和溶液中，有：

$$MS \Longleftrightarrow M^{2+} + S^{2-}$$

$$[M^{2+}] = \frac{L_{MS}}{[S^{2-}]} \tag{4-13}$$

各种金属硫化物的溶度积 L_{MS} 见表 4-5。

表 4-5 金属硫化物的溶度积

离 子	电离反应	pL_{MS}	离 子	电离反应	pL_{MS}
Mn^{2+}	$MnS=Mn^{2+}+S^{2-}$	16	Cd^{2+}	$CdS=Cd^{2+}+S^{2-}$	28
Fe^{2+}	$FeS=Fe^{2+}+S^{2-}$	18.8	Cu^{2+}	$CuS=Cu^{2+}+S^{2-}$	36.3
Ni^{2+}	$NiS=Ni^{2+}+S^{2-}$	21	Hg^{+}	$Hg_2S=2Hg^{+}+S^{2-}$	45
Zn^{2+}	$ZnS=Zn^{2+}+S^{2-}$	24	Hg^{2+}	$HgS=Hg^{2+}+S^{2-}$	52.6
Pb^{2+}	$PbS=Pb^{2+}+S^{2-}$	27.8	Ag^{+}	$Ag_2S=2Ag^{+}+S^{2-}$	49

硫化物沉淀法常用的沉淀剂有硫化氢、硫化钠、硫化钾等。

以硫化氢为沉淀剂时，硫化氢在水中分两步离解：

$$H_2S \Longleftrightarrow H^+ + HS^-$$

$$HS^- \Longleftrightarrow H^+ + S^{2-}$$

离解常数分别为：

$$K_1 = \frac{[H^+][HS^-]}{[H_2S]} = 9.1 \times 10^{-8}$$

$$K_2 = \frac{[H^+][S^{2-}]}{[HS^-]} = 1.2 \times 10^{-15}$$

将以上两式相乘，得到：

$$\frac{[H^+]^2[S^{2-}]}{[H_2S]}=1.1\times10^{-22}$$

$$[S^{2-}]=\frac{1.1\times10^{-22}[H_2S]}{[H^+]^2}$$

将上式代入（4-13），得到：

$$[M^{2+}]=\frac{L_{MS}}{\left(\dfrac{1.1\times10^{-22}[H_2S]}{[H^+]^2}\right)}=\frac{L_{MS}[H^+]^2}{1.1\times10^{-22}[H_2S]} \tag{4-14}$$

在 0.1MPa 压力和 25℃条件下，硫化氢在水中的饱和浓度约为 0.1 mol（pH≤6），把$[H_2S]=1\times10^{-1}$代入式（4-14），得到：

$$[M^{2+}]=\frac{L_{MS}[H^+]^2}{1.1\times10^{-23}} \tag{4-15}$$

从式（4-15）可以看出，金属离子的浓度和 pH 有关，随着 pH 值增加而降低。

虽然硫化物法比氢氧化物法能更完全地去除金属离子，但是由于它的处理费用较高，硫化物沉淀困难，常需要投加凝聚剂以加强去除效果。因此，采用的并不广泛，有时作为氢氧化物沉淀法的补充法。

下面以含汞废水为例，介绍硫化物沉淀法在工业废水处理中的应用。在碱性条件下（pH 值为 8～10），向废水中投加硫化钠，使其与废水中的汞离子或亚汞离子进行反应：

$$2Hg^+ + S^{2-} \Longleftrightarrow Hg_2S \Longleftrightarrow HgS\downarrow + Hg\downarrow$$

$$Hg^{2+} + S^{2-} \Longleftrightarrow HgS$$

Hg_2S 不稳定，易分解为 HgS 和 Hg。

用此方法处理低浓度含汞废水时，由于生成的硫化汞颗粒很小，沉淀物分离困难，为了提高除汞效果，常投加适量的凝聚剂（如 $FeSO_4$ 等），进行共沉。这种方法称为硫化物共沉法。操作时，先投加稍微过量的硫化钠，待其与废水中的汞离子反应生成 HgS 和 Hg 沉淀后，再投加适量的硫酸亚铁，反应如下：

$$FeSO_4 + S^{2-} \Longleftrightarrow FeS\downarrow + SO_4^{2-}$$

部分 Fe^{2+}离子也能生成 $Fe(OH)_2$ 沉淀。

上述反应生成的 FeS 和 $Fe(OH)_2$ 可作为 HgS 的载体。细小的 HgS 吸附在载体表面上，与载体共同沉淀。

4.2.4　钡盐沉淀法

这种方法主要用于处理含六价铬的废水，采用的沉淀剂有碳酸钡、氯化钡、硝酸钡、氢氧化钡等。以碳酸钡为例，它与废水中的铬酸根进行反应，生成难溶盐铬酸钡沉淀：

$$BaCO_3 + CrO_4^{2-} \Longleftrightarrow BaCrO_4 \downarrow + CO_3^{2-}$$

碳酸钡也是一种难溶盐，它的溶度积（$L_{BaCO_3}=8.0\times10^{-9}$）比铬酸钡的溶度积（$L_{BaCrO_4}=2.3\times10^{-10}$）要大。在碳酸钡的饱和溶液中，钡离子的浓度比铬酸钡饱和溶液中的钡离子的浓度约大6倍。这就说明，对于$BaCO_3$为饱和溶液的钡离子浓度对于$BaCrO_4$溶液已成为过饱和了。因此，向含有CrO_4^{2-}离子的废水中投加$BaCO_3$，Ba^{2+}就会和CrO_4^{2-}成$BaCrO_4$沉淀，从而使$[Ba^{2+}]$和$[CrO_4^{2-}]$下降，$BaCO_3$溶液未被饱和，$BaCO_3$就会逐渐溶解，这样直到CrO_4^{2-}离子完全沉淀。这种由一种沉淀转化为另一种沉淀的过程称为沉淀的转化。

为了提高除铬效果，应投加过量的碳酸钡，反应时间应保持25～30 min。投加过量的碳酸钡会使出水中含有一定数量的残钡。在把这种水回用前，需要去除其中的残钡。残钡可用石膏法去除：

$$CaSO_4 + Ba^{2+} \Longleftrightarrow BaSO_4 \downarrow + Ca^{2+}$$

4.2.5　铁氧体沉淀法

铁氧体（Ferrite）指一类具有一定晶体结构的复合氧化物，具有高的导磁率和高的电阻率，是一种重要的磁性介质，其制造过程和机械性能颇类似陶瓷品，因而也叫磁性瓷。跟陶瓷质一样，铁氧体不溶于酸、碱、盐溶液，也不溶于水。铁氧体的磁性强弱及其他特性，与其化学组成和晶体结构有关。

铁氧体的晶格类型有七类，其中尖晶石型铁氧体最为人们所熟悉。尖晶石型铁氧体的化学组成一般可用通式$BO\cdot A_2O_3$表示。其中B代表二价金属，如Fe、Mg、Zn、Mn、Co、Ni、Ca、Cu、Hg、Bi、Sn等；A代表三价金属，如Fe、Al、Cr、Mn、V、Co、Bi、Ga、As等。许多铁氧体中的A或B可能更复杂一些，如分别由两种金属组成，其通式为$(B_x'B_{1-x}'')O\cdot(A_y'A_{1-y}'')_2O_3$。铁氧体有天然矿物和人造产品两大类，磁铁矿（其主要成分为Fe_3O_4或$FeO\cdot Fe_2O_3$）就是一种天然的尖晶石型铁氧体。

铁氧体沉淀法具有以下优点：① 能一次脱除废水中的多种金属离子，出水能达到排放标准；② 设备简操作方便；③ 硫酸亚铁的投量范围大，对水质的适应性强。④ 沉渣易分离、易处置（回收利用或贮存）。

缺点是：① 不能单独回收有用金属；② 需要消耗相当多的硫酸亚铁、一定数量的氢氧化钠及热能，处理成本较高；③ 出水硫酸盐浓度高。

（1）铁氧体沉淀法工艺过程

1）投加亚铁盐

为了形成铁氧体，需要有足量的Fe^{2+}和Fe^{3+}。投加亚铁盐（$FeSO_4$或$FeCl_2$）的作用有 3 个：① 补充Fe^{2+}；② 通过氧化，补充Fe^{3+}；③ 如水中含Cr^{6+}，则将其还原为Cr^{3+}，作为形成铁氧体的原料之一。如在含铬废水所形成的铬铁氧体中，Fe^{2+}和Fe^{3+}与Cr^{3+}的摩尔比为 1∶2，在还原Cr^{6+}时Fe^{2+}的耗量为 3 mol Fe^{2+}∶1 mol Cr^{6+}。因此，废水含 1 mol Cr^{6+}，理论需要加亚铁盐为 5 mol，实际投加量稍大于理论值，约为其 1.15 倍。

2）加碱沉淀

pH 值控制在 8～9 时，各种难溶金属氢氧化物可同时沉淀析出。含重金属的废水常呈酸性，投加亚铁盐后，由于水解使 pH 进一步下降，应用 NaOH 调整 pH 值，但不可用石灰，因石灰的溶解度小且杂质多，未溶解的颗粒及杂质混入沉淀中，会影响铁氧体质量。

3）充氧加热，转化沉淀

为了调整 2 价和 3 价金属离子的比例，通常向废水中通入空气；使部分Fe^{2+}转化为Fe^{3+}。此外。加热可促进反应的进行，同时使氢氧化物胶体破坏和脱水分解，逐渐转化为具有尖晶石结构的铁氧体：

$$Fe(OH)_3 \xrightarrow{\triangle} FeOOH + H_2O$$

$$FeOOH + Fe(OH)_2 \longrightarrow FeOOH \cdot Fe(OH)_2$$

$$FeOOH \cdot Fe(OH)_2 + FeOOH \xrightarrow{\triangle} FeO \cdot Fe_2O_3 + 2H_2O$$

废水中的其他金属氢氧化物的反应大致与此相同。2 价金属离子占据部分 Fe（II）的位置，3 价金属离子占据部分 Fe（III）的位置，从而使其他金属离子均匀地混杂到铁氧体晶格结构中去，形成特性各异的铁氧体。

加热温度 60～80℃，时间 20 min，比较合适。

充氧加热的方式有 2 种：一种对全部废水加热充氧，另一种先充氧，然后将组成调整好的氢氧化物沉淀分离出来，再对沉淀物加热。

4）固液分离

分离铁氧体沉渣的方法有 3 种：① 沉淀过滤；② 离心分离；③ 磁分离。由于铁氧体的相对密度（水=1）较大（4.4～5.2），采用沉淀过滤和离心分离都能迅速分离。铁氧体微粒多少带点磁性，也可以采用磁力分离机（如高梯磁分离机）

进行分离。

5）沉渣处理

根据沉渣组成、性能及用途的不同，处理方式也不同。若废水成分单纯，浓度稳定，则沉渣可作铁氧磁体的原料，此时，沉渣应进行水洗，除去硫酸钠等杂质。

（2）铁氧体沉淀法处理含铬电镀废水

含铬电镀废水处理工艺流程如图 4-11 所示。含 Cr（Ⅵ）废水由调节池进入反应槽。根据含 Cr（Ⅵ）量投加一定量硫酸亚铁进行氧化还原反应，然后投加氢氧化钠调 pH 值至 7～9，产生氢氧化物沉淀，呈墨绿色。通蒸气加热至 60～80℃，通空气曝气 20 min，当沉淀呈黑褐色时，停止通气。静置沉淀后上清液排放或回用，沉淀经离心分离洗去钠盐后烘干，以便利用。当进水 CrO_3 含量为 190～2 800 mg/L 时，经处理后的出水含 Cr（Ⅵ）低于 0.1 mg/L。每克铬烘干约可得到 6 g 铁氧体干渣。

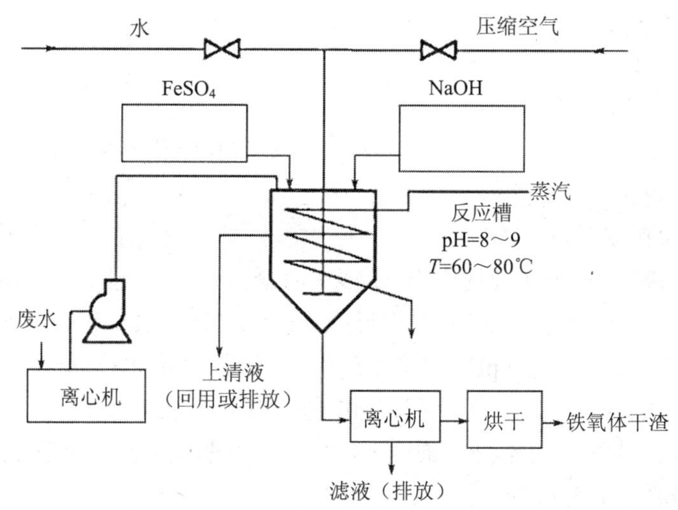

图 4-11　铁氧体沉淀法处理含铬废水

4.3　废水的氧化与还原处理

利用溶解于废水中的有毒有害物质，在氧化还原反应中能被氧化或还原的性质，把它转化为无毒无害的新物质，这种方法称为氧化还原法（Oxidation-Reduction Methods）。

在氧化还原反应中，参加化学反应的原子或离子有电子得失，因而引起化合价的升高或降低。失去电子的过程叫氧化，得到电子的过程叫还原。在任何氧化还原反应中，若有得到电子的物质就必然有失去电子的物质，因而氧化还原必定同时发生。把得到电子的物质称氧化剂，因为它使另一物质失去电子受到氧化。把失去电子的物质称还原剂，因为它使另一物质得到电子受到还原。

根据有毒有害物质在氧化还原反应中能被氧化或还原的不同，废水的氧化还原法又可分为氧化法和还原法两大类。在废水处理中常用的氧化剂有：空气中的氧、纯氧、臭氧、氯气、漂白粉、次氯酸钠、三氯化铁等；常用的还原剂有硫酸亚铁、亚硫酸盐、氯化亚铁、铁屑、锌粉、二氧化硫、硼氢化钠等。

4.3.1 氧化法

向废水中投加氧化剂，氧化废水中的有毒有害物质，使其转变为无毒无害的或毒性小的新物质的方法称为氧化法。根据所用氧化剂的不同，氧化法分为空气氧化法、氯氧化法、臭氧氧化法等，分别论述如下。

（1）空气氧化法

1）空气氧化法定义

就是把空气鼓入废水中，利用空气中的氧气作氧化剂来氧化分解废水中的有毒有害污染物的一种方法。

2）氧化作用特点

① 电对 O_2/O^{2-}的半反应中有 H^+或 OH^-离子参加，因而氧化还原电位与 pH 有关。在强碱性溶液中（pH=14）半反应为：$O_2+2H_2O+4e=4OH^-$，E_0=0.401V；在中性（pH=7）和强酸性（pH=0）溶液中半反应为：$O_2+4H^++4e=2H_2O$，E_0分别为 0.815 V 和 1.229 V。由此可见，降低 pH 值，有利于空气氧化。

② 在常温常压和中性 pH 条件下，分子氧为弱氧化剂，反应活性很低，故常用来处理易氧化的污染物。

③ 提高温度和氧分压，可以增大电极电位；添加催化剂，反应活化能降低，都有利于氧化反应的进行。

3）应用

① 地下水除铁、锰

在缺氧的地下水中常出现二价铁和锰。通过曝气，可以将它们分别氧化为 $Fe(OH)_3$ 和 MnO_2 沉淀物。除铁的反应式为：

$$4Fe^{2+}+8HCO_3^-+O_2+2H_2O \rightarrow 4Fe(OH)_3\downarrow+8CO_2$$

按此式计算，每氧化 1 mg/LFe^{2+}，仅需 0.143 mg/L O_2。

实验表明，上述反应的动力学方程为：

$$\frac{d[Fe^{2+}]}{dt}=k[Fe^{2+}][OH^-]^2 p_{O_2} \tag{4-16}$$

式中，p_{O_2} —— 空气中的氧气分压。

由上式可知，氧化速度与羟离子浓度平方成正比。即 pH 值每升高 1 单位，氧化速度将加快 100 倍。在 pH≤6.5 条件下，氧化速度相当缓慢。因此，当水中含 CO_2 浓度较高时，必须增大曝气量以驱除 CO_2；当水中含有大量 SO_4^{2-}时，$FeSO_4$ 的水解将产生 H_2SO_4，此时可用石灰进行碱化处理，同时曝气除铁。

式中速度常数 k 为 1.5×10^8 $L^2/$（$mol^2\cdot Pa\cdot min$）。积分上式可求出在一定条件下达到指定去除率所需的氧化反应时间。如当 pH 分别为 6.9 和 7.2，空气中氧分压为 2×10^4 Pa，水温 20℃时，欲使 Fe^{2+}去除 90%，所需的时间分别为 43 min 和 8 min。

地下水除锰比除铁困难。实践证明，Mn^{2+}在 pH=7 左右的水中很难被溶解氧氧化成 MnO_2，要使 Mn^{2+}氧化，需将水的 pH 值提高到 9.5 以上。氧分压为 0.1 MPa，水温 25℃时，欲使 Mn^{2+}去除 90%，需要反应 50 min。若利用空气代替氧气，即使总压力相同，反应时间需增加 5 倍。可见，在相似条件下，二价锰的氧化速度明显慢于二价铁。为了有效除锰，需要寻找催化剂或更强的氧化剂。研究指出，MnO_2 对 Mn^{2+}的氧化具有催化作用，大致历程为：

$$\text{氧化}\quad Mn^{2+}+O_2 \xrightarrow{\text{慢}} MnO_2(s)$$

$$\text{吸附}\quad Mn^{2+}+MnO_2 \xrightarrow{\text{快}} Mn^{2+}\cdot MnO_2(s)$$

$$\text{氧化}\quad Mn^{2+}\cdot MnO_2 \xrightarrow{\text{很快}} 2MnO_2$$

据此开发了曝气过滤（或称曝气接触氧化）除锰工艺。先将含锰地下水强烈曝气充氧，尽量地散去 CO_2，提高 pH 值，再流入天然锰砂或石英砂充填的过滤器，利用接触氧化原理将水中 Mn^{2+}氧化成 MnO_2；产物逐渐附着在滤料表面形成一层能起催化作用的活性滤膜，加速除锰过程。

MnO_2 对 Fe^{2+}氧化亦具催化作用，使 Fe^{2+}的氧化速度大大加快。

$$3MnO_2+O_2 \longrightarrow MnO\cdot Mn_2O_7$$

$$4Fe^{2+}+MnO\cdot Mn_2O_7+2H_2O \longrightarrow 4Fe^{3+}+3MnO_2+4OH^-$$

② 工业废水脱硫

石油炼制厂、石油化工厂、皮革厂、制药厂等都排出大量含硫废水。硫化物一般以钠盐或铵盐形式存在于废水中，如 Na_2S、NaHS、$(NH_4)_2S$、NH_4HS。当含硫量不很大，无回收价值时，可采用空气氧化法脱硫。空气氧化脱硫在密闭的脱硫塔中进行，为加速反应，温度应维持在 70～90℃，所以需向水中通入蒸汽，其反应式为：

$$2HS^- + 2O_2 \longrightarrow S_2O_3^{2-} + H_2O$$

$$2S^{2-} + 2O_2 + H_2O \longrightarrow S_2O_3^{2-} + 2OH^-$$

$$S_2O_3^{2-} + 2O_2 + 2OH^- \longrightarrow 2SO_4^{2-} + H_2O$$

由上述反应可知，废水中有毒的硫化物或硫氢化物被氧化成了无毒的硫代硫酸盐和硫酸盐。上述反应中 $S_2O_3^{2-}$氧化成 SO_4^{2-}的反应比较缓慢，只有 10%左右的 $S_2O_3^{2-}$能进一步被氧化成 SO_4^{2-}。如果向废水中投入少量催化剂，如氯化铜或氯化钴，则几乎全部的 $S_2O_3^{2-}$能被氧化为 SO_4^{2-}。

（2）碱性氯化法

1）碱性氯化法基本原理

碱性氯化法是在碱性条件下，采用次氯酸钠、漂白粉、液氯等氯系氧化剂将氰化物氧化的方法。无论采用什么氯系氧化剂，其基本原理都是利用次氯酸根的氧化作用。如漂白粉在水中的反应为：

$$2CaOCl_2 + H_2O = 2HClO + Ca(OH)_2 + CaCl_2$$

氯气与水接触发生如下歧化反应：

$$Cl_2 + H_2O = HCl + HClO$$

常用的碱性氯化法有局部氧化法和完全氧化法两种工艺。前者称一级处理，后者称两级处理。

① 局部氧化法

氰化物在碱性条件下被氯氧化成氰酸盐的过程，常称为局部氧化法，其反应如下：

$$CN^- + ClO^- + H_2O \longrightarrow CNCl + 2OH^-$$

$$CNCl + 2OH^- \longrightarrow CNO^- + Cl^- + H_2O$$

上述第一个反应，pH 值为任何值，反应速度都很快，第二个反应，pH 值越高，反应速度越快。

电镀含氰废水通常除游离氰外，还含有重金属与氰的络离子，因此氯系氧化剂的用量应按废水中总氰计算。破坏游离氰所需氧化剂的理论用量为：

CN：Cl_2 = 1：2.73

CN：NaOCl =1：2.85

CN：漂白粉（有效氯 20%～30%）=1：（4～5）

破坏络离子时，如铜氰络离子，按下列反应计算：

$$2\,Cu(CN)_4^{2-} + 9\,ClO^- + 2\,OH^- + H_2O = 8\,CNO^- + 9\,Cl^- + 2Cu(OH)_2\downarrow$$

理论用量为 CN∶NaOCl = 1∶3.22。

考虑到电镀废水中常含有其他还原物质如 Fe^{2+}，有机添加剂等，实际上氧化剂的用量，以 NaOCl 计为含氰量的 5～8 倍。

② 完全氧化法

局部氧化法生成的氰酸盐虽然毒性低，仅为氰的千分之一。但 CNO^-易水解生成 NH_3。完全氧化法是继局部氧化法后，再将生成的氰酸根 CNO^-进一步氧化成 N_2 和 CO_2，消除氰酸盐对环境的污染。

$$2NaCNO + 3HOCl + H_2O = 2CO_2 + N_2 + 2NaCl + HCl + H_2O$$

如果经局部氧化后有残余的氯化氰，也能被进一步氧化：

$$2CNCl + 2HOCl + H_2O = 2CO_2 + N_2 + 4HCl$$

完全氧化工艺的关键在于控制反应的 pH 值。pH 大于 12，则反应停止，pH 值也不能太低，否则氰酸根会水解生成氨并与次氯酸生成有毒的氯胺。

氧化剂的用量一般为局部氧化法的 1.1～1.2 倍。完全氧化法处理含氰酸水必须在局部氧化法的基础上才能进行，药剂应分两次投加，以保证有效地破坏氰酸盐，适当的搅拌可加速反应进行。

2）碱性氯化法处理含氰废水的工艺流程

碱性氯化法宜用于处理电镀生产过程中所产生的各种含氰废水。废水中氰离子含量不宜大于 50 mg/L。应避免铁、镍离子混入含氰废水处理系统。

碱性氯化法处理含氰废水，一般情况下可采用一级氧化处理，有特殊要求时可采用两级氧化处理。

采用一级氧化处理含氰废水时，可采用图 4-12 所示基本工艺流程。

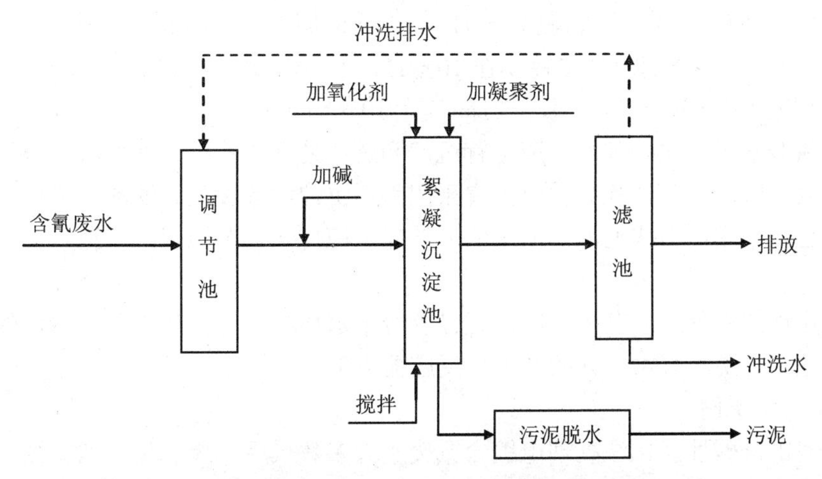

图 4-12　一级氧化处理含氰废水基本工艺流程

采用两级氧化处理含氰废水时，可采用图 4-13 所示的基本工艺流程。第一级氧化和第二级氧化所需氧化剂必须分级投加。

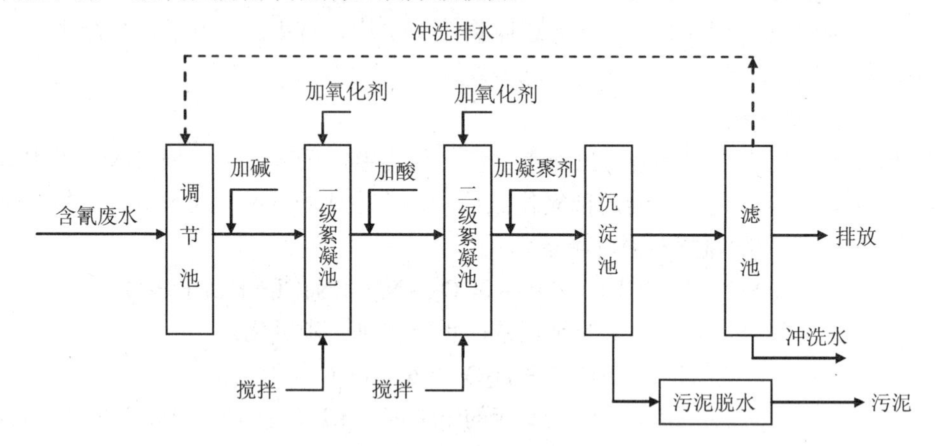

图 4-13　两级氧化处理含氰废水基本工艺流程

碱性氯化法处理含氰电镀废水，应设置调节池。调节池宜设计成两格、其总有效容积可按 2～4 h 平均废水量计算，并应设置除油、清除沉淀物等设施。当采用间歇式处理，并设有两格絮凝沉淀池交替使用时，可不设调节池。

废水与投加的化学药剂混合、反应时应进行搅拌，可采用机械搅拌或水力搅拌，氧化剂可采用次氯酸钠、漂白粉、漂粉精和液氯，其投药量宜通过试验确定。当无条件试验时，其投药量应按氰离子与活性氯的重量比计算确定。其重量比一级氧化处理时为 1∶3～1∶4，两级处理时宜为 1∶7～1∶8。当采用次氯酸钠、漂白粉、漂粉精进行一级氧化处理时，反应时废水的 pH 应控制在 10～11；当采用液氯作氧化剂时，pH 应控制在 11～11.5，反应时间宜为 30 min。当采用两级氧化处理时，一级氧化废水 pH 应控制在 10～11，反应时间宜为 10～15 min；二级氧化的 pH 应控制在 6.5～7.0，反应时间宜为 10～15 min。

含氰废水经氧化处理后，应进行沉淀和过滤处理。间歇式处理时，沉淀方式宜采用静止沉淀；连续式处理时，宜采用斜板沉淀池等设施。滤池可采用重力式滤池，也可采用压力式滤池。滤池的冲洗排水应排入调节池或沉淀池，不得直接排放。

采用连续式处理工艺流程时，宜设置废水水质的自动检测装置和投药的自动控制装置。为防止有害气体的逸出，反应器应采取封闭或通风措施。

3）应用实例

在我国，碱性氯化法处理电镀含氰废水大多数采用一级氧化处理。处理工艺流程有连续处理和间歇处理，图 4-14 为一级氧化连续处理流程图。

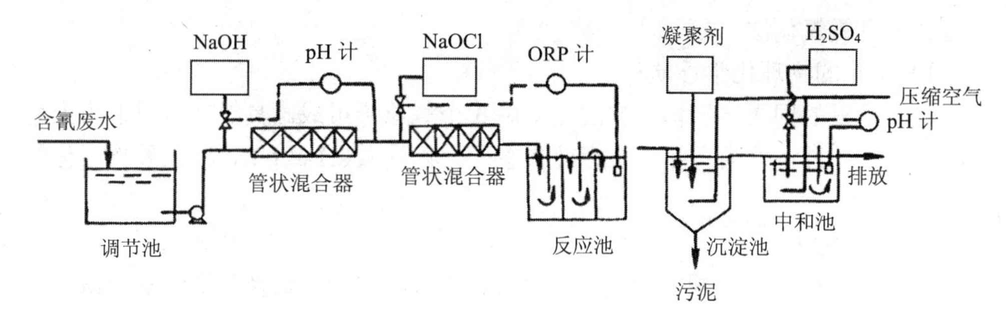

图 4-14　一级连续氧化处理含氰废水流程

含氰废水用泵从调节池经两个串联管状混合器送入翻腾式反应池。在第一个混合器前投加碱液，其投量由 pH 计自动控制，使废水的 pH 值控制在 10～11。在第二个混合器前投加次氯酸钠溶液，投加量由 ORP 计自动控制，一般控制 ORP 值为+300 mV。废水在反应池停留一定时间反应后进入沉淀池并投加高分子絮凝剂，加速重金属氢氧化物的沉淀。沉淀池间歇排泥。沉淀池出水 pH 值很高，需经中和池将 pH 值调至 6.5～8.5 后再排放或利用。pH 值也由 pH 计自动控制。如将沉淀池改用气浮池进行固液分离，效果良好。

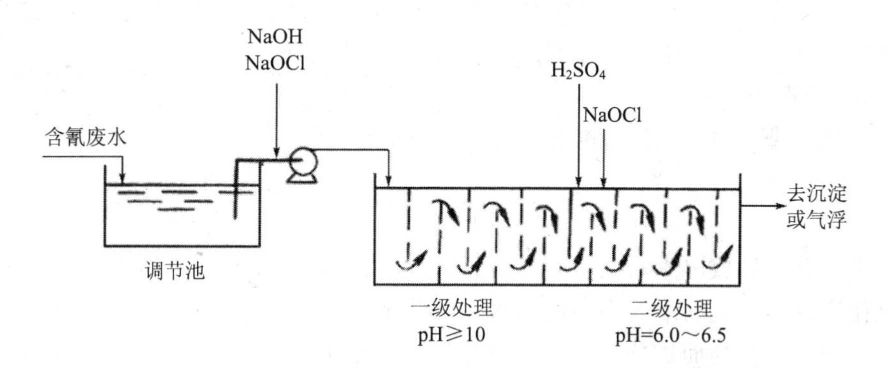

图 4-15　连续完全氧化处理流程

图 4-15 为某厂氰化镀铜一锡合金废水连续完全氧化处理流程。含氰废水总氰浓度为 90～100 mg/L，氢氧化钠和次氯酸钠在泵前投入，pH 控制在 10 以上。Cl∶CN=2。废水经泵混合后送入第一隔板翻腾式反应池，反应时间约 20 min，然后进入第二隔板翻腾式反应池，投加硫酸和次氯酸钠，控制 pH 为 6.0～6.5，次氯酸钠投加量（以氯计）为一级的 1.2 倍，反应时间为 10 min，出水余氯量以 6 mg/L 为宜，可用沉淀法或气浮法进行固液分离，出水排放，污泥脱水后进行处置或利用。

（3）臭氧氧化法

1）臭氧的物理化学性质

臭氧是氧的同素异形体，它的分子由3个氧原子组成。臭氧在室温下为无色气体，具有一种特殊的臭味。在标准状态下，容重为2.144 g/L，其主要物理化学性质如下。

① 氧化能力

臭氧是一种强氧化剂，其氧化能力仅次于氟，比氧、氯及高锰酸盐等常用的氧化剂都高。

② 在水中的溶解度

生产中多以空气为原料制备臭氧化空气（含臭氧的空气）。臭氧在水中的溶解度符合亨利定律：

$$C=K_{\mathrm{H}}P \tag{4-17}$$

式中，C —— 臭氧在水中的溶解度，mg/L；

P —— 臭氧化空气中臭氧的分压，kPa；

K_{H} —— 亨利常数，mg/（L·kPa）。

臭氧化空气中，臭氧只占0.6%～1.2%（体积比），根据气态方程和道尔顿定律，臭氧的分压也只有臭氧化空气压力的0.6%～1.2%，因此，当水温为25℃，将臭氧化空气注入水中，臭氧的溶解度只有3～7 mg/L。

③ 臭氧的分解

臭氧在空气中会自行分解为氧气，其反应为：

$$O_3 \longrightarrow \frac{3}{2}O_2 + 144.45\ \mathrm{kJ}$$

由于分解时放出大量热量，当臭氧浓度在25%以上时，很容易爆炸，但一般臭氧化空气中臭氧的浓度不超过10%，因此不会发生爆炸。臭氧在空气中的分解速度，随温度升高而加快。浓度为1%以下的臭氧，在常温常压下，其半衰期为16 h左右，所以臭氧不易贮存，需边生产边使用，臭氧在纯水中的分解速度比在空气中快得多。水中臭氧浓度为3 mg/L，在常温常压下，其半衰期仅5～30 min。

臭氧在水中的分解速度随pH值的提高而加快，一般在碱性条件下分解速度快，在酸性条件下比较慢。其在水中分解的半衰期如表4-6所示。

表4-6　臭氧在水中分解的半衰期

温度/℃	1	10	14.6	19.3	14.6	14.6	14.6
pH	7.6	7.6	7.6	7.6	8.5	9.2	10.5
半衰期/min	1 090	109	49	22	10.5	4	1

④ 臭氧的毒性和腐蚀性

臭氧是有毒气体。空气中臭氧浓度为 0.1 mg/L 时，眼、鼻、喉会感到刺激；浓度为 1～10 mg/L 时，会感到头痛，出现呼吸器官局部麻痹等症；浓度为 15～20 mg/L 时，可能致死。其毒性还和接触时间有关。一般从事臭氧处理工作人员所在的环境中，臭氧浓度的允许值定为 0.1 mg/L。

臭氧具有强的氧化能力，除金和铂外，臭氧化空气几乎对所有金属都有腐蚀作用。不含碳的铬铁合金，基本上不受臭氧腐蚀，所以生产上常采用含 25%Cr 的铬铁合金（不锈钢）来制造臭氧发生设备、加注设备及臭氧直接接触的部件。臭氧对非金属材料也有强烈的腐蚀作用。例如聚氯乙烯塑料板等。不能用普通橡胶作密封材料，应采用耐腐蚀能力强的硅橡胶或耐酸橡胶。

2）臭氧的氧化反应

① 臭氧与无机物的反应

臭氧可将银（Ag^+）、钴（Co^{2+}）、锰（Mn^{2+}）、铁（Fe^{2+}）等氧化为高价化合物。与铁、锰的反应式如下：

$$2FeSO_4 + O_3 + H_2SO_4 \Longleftrightarrow Fe_2(SO_4)_3 + H_2O + O_2$$

$$MnSO_4 + O_3 + 2H_2O \Longleftrightarrow H_2MnO_3 + H_2SO_4 + O_2$$

臭氧也可使氰化物、硫化物等氧化，反应式为：

$$2KCN + 2O_3 \longrightarrow 2KCNO + 2O_2$$

$$2KCNO + 3O_3 + H_2O \longrightarrow 2KHCO_3 + N_2 + 3O_2$$

$$H_2S + O_3 \longrightarrow H_2O + SO_2$$

$$3H_2S + 4O_3 \longrightarrow 3H_2SO_4$$

由反应式可知，氰化物被臭氧氧化同样也分为两个阶段，第一阶段将 CN^-氧化为 CNO^-，第二阶段再将 CNO^-氧化为 N_2 和重碳酸根。

此外，臭氧也可氧化硫氰化物离子和复杂的氰化物，反应式如下：

$$CNS^- + 2OH^- + 2O_3 \longrightarrow CN^- + SO_3^{2-} + 2O_2 + H_2O$$

$$CN^- + SO_3^{2-} + 2O_3 \longrightarrow CNO^- + SO_4^{2-} + 2O_2$$

$$2K_4[Fe(CN)_6] + 13H_2O + 13O_3 \Longleftrightarrow 2Fe(OH)_3 + 8KOH + 12HOCN + 13O_2$$

② 臭氧与有机物的反应

臭氧可氧化烯烃类双键化合物，反应式为：

$$R_2C=CR_2+O_3 \longrightarrow R_2C\begin{matrix} \diagup OOH \\ \diagdown G \end{matrix} + R_2C=O$$

式中 G 代表 OH、OCH_3、$\underset{\underset{O}{\|}}{O}CCH_3$ 等基。

③ 臭氧与芳香族化合物的氧化反应式为：

$$C_6H_5OH + O_3 \longrightarrow C_6H_4(OH)_2 \xrightarrow{O_3} \text{(OH, O—O—O, OH 环状中间体)} \longrightarrow \text{HOOC—CH}{=}\text{CH—C(OH)(O—OH)(O—OH)} \xrightarrow{O_3} \begin{matrix} CH-COOH \\ \| \\ CH-COOH \end{matrix} + \begin{matrix} -COOH \\ | \\ -COOH \end{matrix}$$

$$C_{10}H_8 + O_3 \longrightarrow \text{(萘环上 } -\overset{H}{C}{=}O \text{ 与 } -\overset{H}{C}(OOH)(OH)\text{)} \longrightarrow C_6H_4(CHO)_2 \longrightarrow C_6H_4(COOH)_2$$

3）臭氧制备方法

臭氧容易分解，不能贮存与运输，必须在使用现场制备。臭氧的制备方法有：无声放电法、放射法、紫外线法、等离子射流法和电解法等。水处理中常用的是无声放电法。无声放电生产臭氧的原理如图 4-16 所示。

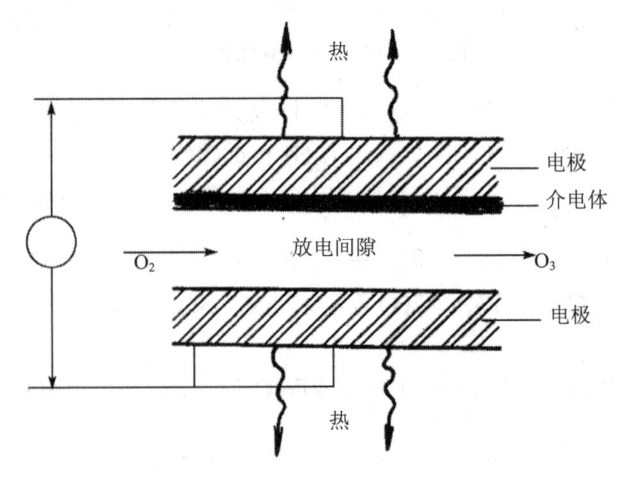

图 4-16　无声放电生产臭氧原理

在两平行的高压电极之间隔一层介电体（又称诱电体，通常是特种玻璃材料）并保持一定的放电间隙。当通入高压交流电后，在放电间隙形成均匀的蓝紫色电晕放电，空气或氧气通过放电间隙时，氧分子受高能电子激发获得能量，并相互发生弹性碰撞聚合形成臭氧分子。反应式如下：

$$O_2 + e \longrightarrow 2O + e$$

$$O + O_2 + (M) \longrightarrow O_3 + (M)$$

总反应式为：

$$3O_2 \longrightarrow 2O_3 - 288.9\ kJ$$

4）尾气处理

如前所述，臭氧是有毒气体，吸入人体后将对健康产生不同程度的影响。当臭氧浓度大于 0.1×10^{-6} 时，人们就能嗅到异常的臭味，浓度超过 1×10^{-6} 就无法忍受了。而从臭氧接触反应器排出的尾气浓度一般为 500×10^{-6}～$3\,000\times10^{-6}$。因此尾气直接排放将对周围环境造成污染，不仅危害人民健康，还会影响植物生长，甚至使树木和庄稼枯萎。尾气处理方法有：活性炭法、药剂法和燃烧法。

① 活性炭法

活性炭能吸附臭氧并和臭氧进行反应，使臭氧分解，反应如下：

$$2C + O_3 \longrightarrow CO_2 + CO + (293\sim335)kJ/mol\ O_3$$

活性炭对臭氧的吸附容量为 4～6 g O_3/gC，一般设计时采用 2 g O_3/gC。本方法设备简单，比较经济，但在反应过程中产生大量的热，易使塑料制的尾气塔变形。另外，使用周期短，活性炭吸附饱和后需要更换或再生。

② 药剂法

药剂法分为还原法和分解法，前者使臭氧还原，后者使臭氧分解。还原法可采用亚铁盐、亚硫酸钠、硫代硫酸钠等；分解法可采用氢氧化钠等。药剂法比较简单，但费用较高。

③ 燃烧法

燃烧法一般是将尾气送入燃烧炉内燃烧。臭氧在 3 000℃以上的高温下会立即分解，因此，此方法比其他方法经济。

4.3.2　还原法

向废水中投加还原剂，使废水中的有毒物质转变为无毒的或毒性小的新物质的方法称为还原法。下面以含铬废水的还原法处理为例加以说明。

含铬废水多来源于电镀厂、制革厂和某些化工厂。电镀含铬废水主要来自镀铬漂洗水、各种铬钝化漂洗水、塑料电镀粗化工艺漂洗水等。含六价铬废水的还原法处理的基本原理是在酸性条件下，利用化学还原剂将六价铬还原成三价铬，然后用碱使三价铬成为氢氧化铬沉淀而去除。

还原法常用的还原剂有硫酸亚铁、亚硫酸钠、亚硫酸氢钠、硫代硫酸钠、水合肼、二氧化硫、铁屑等。

（1）硫酸亚铁还原法除铬

硫酸亚铁还原法处理含铬废水是种比较成熟的方法。在 pH 值为 2～3 时，废水中六价铬主要以重铬酸根离子形式存在。反应式为：

$$H_2Cr_2O_7+6FeSO_4+6H_2SO_4 = Cr_2(SO_4)_3+3Fe_2(SO_4)_3+7H_2O$$

由反应式可知，最终废水中同时有 Cr^{3+}和 Fe^{3+}，因此氢氧化物沉淀是铬氢氧化物和铁氢氧化物的混合物。若用石灰乳进行中和沉淀，沉淀物中还有 $CaSO_4$。反应式为：

$$Cr_2(SO_4)_3+3Ca(OH)_2 \longrightarrow 2Cr(OH)_3\downarrow+3CaSO_4\downarrow$$

$$Fe_2(SO_4)_3+3Ca(OH)_2 \longrightarrow 2Fe(OH)_3\downarrow+3CaSO_4\downarrow$$

可见此方法生成的污泥量较大，回收利用价值低，需要妥善处置，防止二次污染。

（2）亚硫酸盐还原法除铬

亚硫酸盐还原法常用的还原剂是亚硫酸钠和亚硫酸氢钠，其处理含铬废水的反应式为：

$$2H_2Cr_2O_7+6NaHSO_3+3H_2SO_4 \longrightarrow 2Cr_2(SO_4)_3+3Na_2SO_4+8H_2O$$

$$H_2Cr_2O_7+3Na_2SO_3+3H_2SO_4 \longrightarrow Cr_2(SO_4)_3+3Na_2SO_4+4H_2O$$

中和剂常用 NaOH 或石灰，pH 值为 7～9。反应式为：

$$Cr_2(SO_4)_3+6NaOH \longrightarrow 2Cr(OH)_3\downarrow+3Na_2SO_4$$

铬污泥可通过过滤回收，综合利用。采用石灰中和时，费用较低，但操作不便，污泥量大且难以综合利用。

（3）水合肼还原法除铬

水合肼 $N_2H_4 \cdot H_2O$ 在中性或微碱性条件下，能迅速地还原六价铬并生成氢氧化铬沉淀。反应式为：

$$4CrO_3+3N_2H_4 \cdot H_2O \longrightarrow 4Cr(OH)_3\downarrow+3N_2\uparrow+3H_2O$$

这种方法可处理镀铬生产线第二回收槽带出的含铬废水，也可处理铬酸钝化工艺中产生的含铬废水。不同药剂还原法处理含铬废水的工艺参数如表 4-7 所示。

表 4-7 还原法处理含铬废水的工艺参数

药剂名称	投药比（重量比）		调 pH		反应时间/min		沉淀时间/h	出水水质/（mg/L）	
	理论值	使用值	酸化	碱化	还原反应	碱性反应		Cr^{6+}	Cr^{3+}
$NaHSO_3$	Cr^{6+} ∶ $NaHSO_3$= 1∶1.36	1∶（4～8）	2～3	8～9	10～15	5～15	1～1.5	＜0.5	＜0.1
$FeSO_4 \cdot 7H_2O$	Cr^{6+} ∶ $FeSO_4 \cdot 7H_2O$= 1∶16	1∶（25～32）	＜3	8～9	15～30	5～15	1～1.5	＜0.5	＜0.1
$N_2H_4 \cdot H_2O$	Cr^{6+} ∶ $N_2H_4 \cdot H_2O$ = 1∶0.72	1∶1.5	2～3	8～9	10～15	5～15	1～1.5	＜0.5	＜0.1
SO_2	Cr^{6+} ∶ SO_2= 1∶1.85	1∶2	2	8～9	15～30	15～30	1～1.5	＜0.5	＜0.1
		1∶（2.6～3）	3～4						
		1∶6	6						

（4）金属还原法除汞

常用的还原剂为比汞活泼的金属（铁屑、锌粒、铝粉、铜屑等）等。

金属还原除汞（II）时，将含汞废水通过金属屑滤床或与金属粉混合反应，置换出金属汞。处理废水中的有机汞时通常先用氧化剂将其破坏，转化为无机汞后，再用金属置换。采用铁屑过滤时，pH 值在 6～9 较好，耗铁量最小；pH 值低于 6 时，则铁因溶解而耗量增大；pH 低于 5 时，有氢析出，吸附于铁屑表面，减小了金属的有效表面积，并且氢离子和汞离子竞争也变得严重，阻碍除汞（II）反应的进行。采用锌粒还原时，pH 值最好在 9～11。用铜屑还原时，pH 值在 1～10 均可。

（5）硼氢化钠还原法除汞

硼氢化钠在碱性条件（pH=9～11）下可将汞离子还原成金属汞，其反应为：

$$Hg^{2+}+BH_4^{-}+2OH^{-}=\!=Hg\downarrow+3H_2\uparrow+BO_2^{-}$$

还原剂一般配成含量为 12%的碱性溶液，与废水一起加入混合反应器进行反应。将产生的气体（氢气和汞蒸气）通入洗气器，用稀硝酸洗涤以除去汞蒸气，硝酸洗液返回原废水池再进行除汞处理。而脱气泥浆中的汞粒（粒径约 10 μm）可用水力旋流器分离，能回收 80%～90%的汞。残留于溢流水中的汞，用孔径为 5 μm 的微孔过滤器截留去除，出水中残汞量低于 0.01 mg/L。回收的汞可用真空蒸馏法净化。据试验，每千克硼氢化钠可回收 2 kg 金属汞。

4.4 废水的电解处理

电解质溶液在电流的作用下发生电化学反应的过程称为电解（Electrolysis）。与电源负极相连的电极从电源接受电子，称为电解槽的阴极；与电源正极相连的电极把电子传给电源，称为电解槽的阳极。电解过程中，阴极放出电子，使废水中某些阳离子因得到电子被还原，阴极起还原剂的作用。阳极得到电子，使废水中某些阴离子因失去电子而被氧化，阳极起氧化剂的作用。废水进行电解反应时，废水中的有毒物质在阳极和阴极分别进行氧化还原反应，结果产生新物质。这些新物质在电解过程中或沉积于电极表面或沉淀于电解槽内，或生成气体从水中逸出，从而降低了废水中有毒物质的浓度。这种利用电解原理来处理废水中有毒物质的方法称为电解法。

4.4.1 废水电解处理功能

电解槽中的废水在电流作用下实际反应过程是很复杂的，因此，电解法处理废水时具有除电极的氧化还原反应外的多种功能，主要体现在以下几方面：

（1）氧化作用

在电解槽阳极除了废水中的离子直接失去电子被氧化外，水中的OH^-也可在阳极放电而生成氧：

$$4OH^- - 4e \longrightarrow 2H_2O + 2[O]$$

这种新生态氧具有很强的氧化作用，可对水中的无机物和有机物进行氧化，例如：

$$NH_2CH_2COOH + [O] \longrightarrow NH_3 + HCHO + CO_2\uparrow$$

$$CN^- + 2OH^- - 2e \longrightarrow CNO^- + H_2O$$

$$CNO^- + 2H_2O \longrightarrow NH_4^+ + CO_3^{2-}$$

$$2CNO^- + 4OH^- - 6e \longrightarrow 2CO_2\uparrow + N_2\uparrow + H_2O$$

为增加废水中的导电率，减小电解槽的内阻，常向废水电解槽中投加食盐，食盐投加后在阳极又生成氯和次氯酸根，对水中的无机物和有机物也有氧化作用。例如：

$$2Cl^- + 2OH^- \longrightarrow 2OCl^- + H_2\uparrow + 2e$$

$$2Cl^- - 2e \longrightarrow Cl_2$$

$$C_6H_5OH + 8Cl_2 + 7H_2O \longrightarrow COOHCH{=\!=}CHCOOH + 2CO_2\uparrow + 16HCl$$

$$2CN^- + 5OCl^- + H_2O \longrightarrow 2HCO_3^- + N_2\uparrow + 5Cl^-$$

$$CN^- + Cl_2 + 2OH^- \longrightarrow CNO^- + 2Cl^- + H_2O$$

$$2CNO^- + 3Cl_2 + 4OH^- \longrightarrow 2CO_2\uparrow + N_2\uparrow + 6Cl^- + 2H_2O$$

以上反应与氯氧化过程是相似的。

（2）还原作用

废水电解时在阴极除了极板的直接还原作用外，在阴极还有H^+放电产生氢，这种新生态氢也有很强的还原作用，使废水中的某些物质还原。例如废水中某些处于氧化态的色素，可因氢的作用而生成无色物质，使废水脱色。

（3）混凝作用

若电解槽用铁或铝板作阳极，则它失去电子后将逐步溶解在废水中，形成铝或铁离子，经水解反应而生成羟基配合物，这类配合物在废水中可起混凝作用，将废水中的悬浮物与胶体杂质去除。

（4）浮选作用

电解时，在阴、阳两极都会不断产生H_2和O_2，有时还会产生其他气体。例如电解处理含氰废水时会产生CO_2和N_2气体等，这些气体以微气泡形式逸出，可起到电气浮作用，使废水中微粒杂质上浮至水面，而后作为泡沫去除。在电解过程中有时还会产生温度效应，从而产生去除臭味的作用。总之，电解法具有多种功能，处理废水的效果是这些功能的综合结果。

4.4.2　电解法基本原理

（1）法拉第电解定律

实验证明，电解时电极上析出或溶解的物质质量与通过的电量成正比，且每通过 96 500C 电量，在电极上发生任一电极反应而改变的物质质量均为1克当量，这一规律称法拉第电解定律，是 1834 年由英国人法拉第（Faraday）提出的，其数学表达式为：

$$G = \frac{1}{F}EQ = \frac{1}{F}EIt \qquad (4\text{-}18)$$

式中，G —— 析出或溶解的物质质量，g；

E —— 物质的克当量，克当量；

Q —— 电解槽通过的电量，C；

I—— 电流强度，A；

t—— 电解历时，s；

F—— 法拉第常数，96 500C/电化学当量。

在电解的实际操作中，由于存在某些副反应，所以实际消耗的电量比上式计算的理论值大得多。

（2）分解电压与极化现象

电解过程中，当外加电压很小时，电解槽几乎没有电流通过，也没有电解现象，电压逐渐增加，电流十分缓慢地略有增加，当电压逐渐升到某一数值后，电流随电压增加几乎呈直线急剧增高，此时电解槽中的两极上才会出现明显的电解现象，电解过程随之开始。这种开始发生电解所需的最小外加电压称为分解电压。

存在分解电压的原因首先是电解槽本身相当于某种原电池，该原电池的电动势（由正极指向负极）与外加电压的电动势（由阳极指向阴极）方向正好相反，所以外加电压必须首先克服电解槽的这一反电动势。然而即使外加电压克服反电动势时，电解也不会发生，也就是说，分解电压常常比电解槽的反电动势大。

这种分解电压超过电解槽反电动势的现象称为极化现象。

产生极化现象的原因主要有：

1）浓差极化

电解时，离子的扩散运动不能立即完成，在靠近电极的薄层溶液内的离子浓度与主液体内的浓度不同，结果产生浓差电池，其电位差也与外加电压的方向相反，这种现象称浓差极化。浓差极化可采用搅拌使之减弱，但无法消除。

2）化学极化

电解时，在两极形成的产物也构成某种原电池，此原电池电位差与外加电压方向也相反，这就是化学极化现象。

另外，当进行电解时，因电解液中离子运动会受到一定阻力，所以需要一定的外加电压予以克服。其值为 IR，I 为通过的电流，R 为电解液的电阻。

实际上，分解电压还与电极性质、废水性质、电流密度以及温度等因素有关。

4.4.3 电解槽的结构形式和极板电路

（1）电解槽的结构形式

电解槽多为矩形，按废水流动方式分为回流式和翻腾式，如图 4-17 所示。回流式水流流程长，离子易于在水中扩散，容积利用率高，但施工和检修困难。翻腾式的极板采用悬挂式固定，极板与池壁不接触而减少了漏电的可能，更换极板也较为方便。

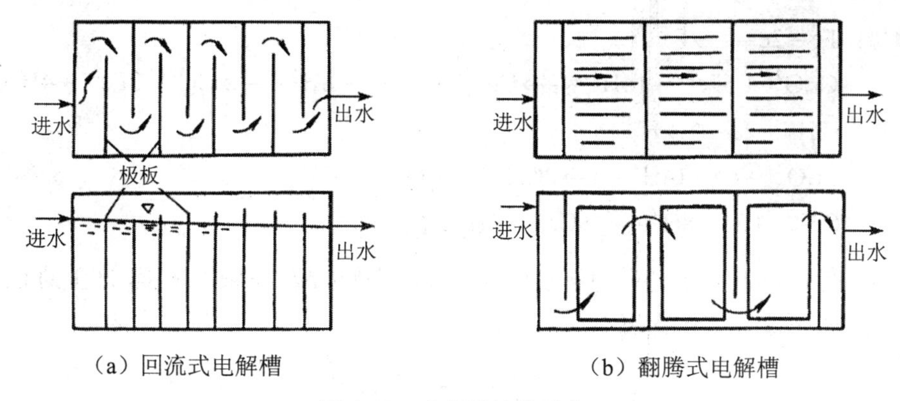

（a）回流式电解槽　　（b）翻腾式电解槽

图 4-17　电解槽结构形式

极板间距应适当，一般为 30～40 mm，过大则电压要求高，电耗大；过小不仅安装不便，而且极板材料消耗量高，所以极板间距应综合考虑多种因素确定。

电解需要直流电源，整流设备可根据电解所需要的总电流和总电压选用。

（2）极板电路

极板电路有两种：单极板电路和双极板电路，如图 4-18 所示。生产上双极板电路应用较普遍，因为双极板电路极板腐蚀均匀，相邻极板相接触的机会少，即使接触也不致发生短路而引起事故。因此双极板电路便于缩小极板间距，提高极板有效利用率，减少投资和节省运行费用等。

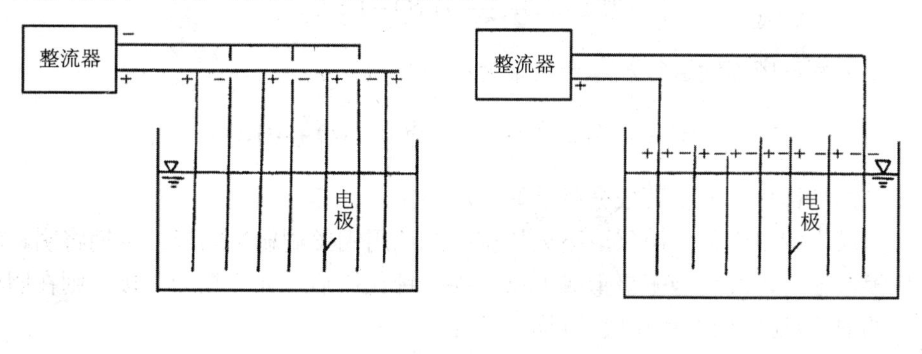

（a）单极性电解槽　　（b）双极性电解槽

图 4-18　电解槽的极板电路

4.4.4　电解在废水处理中的应用与举例

（1）电解法处理含铬废水

电解法处理含铬废水时，阴、阳电极均采用钢板，其反应式为：

阳极：$Fe - 2e \longrightarrow Fe^{2+}$

$$Cr_2O_7^{2-} + 6Fe^{2+} + 14H^+ \longrightarrow CrO_4^{2-} + 3Fe^{2+} + 8H^+ \longrightarrow Cr^{3+} + 3Fe^{3+} + 4H_2O$$

阴极：$2H^+ + 2e \longrightarrow H_2$

$$Cr_2O_7^{2-} + 6e + 14H^+ \longrightarrow 2Cr^{3+} + 7H_2O$$

$$CrO_4^{2-} + 3e + 8H^+ \longrightarrow Cr^{3+} + 4H_2O$$

由上述反应可知，随着电解反应的进行，H^+逐渐减少，碱性增强，产生的Cr^{3+}、Fe^{3+}、OH^-形成氢氧化物沉淀：

$$Cr^{3+} + 3OH^- \longrightarrow Cr(OH)_3 \downarrow$$

$$Fe^{3+} + 3OH^- \longrightarrow Fe(OH)_3 \downarrow$$

电解过程中，从阳极腐蚀严重可以看出，阳极溶解的Fe^{2+}是还原Cr^{6+}为Cr^{3+}的主体。因此，采用铁阳极在酸性条件下电解将有利于提高含铬废水电解的效率。但是阳极在产生Fe^{2+}的同时，要消耗H^+，使OH^-浓度增大，造成OH^-在阳极抢先放出电子形成氧，此初生态氧将氧化铁板而形成钝化膜，这种钝化膜会吸附一层棕褐色吸附层（主要是$Fe(OH)_3$），从而妨碍铁板继续产生Fe^{2+}，最终影响电解处理效果。其反应式为：

$$4OH^- - 4e \longrightarrow 2H_2O + O_2$$

$$3Fe + 2O_2 \longrightarrow FeO + Fe_2O_3$$

上述两反应连续进行，综合结果为：

$$8OH^- + 3Fe - 8e \longrightarrow Fe_2O_3 \cdot FeO + 4H_2O$$

不溶性钝化膜的主要成分就是$Fe_2O_3 \cdot FeO$。

为减小阳极钝化，可采取下列措施：定期用钢丝刷刷洗阳极；定期将阴、阳极板换极使用，因为当阳极形成$Fe_2O_3 \cdot FeO$钝化膜后，如变换为阴极，则在阴极产生的H_2可还原撕裂钝化膜，反应式为：

$$2H^+ + 2e \longrightarrow H_2$$

$$Fe_2O_3 + 3H_2 \longrightarrow 2Fe + 3H_2O$$

$$FeO + H_2 \longrightarrow Fe + H_2O$$

也可通过投加NaCl溶液来减小阳极钝化。投加NaCl不仅可减小内阻，节省能耗，而且Cl^-在阳极失去电子时形成的Cl_2可取代钝化膜中的氧，生成可溶性的氯化铁而破坏钝化膜。

电解法处理含铬废水的工艺流程如图4-19所示。该工艺既可间歇运行也可连续运行。电解槽可采用回流式或翻腾式，图4-20是翻腾式电解槽示意图。

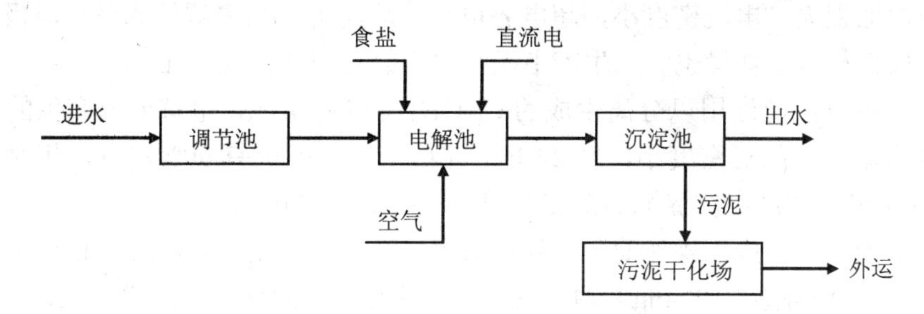

图4-19 含铬废水电解法处理工艺流程

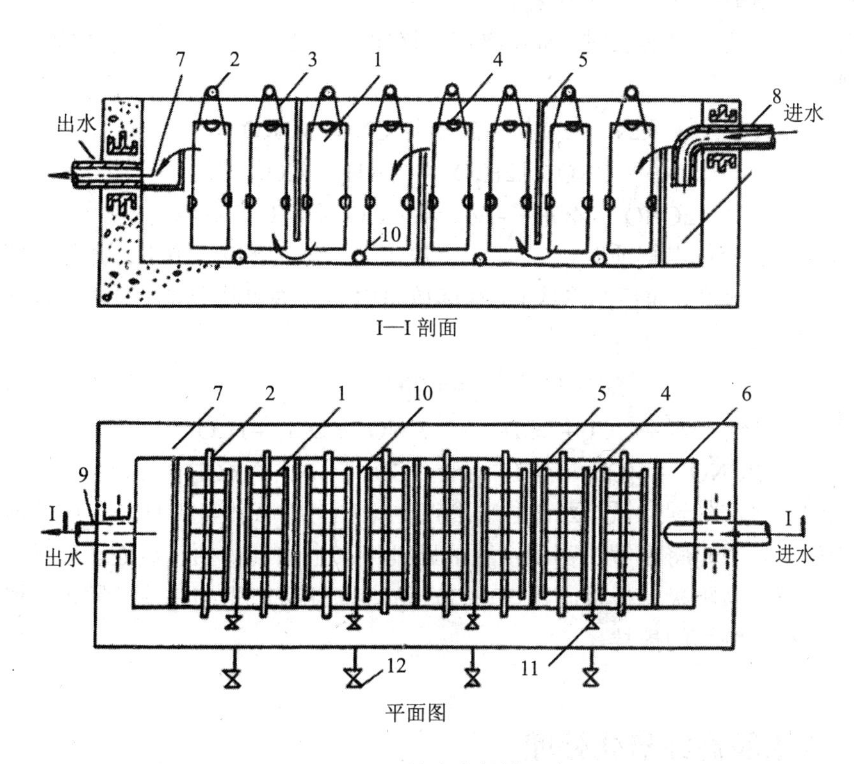

图4-20 翻腾式电解槽示意

1-电极板；2-吊管；3-吊沟：4-固定卡；5-导流板；6-布水槽；

7-集水槽；8-进水管；9-出水管；10-空气管；11-空气阀；12-排空阀

电解槽中供气是为了搅拌，同时防止氢氧化物沉淀，一般空气用量为 0.2～0.3 m^3/（min·m^3 水）。NaCl 投量一般为 1～2 g/L。电解槽的重要运行参数是极水比，即浸入水中的有效极板面积与槽中有效水容积（有电流通过的废水体积）之比，此值取决于极板间距。在总电流强度一定的条件下，极水比大（极板间距小）时，放电面积大，电流密度小，超电势也小，从而可提高电解的效率。但极水比过大，极板材料的耗量也大。生产中极水比一般采用 2～3 dm^2/L。

流程中的沉淀池用以分离生成的 $Cr(OH)_3$ 和 $Fe(OH)_3$。电解处理产生的含铬污泥含水率高，相对密度小，经 24 h 沉淀后，含水率仍有 99%左右，相对密度（水=1）1.01。生产中沉淀池的沉淀时间一般按 1.5～2.0 h 设计。

电解处理含铬废水操作简单，处理效果稳定，Cr^{6+}可降至 0.1 mg/L 以下。在原水含铬浓度不超过 100 mg/L 时，电解法处理费用相对化学法来说较低，但钢材耗量大，污泥处置困难，对此尚待研究。

（2）电解氧化法处理含氰废水

当不投加食盐电解质时，氰化物在阳极发生氧化反应，产生二氧化碳和氮气，反应式如下：

$$CN^- + 2OH^- - 2e = CNO^- + H_2O$$

$$CNO^- + 2H_2O = NH_4^+ + CO_3^{2-}$$

$$2CNO^- + 4OH^- - 6e = 2CO_2\uparrow + H_2\uparrow + H_2O$$

当投加食盐作电解质时，Cl^-在阳极放出电子成为游离氯[Cl]，并促进阳极附近的 CN^-氧化分解，而后又形成 Cl^-继续放出电子再去氧化其他 CN^-，其反应式如下：

$$2Cl^- - 2e = 2[Cl]$$

$$CN^- + 2[Cl] + 2OH^- = CNO^- + 2Cl^- + H_2O$$

$$2CNO^- + 6[Cl] + 4OH^- = 2CO_2\uparrow + N_2\uparrow + 6Cl^- + 2H_2O$$

电解氧化法处理含氰废水过程中会产生一些有毒气体，如 HCN，因此应考虑通风措施，一般是将电解槽密闭，用抽风机将产生的气体抽出后处理外排。极板一般采用石墨做阳极，极板间距 30～50 mm。为便于产生的气体扩散，一般用压缩空气进行电解槽的搅拌。

4.5 废水的高级氧化处理

4.5.1 废水处理技术高级氧化技术的进展

随着水污染的日益加剧和对水质要求的提高，促进了水处理技术的发展，出现了许多新的物理、化学和生物处理技术。在这些方法中，对于那些难以生物降解或对生物有毒害作用的物质的处理，化学方法显示出了它独特的优势。它能将有害的有机化合物转变成无害的无机化合物，如 H_2O、CO_2 和无机盐等。彻底实现对污染物的完全去除和无害化。

早在 1835 年 Semmdwens 等就使用了氧化剂来处理由微生物、无机废物和有毒化学物质引起水源污染，这是最早的氧化工艺的工程实践。其中应用最广泛的工艺就是氯氧化消毒工艺，它为人类控制水传染疾病起了十分重要的作用，但由于氯对水中的许多污染物（如重金属离子、有机溶剂等）的分解作用很弱甚至根本不起作用，而且由于氧化不完全而形成一些“三致”物质，如三卤甲烷（Trihalomethanes，THMs）和卤乙酸（Haloacetic acids，HAAs）等中间产物，从而限制了它的应用。目前，国外多采用过氧化氢（H_2O_2）、臭氧（O_3）和二氧化氯（ClO_2）等氧化剂。

1987 年 Glaze 等提出了以自由羟基（·OH）作为主要氧化剂的高级氧化工艺（Advanced Oxidation Processes，AOPs），它或者采用两种或多种氧化剂联用发生协同效应，或者与催化剂联用，提高·OH 生成量和生成速度，加速反应过程，提高处理效率和出水水质。本章将重点阐述湿式氧化、超临界水氧化、光化学氧化、光化学催化氧化、超声波空化等高级氧化处理方法。

（1）羟基自由基

自由羟基（·OH）是最具有活性的氧化剂，在 AOPs 中起主要的控制作用。·OH 作为氧化反应的中间产物通常由以下反应产生：自由基链反应分解水中的 O_3；光分解 H_2O_2；水合氯、硝酸盐、亚硝酸盐或溶解的水合亚铁离子；Fenton 反应或离子化辐射反应中也产生·OH。此外表面吸附型·OH 自由基发生在不活泼的阳极氧化剂上，并已在半导体上得到证实。

·OH 按不同的反应历程氧化溶解的无机或有机化合物。在天然水体和大多数饮用水中，·OH 的消耗速率常数是 10^5 L/（mol·s），具有 10μs 的年均寿命。污染化合物以二级反应动力学与·OH 反应，其速率常数分别为：由扩散控制的最大反应速率常数为 10×10^9 L/（mol·s）；中等大小或较大的有机物分子为 5×10^9 L/（mol·s）；小分子有机化合物为 2.5×10^9 L/（mol·s）。

（2）高级氧化工艺的特点

1）高氧化性

·OH 自由基是一种极强的化学氧化剂，它的氧化电位要比普通氧化剂，如臭氧、氯气和过氧化氢等高得多。表 4-8 为各种氧化剂的氧化电位，可以看出·OH 的氧化能力明显高于普通氧化剂。

表 4-8　各种氧化剂的氧化电位数值表

氧化剂	半反应	氧化电位/V
$\cdot OH$	$\cdot OH+H^{+}+e^{-} \longrightarrow H_2O$	3.06
O_3	$O_3+2H^{+}+2e^{-} \longrightarrow O_2+H_2O$	2.07
H_2O_2	$H_2O_2+2H^{+}+2e^{-} \longrightarrow 2H_2O$	1.77
$HClO$	$2HClO+2H^{+}+2e^{-} \longrightarrow 2Cl^{-}+2H_2O$	1.63
Cl_2	$Cl_2+2e^{-} \longrightarrow 2Cl^{-}$	1.36

2）快速反应

与普通化学氧化法相比，AOPs 的反应速率很快。表 4-9 为一些主要有机微污染物与 O_3 和·OH 的反应速率常数（k_{O_3} 和 $k_{\cdot OH}$）。从表 4-9 中可以看出，k_{O_3} 值一般较低，为 0.01～1 000 L/（mol·s），而且不同污染物间的 k_{O_3} 值相差较大；$k_{\cdot OH}$ 值在 10^8～10^{10} L/（mol·s）的范围内，基本接近扩散速率的控制极限 10^{10} L/（mol·s），此时氧化反应的速度主要由·OH 的产生速度决定。

表 4-9　有机污染物与 O_3 和·OH 的反应速率常数

有机微污染物		O_3 的反应速率常数/[L/（mol·s）]	·OH 的反应速率常数/[L/（mol·s）]
氯苯类		0.06～3	（4～5）$\times 10^9$
杀虫剂	多氯联苯	＜0.9	（4.3～8）$\times 10^9$
	有机氯杀虫剂	—	—
	丙体六六六、氯丹、内氯甲桥萘	＜0.04	（2.7～170）$\times 10^8$
	甲氧滴滴涕	—	2×10^{10}
	氨基甲酸酯类	—	—
	涕天威	4.4×10^4	8.1×10^9
	草氨酰	620	2×10^9
	S-三氮杂苯类	—	—
	西马津	11.9	3.1×10^9
	特丁津	8.9	2.8×10^9
	阿特拉津	7.9	2.4×10^9
	取代苯脲	3.1～141	（4.3～5.2）$\times 10^9$
	乙酰胺类	0.94～3.8	（4.3～7）$\times 10^9$
	苯氧基羧类	—	—
	2,4-甲氯丙酸	37.9	9.1×10^9
	2,4-二氯	1～2.3	（4～5）$\times 10^9$
	2,4,5-三氯苯氧基酯酸	8.9	（4～5）$\times 10^9$

由于臭氧对不同污染物的氧化速率相差很大，致使当水中同时存在多种污染物时臭氧会优先与反应速率快的污染物进行反应，从而表现出臭氧对污染物去除的选择性，并使反应速率低的污染物质不能被去除。在高级氧化工艺中，·OH 自由基则不存在此类问题，它对各种污染物的反应速率常数相差不大，可实现多种污染物的同步去除。

3）降低 TOC 和 DOC

普通化学氧化因氧化进行得不彻底，不能达到降低 TOC 和 DOC 的效果，如腐殖质经臭氧氧化后，TOC 或者减少或者不改变。实际上不同来源的腐殖质可能与臭氧发生不同的反应，但是不管 TOC 和 DOC 的结果如何，腐殖质被臭氧氧化形成小分子化合物，主要是醛类（甲醛、乙醛、乙二醛和甲基乙二醛）和羧酸（甲酸、乙酸、草酸、乙二酸、丙酸和丙酮二酸），由于它们对臭氧有抗性而积累于溶液中。已经证明甲醛具有致突变性和致癌性，其他一些副产物也可能具有相似的性质。

高级氧化工艺可实现有机污染物的完全矿化。在反应过程中，·OH 可同中间产物继续反应，直至最后被完全氧化成 CO_2 和 H_2O，从而达到彻底去除 TOC 和 DOC 的目的。

4）提高可生物降解性

在高级氧化工艺中，如 H_2O_2/UV、O_3/H_2O_2 和γ/O_3 辐射要比单用臭氧更能有效地提高污染物的可生物降解性。使溶解性有机化合物低分子化（如形成醛类和羧酸类等小分子有机物），并提高 BOD/COD 的值。最近还报道了另一种处理方法，即臭氧氧化、粉末活性炭吸附和超滤联用，能有效地去除臭味，限制消毒副产物的形成改善其可生物降解性。

5）减少三卤甲烷（THMs）和溴酸盐的生成

THMs 是氯氧化后形成的主要消毒副产物，主要有三氯甲烷、二氯一溴甲烷、一氯二溴甲烷和三溴甲烷。试验研究表明，三卤甲烷的各组分具有明显的致突变作用，且存在良好的剂量反应关系。

普通的化学氧化，如以臭氧处理原水，其三卤甲烷生成势（THMFP）可能有所减少，这是由于大分子的有机化合物（腐殖酸、富里酸等）被氧化分解成小分子化合物，但难以完全地消除；此外如果水中同时存在着溴化物，它将被氧化成次溴酸盐并形成溴酸盐等化合物。它们的共同作用，不再是简单地叠加，而是对人体健康更加有害。

采用高级氧化工艺，如 O_3/UV 和 O_3/H_2O_2 等，可更有效地减少 THMs 的生成。·OH 可实现 THMs 的彻底氧化。此外，AOPs 也是限制形成溴酸盐的一种有效措施。由于·OH 自由基消耗了臭氧，或当其与 H_2O_2 联用时，由于形成 Br^-而使次溴酸/次溴酸盐的产量减少，因此可通过提高 H_2O_2/O_3 的比值减少溴酸盐的形成。

4.5.2 湿式空气氧化处理

随着工业的迅猛发展，工业废水的排放量逐年增加，且大都具有有机物浓度高、生物降解性差甚至有生物毒性等特点，国内外对此类高浓度难降解有机废水的综合治理都予以高度重视。目前，部分成分简单、生物降解性略好、浓度较低的废水都可通过组合传统的工艺得到处理，而浓度高、难生物降解的废水治理工作在技术和经济上存在很大困难。湿式氧化法即为针对这一问题而开发的一项有效的新型处理技术。

湿式氧化法（Wet Air Oxidation，WAO）是在高温、高压下，利用氧化剂将废水中的有机物氧化成二氧化碳和水，从而达到去除污染物的目的。与常规方法相比，具有适用范围广，处理效率高，极少有二次污染，氧化速率快，可回收能量及有用物料等特点。

湿式氧化工艺最初由美国 F.J. Zimmermann 于 1958 年研究提出，用于处理造纸黑液，处理后废水 COD 去除率可达 90%以上。在 20 世纪 70 年代以前，湿式氧化工艺主要用于城市污泥的处置，造纸黑液中碱液回收，活性炭的再生等。进入 20 世纪 70 年代以后，湿式氧化工艺得到迅速发展，应用范围从回收有用化学品和能量进一步扩展到有毒有害废弃物的处理，尤其是在处理含酚、磷、氰等有毒有害物质方面已有大量文献报道，研究内容也从初始的适用性和摸索最佳工艺条件深入到反应机理及动力学，而且装置数目和规模也有所增大。在国外，WAO 技术已实现工业化，主要应用于活性炭再生、含氰废水、煤气化废水、造纸黑液以及城市污泥及垃圾渗滤液处理。国内从 20 世纪 80 年代才开始进行 WAO 的研究，先后进行了造纸黑液、含硫废水、含酚废水及煤制气废水、农药废水和印染废水等实验研究。目前，WAO 技术在国内尚处于实验阶段。

湿式氧化法在实际推广应用方面仍存在着一定的局限性：① 湿式氧化一般要求在高温高压的条件下进行，故对设备材料的要求较高，须耐高温、高压、耐腐蚀，因此设备费用大，系统的一次性投资大；② 湿式氧化法仅适用于小流量高浓度的废水处理，对于低浓度大流量的废水则很不经济；③ 即使在很高的温度下，对某些有机物如多氯联苯、小分子羧酸的去除效果也不理想，难以做到完全氧化；④ 湿式氧化过程中可能会产生某些具有毒性的中间产物。

因此，自 20 世纪 70 年代以来，研究人员采取了一些改进措施。为降低反应温度和压力，同时提高处理效果，出现了使用高效、稳定的催化剂的催化湿式氧化法（Catalytic Wet Air Oxidation，CWAO）和加入更强的氧化剂（过氧化物）的湿式过氧化物氧化法（Wet Peroxide Oxidation，WPO），为彻底去除一些 WAO 难以去除的有机物，还出现了将废液温度升至水的临界温度以上，利用超临界水的良好特性来加速反应进程的超临界湿式氧化法（Supercritical Wet Oxidation，SCWO）。

（1）湿式空气氧化的原理

湿式氧化法一般在高温（150～350 ℃）、高压（5～20 MPa）操作条件下，在液相中，用氧气或空气作为氧化剂，氧化水中溶解态或悬浮态的有机物或还原态的无机物的一种处理方法，最终产物是二氧化碳和水。

在高温高压下，水及作为氧化剂的氧的物理性质都发生了变化，如表 4-10 所示。从表 4-10 可知，在室温到 100℃范围内，氧的溶解度随温度升高而降低，但在高温状态下，氧的这一性质发生了改变。当温度大于 150℃，氧的溶解度随温度的升高反而增大，且其溶解度大于室温状态下的溶解度。同时，氧在水中的传质系数也随温度升高而增大。氧的这一性质有助于高温下进行的氧化反应。

表 4-10 水和氧不同温度下的物理性质

性质 \ 温度/℃	20	100	150	200	250	300	320	350
水蒸气压/atm	0.033	1.033	4.854	15.855	40.560	87.621	115.112	140.045
黏度/（10^3Pa·s）	0.922	0.281	0.181	0.137	0.116	0.106	0.104	0.103
密度/（g/ml）	0.944	0.991	0.955	0.934	0.908	0.870	0.848	0.828
氧（P_{O_2}=5 atm，25℃）								
扩散系数 K_a（$\times10^5$cm²/s）	2.24	9.18	16.2	23.9	31.1	37.3	39.3	40.7
亨利系数 H（$\times10^4$atm/ mol）	4.38	7.04	5.82	3.94	2.38	1.36	1.08	0.9
溶解度/（mg/L）	190	145	195	320	565	1 040	1 325	1 585

一般认为，湿式氧化发生的氧化反应属于自由基反应，经历诱导期、增殖期、退化期以及结束期四个阶段。在诱导期和增殖期，分子态氧参与了各种自由基的形成。但也有学者认为分子态氧只是增殖期才参与自由基的形成。生成的 HO·，RO·，ROO·等自由基攻击有机物 RH，引发一系列的链反应，生成其他低分子酸和二氧化碳。整个反应过程如下：

诱导期：

$$RH + O_2 \longrightarrow R\cdot + HOO\cdot$$

$$2RH + O_2 \longrightarrow 2R\cdot + H_2O_2$$

增殖期：

$$R\cdot+O_2\longrightarrow ROO\cdot$$

$$ROO\cdot+RH\longrightarrow ROOH+R\cdot$$

退化期：

$$ROOH\longrightarrow RO\cdot+HO\cdot$$

$$2ROOH\longrightarrow R\cdot+RO\cdot+H_2O$$

结束期：

$$R\cdot+R\cdot\longrightarrow R-R$$

$$ROO\cdot+R\cdot\longrightarrow ROOH$$

$$ROO\cdot+ROO\cdot\longrightarrow ROH+RCOR+O_2$$

以上各阶段链反应所产生的自由基在反应过程中所起的作用，依赖于废水中有机物的组成、所使用的氧化剂以及其他试验条件。

反应中 H_2O_2 的生成说明湿式氧化反应属于自由基反应机理。Shibaeva 等在 16℃，DO=6.4 mg/L，酚为 9 400 mg/L 的含酚废水湿式氧化试验中，检测到 H_2O_2 生成，浓度高达 34 mg/L，证实了酚的湿式氧化反应是自由基反应。接着，他用酚直接与 HOO·反应，证实了 H_2O_2 生成。

$$RH+HOO\cdot\longrightarrow R\cdot+H_2O_2$$

HOO·自由基具有很高的活性，但在液相氧化条件下它的浓度很低。然而，它在碳氢化合物以及酚的氧化过程中起着重要作用。反应所生成的 R·参与了自由基 HOO·反应，造成高分子聚合物 R—R 反应以及氧化产物 ROOH 的生成。

应该指出的是，自由基的生成还有许多不同的解释。Li 和 Tufano 等则认为，有机物的湿式氧化反应通过下列自由基的生成而进行：

$$O_2\longrightarrow O\cdot+O\cdot$$

$$O\cdot+H_2O\longrightarrow HO\cdot+HO\cdot$$

$$RH+HO\cdot\longrightarrow R\cdot+H_2O$$

$$R\cdot+O_2\longrightarrow ROO\cdot$$

$$ROO\cdot+RH\longrightarrow R\cdot+ROOH$$

反应先是形成 HO·自由基，然后与有机物 RH 反应生成低级羧酸 ROOH，ROOH 进一步氧化形成 CO_2 与 H_2O。

Shibaeva 和 Emanuel 等都认为 HO·的形成促进了 R·自由基的生成。许多学者在燃烧、臭氧化、光催化、Fenton 催化工艺中，证明了 HO·自由基的重要性。另外，Shibneva 等也在他们提出的机理中证明了通过热均裂反应可以形成 HO·自由基：

$$RH + H_2O_2 \longrightarrow R\cdot + H_2O + HO\cdot$$

Emanuel 等试验证明了 R·与湿式氧化氧分压成正比，但随氧分压的升高 R·浓度达到一定值后将保持常量。当氧分压低时，水中溶解氧（DO）也低，增殖期反应变慢，导致[R·]≫[ROO·]，促进结束期自由基归并反应发生。因此，增殖期反应成为速率控制步骤。同样的，氧化速率随[O_2]增加而升高，当（DO）高时，增殖期反应变快，[R·]≪[ROO·]，促进结束期自由基归并反应的进行，此时氧化反应的速率不依赖于[O_2]。在这种情况下，反应速度也由受增殖期反应控制。

为提高自由基引发和增殖的速率，另一种有效的方法是加入过渡金属化合物，可变化合价的金属离子 M 可以从饱和化合价中得到或失去电子，导致自由基的生成并加速链式反应。

$$RH + M^{n+} \longrightarrow R\cdot + M^{(n-1)+} + H^+$$
$$ROOH + M^{n+} \longrightarrow M^{(n-1)+} + OH^- + RO\cdot$$
$$ROOH + M^{n+} \longrightarrow M^{(n-1)+} + H^+ + ROO\cdot$$

然而，当催化剂 M 浓度过高时，由于形成下列反应从而抑制了氧化反应速率，这就是反催化作用。

$$ROO\cdot + M^{(n-1)+} \longrightarrow ROOM^{n+}$$

在湿式氧化反应中，尽管氧化反应是主要的，但在高温高压体系下，水解、热解、脱水、聚合等反应也同时发生。因此在湿式氧化体系中，不仅发生高分子化合物α-C 位 C—H 键断裂成低分子化合物这一自由基反应，而且也发生β-C 或γ-C 位 C—C 键断裂的现象。而在自由基反应中所形成的诸多中间产物本身也以各种途径参与了链反应。

（2）湿式氧化的主要影响因素

1）温度

温度是湿式氧化的主要影响因素。温度越高，反应速率越快，反应进行得越彻底。同时温度升高还有助于液体黏度的减少，氧气传质速度的增加，但过高的温度是不经济的。因此，操作温度通常控制在 150～280℃。

2）压力

总压不是氧化反应的直接影响因素，它与温度耦合作用。为保证液相反应，总压应不低于该温度下的饱和蒸气压。同时，氧分压也应保持在一定范围内，以保证液相中的高溶解氧浓度。若氧分压不足，供氧过程就成为反应的控制步骤。

3）反应时间

有机底物的浓度是时间的函数。提高反应温度或投加催化剂均可使反应速率显著提高，缩短反应时间。

4）废水性质

有机物氧化与其电荷特性和空间结构有关。Randall 等的研究表明：氰化物、脂肪族和卤代脂肪族化合物、芳烃（如甲苯）、芳香族和含非卤代基团的卤代芳香族化合物等易氧化，不含非卤代基团的卤代芳香族化合物（如氯苯和多氯联苯）难氧化。村一郎等认为：氧在有机物中所占比例越少，其氧化性越大；碳在有机物中所占比例越大，其氧化越容易。

（3）湿式氧化系统及应用

湿式氧化系统的工艺流程如图 4-21 所示。具体过程简述如下：废水通过贮存罐由高压泵打入热交换器，与反应后的高温氧化液体换热，使温度上升到接近于反应温度后进入反应器。反应所需的氧由压缩机打入反应器。在反应器内，废水中的有机物与氧发生放热反应，在较高温度下将废水中的有机物氧化成二氧化碳和水，或低级有机酸等中间产物。反应后气液混合物经分离器分离，液相经热交换器预热进料，回收热能。高温高压的尾气首先通过再沸器（如废热锅炉）产生蒸气或经热交换器预热锅炉进水，其冷凝水由第二分离器分离后通过循环泵再打入反应器，分离后的高压尾气送入透平机产生机械能或电能。因此，这一典型的工业化湿式氧化系统不但处理了废水，而且对能量逐级利用，减少了有效能量的损失，维持并补充湿式氧化系统本身所需的能量。

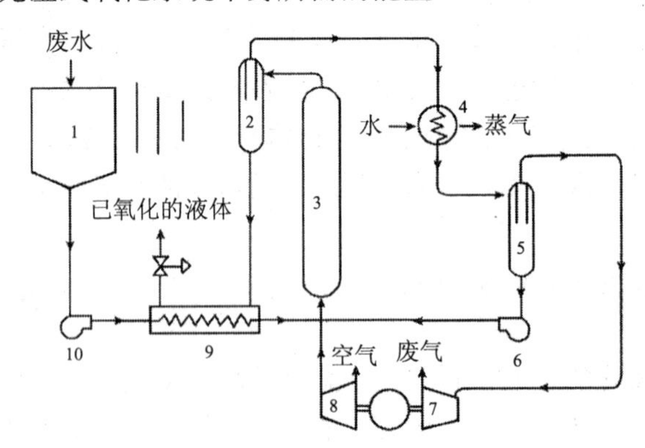

图 4-21　WAO 系统的工艺流程

1-储存罐；2、5-分离器；3-反应器；4-再沸器；6-循环泵；

7-透平机；8-空压机；9-热交换器；10-高压泵

在湿式氧化反应过程中，废水中的硫氧化成 SO_4^{2-}，氮氧化成 NO_3^-，不形成 SO_x 和 NO_x，几乎不产生二次污染。Fassell 和 Bridges 报道了在 210～230℃，压力 4 MPa，O_2/TOC=2.3 的反应条件下，湿式氧化处理 TNT 废水，其 TOC 去除率高达 80%～95%。废水中的氮只有 17%以硝酸盐和氨的形式存在于处理后的出水中，83%的氮则转化到气相中。Copa 和 Randall 通过对各种挥发剂进行废水的湿式氧化处理后发现，所有的污染物在 200℃下几乎全部分解。这也证明了湿式氧化法处理各种废水，不仅有效地处理了废水中的各种污染物，同时也几乎不对大气造成污染，和燃烧相比，湿式氧化法是一种清洁的废水处理工艺。

4.5.3　催化湿式氧化处理技术

由于传统的湿式氧化法需要较高的温度与压力，相对较长的停留时间，尤其是对于某些难氧化的有机化合物反应要求更为苛刻，因此自 20 世纪 70 年代以来，人们在传统的湿式氧化法的基础上发展了催化湿式氧化处理技术，使反应能在更温和的条件下和更短的时间内完成。

催化湿式氧化是在传统的湿式氧化处理工艺中加入适宜的催化剂以降低反应所需的温度和压力，提高氧化分解能力，缩短时间，防止设备腐蚀和降低成本。应用催化剂加快反应速率，主要因为：其一降低了反应的活化能；其二改变了反应历程。由于氧化催化剂有选择性，有机化合物的种类和结构不同，因此要对催化剂进行筛选评价。目前应用于湿式氧化的催化剂主要包括过渡金属及其氧化物、复合氧化物和盐类。根据所用催化剂的状态，可将催化剂分为均相催化剂和非均相催化剂两类，催化湿式氧化也相应分为均相催化湿式氧化和非均相催化湿式氧化。

（1）均相催化湿式氧化法

均相催化湿式氧化法是催化氧化法研究较多的一项技术，它通过向反应溶液中加入可溶性的催化剂，以分子或离子水平对反应过程起催化作用。催化湿式氧化法的最初研究集中在均相催化剂上，均相催化的反应温度更温和、反应性能更专一、有特定的选择性。均相催化的活性和选择性，可以通过配体的选择、溶剂的变换及促进剂的增添等因素，精细地调配和设计。

1）铜的催化湿式氧化机理

当前最受重视的均相催化剂都是可溶性的过渡金属的盐类，它们以溶解离子的形式混合在废水中，其中以铜盐效果较为理想。这是源于在结构上，Cu（II）外层具有 d^9 电子层结构，轨道的能级和形状都使其具有显著的形成配合物的倾向，容易与有机物和分子氧的电子结合形成配合物，并通过电子转移或配位体转移使有机物和分子氧的反应活性提高。对于铜的催化湿式氧化机理，Sandana 等通过催化湿式氧化苯酚，提出了如下反应机理：

链引发：

$$HO—R—H + Cu - Cat \xrightarrow{K_1} O = \overset{g}{R} —H + \cdot H—Cu - Cat$$

链传递：

$$O = \overset{g}{R} —H + O_2 \xrightarrow{K_2} O = R H—OO\cdot$$

$$O = RH—OO\cdot + HO—R—H \xrightarrow{K_3} HO—R—OOH + O = \overset{g}{R} —H$$

过氧化物分解：

$$HO—R—OOH + 2Cu - Cat \xleftrightarrow{K_4} Cu - Cat \cdots R(OH)—O\cdot + \cdot OH \cdots Cu - Cat$$

链终止：

$$Cu - Cat \cdots R(OH)—O\cdot + HO—R—H \xrightarrow{K_5} OH—R—OH + O = \overset{g}{R} —H + Cu - Cat$$

$$\cdot OH \cdots Cu - Cat + HO—R—H \xrightarrow{K_6} O = \overset{g}{R} —H + H_2O + Cu - Cat$$

式中，OH—R—H、$O = \overset{g}{R} —H$ 和 O=RH—OO·分别代表苯酚、酚氧基和酚过氧基，—OO·处于邻位和对位，酚氧基可通过脱去 1 个电子或氢形成。实验中发现酚盐离子不起作用，自由基主要通过脱氢形成。因此，他们认为，铜离子的加入主要是通过形成中间配合产物，脱氢以引发氧化反应自由基链。

2）Fenton 试剂的作用机理

Fenton 试剂法也是目前应用较多的一种均相催化湿式氧化法。H.J.H. Fenton 在 100 多年前发明了用可溶性亚铁盐和双氧水按一定的比例混合所组成的试剂。能氧化许多有机分子且系统不需高温高压。一些有毒有害物质如苯酚、氯酚、氯苯及硝基酚等也能被 Fenton 试剂以及类 Fenton 试剂氧化。在染料脱色方面，Kuo 利用 Fenton 试剂进行了较系统的研究。

用 Fe^{2+}和 H_2O_2 组成 Fenton 试剂应用于分散、活性、直接、酸性及碱性五种模拟染料废水，在 pH 值低于 3.5 时平均 COD 去除率达 90%，脱色率达 97%。试验表明，不同的染料其 Fe^{2+}和 H_2O_2 的配比不同。Fenton 试剂中两种主要试剂是 H_2O_2 与 Fe^{2+}，利用 Fe^{2+}对 H_2O_2 的催化分解，产生·OH 自由基从而达到氧化水中有机物的目的。类 Fenton 试剂是用过渡金属代替 Fe^{2+}，控制 H_2O_2 的分解，缓慢释放出·OH，阻止由于·OH 过量而发生自身反应消耗，引导·OH 与有机物反应，从而提高过氧化物的氧化效率。以 Fenton 试剂为例，当 H_2O_2 和 Fe^{2+}混合后，发生下列一系列反应：

$$Fe^{2+} + H_2O_2 \xrightarrow{K_1} Fe^{3+} + OH^- + HO\cdot$$
$$Fe^{2+} + HO\cdot \xrightarrow{K_2} Fe^{3+} + OH^-$$
$$HO\cdot + RH \xrightarrow{K_3} H_2O + R\cdot$$
$$R\cdot + Fe^{3+} \xrightarrow{K_4} R^+ + Fe^{2+}$$

上述第一个反应为链的引发阶段，第二个反应则为链的终止阶段，第三和第四个反应为增殖阶段。正碳离子一旦生成，它即与 H_2O_2 发生反应：

$$R^+ + H_2O_2 \longrightarrow ROH + H^+$$

另外，产生的自由基·OH 及 R·也将发生如下反应：

$$HO\cdot + H_2O_2 \xrightarrow{K_5} H_2O + HO_2\cdot$$
$$R\cdot + R\cdot \xrightarrow{K_6} R—R$$

Walling 等通过乙醇和 H_2O_2 反应测得 $K_3 \geqslant 10^8\ m^{-1}\cdot s^{-1}$，$K_5 \leqslant 10^7\ m^{-1}\cdot s^{-1}$，因此认为只要维持较高比例的[RH]：[$H_2O_2$]，以上第一个反应可以忽略。同时认为保持系统中较低的自由基浓度也可阻止双聚反应的进行。

对于上述 Fenton 反应，当[R·]、[·OH]作为中间产物达到稳态时有：

$$-\frac{d[R\cdot]}{dt} = K_4[R][Fe^{3+}] - K_3[HO\cdot][RH] = 0 \tag{4-19}$$

$$-\frac{d[HO\cdot]}{dt} = K_3[HO\cdot][RH] + K_2[Fe^{2+}][HO\cdot] - K_1[Fe^{2+}][H_2O_2] = 0 \tag{4-20}$$

从式（4-19）化简得到：

$$K_4[R][Fe^{3+}] = K_3[HO\cdot][RH] \tag{4-21}$$

从式（4-20）化简得到：

$$[HO\cdot] = \frac{K_1[Fe^{2+}][H_2O_2]}{K_3[RH] + K_2[Fe^{2+}]} \tag{4-22}$$

另外，考虑 Fe^{2+}消耗速率，由 Fenton 反应式得到：

$$-\frac{d[Fe^{2+}]}{dt} = K_1[Fe^{2+}][H_2O_2] + K_2[Fe^{2+}][HO\cdot] - K_4[R\cdot][Fe^{3+}] \tag{4-23}$$

考虑[H_2O_2]和[RH]的消耗速率，得到：

$$-\frac{d[H_2O_2]}{dt}=K_1[Fe^{2+}][H_2O_2] \tag{4-24}$$

$$-\frac{d[RH]}{dt}=K_3[HO\cdot][RH] \tag{4-25}$$

将式（4-21）及式（4-22）代入式（4-23）得到：

$$-\frac{d[Fe^{2+}]}{dt}=K_1[Fe^{2+}][H_2O_2]\left(\frac{2K_2[Fe^{2+}]}{K_3[RH]+K_2[Fe^{2+}]}\right) \tag{4-26}$$

将式（4-24）代入式（4-26）化简得到：

$$2\frac{\Delta[H_2O_2]}{[Fe^{2+}]}=1+\frac{K_3[RH]}{K_2[Fe^{2+}]} \tag{4-27}$$

对于有机物的降解，将式（4-22）及式（4-25）代入式（4-27）得：

$$-\frac{d[RH]}{dt}=\frac{K_1K_3}{K_2}\frac{[RH][H_2O_2]}{2\frac{\Delta[H_2O_2]}{\Delta[Fe^{2+}]}} \tag{4-28}$$

从以上推导得到的式（4-27）可知，双氧水和 Fe^{2+}的消耗比例主要取决于有机物的浓度[RH]以及 K_3 和 K_2 的比值。若 $K_2 \gg K_3$，需在酸性条件下 OH^-消耗加快反应进行。此时，$\Delta[H_2O_2]\approx 2\Delta[Fe^{2+}]$。有机物降解式（4-28）即为：

$$-\frac{d[RH]}{dt}=\frac{K_1K_3}{K_2}[RH][H_2O_2] \tag{4-29}$$

因此，Fe^{2+}的投入量与有机物的降解速率无关，只是控制 H_2O_2 的催化分解。同时，也注意到，$\Delta[H_2O_2]/\Delta[Fe^{2+}]$的比值与有机物 RH 有关，RH 结构形式的不同也直接影响此比值的大小。因此对于氧化不同的有机物，存在不同的 H_2O_2 及 Fe^{2+} 盐的投加量。

铁盐的作用除了在 H_2O_2 在催化分解时产生自由基外，它本身也是一种良好的混凝剂。在 Fenton 试剂参与的反应体系中，铁盐的各种配合物通过絮凝作用也去除了 COD 等有机污染物。

$$[Fe(H_2O)_6]^{3+}+H_2O \longleftrightarrow [Fe(H_2O)_5OH]^{2+}+H_3O^+$$

$$[Fe(H_2O)_5OH]^{2+}+H_2O \longleftrightarrow [Fe(H_2O)_4(OH)_2]^{+}+H_3O^+$$

$$2[Fe(H_2O)_5OH]^{2+} \longleftrightarrow [Fe_2(H_2O)_8(OH)_2]^{4+}+2H_2O$$

$$[Fe_2(H_2O)_8(OH)_2]^{4+}+H_2O \longleftrightarrow [Fe_2(H_2O)_7(OH)_3]^{3+}+H_3O^+$$

$$[Fe_2(H_2O)_7(OH)_3]^{3+}+[Fe(H_2O)_5OH]^{2+} \longleftrightarrow [Fe_3(H_2O)_5(OH)_4]^{5+}+2H_2O$$

在不同的 pH 值条件下，这些配合物相对浓度的变化如图 4-22 所示。因此，

Fenton 试剂的强氧化作用和部分铁盐的絮凝作用将水中的有机物有效去除。

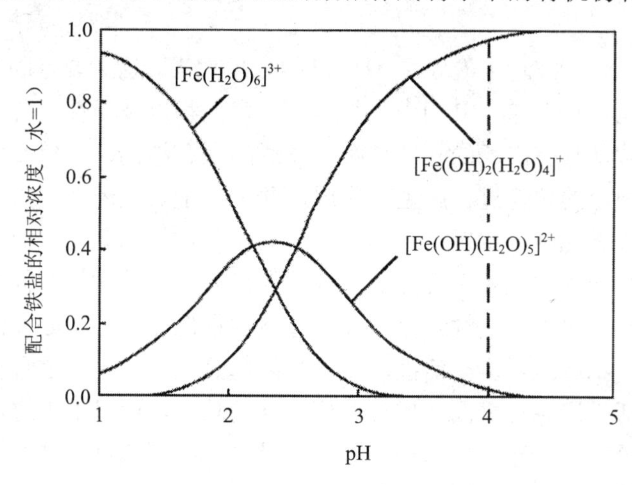

图 4-22　配合铁盐在不同 pH 值条件下相对浓度的变化

（2）非均相催化湿式氧化法

在均相催化湿式氧化系统中，催化剂混溶于废水中。为避免催化剂流失所造成的经济损失以及对环境的二次污染，需进行后续处理以便从出水中回收催化剂，这样流程较为复杂，提高了废水处理的成本。因此，研究者又开发出了非均相催化剂，即催化剂以固态存在，这样催化剂与废水的分离比较简便，可使处理流程大大简化。由于非均相催化剂具有活性高、易分离、稳定性好等优点，所以从 20 世纪 70 年代后期，湿式氧化研究人员便将注意力转移到高效稳定的非均相催化剂上。

非均相催化剂从外形可分为球形、短柱形、蜂窝状等；从制备工艺上，有使用载体的与不使用载体的，使用载体的多采用浸渍法制备，不使用载体的多用共沉淀法制备。目前实用的催化剂多使用载体。金属铜盐已被证实为是一种具有高催化活性的催化剂，但铜离子的分离和回用具有很大的困难，且造成二次污染和资源的浪费，一种有效的解决方法是将其固定并保持它的催化活性。由于γ-Al_2O_3和活性炭具有较大表面积以及诸多微孔分布，故选择它们作为载体，采用浸渍法将 Cu^{2+}负载于其上，制备成固体负载型催化剂，即 Cu-Al_2O_3 和 Cu-Ac。

1）催化机理

① Cu-Al_2O_3 催化机理。Cu-Al_2O_3 催化剂具有较大的吸附表面，在表面上存在 CuO 为主的活性物质。有机污染物质被吸附在该活性中心上，发生形变并生成活化配合物，从而降低了反应的活化能，加快了化学反应的速率。此外，由于 Cu-Al_2O_3 催化剂本身具有吸附性能，在一定程度上可吸附有机污染物，从而使出

水中的有机污染物浓度减少，但这种吸附有机物的能力极为有限，催化氧化效果占主导地位。

② Cu-Ac 催化机理。Cu-Ac 具有较高的处理效果。这主要是因为经浸渍、焙烧后制得的 Cu-Ac 催化剂，其内部孔径分布，表面积以及活性组合的分布发生了变化。活性炭载体具有广泛的孔径分布和发达的微孔结构，它对反应产物和反应物在催化剂表面上的传递过程起主导作用，并决定了活性表面的大小。另外，活性炭的这种特殊微孔结构也影响金属活性组分在载体上的分布。而且，这种金属活性组分在活性炭载体上具有良好的分散性能，对于催化剂机械性能的改善也有帮助。在大多数情况下，活性组分的高度分散性在催化活性中心和活性炭表面之间吸附和沉积，抑或是反应，活性炭载体都能起到促进作用。这种促进、协同作用不仅起到在活性炭载体表面上增加催化活性的功效，而且能促进活性相浓度在某一区域达到最大。同时，Cu-Ac 本身具有的巨大的吸附表面积缩小了反应空间，降低了反应的活化能，从而加速了反应的进行。

另外，从 XRD 分析得知 Cu-Ac 催化中心作用的是 Cu_2O 和 Cu，在催化剂表面吸附的氧通过 Cu^+ - Cat 进行链传播：

氧吸附：

$$O_2 + Cu^+ - Cat \longrightarrow O^{2-}(Cu^{2+}) - Cat$$

链传播：

$$O^{2-}(Cu^{2+}) - Cat + O{=}\overset{g}{R}—H \xrightarrow{K_3} O{=}RH—OO\cdot + Cu^+ - Cat$$

氧的吸附在 Cu^+上比 Cu^{2+}容易，Cu^{2+}先通过链传播产生 Cu^+而后吸附氧，因此 Cu-Ac 催化剂具有较高的催化能力。

2）非均相催化剂

非均相催化剂主要有贵金属系列、铜系列和稀土系列三大类。采用贵金属作为催化剂的催化湿式氧化已经实用化，为了降低价格，目前的研究重点为非贵金属催化剂。

① 贵金属系列。在多相催化氧化中，贵金属系列对于氧化反应具有高活性和稳定性，已经被大量应用于石油化工和汽车尾气治理等行业。在催化湿式氧化研究及应用方面，日本位于世界前沿。其中大阪瓦斯公司着重研究了催化剂的制备与应用等方面已相当成熟。他们开发的催化剂以 TiO_2 或 ZrO_2 为载体，在其上附载百分之几的 Fe、Co、Ni、Ru、Rh、Pd、Ir、Au、Tu 中的一种或多种活性组分。催化剂有球形和蜂窝状两种，可用于处理制药、造纸、纤维、酒精、印染等工业废水，其中蜂窝状催化剂由于具有不易堵塞的优点，适于处理悬浮物含量高的废

水。日本触媒化学工业株式会社在催化湿式氧化处理技术方面也进行了大量研究。其催化剂制备方法为，首先用共沉淀、焙烧等步骤制得 Ti-Zr、Ti-Si、Ti-Zn 等的复合氧化物的粉末，掺加淀粉等黏合剂捏成蜂窝状载体，孔径为 2～20 mm，壁厚 0.5～3 mm，孔隙率 50%～80%。然后用浸渍法在其上负载百分之几的 Mn、Fe、Co、Ni、Ru、Rh、Pd、Ir、Pt、Au、Ce、W、Cu、Ag 或其不溶于水的化合物制成催化剂，此催化剂在 240℃、5MPa 的条件下，处理含 COD 40 g/L、总氮 2.5 g/L、SS 10 g/L 的废水具有良好效果，对 COD_{Cr}、TN、NH_4^+-N 的去除率分别为 99.9%，99.2%，99.9%。

② 铜系列。由于贵金属的昂贵稀有，在某种程度上限制了其在催化湿式氧化中的应用，并促使研究人员开发较为经济的催化剂。Cu^{2+}均相催化剂表现出了高活性，人们对 Cu 系列在非均相催化湿式氧化技术进行大量研究后发现，多相 Cu 系列氧化物在多种废水的催化湿式氧化中同样显示出了其卓越的催化性能；但同时它也存在一个致命的弱点 —— Cu^{2+}的溶出问题。在催化湿式氧化中，铜系列催化剂由于其高活性和廉价性是被研究最多的。但由于其在湿式氧化苛刻的反应条件下溶出问题，至今并未见到其实际应用的报道。

③ 稀土系列。因为贵金属系列催化剂价格昂贵，铜系列的过渡金属氧化物又始终存在溶出问题，所以人们对以 Ce 系列为代表的稀土氧化物也进行了较多的研究。Ce 系列稀土金属元素催化剂早已应用于气体净化、CO 和碳氢化合物的氧化、汽车尾气治理等方面，证明其具有良好的催化活性和稳定性。据电子自旋共振（ESR）和化学分析用光电子能谱（ESCA）分析认为，将 Ce 掺加到锰氧化物中，可形成 Mn^{3+}、Mn^{2+}等低价态的锰。随着 Ce 掺入量的增加，Mn（2p3/2）的结合能降低，而 Ce（3d5/2）的结合能则升高了。这种多化合价态的体系的存在，有助于电子的转移。意大利人 Leitenburg 以乙酸为研究对象，使用催化剂 CeO_2-ZrO_2-CuO 和 CeO_2-ZrO_2-MnO_2 的混杂物作催化湿式氧化研究，发现 Cu（或 Mn）与 Ce 之间的协同作用能提高催化活性，并且溶出量极少，催化剂稳定性好。

4.5.4　超临界水氧化处理技术

超临界水氧化技术（Supercritical Water Oxidation，SCWO）是 20 世纪 80 年代中期，由美国学者 Modell 提出的一种能够彻底破坏有机物结构的新型氧化技术。其原理是在超临界水的状态下将废水中所含的有机物用氧气分解成水、二氧化碳等简单无害的小分子化合物。

作为目前正在发展的超临界流体技术的一种，SCWO 技术同超临界色谱技术和超临界提取技术一样，因具有很大的发展潜力而备受关注。美国能源部会同国防部和财政部于 1995 年召开了第一次超临界水氧化研讨会，讨论用超临界水氧化技术处理政府控制污染物。美国国家关键技术所列的六大领域之一“能源与环境”中还着重指出，最有前途的处理技术是超临界水氧化技术。

如今，在欧、美、日等发达国家，超临界水氧化技术取得了很大进展，出现了不少中试工厂以及商业性的 SCWO 装置。1985 年，美国的 Modar 公司建成了第一个超临界水氧化中试装置。该装置处理能力为每天 950 L 含 10%有机物的废水和含多氯联苯的废变压器油，各种有害物质的去除率均大于 99.99%。1995 年，在美国 Austin 建成一座商业性的 SCWO 装置，处理几种长链有机物和胺。处理后的有机碳浓度低于 5×10^{-6}，氨的浓度低于 1×10^{-6}，其去除率达 99.999 9%。同时，在 Austin 还在筹建一座日处理量为 5 t 的市政污泥的 SCWO 处理工厂，这些污泥因其所含的物质种类太多而无法用常规方法处理。这个装置还将被用于处理造纸废水和石油炼制的底渣。在日本已建起一座日处理量 1 m^3 的中试工厂，主要用于研究。而在德国，由美国 MODEC 公司为包括拜耳公司在内的德国医药联合体设计的 SCWO 工厂已自 1994 年开始运行，处理能力为 5～30 t 有机物/d。总地看来，在发达国家，尤其是美国对 SCWO 技术非常重视，投入了很大的精力，对这项技术也非常有信心，工业规模的装置不断兴建。在我国，超临界水氧化技术尚处于起步阶段，研究较晚。超临界水氧化作为一种新型的环境污染防治技术，其具有突出的优势，相信在不久的将来会得到广泛应用。

（1）基本原理

1）超临界流体

所谓超临界，是指物质的一种特殊流体状态。当把处于气液平衡的物质升温升压时，热膨胀引起液体密度减少，而压力的升高又使汽液两相的相界面消失，成为一均相体系，这一点就是临界点。当物质的温度、压力分别高于临界温度和临界压力时就处于超临界状态。超临界流体具有类似气体的良好的流动性，同时又有远大于气体的密度，因此具有许多独特的理化性质。

超临界萃取就是利用超临界流体性质的一种分离技术，对此人们早已不陌生。而超临界化学反应却是一个崭新的领域，它的机理更复杂，条件更苛刻。以水为介质的超临界反应是其中非常主要的一个研究方面。

2）超临界水及其特征

在通常条件下，水始终以蒸汽、液态水和冰这三种常见的状态之一存在，且是极性溶剂，可以溶解包括盐类在内的大多数电解质，对气体和大多数有机物则微溶或不溶，水的密度几乎不随压力而改变。但是如果将水的温度和压力升高到临界点（T_c=374.3 ℃，P_c=22.05 MPa）以上，则就会处于一种既不同于气态也不同于液态和固态的新的流体态 —— 超临界态，该状态的水即称为超临界水。在超临界条件下，水的性质发生了极大的变化，其密度、介电常数、黏度、扩散系数、电导率和溶剂化性能都不同于普通水。

图 4-23 表示了密度随温度、压力的变化。用密度图可以确定达到一定密度所需的温度和压力。从图中可看出，在超临界条件下，温度的微小变化将引起超临界水的密度大大减小，如在 t 临界点时，水的密度为 0.3 g/cm^3。

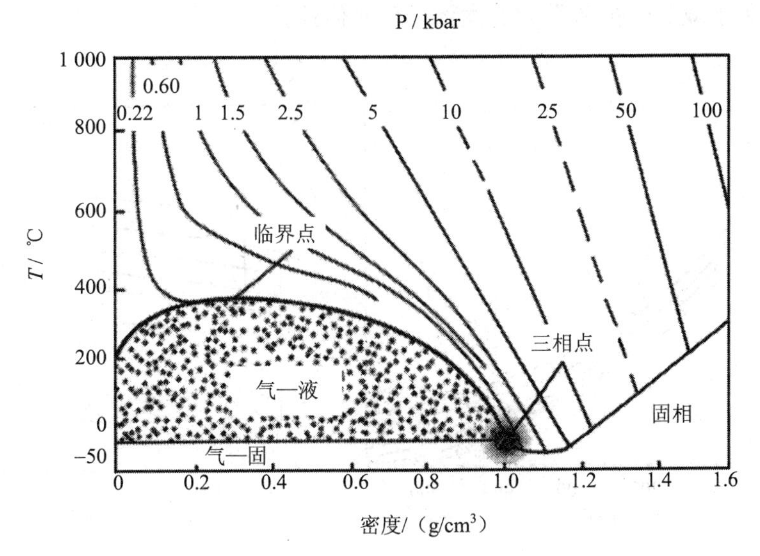

图 4-23 温度、压力对密度的影响（压力单位为 kbar，1 bar=10^5 Pa）

介电常数的变化引起超临界水溶解能力的变化。在标准状态（25℃，0.101MPa）下，水因分子间存在大量氢键而具有较高的介电常数（18℃时为 81 单位）。水的介电常数随温度、压力而变化。图 4-24 和图 4-25 分别显示出了水的介电常数随温度和压力的变化趋势。由两图可知，温度增加，介电常数减小；压力（密度）增加，介电常数增加，但温度的影响更为突出。水处于超临界态（673.15 K 和 30 MPa）时，介电常数为 1.51。这样，超临界水的大致相当于标准状态下一般有机溶剂的值，此时水就难以屏蔽掉离子间的静电势能，溶解的离子便以离子对形式出现。此时的超临界水表现出更近似于非极性有机化合物，这可以部分解释它能对有机物溶解能力骤增，成为非极性有机物的良好溶剂的原因。

水的离子积与密度和温度均有关，但密度对其影响更大。图 4-26 说明了离子积的数值与密度和温度的关系，密度越高，水的离子积越大。标准条件下，水的离子积是 10^{-14}，在临界点附近，由于温度的升高，使水的密度迅速下降，导致离子积减小。比如在 450℃和 25 MPa 时，密度约为 0.1 g/cm^3，此时离子积为 $10^{-21.6}$，远小于标准条件下的值。而在远离临界点时，温度对密度的影响较小，温度升高，离子积增大，因此在 1 000℃和密度为 1 g/cm^3 时，水将是高度导电的电解质溶液。

如图 4-27 所示，水的黏度在相当范围内，如 0.6～0.9 g/cm^3 和 400～600℃受温度影响较小，且易于预测。水的等容黏度在高密度时，随温度增加而下降；在低密度时，随温度增加而上升。超临界水的化学反应速率受溶质扩散系数的影响。从实用角度出发，如果知道溶质分子直径和水的黏度，应用 stokes 关系式，即可得出一个关于双分子扩散系数的大致合理的估计。

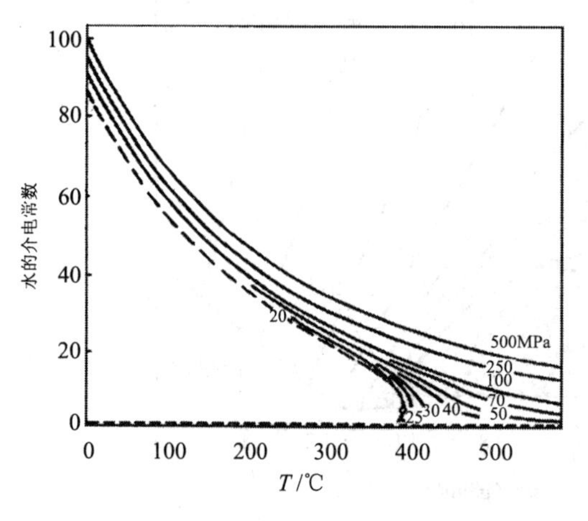

图 4-24　介电常数是温度的函数

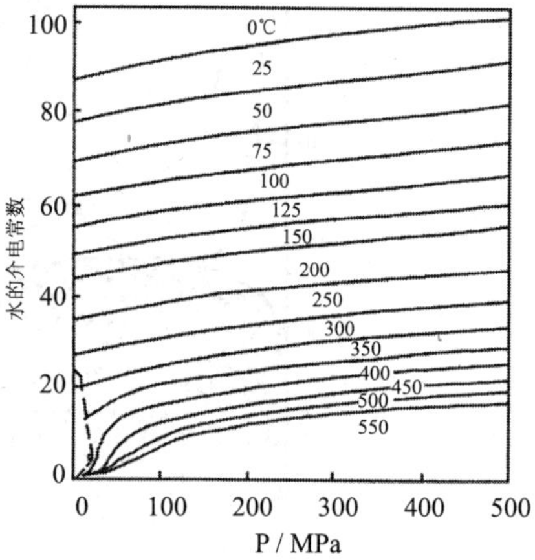

图 4-25　介电常数是压力的函数

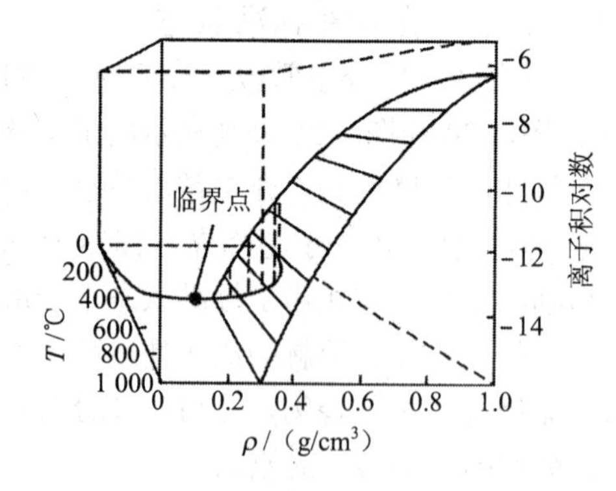

图 4-26　离子积随密度、温度的变化

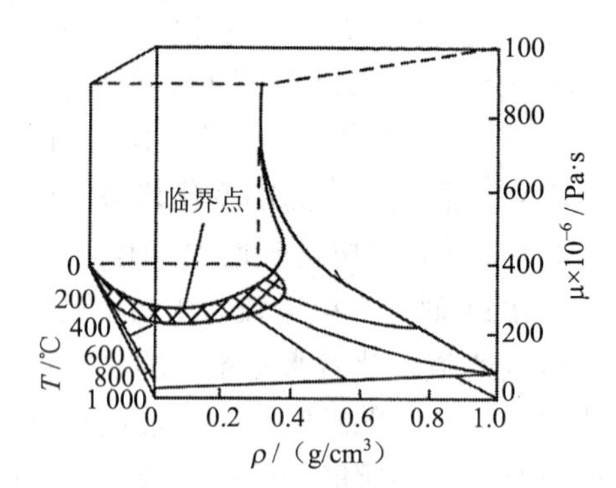

图 4-27　黏度随密度、温度的变化

由于上述种种物性的变化，使得超临界水表现得像一个中等强度的非极性有机溶剂。所以超临界水能与非极性物质（如烃类）和其他有机物完全互溶，而无机物（特别是盐类）在超临界水中的离解常数和溶解度却很低。例如在 400～500℃、超临界水的密度不超过 0.325 g/cm^3 的条件下，NaCl 的电离常数为 10^{-4}，而常温下

NaCl 的溶解度可以达 37%（质量分数）。另外，超临界水可以与空气、氮气、氧气和二氧化碳等气体完全互溶，这是超临界水作为氧化反应介质的一个重要条件。表 4-11 显示了超临界水与普通水的溶解度对比。

表 4-11 超临界水与普通水溶解度的对比

溶质	普通水	超临界水
无机物	大部分易溶	不溶或微溶
有机物	大部分微溶或不溶	易溶
气体	大部分微溶或不溶	易溶

3）超临界水化学反应

超临界水具有各种独特的性质。例如极强的溶解能力、高度可压缩性等，而且水无毒、廉价、容易与许多产物分离。其实，许多要处理的物料本来就是水溶液，在许多情况下不必将水与最终产物分离，这就使得超临界水成为很有潜力的反应介质。超临界水化学反应已受到了广泛的重视和日益增多的研究。表 4-12 给出了目前已开发研究的超临界水化学反应的主要类型及应用对象。在各种超临界水化学反应过程中，研究得最多、最深入、已实现工业应用的是用 SCWO 消除有害废物，包括各种有毒废水、有机废物、污泥以及人体代谢废物等。

表 4-12 超临界水化学反应的主要类型及应用对象

反应类型	应用举例	反应类型	应用举例
氧化反应	处理有毒物	水热合成	合成无机材料
脱水反应	乙醇脱水制乙烯	水解和裂解	煤和木材液化
加氢、烷基化	烃加工		

4）超临界水氧化原理

超临界水氧化的主要原理是利用超临界水作为介质来氧化分解有机物。在超临界水氧化过程中，由于超临界水对有机物和氧气都是极好的溶剂，因此有机物的氧化可以在供氧的均一相中进行，反应不会因相间转移而受限制。同时，高的反应温度（建议采用的温度为 400～600℃）也使反应速率加快，可以在几秒钟内对有机物达到很高的破坏效率。有机废物在超临界水中进行的氧化反应，概略地可以用以下化学方程表示：

$$有机化合物 + O_2 \longrightarrow CO_2 + H_2O$$

$$有机化合物中的杂原子 \xrightarrow{[O_2]} 酸、盐、氧化物$$

$$酸 + NaOH \longrightarrow 无机盐$$

超临界水氧化反应完全彻底。有机碳转化成 CO_2，氢转化成水，卤素原子转化为卤化物的离子，硫和磷分别转化为硫酸盐和磷酸盐，氮转化为硝酸根和亚硝酸根离子或氮气。同时，超临界水氧化在某种程度上与简单的燃烧过程相似，在氧化过程中释放出大量的热，一旦开始，反应可以自己维持，无须外界能量。

表4-13所列为美国Modar公司提供的氯化有机物在超临界水氧化后的分解结果。反应条件：600～650℃，25MPa。由下表可见，如PCB的废料在918 K和停留时间仅为5 s时，有99.99%以上物料被分解。

表4-13　氯化有机物在超临界水氧化后的分解结果

化合物名称	分解的结果/%	化合物名称	分解的结果/%
二噁英	＞99.999	CCl_4	＞99.53
氯代甲苯	＞99.998	多氯联苯（PCB）	＞99.999 9
DDT	＞99.997	1,1,1-三氯代乙烷	＞99.999 9

目前，已对许多化合物，包括硝基苯、尿素、氰化物、酚类、乙酸和氨等进行了超临界水氧化的试验，证明全都有效。此外，对火箭推进剂、神经毒气及芥子气等也有研究，证明用超临界水氧化后，可将上述物质处理成无毒的最简单小分子。

（2）超临界水氧化反应动力学

超临界水氧化的反应动力学研究是超临界水氧化技术的一个重要组成部分。动力学不仅是用来认识超临界水氧化本身的反应机理，而且也是进行工程设计、过程控制和技术经济评价的基本依据。已有不少学者对超临界水氧化的动力学进行了专门研究和述评，其中研究对象有苯酚、甲烷和乙酸等。

目前，超临界水氧化的动力学研究主要集中在宏观动力学。当然也有开始利用基元反应来帮助解释所得宏观动力学结果。如Wsbley等用一流动型反应器来测量在560～650℃、24.56 MPa时超临界水氧化甲烷的反应速率，并用66个自由基基元反应来阐明所得的实验结果。在宏观动力学的研究中也有两种不同的方法来描述反应规律。

1）幂指数方程法

幂指数方程法在动力学方程式中不涉及中间产物，

$$-\frac{\mathrm{d}[\mathrm{C}]}{\mathrm{d}t}=k_0\exp(-E_\mathrm{a}/RT)[\mathrm{C}]^m[\mathrm{O}_2]^n[\mathrm{H}_2\mathrm{O}]^p \quad (4\text{-}30)$$

式中，[C] —— 组分的浓度，则 mol/L 或 g/L；

t —— 时间，s；

E_a —— 反应活化能，kJ/mol；

k_0 —— 频率（或指前）因子；

C —— 反应物；

m，n，p —— 反应级数。

在过去的研究中，大部分研究者报道，反应物的反应级数 m=1，对氧的反应级数 n=0。但也有认为 $m\neq1$，$n\neq0$；有的认为反应级数，还需做更多、更精确的实验，有了更多更正确的实验结果，才能加以论证。因为在反应系统中有大量水存在，尽管水是参加反应的，但其浓度变化很小，故常可将$[H_2O]^p$合并到 k_0 中去。这样$[H_2O]^p$就不再在上式中出现。可把上式写为

$$\begin{aligned}-\frac{\mathrm{d}[\mathrm{C}]}{\mathrm{d}t}&=k[\mathrm{C}]^m[\mathrm{O}_2]^n\\ k&=k_0\exp(-E_a/RT)\end{aligned} \quad (4\text{-}31)$$

式中，k —— 反应速率常数；

[C] —— 反应物浓度；

$[O_2]$ —— 氧化剂浓度；

m，n —— 反应级数。

2）反应网络法

反应网络法的基础是一个简化的反应网络，其中包括中间控制产物生成和分解步骤，初始反应物一般经过以下三种途径进行转换：直接氧化为最终产物；先生成不稳定的中间产物；先生成相对稳定的中间产物。从中间产物到最终产物的过程可以包括众多的平行反应、串联反应等。

在此方法的研究中，确定中间产物是很重要的。通过超临界水氧化和湿式空气氧化的研究结果和对比不同有机反应的动力学参数等措施，学者们提出了不同反应系统的中间控制产物。例如在亚临界条件下，挥发性有机酸的氧化活化能要高于其他氧含量较低的化合物，乙酸的氧化活化能高达 167.7 kJ/mol。故将其作为湿式氧化中难氧化的中间控制产物。

在超临界水氧化反应中，Li 等认为，有机物的反应途径为：

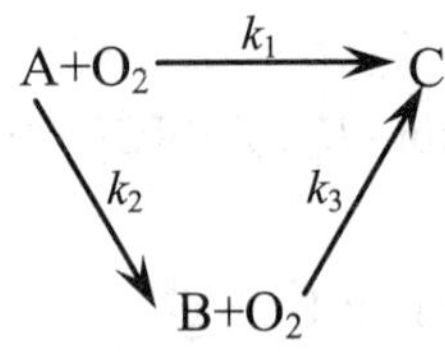

其中，C 为氧化最终产物；B 为中间控制产物；A 为初始反应物以及不同于 B 的其他中间产物。

在超临界水氧化反应中，目前已有报道的反应物 A 主要有三类：碳氢化合物（包括 C、H、O 的化合物）、含氮化合物和含氯化合物等。

① 碳氢化合物：把乙酸看作中间控制产物，反应途径为：

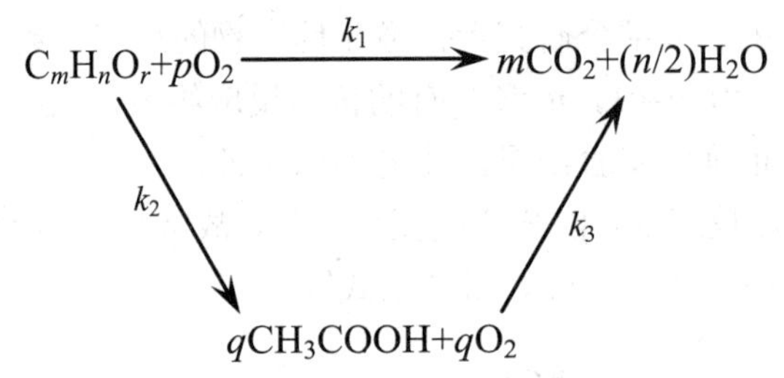

上式中的 $C_mH_nO_r$ 既可为初始反应物，也可为不稳定的中间产物。CO_2 和 H_2O 则是氧化最终产物。

② 含氮化合物：业已证实 N_2 为主要的氧化最终产物。NH_3 通常是含氮有机物的水解产物，N_2O 是 NH_3 继续氧化的产物。在较高的温度下，560～670℃时生成 N_2O 比 NH_3 更有利，在 400℃以下，则以生成 NH_3 或 NH_4^+ 的形式为主。NH_3 的氧化活化能为 156.8 kJ/mol。N_2O 的氧化活化能尚未见报道。在低温下，可能由 NH_3 的生成和分解速率来决定 N 元素的转化率；在高温下，反应中间产物更多，尚有待进一步的研究。低温下含氮有机物的超临界水氧化途径为：

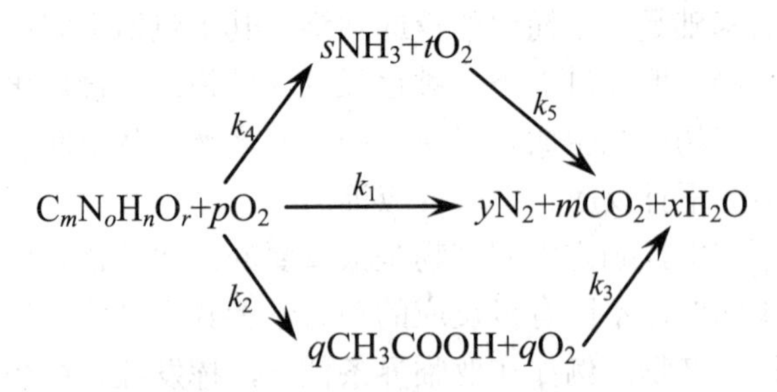

上式中的 $C_mN_oH_nO_r$ 既可为初始反应物，也可为不稳定的中间产物。CO_2 和 H_2O 则是氧化最终产物。

③ 含氯化合物：在短链氯化物中，把氯仿看作中间控制产物。因此，可类似地写出其超临界水氧化的反应途径为：

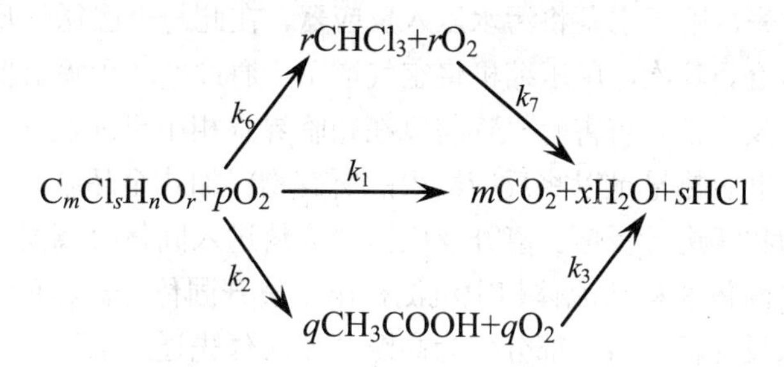

氧化的最终产物为 H_2O、CO_2 和 HCl。在湿式氧化的实验中发现，在大量水存在的条件下，氯化物水解成甲醇和乙醇的速率加快，因此中间控制产物中还可能有甲醇和乙醇。

表 4-14 列出了文献报道的一些有机化合物在超临界水中的反应动力学研究结果。

表 4-14 有机化合物在超临界水中的反应动力学研究结果

有机物	氧化剂	反应器类型	反应温度/℃	反应压力/MPa	活化能/（kJ/mol）	反应级数	
						有机物	氧化剂
乙酸	H_2O_2	流动	673～803	24～35	179.5	1.01	0.16
乙酸	H_2O_2	流动	673～773	24～35	314	2.36	1.04
乙酸	O_2	流动	611～718	39～44	231	1	1
苯酚	O_2	流动	557～702	41～43	63.8	1	1
甲酸	O_2	流动	683～691	19～27.8	96	1	1
苯酚	O_2	流动	573～693	27.6	51.83	1	0.5
吡啶	O_2	流动	599～798	7.5～24	209	1	0.2
对氯苯酚	O_2	流动	583～673	24.6	—	1～2	0
一氧化碳	O_2	流动	670～814	24.6	120	1.014	0.03
乙醇	O_2	流动	670～814	24.6	340	1	0
氨	O_2	填充床	913～973	24.6	29.7	1	0
氨	O_2	管式	913～973	24.6	157	1	0
甲醇	O_2	流动	753～823	24.6	408	1.1	0.02

根据文献结果，一般可以认为有机物的氧化是一级反应。而氧气的影响较弱，特别是在较高的温度和压力下。

（3）超临界水氧化技术的工艺及装置

由于超临界水具有溶解非极性有机化合物（包括多氯联苯等）的能力。在足够高的压力下，它与有机物和氧或空气完全互溶，因此这些化合物可以在超临界水中均相氧化，并通过降低压力或冷却选择性地从溶液中分离产物。

超临界水氧化处理污水的工艺最早是由 Modell 提出的，其流程见图 4-28。过程简述如下：首先，用污水泵将污水压入反应器，在此与一般循环反应物直接混合而加热，提高温度。其次，用压缩机将空气增压，通过循环用喷射器把上述的循环反应物一并带入反应器。有害有机物与氧在超临界水相中迅速反应，使有机物完全氧化，氧化释放出的热量足以将反应器内的所有物料加热至超临界状态，在均相条件下，使有机物和氧进行反应。离开反应器的物料进入固体分离器，在此将反应中生成的无机盐等固体物料从流体相中沉淀析出。离开固体分离器的物料一分为二，一部分循环进入反应器，另一部分作为高温高压流体先通过蒸汽发生器，产生高压蒸汽，再通过高压气液分离器，在此大部分 N_2 和 CO_2 以气体物料离开高压气液分离器，进入透平机，为空气压缩机提供动力。液体物料（主要是水和溶在水中的 CO_2）经排出阀减压，进入低压气液分离器，分出的气体（主要是 CO_2）进行排放，液体则为洁净水，而作补充水进入水槽。反应转化率 R 的定义如下：

$$R=\frac{\text{已转化的有机物}}{\text{进料中的有机物}} \tag{4-32}$$

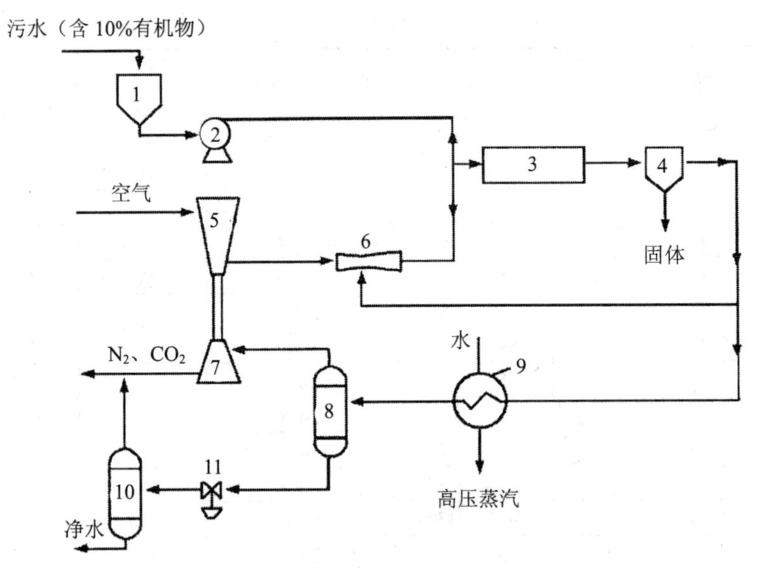

图 4-28 超临界水氧化处理污水流程

1-污水槽；2-污水泵；3-氧化反应器；4-固体分离器；5-空气压缩机；6-循环用喷射泵；7-膨胀透平机；8-高压气液分离器；9-蒸气发生器；10-低压气液分离器；11-减压阀

R 的大小取决于反应温度和反应时间。Modell 的研究结果表明，若反应温度为 550～600℃，反应时间为 5 s，R 可达 99.99%。延长转化时间可降低反应温度，但将增加反应器体积，增加设备投资，为获得 550～600℃的高反应温度，污水的热值应有 4 000 kJ/kg，相当于含 10%（质量分数）苯的水溶液反应产生的热量。

对于有机物浓度更高的污水，则要在进料中添加补充水。

Shanableh 等设计了一种连续流动反应装置，如图 4-29 所示。该反应装置的核心是一个由两个同心不锈钢管组成的高温高压反应器。被处理的废水或污泥先被匀浆，然后用一个小的高压泵将其从反应器外管的上部输送到高压反应器。进入反应器的废液先被预热，在移动到反应器中部时与加入的氧化剂混合，通过氧化反应，废液得到处理。生成的产物从反应器上端的内管入口进入热交换器。反应器内的压力由减压器控制，其值通过压力计和一个数值式压力传感器测定。在反应器的管外安装有电加热器，并在不同位置设有温度监测装置。整个系统的温度、流速、压力的控制和监测都设置在一个很容易操作的面板上，同时有一个用聚碳酸酯制备的安全防护板来保护操作者。在反应器的中部、底部和顶部都设有取样口。

图 4-30 是分批微反应器。它由线圈型的管式反应器、压力转换器、温差热电偶和一个反应器支架组成。反应器用外部的砂浴加热。

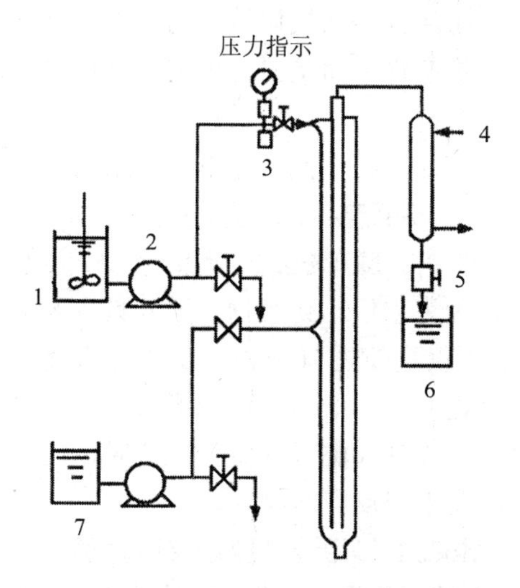

图 4-29　连续流动超临界水氧化反应装置

1-样品匀浆；2-泵；3-压力转换器；4-热交换器；5-减压器；6-垂直反应器；7-氧化剂

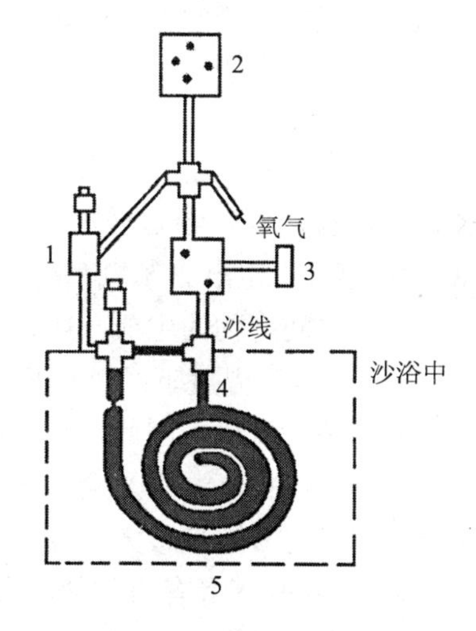

图 4-30　超临界水氧化分批微反应器

1-压力转换器；2-支撑架；3-高压高温阀；4-热电偶；5-管式反应器

（4）超临界水氧化处理技术的应用及评价

① 酚的氧化。酚大量存在于各类废水中，是美国 EPA 最初公布的 114 种优先控制污染物之一。有关酚的超临界水氧化的研究报道得较多。表 4-15 总结了酚在不同条件下的超临界水氧化过程中的处理效果。

表 4-15 酚的超临界水氧化

温度/℃	压力/MPa	浓度/（mg/L）	氧化剂	反应时间/min	去除率/%
340	28.3	6.99×10^{-6}	$O_2+H_2O_2$	1.7	95.7
380	28.2	5.39×10^{-6}	$O_2+H_2O_2$	1.6	97.3
380	22.1	590	O_3	15	100
381	28.2	225	O_2	1.2	99.4
420	22.1	750	O_2	30	100
420	28.2	750	O_2	10	100
490	39.3	1 650	O_3	1	92
490	42.1	1 100	$O_2+H_2O_2$	1.5	95
530	42.1	150	O_2	10	99

由表 4-15 可以看出，在不同温度和压力下，酚的处理效果是不一样的，但在长至十几分钟的反应中，超临界水氧化对酚均有较高的去除率。文献中报道较多的是有关酚的降解动力学的研究。但是，应用超临界水氧化技术的目的不是简单地将一种有机物转化成大量的其他小分子有机产物，而是要将全部的有机物转化成二氧化碳和水。

为了阐明酚的超临界水氧化机理，Thoronton 等在较低温度下进行酚的超临界水氧化试验，发现经过较短时间的反应，大部分酚转化成高分子量产物，利用 GC/MS 分析鉴定出 2-苯氧基酚、4-苯氧基酚、2,2′-联苯酚、二苯并对二噁英等产物。这些中间产物的生成，应该引起重视，因为它们比初始物（酚）具有更大的危害性。在较高温度下经过较长时间反应，不仅能使酚 100%转化，而且上述中间产物也全部被氧化。因此，在超临界水氧化过程中，低温下可能形成一些有毒的中间产物，但在高温下又会被破坏。所以，在设计超临界水氧化工艺时，应该选择合适的工艺参数来最大限度地破坏初始物及中间反应产物。

② 多氯联苯等有机物超临界水氧化。Modell 等用连续流系统研究了一种有机碳含量在 27 000～33 000 mg/L 的有机废水的超临界水氧化。废水中含有 1,1,1-三氯乙烷、六氯环己烷、甲基乙基酮、苯、邻二甲苯、2,2′-二硝基甲苯、DDT、PCBl234、PCBl254 等有毒有害污染物。结果发现在温度高于 550℃时，有机碳的破坏率超过 99.97%，并且所有有机物都转化成二氧化碳和无机物。

Swallow 等在 600～630℃、25.6 MPa 的条件下，用一个连续流反应器研究氯代二苯并对二噁英及其前驱物的超临界水氧化，废水中含有 0.4～3 mg/L 的四氯代二苯并对二噁英（TCDBD）和八氯代二苯并-*p*-二噁英（OCDBD）以及 1～50 g/L 的几种可能的前驱分子（如氯代苯、酚和苯甲醚），结果 99.9%的 OCDBD、TCDBD 被破坏。表 4-16 总结了酚以外的有机物的超临界水氧化处理结果。

表 4-16 部分有机物的超临界水氧化

化合物	温度/℃	压力/MPa	氧化剂	反应时间/min	去除率/%
2-硝基苯	515	44.8	O_2	10	90
	530	43	$O_2+H_2O_2$	15	99
2,4-二甲基酚	580	44.8	$O_2+H_2O_2$	10	99
2,4-二硝基甲苯	460	31.1	O_2	10	98
	528	29.0	O_2	3	99
TCDBE①	600～630	25.6	O_2	0.1	99.99
2,3,7,8-TCDBD②	600～630	25.6	O_2	0.1	99.99
OCDBF③	600～630	25.6	O_2	0.1	99.99
OCDBD④					

注：①四氯二苯并呋喃；②2,3,7,8-四氯二苯并对二噁英；③八氯二苯并呋喃；④八氯二苯并对二噁英。

③ 废水和污泥的超临界水氧化。Shanableh 等研究了废水处理厂的污泥在接近超临界和超临界（300～400℃）条件下的破坏情况。该污泥总固体含量（TS）为 5%，液固两相总的 COD_{Cr} 为 46 500 mg/L。污泥先被匀浆，然后用高压泵输送到超临界水氧化系统。在 300～400℃时，COD_{Cr} 去除率随反应时间显著增大，在 20 min 内，去除率从 300℃下的 84%增大到 425℃下的 99.8%。在温度达到超临界水氧化条件时，有机物被完全破坏，不仅最初的 COD_{Cr} 贡献物，而且中间转化产物（如挥发性酸等）也完全被破坏。

利用超临界水氧化处理含多氯联苯 PCB（1 600 mg/L）和包括一些 EPA 优先控制污染物的变压器电绝缘油，也取得了令人满意的结果，破坏率达 99.99%，在排出的气体和液体中的检测不出 PCB。

4.5.5 光化学氧化处理技术

所谓光化学反应（Photochemical Reaction），就是在光的作用下进行的化学反应。该反应中分子吸收光能，被激发到高能态，然后和电子激发态分子进行化学反应。光化学反应的活化能来源于光子的能量。在自然环境中有一部分的近紫外光（290～400 nm），它们极易被有机污染物吸收，在有活性物质存在时就发生强烈的光化学反应使有机物发生降解。天然水体中存在大量的活性物质如氧气、亲核剂 OH^- 以及有机还原物质。因此，在光照的河水、海水表面发生着复杂的光化学反应。1972 年 Fuiishima 和 Honda 发现光照的 TiO_2 单晶电极能分解水，引起人们对光诱导氧化还原反应的兴趣，由此推进了有机物和无机物光氧化还原反应的研究。20 世纪 80 年代初，开始研究光化学应用于环境保护，其中光化学降解治理水污染尤其受重视。

光降解通常是指有机物在光的作用下，逐步氧化成无机物最终生成二氧化碳、水及其他的离子如 NO_3^-、PO_4^{3-}、卤素等。有机物光降解可分为直接光降解和间接光降解。前者是有机物分子吸收光能呈激发态与周围环境中的物质进行反应。后者是周围环境存在的某些物质吸收光能呈激发态，再诱导一系列有机污染物的反应。间接光降解对环境中难生物降解的有机污染物更为重要。光降解反应包括无催化剂和有催化剂的光化学降解。本节主要介绍无催化剂的光化学降解。光化学降解多采用臭氧和过氧化氢等作为氧化剂，在紫外光的照射下使污染物氧化分解。

（1）光化学氧化原理

光化学反应需要分子吸收特定波长的电磁辐射，受激产生分子激发态，之后才能直接跃迁到一个稳定的状态或者变成引发热反应的中间化学产物。无论哪种情况都可以消耗激发能，但并不发生化学变化，而是发生光化学钝化的过程。

普朗克方程给出了一个光子能量的大小：

$$E = h\nu = \frac{hc}{\lambda} = hc\bar{\nu} \tag{4-33}$$

式中，h —— 普朗克常量（$6.625\ 6\times10^{-34}$ J·s）；

c —— 光速（$2.997\ 9\times10^{8}$ m/s）；

A —— 辐射波长，m；

ν —— 辐射光频率，s^{-1}；

$\bar{\nu}$ —— 波数，m^{-1}。

光化学中可以利用的波长在 200～700 nm（紫外与可见光），相应能量是近似 600～170 kJ/mol。通常情况下，单一的近紫外吸收足以产生电子激发态。

激发态之前，一个分子通常处于最低能量状态，即分子最低能级。一般情况下，有机分子有相当多的电子，因此在最低能级的电子云中，所有的分子都进行配对。为了得到电子激发态，一个分子必须吸收至少等于最高占有轨道和最低占有轨道之间能量差的光能。

由于已激发的分子十分不稳定，寿命也很短，有可能在参加反应前就在光物理过程中失活，而不能导致化学反应，结果在体系中能引起化学反应的分子数往往小于光能激发活化的分子数，这就是光子效率的问题，通常也叫量子产率，用ϕ表示：

$$\phi = \frac{\Delta n}{N_a} \tag{4-34}$$

式中，Δn —— 反应生成的分子数；

N_a —— 系统吸收的光子数。

表观量子产率一般随反应物的性质，吸收光的波长和外界条件如温度、压力等而定。不过，光化学反应与普通的热力学反应不同，后者的活化能来源于分子碰撞，故反应速率的温度系数较大，一般温度升高10℃，反应速率增加2～4倍，而光化学的活化能来源于光能，故反应的温度系数较小，温度升高10℃，速率增加0.1～1倍。

（2）羟基自由基的性质

光化学反应，一般通过产生羟基自由基·OH进行彻底的降解，下面先讨论一下·OH的性质。

1）羟基自由基具有高的氧化电极电位

·OH的标准电极电位与其他强氧化剂的比较见表4-9。表中数据表明，羟基自由基比其他一些常用的强氧化剂具有更高的氧化电极电位，因此，·OH是一种很强的氧化剂。

2）羟基自由基具有很高的电负性或亲电性

羟基自由基的电子亲和能为569.3 kJ，容易进攻高电子云密度点，这就决定了·OH的进攻具有一定的选择性。例如，对于醇类的C—H键的进攻，α-H和β-H的活性顺序为，α-H比β-H更活泼，这是因为—OH是比烷基更强的供电子基。

氢的反应活性可以通过邻近的供电子基（α-OH，α-OR和酰胺N）而得到提高，通过电负性强的取代基而降低。对于芳香族化合物也是如此。当芳环上有供电子基时，芳环上电子云密度增大有利于·OH的进攻。当芳环上有强的吸电子基时，芳环上电子云密度降低，不利于·OH的进攻。这也是硝基苯难氧化的原因。

3）羟基自由基的加成反应

当有碳碳双键存在时，除非被进攻的分子具有高度活性的碳氢键，否则，将发生加成反应。

（3）光化学氧化系统

1）UV/H_2O_2系统

H_2O_2是一种强氧化剂，其氧化还原电位与pH值有关：当pH=0时，E=1.80 V；当pH=14时，E=0.87 V，因此它被很好地应用于多种有机或无机污染物的处理。

许多金属（如Mn、Pb、Au、Fe）的化合物都是过氧化氢分解反应的催化剂。这些催化剂的电势（见下式）都介于H_2O_2的两个电势值之间。因此有人认为催化分解H_2O_2的过程是氧化还原过程。如MnO_2（1.23V）把H_2O_2（0.68V）氧化成O_2，而本身被还原为Mn^{2+}；接着H_2O_2（1.77 V）又把Mn^{2+}（1.23V）氧化成MnO_2，这样循环往复，H_2O_2就“分解”为O_2和H_2O。1体积30%的H_2O_2水溶液完全分解得到100体积的O_2（标准状态），1体积3%H_2O_2溶液完全分解释放10体积的O_2，因此医药上把3% H_2O_2溶液叫“十体积水”。

H_2O_2和几种化合物的电势：

$$H_2O_2 + 2H^+ + 2e = 2H_2O \qquad (E=1.77V)$$
$$PbO_2 + 4H^+ + 2e = Pb^{2+} + 2H_2O \qquad (E=1.46V)$$
$$MnO_2 + 4H^+ + 2e = Mn^{2+} + 2H_2O \qquad (E=1.23V)$$
$$Fe^{3+} + e = Fe^{2+} \qquad (E=0.77V)$$
$$O_2 + 2H^+ + 2e = H_2O_2 \qquad (E=0.68V)$$

过氧化氢被用于去除工业废水中的COD及BOD已有很多年，虽然使用化学氧化法处理废水中COD和BOD的价格要比普通的物理和生物方法要高，但这种方法具有其他处理方法不可替代的作用，比如有毒有害或不可生物降解废水的消化、高浓度/低流量废水的预处理等。

过氧化氢在废水处理中的应用及机理可以归纳为三种情况：直接化学氧化、增强物理分离和提供辅助氧源。而与本书密切的是化学氧化。

① UV/H_2O_2的反应机理

一般认为UV/H_2O_2的反应机理是：1分子的H_2O_2首先在紫外光的照射下产生2分子的·OH，如下式所示：

$$H_2O_2 + hv \longrightarrow 2\cdot OH$$

有人发现反应的速率与pH值有关：酸性越强，反应速率就越快。生成的·OH对有机物的氧化作用可分为三种反应进行：

脱氢反应（Hydrogen Abstraction）：

$$RH + \cdot OH \longrightarrow H_2O + \cdot R \longrightarrow \text{进一步氧化}$$

亲电子加成（Electrophilic Addition）：

$$\cdot OH + RHX \longrightarrow \cdot HORHX$$

电子转移（Electron Transfer Reaction）：

$$\cdot OH + RX \longrightarrow \cdot RX^+ + OH^-$$

A．脱氢反应。UV/H_2O_2系统中发生的这三种反应中，最主要的是脱氢反应。Raiagopalan认为氧化过程中发生的一系列反应为：

$$H_2O_2 + h\nu \longrightarrow 2\cdot OH$$

$$H_2O_2 \longrightarrow HOO^- + H^+$$

$$\cdot OH + H_2O_2 \longrightarrow \cdot HOO + H_2O$$

$$\cdot OH + HOO^- \longrightarrow \cdot HOO + OH^-$$

$$2\cdot HOO \longrightarrow H_2O_2 + O_2$$

$$2\cdot OH \longrightarrow H_2O_2$$

$$\cdot HOO + \cdot OH \longrightarrow H_2O + O_2$$

$$RH + \cdot OH \longrightarrow H_2O + \cdot R \longrightarrow \text{进一步氧化}$$

Penyton 等把·OH 作用于有机化合物（HRH）的反应表示成图 4-31 所示的关系式，直观地反映了 UV/H_2O_2 的作用机理。

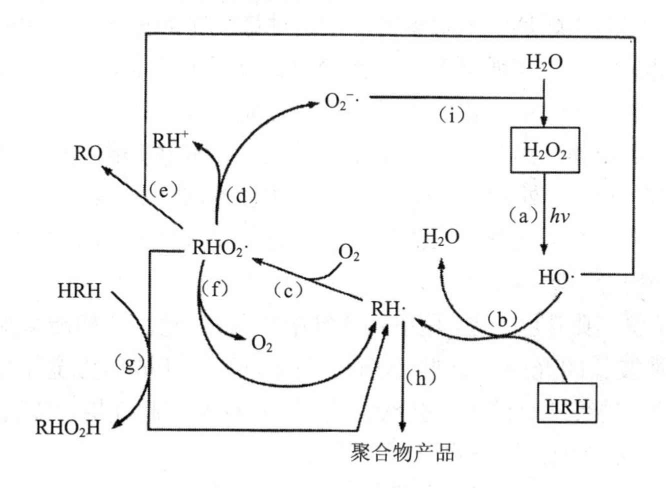

图 4-31　UV/H_2O_2 过程的反应体系

B．亲电子加成。羟基自由基（·OH）对有机物π位的电子加成会导致有机自由基（反应）的产生，紧接着的反应与图中所注的颇为相似。

$$R_2C{=}CR_2 + HO\cdot \longrightarrow R_2\dot{C}{-}CR_2OH$$

亲电子加成的典型机理是氯酚的快速脱氯从而形成氯离子，其反应途径如反应式所示：

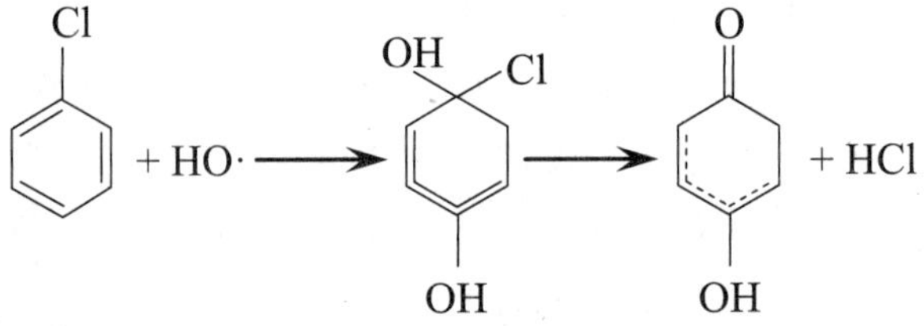

C．电子转移。当发生多卤化取代或位阻现象时，就不利于脱氢反应和亲电子加成的进行，这时主要发生的是有机基质（RX）与自由基·OH反应，使·OH转化成OH-的电子转移反应。

$$\cdot OH + RX \longrightarrow \cdot RX^{+} + OH^{-}$$

② UV灯

早期使用的UV灯是低压汞蒸气灯，这种灯发射的波长为254 nm，一般用于消毒系统。现在使用的高强度UV灯是经过改型后的产品，拥有较高的输出能量和电功率，温度敏感性低，投资少且能产生较宽的光谱带，而更宽的光谱带能氧化更多种类的化合物，因为它能产生更多的反应中间体，高强灯的其他优点还包括简洁紧凑的设计（处理400 g被污染的地下水，6盏灯只占地2ft×8ft，1 ft=0.304 8 m）和仅需几分钟的高速反应，这使得那些易挥发的化合物在较短的时间内得到处理而不致散佚出去。

UV灯的另一项工艺改进，是在汞蒸气中加入掺杂气，这样能增加除了254 nm以外其他多种波长的光强。这些用掺杂气改进后的灯被称为金属卤灯，在有无H_2O_2的条件下都能进行有机物的降解，虽然与H_2O_2一起使用可以提高降解效率。

③ UV/H_2O_2系统在污染物降解中的应用

UV的活化作用可以使有机物直接得到降解，这改善了有机物被H_2O_2或由其产生的氢氧自由基氧化的能力。有机物的反应涉及UV的直接氧化，有机物量子的形成或其他活性中间体的形成。波长在200～280 nm的紫外光可以引发H_2O_2的分解，这种光通常可由释放254 nm波长的汞灯提供。如果反应物浓度没有限制，有机物可以完全氧化为CO_2和H_2O，如果继续处理，还能产生相应有机物的取代无机盐等。

UV/H_2O_2系统能有效氧化难处理的有机物，如二氯乙烯（TCE）、四氯乙烯（PCE）、丁醇、三氯甲烷、甲基异丁基酮、4-甲基-2-戊醇、甲基乙基酮和四氯化碳。此外，实验室UV/H_2O_2系统还成功证明了醋酸物的氧化、甲酸、乙酸、丙酸类的降解，甲醇和多种醛类的去除，还有卤代脂肪烃、羟基取代物、2,4-硝基甲苯的降解，苯的降解，氯代羟基化合物的氧化，多种苯酸类的化合物的氧化，4-氯化硝基苯的降解，1,2-氯化苯的降解等。如UV/H_2O_2对脂肪酸的降解形成了小分子的酸、烷烃和CO_2；2,4-硝基甲苯通过支链氧化被降解为1,3-二硝基苯，后者可继续发生羟基化反应生成硝基苯的羟基衍生物，进一步的链断裂反应生成碳酸和醛后才继续氧化，最终转化成 CO_2、H_2O 和硝酸；在 UV/H_2O_2 氧化卤代羟基化合物时，生成一氯代和次氯代苯醛；苯被氧化成多种可继续降解的中间体，可确定其中四种为：苯酚，对苯二（氢酸）邻苯二酚和间苯二酚，4-溴苯醚经支卤素，生成苯及苯酚的醚裂化。

在 UV/H_2O_2 也可用于去除蒸馏水和自来水中天然存在的有机物；降低过沸循环水中的 TOC；处理重度污染工业废水；降解制革废水及其中溶解的角蛋白；处理漂白纸浆及石油炼制的废水；降解纺织业废水等。

④ UV/H_2O_2 系统的优缺点

UV/H_2O_2 系统的优点主要有：UV/H_2O_2 法能将污染物彻底的无害化，而其他的可选的方法，如活性炭吸附，仅仅是将污染物从一处转移到另一处，却不能将其彻底地转化为无害物；这一系统不仅能处理多种污染物，而且正如好几个已投入运行和成功操作中所证实的那样，它还是一种更经济的选择；这一系统还有可移动性及在短时间内即可装配用于不同地点废水处理的优点。

缺点主要表现在以下几个方面：它不适于处理土壤，因为紫外光不能穿透土壤粒子。如需用于土壤为了提高效率，需在 UV/H_2O_2 氧化前将土壤内部的污染物转移到土壤表面或将其溶于水而具有流动性；某些无机化合物，如 Ca 和 Fe 盐可能在过程中沉淀下来，阻塞光管，降低 UV 光的穿透率。因此，对污染物的预处理就很必要了。悬浮污泥和一些有色的无机、有机污染物对于 UV/H_2O_2 系统有负面影响，有色化合物的干扰可能是漂白废水色度去除率只能达到 70%的原因。在去除悬浮固体及混浊物时先采取过滤及澄清的预处理可以提高效率。在处理含有干扰性的有机或无机物的废水时，为了能够有效处理，需将 UV/H_2O_2 系统与其他操作联合使用；控制 pH 值对于防止氧化过程的金属盐沉淀及避免沉淀物所造成的效率下降是很必要的。通常，pH 值小于 6 时可以避免金属氧化物沉淀。碱性溶液对于反应速率有不利影响，这可能与 H_2O_2 的碱催化分解有关；UV/H_2O_2 系统主要用于浓度在 10^{-6} 级的低浓污水的处理（如地下水），而不适用于高强度污染废水，在其他一些工艺处理之后使用 UV/H_2O_2，方法是一种处理高浓度废水的可能途径。

2）UV/O_3

UV/O_3 是将臭氧与紫外光辐射相结合的一种高级氧化过程。这一方法不是利用臭氧直接与有机物反应，而是利用臭氧在紫外光的照射下分解产生的活泼的次生氧化剂来氧化有机物。

臭氧长期以来就被认为是一种有效的氧化剂和消毒剂。早在 20 世纪初就被用作了饮用水的消毒处理。臭氧能氧化水中许多有机物，但臭氧与有机物的反应是有选择性的，而且不能将有机物彻底分解为 CO_2 和 H_2O，臭氧氧化后的产物往往为羧酸类有机物。要提高臭氧的氧化速率和效率，彻底的矿化处理，就必须采用其他措施促进臭氧的分解而产生活泼的·OH 自由基。

20 世纪 70 年代初，Garrison 等在治理含复杂铁氰盐废水中开发出了 UV/O_3，自此人们对 UV/O_3 氧化方式进行了许多研究。研究表明 UV/O_3 比单独的臭氧化处理更加有效，而且能氧化臭氧难以降解的有机物。Gurol M.等在三个 pH 值 2.5、7.0、9.0 条件下，用 UV/O_3、O_3、UV 分别氧化酚化合物，发现只有在酸性时，臭氧才是主要的氧化剂，中性及碱性时氧化是按自由基反应模式进行的。在使用 UV/O_3、O_3 的情形下，酚及 TOC 的去除率随 pH 值升高而升高，在一定的 pH 值时，三种方法的处理效果为 $UV/O_3 > O_3 > UV$。Ikemizu Kiyohsi 等测定了 20℃时脂肪羧酸、醇等难生物降解有机物的氧化速率，发现在紫外光强度为 30 W/m^2 时，UV/O_3 速率较单独臭氧氧化速率提高 10～10^4 倍。

① 反应机理

UV/O_3 中的氧化反应为自由基型，即液相臭氧在紫外光辐射下会分解产生·OH 自由基，由·OH 自由基与水中的溶解物进行反应，其中对自由基产生的机理存在两种解释，如下所示：

A.
$$O_3 + h\nu \longrightarrow O_2 + O\cdot$$
$$O\cdot + H_2O_2 \longrightarrow HO\cdot + HO_2\cdot$$

B.
$$O_3 + H_2O + h\nu \longrightarrow H_2O_2 + O_2$$
$$H_2O_2 + h\nu \longrightarrow 2HO\cdot$$

尽管现在还不能完全确定哪种机理正确或在产生·OH 自由基过程中占主导地位，但它们都得出了 1 mol 臭氧在紫外光辐射下产生 2 mol · OH 自由基这一结论。

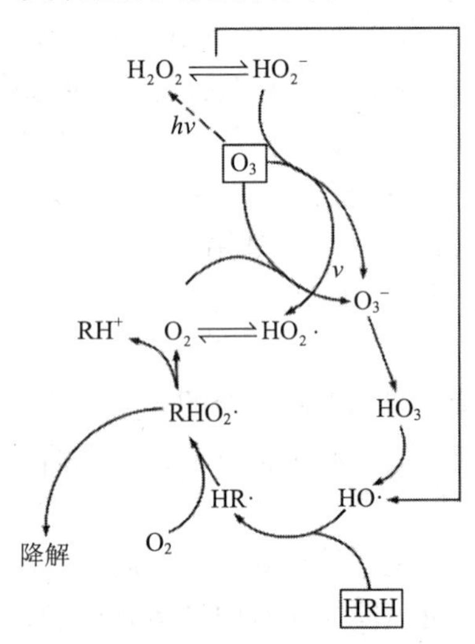

图 4-32　UV/O_3 和 UV/H_2O_2 体系的反应途径

现在大多数人比较倾向于第二种解释。Peyton 和 Glaze 的报道比较好地证明了 H_2O_2 实际上是臭氧光降解的首要产物。由 UV/O_3 过程产生的·OH 与有机物的作用过程如图 4-32 所示，在图中一系列的反应被提了出来，包括水中存在的有机底物的相互作用。Peyton 和 Glaze 认为过程的引发是臭氧与 HO^-或 HO_2^-的反应，或者是 H_2O_2 的光降解。H_2O_2 是由臭氧的光降解作用或臭氧与许多未饱和有机物反应产生的。由图 4-32 可知，·OH 与有机物反应产生有机自由基 HR·，HR·可以与分子氧进行有效的结合产生 RHO_2·，这个自由基可能被认为是热链反应真正的传播者。

② UV/O_3 的协同效应

一个基本的 UV/O_3 系统是用 254 nm 的 UV 去照射被臭氧饱和的水体，它的降解效率比单独使用 UV 和 O_3 都要高。单独的 O_3 对水中有机物的降解，主要是通过对有机物的直接氧化进行的，或者通过生成 O_3 间接进行氧化及随后产生的·OH 对有机物的降解。由于·OH 是比 O_3 更强的氧化剂，由臭氧直接氧化占主导地位的单独臭氧氧化过程能够对有机物进行降解，但不能做到完全矿物化，通过加紫外光辐射可以促进·OH 的生成，从而达到完全降解 TOC（矿物化）的目的。

③ 反应动力学

UV/O_3 法去除 TOC 的过程可用宏观动力学一级反应速率方程表示，即：

$$
\begin{aligned}
-\mathrm{d(TOC)}/\mathrm{d}t &= K_\mathrm{T}(\mathrm{TOC}) \\
K_\mathrm{T} &= K_\mathrm{P} + K_\mathrm{D} + K_\mathrm{S}
\end{aligned}
\tag{4-35}
$$

式中，K_T —— 总速率常数，s^{-1}；

K_P —— 单独紫外光辐射的速率常数，s^{-1}；

K_D —— 单独臭氧氧化的速率常数，s^{-1}；

K_S —— UV/O_3 协同效应的速率常数，s^{-1}。

④ UV/O_3 的工程应用

UV/O_3 作为一种高级氧化水处理技术，不仅能对有毒的、难降解的有机物、细菌、病毒进行有效的氧化和降解，而且还可以用于造纸工业漂白废水的褪色。

用 UV/O_3 处理有毒难降解有机物的效率，使其浓度从 10^{-6} 降低到 10^{-9}，在中试甚至在工业应用上都得到了很好的证明，而且没有有毒废物产生。与其他产生·OH 的降解过程一样，UV/O_3 能够氧化的有机物范围很广，包括部分不饱和卤代烃，这个过程可以进行间歇的和连续的操作，不需进行特殊的监控。

臭氧在水中低的溶解度及相应的传质限制是 UV/O_3 技术发展过程中一个最关键和具体的问题。Prengle 和 Glaze 等为了解决这个问题，就曾建议使用搅拌式的光化学反应器来提高传质速率，如管状的、内圈的光化学反应器也可以取得同样满意的效果。其他的会降低有机物去除效率的因素大多数与氧化中间产物潜在的第二步反应有关，氧化中间产物的产生取决于水处理特定的操作条件。

到目前为止，已有大量的有关 UV/O_3 处理水中有机物的报道。表 4-17 列举了一些这方面的报道，包括试验条件和试验结果（主要是 TOC 的去除率）。

表 4-17 UV/O_3 过程处理废水的实验条件和结果

废物	光源	反应器/L	O_3/（mg/L）	T/℃	pH	$[C_0]$/（mg/L）	t/min	TOC 去除率/%
腐殖酸	低压汞灯	3.8	—	—	—	—	20	87
对硝基甲苯-2-磺酸	50WEP	3	10	20	7	410	180	≥76
邻硝基甲苯	低压汞灯	—	—	40	8	—	90	≥42
蚁酸	低压汞灯	10	10	40	8	216	60	≥95
苯酚	120W	—	11.5	40	8	210	180	≥95
蚁醛	低压汞灯	10	15	20	6.7	16×10^{-4}	60	97
杀虫剂	低压汞灯	2.7	15	20	6.7	16×10^{-4}	120	≥90

3）$UV/O_3/H_2O_2$

采用 UV 辐照，H_2O_2 和 O_3 联合的高级氧化技术已得到了深层次的研究，并表明 $UV/O_3/H_2O_2$ 能够高速产生使其过程顺利进行的羟基自由基。$UV/O_3/H_2O_2$ 流程的商业应用也日益增长，并被当做一种与 UV/H_2O_2 流程颇具竞争力的工艺。下面就这种流程作简短描述。

① 反应机理

在 $UV/O_3/H_2O_2$ 的反应过程中，·OH 的产生机理可归结为以下几个反应式：

$$H_2O_2 + H_2O \longrightarrow H_3O^+ + HO_2^-$$

$$O_3 + H_2O_2 \longrightarrow O_2 + HO\cdot + HO_2\cdot$$

$$O_3 + HO_2^- \longrightarrow HO_2\cdot + O_2^- + O_2$$

$$O_3 + O_2^- \longrightarrow O_3^- + O_2$$

$$O_3^- + O_2 \longrightarrow HO\cdot + HO^- + O_2$$

同样，·OH 被认为是引发有机物氧化降解的最重要的中间产物，相应的速率常数通常在 10^8～10^{10} $m^{-1}\cdot s^{-1}$，与 UV/O_3 过程相比，H_2O_2 的加入对·OH 的产生有协同作用，从而表现出了对有机污染物更高的反应速率。

② $UV/O_3/H_2O_2$ 应用

$UV/O_3/H_2O_2$ 流程在处理多种工业废水和受污染地下水方面的应用已有了报道。这种高级氧化技术既可用于全程处理也可用于与其他工艺结合的预处理或净化步骤。据报道 $UV/O_3/H_2O_2$ 系统已用于以下物质的氧化：多种农药（如 PCP、

DDT、Vapam 等)、TNT、卤代烃（如 $CHCl_3$、PCE 等）和其他一些化合物（硝基苯、苯磺酸等）。在成分复杂的废水中，某些反应可能受抑制，在这种情况下，$UV/O_3/H_2O_2$ 系统就显出了优越性，因为它可能通过多种反应机理产生氢氧自由基。$UV/O_3/H_2O_2$ 系统受有色及浓浊废水的影响程度较低，且适用于更广的 pH 值范围。

4.5.6　光化学催化氧化处理技术

如前所述，光降解反应包括无催化剂和有催化剂的光化学降解。后者又称光催化降解（Photocatalytic Degradation），一般可分为均相、非均相两种类型。均相光催化降解主要以 Fe^{2+}或 Fe^{3+}及/H_2O_2 为介质，通过 Photo-Fenton 反应使污染物得到降解，此类反应能直接利用可见光。多相光催化降解就是在污染体系中投加一定量的光敏半导体材料，同时结合一定能量的光辐射，使光敏半导体在光的照射下激发产生电子-空穴对，吸附在半导体上的溶解氧、水分子等与电子-空穴作用，产生·OH 等氧化性极强的自由基，再通过与污染物之间的羧基加成、取代、电子转移等使污染物全部或接近全部矿化，最终生成 CO_2、H_2O 及其他离子如 NO_3^-、PO_4^{3-}、SO_4^{2-}、Cl^-等。

与无催化剂的光化学降解相比，光催化降解在环境污染治理中的应用研究更为活跃。目前有关光催化降解的研究报道中，以应用人工光源的紫外辐射为主，它对分解有机物效果显著，但费用较高，且需要消耗电能。因此，国内外研究者均提出应开发利用自然光源或自然、人工光源相结合的技术，充分利用清洁的可再生能源，使太阳能利用与环境保护相结合，发挥光催化降解在环境污染治理中的优势。

（1）均相光化学催化氧化

均相光化学催化氧化主要是指 UV/Fenton 试剂法。Fenton 试剂是亚铁离子和过氧化氢的组合，该试剂作为强氧化剂的应用已具有一百多年的历史，在精细化工、医药化工、医药卫生、环境污染治理等方面得到广泛的应用。Fenton 法是一种高级化学氧化法，常用于废水深度处理，以去除 COD、色度和泡沫等，其主要原理是利用亚铁离子作为过氧化氢的催化剂，反应过程中产生羟基自由基（Hydroxyl Radical，·OH），可氧化大部分的有机物，是一种很有效的废水处理方法。Fenton 试剂氧化在 pH 值 3.5 下进行，在该 pH 值时其自由基生成速率最大。Fenton 试剂及各种改进系统在废水处理中的应用可分为两个方面：一是单独作为一种处理方法氧化有机废水；二是与其他方法联用，如与混凝沉降法、活性炭法、生物法、光催化等联用。

利用 Fenton 试剂的强氧化性，国外同行将 Fenton 试剂辅以紫外或可见光辐射，开发了光助 Fenton 技术（Photochemically Enhanced Fenton），极大地提高了传统 Fenton 氧化反应的处理效率。

通过投加低剂量氧化剂来控制氧化程度，使废水中的有机物发生部分氧化、耦合或聚合，形成分子量不太大的中间产物，从而改变它们的可生物降解性、溶解性及混凝沉淀性，然后通过生化法或混凝沉淀法去除。该方法与深度氧化相比，可大大节约氧化剂的用量，从而降低总的废水处理成本。

Fenton 试剂作为一种强氧化剂用于去除废水中的有机污染物，具有明显的优点。目前存在的主要问题是处理成本较高，但对于毒性大、一般氧化剂难氧化或生物难降解的有机废水的处理仍是一种较好的方法，再与其他处理方法联用，可以降低处理成本，拓宽 Fenton 试剂的应用范围。

1）UV-Fenton 反应机理

H_2O_2 在 UV 光照条件下，产生·OH：

$$H_2O_2 + hv \longrightarrow 2 \cdot OH$$

Fe^{2+}在 UV 光照条件下，可以部分转化为 Fe^{3+}，所转化的 Fe^{3+}在 pH=5.5 的介质中可以水解生成羟基化的 $Fe(OH)^{2+}$，$Fe(OH)^{2+}$在紫外光作用下又可以转化为 Fe^{2+}，同时产生·OH：

$$Fe(OH)^{2+} \longrightarrow Fe^{2+} + \cdot OH$$

正是由于上式的存在使得过氧化氢的分解速率远大于亚铁离子或紫外催化过氧化氢分解速率的简单加和。

Fenton 试剂在 UV 光照条件下，产生·OH（Fenton 反应）：

$$Fe^{2+} + H_2O_2 \longrightarrow Fe^{3+} + OH^- + \cdot OH$$
$$Fe^{3+} + H_2O_2 \longrightarrow Fe^{2+} + HO_2 \cdot + H^+$$

同时有机物在氧化过程中，会产生中间产物草酸。草酸和铁离子混合后，可形成稳定的草酸铁配合物 $Fe(C_2O_4)^+$、$Fe(C_2O_4)_2^-$、$Fe(C_2O_4)_3^{3-}$，它们的累积稳定常数的对数值分别是 9.4、16.2、20.8。

而草酸铁配合物是光化学活性很高的物质，在光化学研究中常被用作化学光量计来测定 250～450 nm 波长范围的光强。在紫外光和可见光的照射下，草酸铁配合物极易发生光降解反应：

$$2[Fe(C_2O_4)_n]^{(3-2n)} \longrightarrow 2Fe^{2+} + (2n-1)C_2O_4^{2-} + 2CO_2$$

光还原生成的 Fe^{2+}与 H_2O_2 再进行 Fenton 反应。

以上反应生成的·OH 可以与有机物 HRH 发生反应生成 RH·，如下所示：

$$HRH + \cdot OH \longrightarrow H_2O + RH\cdot$$
$$RH\cdot + O_2 \longrightarrow O_2RH\cdot$$
$$RH\cdot + RH\cdot \longrightarrow HRRH\cdot$$

RH·随后会与水中的溶解氧 O_2 反应产生 $O_2RH\cdot$，因此 O_2 的存在在这个氧化过程中有着重要的作用，否则 RH·就会与 RH·发生反应生成 HRRH·，从而降低了有机物的降解效率，这是我们所不希望的。Weichgrebe 和 Vogelpohl 已经证明，氧气或空气的加入可大大降低 H_2O_2 的用量。UV-Fenton 反应体系如图 4-33 所示。

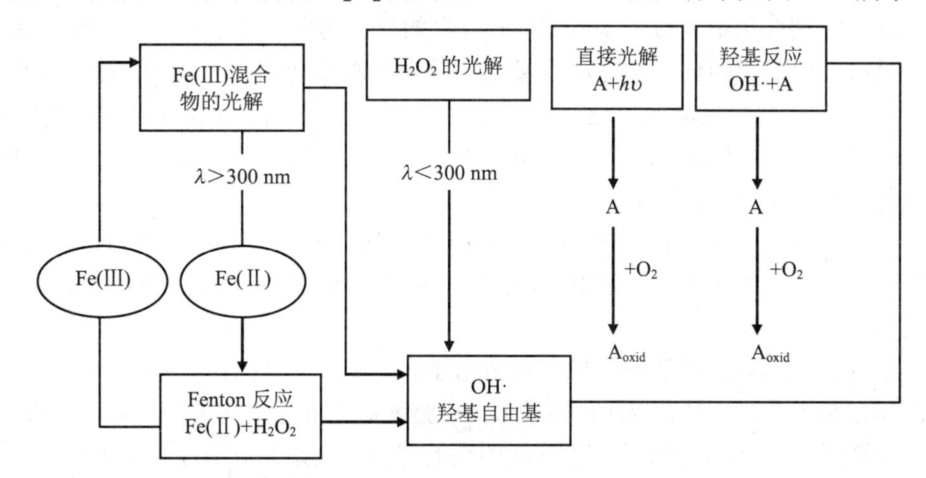

图 4-33　UV-Fenton 的化学反应体系

2）影响 UV/Fenton 反应的因素

目前的研究结果表明，影响 Fenton 反应速率的有以下几个方面。

① 有机物浓度的影响。由于 Fenton 反应降解有机物，是在光的照射下进行的。显然，光催化降解反应体系具有良好的透光性，是光催化降解反应得以顺利进行的前提条件。

② 亚铁离子浓度的影响。许多金属具有专门的氧传递特性，能提高双氧水的利用。到目前为止，最普遍的是铁，它被使用在特定方式中，产生高度活性羟基基团。

亚铁离子浓度过高对过氧化氢的消耗过多，不利于羟基自由基的生成从而使得反应速率降低。若亚铁离子浓度过低则不利于过氧化氢分解为羟基自由基，也会使反应速度下降。因此维持适宜的亚铁离子浓度可以使反应持续高速进行。对于大多数情况，假如双氧水和有机物足量，催化循环开始得很快，使用亚铁或三价铁催化反应没有影响。然而假如 Fenton 试剂量少（双氧水小于 10～25 mg/L），一些研究表明亚铁可能更有效。跟随反应重复使用铁也是可能的。可以通过提高 pH 值，分离铁絮状体，重新酸化铁泥实现。一些新近发展也支持促进铁重新再使用的催化剂。

③ 过氧化氢浓度的影响。在维持其他反应条件不变的前提下，增大过氧化氢的投加浓度或投加量可以使反应在较高速率下进行，同时有机物的去除率也较高。当加入 20 倍的理论投加量的过氧化氢时，各项指标均没有明显变化。

在一个典型例子中会发生下述一系列反应：底物→氧化成中间体 A→氧化成中间体 B→氧化成中间体 C→氧化成中间体 D→氧化成中间体 E→二氧化碳。

这一系列变化中的每一步转变都有各自的反应速率，对于酚类，可能出现一种不希望的内部中间体（醌类），这要求足够双氧水推动反应跨越这个点。这种现象在预处理复杂有机废水以达到降低毒性中非常常见。随着双氧水剂量增加，COD 会稳定下降而毒性没有多大变化，直到到达一个极限，于是需进一步添加双氧水使废水中毒性迅速下降。

④ 不同载气的影响。在对氮气、空气和氧气三种载气进行光助 Fenton 反应的研究发现，氧气作为载气效果最好，空气稍差。为降低 Fenton 试剂的成本，一般可以采用空气作为载气。

⑤ pH 值和温度的影响。研究表明光催化反应降解有机物反应速率与温度符合阿累尼乌斯公式，且表现活化能较低，故温度对光催化反应影响不大。在 Fe^{2+}+ H_2O_2 系统中，因为催化过氧化氢分解的铁的有效形式是 $Fe(O_2H)^{2+}$、$Fe(OH)_2$。其在 pH 值为 3.0～5.0 浓度最高，因此在 Fe^{2+}+ H_2O_2 系统中需要调节 pH 值。同时 Fenton 反应由于生成了草酸、顺丁烯二酸、反丁烯二酸等有机酸，所以在反应过程中，废水的 pH 值将会降低，所以初始的反应 pH 值只要控制在 6.0 以下，就可以使反应过程控制在 3.0～5.0。但在其他类 Fenton 试剂系统中，pH 值对其反应影响不大。

⑥ 反应时间的影响。完成 Fenton 反应所需要的时间取决于上述讨论的许多因素，最显著的是催化剂剂量和废水负荷。对于简单的苯酚氧化，典型反应时间是 30～60 min。对于更复杂或浓度更大的废水，反应可能消耗几个小时。在这种情况下，按步实现反应逐步添加铁和双氧水，与增加最初剂量相比可能效率更高，反应也更安全。

确认反应完成可能有些麻烦。剩余双氧水的存在会干扰许多废水指标分析。剩余双氧水可以通过升高 pH 值到 7～10 或亚硫酸氢盐中和的方法去除。经常观察颜色变化可以用来估计反应进程。废水一旦加入双氧水会变黑，当反应完成又会变澄清。

（2）非均相光化学催化氧化

非均相光化学催化氧化主要是指用半导体，如 TiO_2、ZnO 等通过光催化作用氧化降解有机物，这是近来研究的一个热点。将半导体材料用于催化光降解水中有机物的研究始于近十几年。1976 年 S.N. Frank 等研究了在 TiO_2 多晶电极/氙灯作用下对二苯酚、I^-、Br^-、Cl^-等的光降解，同年他们用 TiO_2 粉末来催化光降解水中污染物也取得了满意的结果。1977 年，他们用氙灯作光源，用多种催化剂 TiO_2、ZnO、CdS、Fe_2O_3、WO_3 等对 CN^-和 SO_3^{2-}进行光降解研究，发现 TiO_2、ZnO、CdS 能有效催化 CN^-，产物为 CNO；TiO_2、ZnO、CdS 和 Fe_2O_3 能有效催化氧化 SO_3^{2-}，产物为 SO_4^{2-}，其反应速率均大于 3.1×10^6 mol/（d·cm^2）。在 S.N.Frank 开拓性工作的基础上，光催化氧化的研究工作已推广到金属离子、其他无机物和有机物的光降解，尤其在有机物的催化降解方面开展了大量的研究工作。目前，研究最多的是硫族化合物半导体材料，如 TiO_2、ZnO、CdS、Fe_2O_3、WO_3、SnO_2 等，不同的光敏半导体在水处理中表现为不同的光催化活性。TiO_2 由于化学稳定性高，耐光腐蚀，并且具有较深的价带能级，可使一些吸热的化学反应在被光辐射的 TiO_2 表面得到实现和加速，加之 TiO_2 对人体无害，所以目前在半导体的光催化研究中以 TiO_2 最为活跃。

1）反应机理

半导体材料之所以能作为催化剂，是由其自身的光电特性所决定的。根据定义，半导体粒子含有能带结构，通常情况下是由一个充满电子的低能价带和一个空的高能导带构成，它们之间由禁带分开。当用能量等于或大于禁带宽度（一般在 3 eV 以下）的光照射半导体时，其价带上的电子（e）被激发，越过禁带进入导带，同时在价带上产生相应的空穴（h^+）。与金属不同的是，半导体粒子的能带间缺少连续区域，因而电子-空穴对的寿命较长。在半导体水悬浮液中，在能量的作用下电子与空穴分离并迁移到粒子表面的不同位置，参与加速氧化还原反应，还原和氧化吸附在表面上的物质。光致空穴有很强的得电子能力，可夺取半导体颗粒表面有机物或溶剂中的电子，使原本不吸收光的物质被活化氧化，使其电子也具有强还原性，活泼的电子、空穴穿过界面，都有能力还原和氧化吸附在表面的物质。

迁移到表面的光致电子和空穴既能参与加速光催化反应，同时也存在着电子与空穴复合的可能性，如果没有适当的电子和空穴俘获剂，储备的能量在几个毫微秒之内就会通过复合而消耗掉。而如果选用适当的俘获剂或表面空位来俘获电子或空穴，复合就会受到抑制，随即氧化还原反应就会发生。因此电子结构、吸光特性、电荷迁移、载流子寿命及载流子复合速率的最佳组合对于提高催化活性是至关重要的。由于光致空穴和电子的复合在 ns 到 ps 的时间内就可以发生，从动力学角度看，只有在有关的电子受体或电子受体预先吸附在催化剂表面时，界面电荷的传递和被俘获才具有竞争性。

水溶液中的光催化氧化反应，在半导体失去电子的主要是水分子，OH^-和有机物本身也均可充当光致空穴的俘获剂，水分子经变化后生成氧化能力极强的羟基自由基·OH，·OH 是水中存在的氧化剂中反应活性最强的，而且对作用物几乎没有选择性。光致电子的俘获剂主要是吸附于 TiO_2 表面的氧，它既可抑制电子与空穴的复合，同时也是氧化剂，可以氧化己羟基化的反应产物，是表面羟基的另一个来源。上述机理可表示如下（以 TiO_2 为例）：

$$TiO_2 + hv \longrightarrow h^+ + e$$

$$h^+ + H_2O \longrightarrow \cdot OH + H^+$$

$$e + O_2 \longrightarrow O_2^-$$

$$O_2^- + H^+ \longrightarrow HO_2 \cdot$$

$$2HO_2 \cdot \longrightarrow O_2 + H_2O_2$$

$$H_2O_2 + O_2^- \longrightarrow \cdot OH + OH^- + O_2$$

$$H_2O_2 + hv \longrightarrow 2 \cdot OH$$

$$h^+ + OH^- \longrightarrow \cdot OH$$

2）光催化反应动力学

多相界面反应过程中，光催化降解遵循 Langmuir-Hinshewood 方程式，反应物的光降解速率可表达为：

$$R = -\frac{dC}{dt} = \frac{kKc}{1 + Kc} \quad (4\text{-}36)$$

式中，R —— 反应底物初始降解速率，mol/（L·min）；

c —— 反应底物的初始浓度，mol/L；

k —— 反应体系物理常数，即溶质分子吸附在 TiO_2 表面速率常数，mol/min；

K —— 反应底物的光降解速率常数，l/mol。

由式（4-36）可知，通过试验和计算，可以得到常数 k 和 K，及反应底物的半衰期。在低浓度时，$Kc \ll 1$，则：

$$R = kKc = K'c \quad (4\text{-}37)$$

即反应速率与溶质浓度成正比。

3）光催化降解反应器

光催化反应器是光催化处理废水的反应场所，高效光催化反应器的设计与制造，是进行一定规模太阳能光催化降解污染物的重要环节。

按照光源的不同，光催化反应器可分为紫外灯光和太阳能光催化反应器两种。目前通常采用汞灯、黑灯、氙灯等发射紫外光。由于紫外灯的使用寿命不长以及废水中紫外线易被灯管周围的粒子吸收等缺点，通常应用于实验室研究。而太阳能光催化反应器不具有上述缺点且节能，但应充分提高太阳能的采集量。

根据流通池中光催化所处的物理状态不同，光催化反应器可分为悬浮型光催化反应器和固定型光催化反应器。早期光催化研究多以悬浮相光催化为主。此类反应器结构简单，采用搅拌的方式使催化剂与污水充分混合，这样能保持催化剂固有的活性，但悬浮粒子对光线的吸收阻挡影响了光的辐照深度，催化剂难以回收，活性成分损失较大以及必须过滤、离心分离、絮凝等问题，使得悬浮型光催化反应器很难用于实际污水处理中。固定型是将 TiO_2 等半导体材料喷涂在多孔玻璃、玻璃纤维、玻璃板或钢丝网上，使污水流过经固定化的催化剂，并与之作用，以这种形式存在的 TiO_2 不易流失，但催化剂因固定而降低了活性，且运行时需要提高进入反应器的水压，催化剂还存在易淤塞和难再生的问题。目前，载体的选择及催化剂固定技术的研究已成为光催化处理废水的一个十分关键的方面。

根据光催化剂固定方式的不同，可分为以下两种不同的反应器。

① 非填充式固定床型光催化反应器。它以烧结或沉积方法直接将光催化剂沉积在反应器内壁，但仅有部分光催化表面积与液相接触，其反应速率低于悬浮型光催化反应器。

② 填充式固定床型光催化反应器。将半导体烧结在载体（如砂、硅胶、玻璃珠、纤维板）表面，然后将上述颗粒填充到反应器里。这类反应器既可省去光催化剂分离、回收的繁冗过程，又可增加光催化剂与液相接触面积，其反应速率也比悬浮型光催化反应器高。太阳能填充式固定床型光催化反应器在光催化水处理工业化方面具有广阔的应用前景。

目前，该技术已开始应用于水产有毒污染物的降解。表 4-18 列出了几种比较典型的光反应器及处理对象。

大量的研究表明，半导体光催化氧化法具有氧化能力很强的突出特点，对臭氧难以氧化的某些有机物如三氯甲烷、四氯化碳、六氯苯、六六六等能有效地加以光降解，所以对于难降解的有机污染物，光的催化降解显得更具意义。

光催化氧化法去除水中有机污染物的方法简便、氧化能力极强，通常能将水中有机污染物氧化成 CO_2 和 H_2O 等简单无机物，避免了一般化学处理可能带来的二次污染，且运行条件温和，处理过程本身有很强的杀菌作用，是一种极富吸引力的污水深度处理新方法，在含难降解有机物的工业废水处理方面也有很好的应用前景。

表 4-18 光催化反应器的类型反应器类型

反应器类型	光源	催化剂	载体	固定方式	处理对象
环状圆桶型流化床	400W 中压汞灯	TiO_2	石英砂	浸渍-烧结	4-氯酚和磺酸甲苯混合废水
槽式平板型流化床	4W 荧光灯	TiO_2	硅胶	溶液-凝胶	三氯乙烯湿空气
非聚光平板型固定床	太阳光	TiO_2	铁板	浸渍-干燥	硝酸甘油水溶液
		Pt/TiO_2			罗丹明 B 污染废水
高聚光管式反应器	太阳光	TiO_2	颗粒		含酚废水
低聚光管式反应器	太阳光	TiO_2	颗粒		四种实际工业废水
板式薄膜固定床	16 支 40W	TiO_2	玻璃板	浸渍-干燥	垃圾填埋渗滤液
板式薄膜固定床	太阳光	TiO_2	玻璃板	浸渍-干燥	二氯乙酸水溶液
管式固定床反应器	紫外线	TiO_2	玻璃纤维网	浸渍-干燥	大肠杆菌

（3）光催化氧化的应用

① 废水中有机污染物的光催化降解。对水体有机污染物的光催化降解研究较为深入。根据已有的研究工作，发现卤代脂肪烃、卤代芳烃、有机酸类、硝基芳烃、取代苯胺、多环芳烃、杂环化合物、烃类、酚类、染料、表面活性剂、农药等都能有效地进行光催化反应，最终生成无机小分子物质，消除其对环境的污染以及对人体健康的危害。对于废水中浓度高达每升几千毫克的有机污染物体系，光催化降解均能有效地将污染物降解去除，使其达到规定的环境标准。

② 废水中重金属污染物的去除。光催化降解不仅能用于治理有机污染，而且能还原某些高价的重金属离子，使之对环境的毒性变小。如对含 Cr^{6+}废水的试验表明，以浓度为 2 g/L 的 $WO_3/W/Fe_2O_3$ 的复合光敏半导体为催化剂，用太阳光光照 3 h，Cr^{6+}浓度由 80 mg/L 降至 0.1 mg/L，去除率达 99.9%。对于复杂的污染体系，如含有无机重金属离子和有机污染物的污水体系，光催化降解也能将二者同时催化去除。已有的研究发现，在光照条件下，以 TiO_2 为催化剂，Cr^{6+}和对氯苯酚这两种污染物能分别发生还原、氧化作用，达到光催化净化。

③ 饮用水的深度处理。饮用水水源污染，特别是微量有机物的污染，给自来水行业带来了严重的问题。目前水厂的常规工艺不仅无法去除有机物，而且氯化过程还可能产生对人体健康危害极大的有机氯化合物。迄今为止，国内外饮用水去除有机污染物的技术均不能令人满意，尤其是有机氯化合物很稳定，难为一般的处理方法所去除。而应用光催化降解法，此类难去除的化合物均能在短时间内得以降解。

4.5.7 超声波处理技术

超声对化学反应所起的独特作用及其良好的应用前景越来越引人注目。其具有能耗低、少污染或无污染的特点，而且降解彻底，能将水体中的有毒有机物转化为 CO_2、H_2O、无机离子或短链有机化合物。利用超声降解水中的污染物，尤其是难降解的有机污染物，是近年来发展起来的一种新型水处理技术。它是指利用超声辐射产生的空化效应分解水中的有机化合物，使之成为环境可接受的小分子化合物。超声波技术集高级氧化、超临界氧化、焚烧等多种水处理技术特点于一体，降解条件温和、速度快、可适用范围广，可单独使用或与其他技术联用，具有良好的应用前景。

超声化学的研究进展表明超声也是一种有效的水处理高级氧化技术，超声在溶液中的空化作用能降解其中的有机污染物，超声波净化法被认为是一种清洁且具良好前景的高级氧化技术。

（1）超声降解作用机理

超声降解水体中的化学污染物是一物理化学降解过程，其主要基于超声空化效应以及由此引发的物理和化学变化。超声作用的化学反应可能包括下列内容：生成热、混合（搅拌）、传质、促进物质间接触、驱散污染层、形成·OH。超声波的频率范围一般为 20 k～10MHz。当一定强度的超声波施于某一液体系统中时，将产生一系列的物理和化学效应，这些反应是由声场条件下大量空化气泡的产生和破灭引起的，并明显改变液体中溶解态和颗粒态物质的特性。声化学反应主要源于声空化 —— 液体中空腔的形成、振荡、生长、收缩至崩溃及其引发的物理、化学变化。声空化产生的高温高压条件足以打开结合力很强的化学键，并且促进“水相燃烧”反应。

1）空化理论

超声降解有机污染物，并非声场与反应物分子直接作用，而是源于超声的声空化效应。空化理论是超声降解的基本理论。超声波由一系列疏密相间的纵波构成，并通过介质向四周传播。声空化是功率超声最重要的一种非线性效应。

超声对液体会交替地施加压缩和拉伸力，这项拉伸力本来不足以断烈完整的液滴，但实际的流体中总存在一些弱点，那里溶有气体或掺有杂质，称为空化核。于是在足够强超声的拉伸下，这些弱点将各自断裂成很微小的空化泡。空化泡内并不是空的；液体会汽化，而当液体内溶解有气体时，液态气因空化泡的出现会脱出成气体，所以空化泡内一般会有汽或者汽、气的混合体。当然，也可能液体内在没有射入超声前本来已有气泡。

空化作用有两种：一种是迫使气泡的半径作周期性变化，也就是说，使气泡作周期性的脉动，这称为稳态空化；一种是迫使气泡迅速增大，又更迅速地收缩，以致崩溃。迅速是指整个增长相崩溃的过程典型的只占几微秒的时间。所谓崩溃，有时是分裂成许多更微小的泡，有时则是溶进液体中，不再存在。这种泡壁运动方式称为瞬态空化。究竟出现哪一种方式，主要依赖于超声频率，看这个频率相对于原来气泡的谐振频率的关系。气泡的谐振频率除取决于气泡的半径大小外，还少量受其他一些参数的影响，像气泡周围液体中表面张力系数、静压力、密度、黏滞系数、温度等。超声的强弱则决定泡壁运动的强弱。在一定条件下，稳态空化也可以向瞬态空化转化。

超声空化是液体中的一种极其复杂的物理现象，它是指液体中的微小泡核在超声波作用下被激化，表现为泡核的振荡、生长、收缩及崩溃等一系列动力学过程。在一定频率和强度的超声作用下，当声能足够高时，在疏松的负压半周期内，液相分子间的吸引力被打破，形成空化核。空化核发生振荡、生长，如果声压幅值超过液体内部静压强，存在于液体中的微小气泡（空化核）就会迅速增大。在相继而来的声波正压周期中，气泡又绝热压缩而崩溃。

该过程集中声场能量，并能绝热地迅速释放，形成局部热点。瞬间可以产生5 000 K以上的高温及50 MPa的高压，气泡与水界面处温度也可达2 000K。持续数微秒后，该热点随之冷却。空化发生时，伴有强大的冲击波（均相），液体中会产生很高的剪切力（非均相射流，时速达400 km）施加于其中的物质上，这种现象称为超声空化。空化正是以这种特殊的能量形式来加速化学反应或启动新的反应通道。因此，声化学反应的主动力是声空化，这就为有机物的降解处理创造了一个极端的物理环境。

2）反应机理

超声波能加快反应进程，主要作用机理有高温热解、·OH自由基氧化机理、超临界水氧化机理和超声波的机械效应。其高频振动在溶液中形成的空穴附近形成热点，使进入空化泡中的水蒸气发生了分裂及链式反应，形成·H、·OH，强大的剪切力可使大分子主链上的碳键断裂，从而起到降解高分子的作用，并促使上述产生的自由基进入整个溶液，促使物质的氧化分解。

① 高温热解机理

空化泡的气液界面处，为高温高压空化泡相和常温常压本体溶液之间过渡区域。虽然该区域温度较空化泡气相低，但仍存在着局部高温（2 100℃左右）。主要是针对易挥发的非极性有机物提出的。超声空化过程中，众多微泡可以看成一个个细微的反应器，易挥发的非极性有机物较容易进入空化泡，在空化泡崩溃产生高温时直接热解。这个过程主要发生在空化泡内或者空化泡的界面处。挥发性有机物的降解程度取决于空化泡内的物理、化学性质，而挥发性有机物进入空化泡后必然带来空化泡内的物理、化学性质的改变。挥发性物质存在空化泡时绝热崩溃所达到的温度 T_c 决定高温降解的程度，温度 T_c 的表达式为：

$$T_c = T_b(\gamma - 1)P_{max} / P_{min} \quad (4\text{-}38)$$

式中，T_b —— 液相本体温度；

P_{max} —— 液相及外界对空化泡的最大压力；

P_{min} —— 空化泡内气体的最低压力；

γ —— 空化泡内的比热比（$\gamma = C_p/C_v$），受到挥发性物质存在的影响。

目前大量的实验数据显示：挥发性有机物在空化泡内的降解反应普遍遵循一级反应动力学，与一般高温热解的动力学机理非常相似。

② ·OH 自由基氧化机理

·OH 自由基氧化机理是基于那些难挥发的极性有机物难以扩散到空化泡而主要在液相本体发生降解过程而提出的。自由基的形成一般存在两种理论：放电理论（Electrical Discharge Theory）和热点理论（Hot Spot Theory）。空化泡崩溃时，在上述两理论作用下导致水分子断裂，生成高氧化性的·OH，扩散到液相本体和有机物发生氧化反应。

实验证据还来自称为“声致发光”的现象。原来空化泡中在超声作用下经常伴有微弱的光，光谱从红外延展到紫外。早在 50 多年前，有人提出了空化过程中会有电荷产生的假说，认为当液体开始形成空腔时，在空腔壁上会产生电荷。壁上电荷的分布是不均匀的，对于扁形的空腔，壁方两侧的不同电荷将产生电场，当空腔收缩时，可以发生电击穿，导致发光。但空化的高温理论则认为，导致发光现象可用高温产生黑体辐射来解释。近来不赞成化学效应中高温理论的研究人员则指出，实验中也曾观察到，声压不够导致声致发光所需高温时，在某些例中仍然发光。他们因此主张，“热点”理论并不完全正确，并返回到约 50 年前开始的电学观点，提出了新的电荷理论，认为在崩溃的气泡内，出现电子-分子撞击，而不是分子-分子撞击。另有人则认为，电荷的产生，是由于气泡崩溃时，经常分裂为许许多多微气泡，就在分裂过程中，微气泡会充带电荷，正像通常向空气中喷射液体雾时，雾粒子会充带电荷一样。目前，这些不同的学说正在争论和发展中。

在空化伴随发生的高温、高压下，水分子裂解导致自由基形成。

$$H_2O \longrightarrow \cdot H + \cdot OH$$

$$O + H_2O \longrightarrow \cdot OH + \cdot OH$$

$$\cdot OH + \cdot OH \longrightarrow H_2O_2$$

空化泡崩溃产生的冲击波和射流，使·OH 和 H_2O_2 进入整个溶液中，为化学反应提供了一个极特殊的物理化学环境。自由基由于含有未配对电子，所以其性质活泼，具有很强的氧化能力，可在空化气泡周围界面重新组合或与气相中的挥发性溶质反应形成最终产物，可以使常规条件下难分解的有毒有机污染物降解。

在超声空化作用过程中产生的高温、高压条件下，水分子可以裂解产生自由基。一般来说，大部分的研究认同“热点”的理论解释实验结果。“热点假设”认为降解反应可能存在于 3 个区域（如图 4-34 所示）。

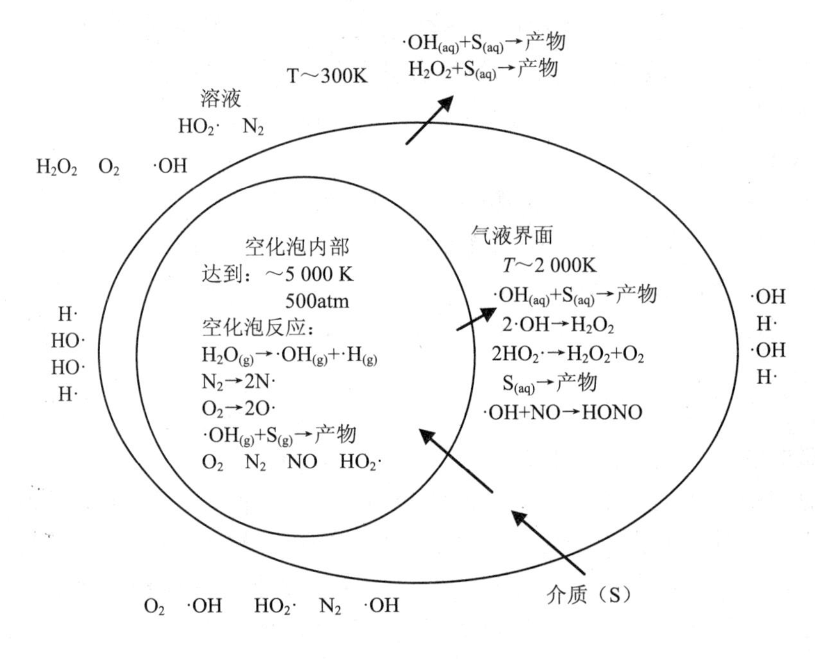

图 4-34 空化过程的 3 个区域

a. 热气核：该区域含水蒸气、溶解性气体和挥发性溶质。空化泡崩溃时的高温高压和氧化自由基形成的强氧化氛围使得该区域发生热解反应和自由基反应。

b. 气液界面处（约 0.2 μm 厚）：空化泡崩溃时该区温度在 2 000 K 以上，热解反应与自由基反应均会发生。如果溶质浓度高则以热解反应为主，相反以自由基反应为主。大量研究表明，降解反应主要发生在该区。

c. 本体液相区：据估计，空化泡崩溃时所产生的自由基有 10%左右逃逸进入该区，并与溶质发生反应。

反应区域中发生的反应也与反应体系的性质有关。通常难挥发或不挥发亲水性有机物与空化泡中扩散出的自由基发生反应而降解，这种降解反应主要发生在气液界面层或本体液相中；易挥发疏水性物质主要以热分解形式在空化气泡内进行降解，但是如果反应物挥发性不足以使其进入界面层，那么超声辐照不能起到显著强化效应。

用超声的空化作用降解有机物的研究，始于20世纪90年代初。研究表明，水体中有机污染物的超声降解效果，在很大程度上受有机物本身的性质的影响。超声降解憎水性的四氯乙烷和三氯乙烯效果明显，其降解过程主要依靠的是空化泡内的直接热解作用。但是超声降解乙炔和亲水性的苯酚、氯酚过程中，通常认为起关键作用的是空化过程中产生的·OH自由基。

空化泡崩溃瞬间产生明显的声化学反应。这种反应是由于产生高活性的自由基（·H、·OH）和热解引起的。这种空化气泡充满蒸汽并被疏水性的液体边界层包围。因此挥发性和疏水性物质优先累积于气泡中，发生热解和自由基反应，自由基可用电子自旋共振（ESR）谱法检测。其中有些自由基到达液体边界层进入膨胀的溶液中与亲水性物质发生反应。最近研究表明，这种声化学反应主要发生在100～1 000 kHz的中等频率范围内。而在1MHz以上很难产生空化。因用于产生空化的声强随频率的升高而升高。对于1MHz以上的高频，液体中的声波产生的微流和气泡较稳定，不会破灭，有时还升至水体表在水溶液中发生空化时产生的主要影响有：很高的流体剪切力；自由基反应·H、·OH及化学转化；挥发性疏水物质的热分解。

③ 超临界水氧化机理

由于空化效应产生的高温高压条件，使得空化泡内水分子位于其临界温度374℃与临界压力22MPa以上的状态，即处于超临界状态。超临界态水不同于气态也不同于液态和固态的新的流体态。这个状态下水的物理化学性质发生突变，能很好地溶解一些难降解的有机物，电常数常温常压下同极性有机溶剂相似，有高的扩散性和快的传输能力，是一种理想的反应介质，有利于大多数化学反应速率的增加。Hua等认为在水中超声辐照过程中超临界水将提供另一相化学反应。而有机物在超临界水中发生氧化反应，不需外界供给能量来维持反应，从而增加了大多数有机化学的反应速率。

现已表明废水中大量难降解污染物可通过采用超声波提高其生化性并得到降解。对各种化学污染物，如氯代烃类、醇类、芳香族化合物、碳水化合物、杀虫剂、酚类及各种聚合物进行试验，结果表明反应机理根据不同污染颗粒的物理化学性质而有所不同。

挥发性污染物优先被热解反应降解，该反应发生在空化气泡的气相中；疏水性污染物累积并在空化气泡的疏水边界层发生反应。边界层的·OH和H_2O_2浓度明显高于周围液体。降解主要由热解和自由基反应完成；液体中亲水污染物的降解主要由与自由基或H_2O_2反应完成；大分子和颗粒物由空化气泡崩灭产生的流体力学力分解。

④ 超声波的机械效应

超声空化产生的微声流和微小涡流强化了液体中的物质和热量传递。超声波对于液-固体系最直接的影响也是机械效应，这种影响通过空化泡的对称崩溃和非对称崩溃表现出来。当气泡对称崩溃时，产生冲击波和射流，使固-液膜变薄，提高了传质系数，促进了膜传质。Ratoarinoro 等研究表明，超声空化以其引起的快速机械搅动作用强化了反应。Hagenson 等研究表明超声微流提高了固-液膜内部局部扰动，从而提高了溶解过程中的固-液传质系数，射流导致固体表面凹陷，剪切作用使粒子破碎，这些作用都使得固体颗粒的表面面积增大，从而提高了溶解速率。

（2）超声影响因素

空化开始时，液体发出嘶嘶的空化噪声。空化噪声就是液体内被撕裂开时发出的尖锐破裂声，这种噪声可以很强。产生空化所需的最小声强（或声压幅值）称之为空化阈或临界强度（临界声压）。空化时释放出来的能量可由悬浮在液体内的金属箔经空化腐蚀后损失掉的重量而确定之。空化释能也可通过空化所引起的化学反应而推算出来，比如可通过溶解在液体中的四氯化碳在空化过程中释放出的氯气量来确定之。超声空化作用受诸多因素影响，阐述如下。

1）超声波的理化特性

超声波的理化特性包括频率和声强。超声波的频率和声强通过影响声空化效率而影响污染物的降解。

① 超声波频率

超声波通常选用的频率为 20～750 kHz，过高的频率将使空化泡的疏密循环过快影响空化泡的崩溃。一般在声强相同的情况下，频率的提高有利于污染物的降解。

超声频率效应的研究是超声降解水体中污染物的一个重要内容。在 20～750 kHz 的频率范围内频率增高，·OH 产率也相应增加，有利于氧化反应。但超过一定范围，频率增高将会使空化难以发生。因为频率增高、声波膨胀相时间变短，空化核来不及增长到可产生效应的空化泡。即使形成了空化泡，由于声波的压缩相时间过短，空化泡可能来不及发生崩溃。

一般而言，超声频率低时，空化泡崩溃更剧烈，产生更极端的高温高压有利于热解反应的进行；频率提高时，空化泡的崩溃不够剧烈，产生的空化作用不够强，但有更多的空化泡生成，因而自由基产生的机会更多。另外，在高频操作下，空化泡存在的时间缩短，将提高进入水体混合物的自由基数量，促进本体溶液中的反应。

② 超声功率强度

超声降解反应的速率一般总是随功率强度的增大而增加，但功率强度过高会适得其反。例如，利用探头式超声波发生器降解农药甲胺磷水溶液时最适宜的声强为 80 W/cm^2。随着声强的增加，空化程度增加，甲胺磷的降解率增大，但声能太大，空化泡会在声波的负相长得很大而形成声屏蔽，使系统可利用的声场能量反而降低，降解速度反而下降。在行波场中发生空化效应的声能强度阈值为 0.7 W/cm^2，但在超声波发生器中建立的声场都属于小尺度的混响场，在相同的输出声强条件下，由于在混响场内声能密度的叠加，使其声化学产率较行波场大 6～10 倍，产生空化效应的声能强度阈值也降低为 0.3 W/cm^2。超声功率强度一般以单位辐照面积上的功率来衡量，有时也采用单位体积液体消耗的功率来表示。

2）反应体系的性质

反应体系的性质包括溶液中饱和气体和液体的种类、溶液的 pH 值、温度、超声波反应器的结构等。

① 溶解气体的影响

超声空化需要空化核，反应液中的饱和溶解性气体可以作为空化核降低空化闭，提高空化效果。另外溶解性气体如 N_2、O_2 产生的自由基也参与降解反应过程。研究表明比热容大的气体更有利于空化气泡的崩溃，单原子气体比双原子气体、杂原子气体更适合作空化过程中的气源。Hua 的研究表明，用 Kr、Ar、He 作饱和气的情况下，自由基的绝对产率符合以下次序 $K_{Kr}>K_{Ar}>K_{He}$。因此，在声化学中，单原子气体（He、Ne、Ar）比双原子气体和空气（N_2、O_2）用得多一些。如用频率为 20 kHz 的超声波降解溶解 Kr、Ar、He、O_2 四种气体水溶液时，由于溶解的气体不同，H_2O_2 和·OH 的生成速度变化约为一个数量级。

水中溶解的气体、分散的小气泡或由于热扰动产生的气泡以及固体微粒等，都有可能促进空化作用。反应体系中溶解性气体的存在可提供空化核，以稳定空化效果。溶解气体的绝热指数越大，声化学效应越明显。

② 液体的性质

液体的性质如溶液黏度、表面张力、pH 值以及盐效应都会影响溶液的超声空化效果，下面分别讨论这些因素对降解速度的影响。

A．溶液黏度　溶液黏性对空化效应的影响主要表现在两个方面：一方面它能影响空化阈值；另一方面它能吸收声能。当溶液黏度增加时，声能在溶液中的黏滞损耗和声能衰减加剧，辐射入溶液中的有效声能减少，致使空化阈值显著提高，溶液发生空化现象变得困难，空化强度减弱，因此，黏度太高不利于超声降解。

B．表面张力　随着表面张力的增加，空化核生成困难，但它爆炸时产生的极限温度和压力升高，有利于超声降解。当溶液中有少量的表面活性剂存在时，溶液的表面张力迅速下降，在超声波作用下有大量泡沫产生，但气泡爆破时产生的威力很小，因此，不利于超声降解。

C．pH　超声降解发生在空化核内或空化气泡的气液界面处，因此，溶液的pH调节应尽量有利于有机物以中性分子的形态存在并易于挥发进入气泡核内部。例如，对于有机酸和有机碱的超声降解，应尽量在酸性和碱性条件下进行，这样更有利于有机物分子以更大的比例分布在气相中；反之，有机物分子以盐的形式存在，水溶性增加，挥发度降低，使得空化气泡内部和气-液界面处的有机物浓度较低，不利于超声降解。例如，对十二烷基苯磺酸钠溶液的超声降解维持低 pH 是有利的，而溶液的 pH 对氯苯溶液的超声降解过程没有影响。除了要考虑有机物分子本身的酸碱性之外，溶液最佳 pH 的确定还需要考虑超声降解机理。例如，氧化过程是以 H_2O_2 还是以·OH 的氧化反应为主。因为 H_2O_2 与·OH 在最大产生速率时对应的 pH 是不同的。例如，三氯乙烯水溶液在被氨气饱和的碱性溶液中分解速度最快。

D．盐效应　在溶液中加入盐，能改变有机物的活度，因而影响有机物在气-液界面与本体溶液相之间的浓度分配，从而影响超声降解速率。溶液中金属离子或金属化合物的存在对污染物的降解过程将产生一定的催化作用。例如在20 kHz 的超声波反应器中加入氯化钠、氯苯、对乙基苯酚以及苯酚的降解速率可以分别提高 60%、70%和 30%，而且反应速率的提高与污染物在乙醚水中的分配系数成正比。这是因为加盐后水相中离子浓度增加，更多的有机物被驱赶到气液界面。Okouchi 通过添加 Fe^{2+}、MnO_2 显著提高了苯酚的降解速率。Kotronaron 等发现 I^- 离子能够加速水体中 CCl_4 和 H_2S 的降解。Shirgaonkar 等则发现非均相催化剂 TiO_2 对 2,4,6-三氯苯酚的声化学降解有明显的促进作用，降解率可提高50%～100%。

E．温度　温度的提高将提高蒸气压，使空化更易进行，从而使反应更激烈。温度对超声空化的强度和动力学过程具有非常重要的影响，从而造成超声降解的速率和程度的变化。温度升高会导致气体溶解度减小、表面张力降低和饱和蒸气压增大，这些变化对超声空化是不利的。一般声化学效率随温度的升高呈指数下降，因此，声化学过程在低温（＜20℃）下进行较为有利，超声降解实验一般都在室温下进行。

液体的空化程度随温度的升高而增大，这是因为温度升高时会产生更多的空化核。不过温度升高时会使液体的表面张力变小，同时也会使液体的饱和蒸气压升高，这都将影响液体的空化。随着温度的升高，开始时空化释能也增大，然后它将达到一最大值，此时如果温度继续升高，空化释能将呈下降的趋势。为在给定的液体内获得最大的空化效应，应使温度处于曲线中峰值所对应的温度值处。不过有时要想工作在这种温度条件下是不大可能的，因为温度太高时换能器的压电效应或磁致伸缩效应会大大下降。

由于水的表面张力相对来讲比较大，因此它是一种效果很好的空化液。若在水中加入 10%的酒精，则空化效果就更好些。掺酒精会使水的饱和蒸气压大大增加，但同时也会使表面张力下降，不过由饱和蒸气压增大给空化带来的益处远远大于由于表面张力下降所带来的不利效果。

③ 超声波反应器结构

常用的超声波反应器如图 4-35 所示，合适的反应器形式有利于污染物降解速率的提高。目前研究超声对污染物的净化降解多采用探头式，和探头式换能器配套的反应器有底窝管型、玫瑰管型、压力管型等。通常认为采用底窝管型更有利于超声波在净化系统内扩散分布，双频超声比单频超声空化效果好，平行比垂直好，反应器最好是一个混响场，能使声能得到聚焦和反射。Hua 等研究了平行板近场式声化学反应器处理水体中有机污染物。该反应器具有较高的声能输出和较大的辐射面积，采用连续操作方式，处理能力大，可望用于大规模生产。Gondrexon 等设计了实验室规模的三级串联连续式声化学反应器，其中每一级可看成一个高频的杯式声化学反应器，其用于处理水溶液中的五氯苯酚，取得了良好的效果。

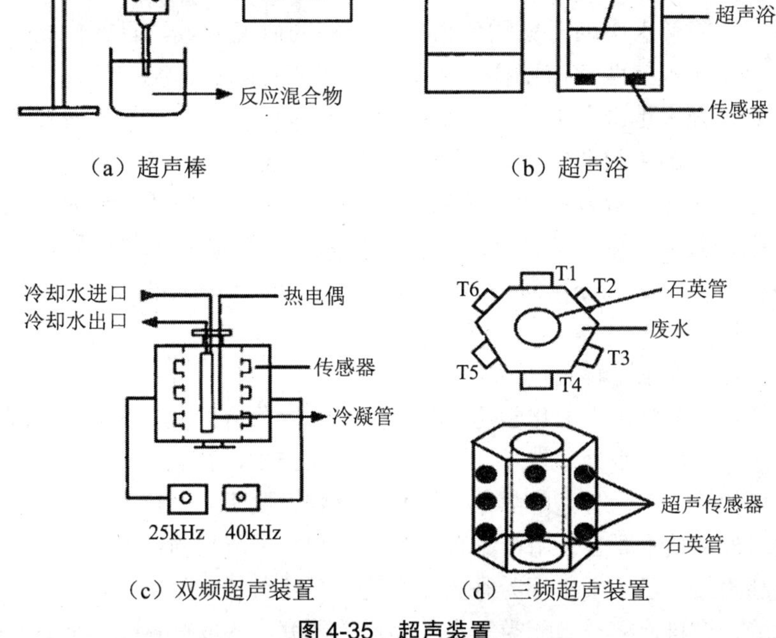

图 4-35 超声装置

反应器设计的目的就是在恒定输出功率条件下，尽可能提高混响场强度，增强空化效果。现在普遍应用的仍为单频超声反应器。一般的研究是通过改变超声波的波源位置和频率来增强反应器功能的。如沈壮志等的研究表明，双频超声比单频超声的空化效果好，平行比垂直的效果好。与双频系统比，三轴对称的声场极大地提高了声能效率。而 Seymour 等由于在反应器设计中采用了聚焦和反射手段，也大大提高了声能的利用率。

3）污染物自身性质的影响

污染物自身特性将会直接影响到污染物的降解速率。亲水性的物质，如苯酚、氯酚等，主要是被超声空化形成的自由基（·H、·OH、·OOH 等）氧化，而易挥发的污染物，如四氯化碳、氯苯等，主要是在高温的相界面处或在空化泡破裂的气相内被分解掉。

污染物自身的特性主要包括污染物的挥发性、极性、形态结构等。通常认为超声波对极性物质的氧化效率往往比非极性、挥发性污染物差。已经研究过的超声降解的物质很多，可以大致将其分为疏水性有机污染物和亲水性有机污染物。疏水性有机污染物主要包括脂肪烃及卤代脂肪烃、氯氟代烃，这些有机污染物易挥发难溶于水，主要降解途径是进入空化泡以热解的形式去除。

亲水性有机污染物的降解研究主要为单环芳香族化合物以及酚类、多氯联苯、农药等。这类有机污染物不易挥发，主要的降解途径是通过自由基氧化完成。

4）协同效应

用超声波降解水中的污染物作为一个新兴的研究领域，目前尚处于探索阶段，该技术要实现工业化需要提高声能的利用率和降解速度。超声空化产生的机械效应可以极大地改善非均相界面间的传质和传热效果，如何有效地利用超声空化是声化学的主要研究方向。将有机物水溶液的超声降解与其他降解方法相结合，有可能在充分发挥超声波的化学效应的同时也使其机械效应通过对其他过程的强化效应得到发挥，从而产生协同效应，提高有机物的降解速率和程度。超声波技术与 Fenton 试剂、臭氧、光催化技术及电化学技术等的联合将在下面章节详述。

（3）超声处理难降解有机污染物

利用超声波降解水中的化学污染物，尤其是难降解的有机污染物，是近年来发展起来的一项新型水处理技术。它集高级氧化技术、焚烧、超临界氧化等多种水处理技术的特点于一身，降解条件温和、降解速度快、适用范围广，可以单独或与其他水处理技术联合使用，具有发展潜力和应用前景的技术。

目前超声技术已用于单环芳香族化合物、多环芳烃、酚类、氯化烃、氯代化烃、有机酸、染料、醇类、酮类等多种物质的研究，并取得良好的效果。

近年来众多学者在研究超声降解水体中污染物时，首选的物系是易挥发的链状有机物，如短链的脂肪烃和卤代脂肪烃等，研究表明，这些非极性、易挥发有机物降解明显、速度快。其原因为这些有机物可直接在空化气泡内燃烧或热分解。在此基础上，一些学者开展了对水体中极性、难挥发有机物超声降解的研究，所研究物系集中为酚类，如苯酚、氯酚、硝基酚等，结果表明超声辐射不仅能够使这些物质脱氯、脱硝基，而且可使苯环发生断裂。为此，一些学者进一步研究了超声降解水体中的环状有机污染物，如单环芳烃（苯及其取代物）、多氯联苯（PCBs）及杂环化合物、多环芳烃（PAHs）等，发现超声辐射可使这些物质降解或改变其结构。相对于非极性、易挥发有机物而言，超声降解水体中极性、难挥发有机物的速度较慢，其降解途径主要是在空化气泡及其表面层·OH 的氧化。

4.6 消毒

为防止通过饮用水传播疾病，在生活饮用水处理中，消毒是必不可少的。消毒（Disinfection）并非要把水中微生物全部消灭，只是要消除水中致病微生物的致病作用。致病微生物包括病菌、病毒及原生动物胞囊等。

水中微生物往往会黏附在悬浮颗粒上，因此，给水处理中的混凝沉淀和过滤在去除悬浮物、降低水的浊度的同时，也去除了大部分微生物（也包括病原微生物）。但过滤出水还远远不能达到饮用水的细菌学指标。一般水质较好的河水约含大肠菌 10 000 个/L，混凝沉淀可以去除 50%～90%的大肠菌，过滤又可以去除进水中 90%的大肠菌，出水中还会含大肠菌 100 个/L。我国饮用水标准为大肠菌群≤3 个/L（37℃培养 24 h）。所以最后必须进行消毒。它是生活饮用水安全、卫生的最后保障。

在工业循环冷却水处理中，为了防止系统产生生物黏泥，要控制循环水中异氧菌≤5×10^5 个/ml，也需要消毒杀菌处理；为了防止离子交换树脂和分离膜受到细菌的侵蚀和污染，同样要对原水进行消毒杀菌。生活污水、医院污水和某些工业废水中不但存在大量细菌，而且含有较多病毒、阿米巴孢囊等，它们通过一般的废水处理都不能被灭绝（活性污泥法去除 90%～95%，生物膜法去除 80%～90%，自然沉淀去除 25%～75%）。为了防止疾病的传播，这类废水必须进行消毒处理。

水的消毒方法很多，包括氯及氯化物消毒，臭氧消毒、紫外线消毒及某些重金属离子消毒等。氯消毒经济有效，使用方便，应用历史最久也最为广泛。但自 20 世纪 70 年代发现受污染水原经氯消毒后往往会产生一些有害健康的副产物，例如三卤甲烷等后，人们便重视了其他消毒剂或消毒方法的研究，例如，近年来人们对二氧化氯消毒的日益重视。但不能就此认为氯消毒会被淘汰。一方面，对于不受有机物污染的水源或在消毒前通过前处理把形成氯消毒副产物的前期物（如腐殖酸和富里酸等）预先去除，氯消毒仍是安全、经济、有效的消毒方法；另一方面，除氯以外其他各种消毒剂的副产物以及残留于水中的消毒剂本身对人体健康的影响，仍需进行全面、深入的研究。因此，就目前情况而言，氯消毒仍是应用最广泛的一种消毒方法。

4.6.1 氯消毒

（1）氯消毒原理

氯易溶解于水（20℃和 98 kPa 时，溶解度 7 160 mg/L）。当氯溶解在清水中时，下列两个反应几乎瞬时发生：

$$Cl_2 + H_2O \Longleftrightarrow HOCl + HCl$$

次氯酸 HOCl 部分离解为氢离子和次氯酸根：

$$HOCl \Longleftrightarrow H^+ + OCl^-$$

其平衡常数为：

$$K_i = \frac{[H^+][OCl^-]}{[HOCl]} \tag{4-39}$$

在不同温度下次氯酸离解平衡常数见表 4-19。

表 4-19 次氯酸离解平衡常数

温度/℃	0	5	10	15	20	25
K_i /（10^{-8}mol/L）	2.0	2.3	2.6	3.0	3.3	3.7

【例题 4-1】计算在 20℃，pH 为 7 时，次氯酸 HOCl 所占的比例。

【解】根据

$$HOCl \Longleftrightarrow H^+ + OCl^-$$

$$K_i = \frac{[H^+][OCl^-]}{[HOCl]}$$

可得：

$$\frac{[OCl^-]}{[HOCl]}=\frac{K_i}{[H^+]}$$

K_i可查表 4-19，在 20℃时，$K_i=3.3\times10^{-8}$。

由此可见，HOCl 与 OCl^-的相对比例取决于温度和 pH。图 4-36 表示在 0℃和 20℃时，不同 pH 时的 HOCl 和 OCl^-的比例。pH 高时，OCl^-较多，当 pH＞9 时，OCl^-接近 100%；pH 低时，HOCl 较多，当 pH＜6 时，HOCl 接近 100%。当 pH=7.54 时，HOCl 和 OCl^-大致相等。

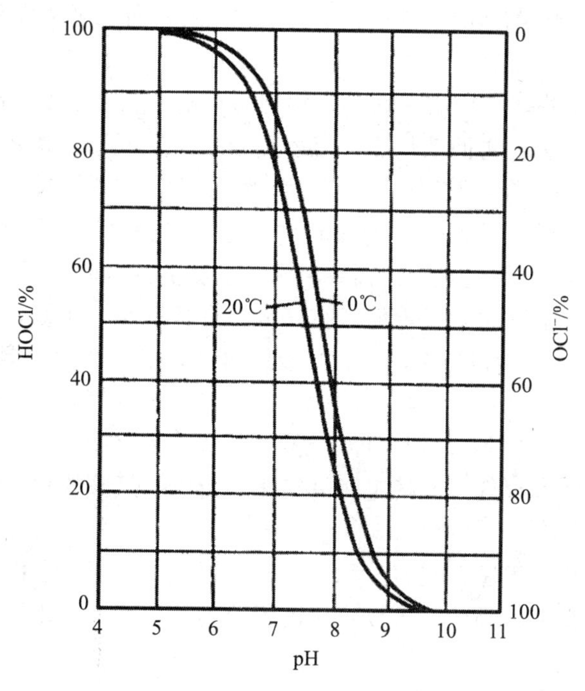

图 4-36　不同 pH 和水温时，水中 HOCl 和 OCl^-的比例

氯消毒作用的机理，一般认为主要通过次氯酸 HOCl 起作用。HOCl 为很小的中性分子，只有它才能扩散到带负电的细菌表面，并通过细菌的细胞壁穿透到细菌内部。当 HOCl 分子到达细菌内部时，能起氧化作用破坏细菌的酶系统而使细菌死亡。OCl^-虽亦具有杀菌能力，但是带有负电，难以接近带负电的细菌表面，杀菌能力比 HOCl 差得多。生产实践表明，pH 越低则消毒作用越强，证明 HOCl 是消毒的主要因素。

以上讨论是基于水中没有氨氮成分。实际上，很多地表水源中，由于有机污染而含有一定的氨氮。氯加入这种水中，产生如下的反应：

$$Cl_2 + H_2O \Longleftrightarrow HOCl + HCl$$
$$NH_3 + HOCl \Longleftrightarrow NH_2Cl + H_2O$$
$$NH_2Cl + HOCl \Longleftrightarrow NHCl_2 + H_2O$$
$$NHCl_2 + HOCl \Longleftrightarrow NCl_3 + H_2O$$

从上述反应可见：次氯酸 HOCl，一氯胺 NH_2Cl、二氯胺 $NHCl_2$ 和三氯胺 NCl_3 都存在，它们在平衡状态下的含量比例决定于氯、氨的相对浓度、pH 和温度。一般来讲，当 pH 大于 9 时，一氯胺占优势；当 pH 为 7.0 时，一氯胺和二氯胺同时存在，近似等量；当 pH 小于 6.5 时，主要是二氯胺；而三氯胺只有在 pH 低于 4.5 时才存在。

从消毒效果而言，水中有氯胺时，仍然可理解为依靠次氯酸起消毒作用。只有当水中的 HOCl 因消毒而消耗后，上述反应才向左进行，继续产生消毒所需的 HOCl。因此当水中存在氯胺时，消毒作用比较缓慢，需要较长的接触时间。根据实验室静态实验结果，用氯消毒，5 min 内可杀灭细菌达 99%以上；而用氯胺时，相同条件下，5 min 内仅达 60%；需要将水与氯胺的接触时间延长到十几个小时，才能达到 99%以上的灭菌效果。但氯胺消毒另有其特点，详见后文。

比较 3 种氯胺的消毒效果，$NHCl_2$ 要胜过 NH_2Cl，但前者具有臭味。当 pH 低时，$NHCl_2$ 所占比例大，消毒效果较好。三氯胺 NCl_3 消毒作用极差，且具有恶臭味（到 0.05 mg/L 含量时，已不能忍受）。一般自来水中不太可能产生三氯胺，而且它在水中溶解度很低，不稳定而易气化，所以三氯胺的恶臭味并不引起严重问题。

水中所含的氯以氯胺存在时，称为化合性氯或结合氯。自由性氯的消毒效能比化合性氯要高得多。为此，可以将氯消毒分为两大类：自由性氯消毒和化合性氯消毒。

（2）加氯量

水中加氯量，可以分为两部分，即需氯量和余氯。需氯量指用于灭活水中微生物、氧化有机物和还原性物质等所消耗的部分。为了抑制水中残余病原微生物的再度繁殖，管网中尚需维持少量剩余氯。我国饮用水标准规定出厂水游离性余氯在接出 30 min 后不应低于 0.3 mg/L，在管网末梢不应低于 0.05 mg/L。后者的余氯量虽仍具有消毒能力，但对再次污染的消毒尚嫌不够，而可作为预示再次受到污染的信号，此点对于管网较长而有死水端和设备陈旧的情况，尤为重要。

以下分析不同情况下加氯量与剩余氯量之间的关系：

1）如水中无微生物、有机物和还原性物质等，则需氯量为零，加氯量等于剩余氯量，如图 4-37 中所示的虚线①，该线与坐标轴成 45°角。

2）事实上天然水特别是地表水源多少已受到有机物和细菌等污染，氧化这些有机物和杀灭细菌要消耗一定的氯量，即需氯量。加氯量必须超过需氯量，才能保证一定的剩余氯。当水中有机物较少，而且主要不是游离氨和含氮化合物时，需氯量 0 mol 满足以后就会出现余氯，如图 4-37 中的实线②。这条曲线与横坐标交角小于 45°其原因为：

① 水中有机物与氯作用的速度有快慢。测定余氯时，有一部分有机物尚在继续与氯作用中。

② 水中余氯有一部分会自行分解，如次氯酸由于受水中某些杂质或光线的作用，产生如下的催化分解：

$$2HOCl \longrightarrow 2HCl + O_2$$

3）当水中的有机物主要是氨和氮化合物时，情况比较复杂。当起始的需氯量满足（图 4-38*A* 点）以后，加氯量增加，剩余氯也增加（曲线 *AH* 段），但后者增长得慢一些。超过 *H* 点加氯量后，虽然加氯量增加，余氯量反而下降，如 *HB* 段，*H* 点称为峰点。此后随着加氯量的增加，剩余氯又上升，如 *BC* 段，*B* 点称为折点。

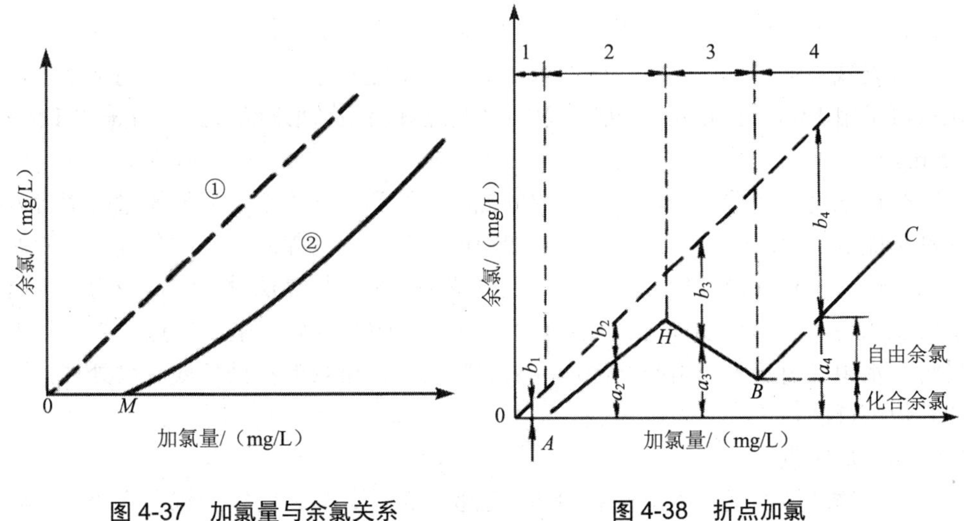

图 4-37　加氯量与余氯关系

图 4-38　折点加氯

图 4-38 中，曲线 *AHBC* 与对应斜虚线间的纵坐标值 *b* 表示需氯量；曲线 *AHBC* 的纵坐标值 *a* 表示余氯量。曲线可分 4 区，分述如下：

在第 1 区即 0*A* 段，表示水中杂质把氯消耗光，余氯量为零，需氯量为 b_1，这时消毒效果不可靠。

在第 2 区，即曲线 *AH*。加氯后，氯与氨发生反应，有余氯存在，所以有一定消毒效果，但余氯为化合性氯，其主要成分是一氯胺。

在第 3 区，即 *HB* 段，仍然产生化合性余氯，加氯量继续增加，开始下列化学反应：

$$2NH_2Cl + HOCl \longrightarrow N_2\uparrow + 3HCl + H_2O$$

反应结果使氯胺被氧化成一些不起消毒作用的化合物，余氯反而逐渐减少，最后到达折点 *B*。

超过折点 *B* 以后，进入第 4 区，即曲线 *BC* 段。此后已经没有消耗氯的杂质了，出现自由性余氯。该区消毒效果最好。

从整个曲线看，到达峰点 *H* 时，余氯量最高，但这是化合性余氯而非自由性余氯。到达折点时，余氯低。如继续加氯，余氯增加，此时所增加的是自由性余氯。加氯量超过折点需要量时称为折点氯化。

上述曲线的测定，应结合生产实际进行。有的水厂生产实践表明：当原水游离氨在 0.3 mg/L 以下时，通常加氯量控制在折点后；原水游离氨在 0.5 mg/L 以上时，峰点以前的化合性余氯量已够消毒，加氯量可控制在峰点前以节约加氯量；原水游离氨在 0.3～0.5 mg/L 范围内，加氯量难以掌握，如控制在峰点前，往往化合性余氯减少，有时达不到要求；控制在折点后则浪费加氯量。

缺乏试验资料时，一般的地面水经混凝、沉淀和过滤后或清洁的地下水，加氯量可采用 1.0～1.5 mg/L；一般的地面水经混凝、沉淀而未经过滤时可采用 1.5～2.5 mg/L。

当原水受到严重污染，采用普通的混凝沉淀和过滤加上一般加氯量的消毒方法都不能解决问题时，折点加氯法可取得明显效果，它能降低水的色度，去除恶臭，降低水中有机物含量，还能提高混凝效果。折点加氯法过去常常应用，但自从发现水中有机污染物能与氯生成三卤甲烷（THMs）后，采用折点加氯来处理受污染水源已引起人们担心，因而寻求去除有机污染物的预处理或深度处理方法和其他消毒法。

（3）加氯点

在过滤之后加氯，因消耗氯的物质已经大部分去除，所以加氯量很少。滤后消毒为饮用水处理的最后一步。

在加混凝时同时加氯，可氧化水中的有机物，提高混凝效果。用硫酸亚铁作为混凝剂时，可以同时加氯，将亚铁氧化成三价铁，促进硫酸亚铁的凝聚作用。这些氯化法称为滤前氯化或预氯化。预氯化还能防止水厂内各类构筑物中滋生青苔和延长氯胺消毒的接触时间，使加氯量维持在图 4-38 中的 *AH* 段，以节省加氯量。对于受污染水源，为避免氯消毒的副产物产生，滤前加氯或预氯化应尽量取消。

当城市管网延伸很长，管网末梢的余氯难以保证时，需要在管网中途补充加氯。这样既能保证管网末梢的余氯，又不致使水厂附近管网中的余氯过高。管网中途加氯的位置一般都设在加压泵站或水库泵站内。

4.6.2 二氧化氯消毒

二氧化氯（ClO_2）在常温常压下是一种黄绿色气体，具有与氯相似的刺激性气味，沸点 11℃，凝固点–59℃，极不稳定，气态和液态 ClO_2 均易爆炸，故必须以水溶液形式现场制取，即时使用。ClO_2 易溶于水，其溶解度约为氯的 5 倍。ClO_2 水溶液的颜色随浓度增加而由黄绿色转为橙色。ClO_2 在水中以溶解性气体存在，不发生水解反应。ClO_2 水溶液在较高温度与光照下会生成 ClO_2 与 ClO_3^-，在水处理中 ClO_2 参与氧化还原反应也会生成 ClO_2。ClO_2 溶液浓度在 10 g/L 以下时没有爆炸危险，水处理中 ClO_2 浓度远低于 10 g/L。

制取 ClO_2 的方法较多。在给水处理中，制取 ClO_2 的方法主要有：

（1）用亚氯酸钠（$NaClO_2$）和氯（Cl_2）制取，反应如下：

$$Cl_2 + H_2O \longrightarrow HOCl + HCl$$

$$HOCl + HCl + 2NaClO_2 \longrightarrow 2ClO_2 + 2NaCl + H_2O$$

$$Cl_2 + 2NaClO_2 \longrightarrow 2ClO_2 + 2NaCl$$

根据反应式，理论上 1 mol 氯和 2 mol 亚氯酸钠反应可生成 2 mol 二氧化氯。但实际应用时，为了加快反应速度，投氯量往往超过化学计量的理论值，这样，产品中就往往含有部分自由氯 Cl_2。作为受污染水的消毒剂，多余的自由氯存在就存在产生 THMs 之虑，虽然不会像氯消毒那样严重。

二氧化氯的制取是在 1 个内填瓷环的圆柱形发生器中进行。由加氯机出来的氯溶液与泵抽出的亚氯酸钠稀溶液共同进入 ClO_2 发生器，经过约 1 min 的反应，便得 ClO_2 水溶液，像加氯一样直接投入水中。发生器上设置 1 个透明管，通过观察，出水若呈黄绿色即表明 ClO_2 生成。反应时应控制混合液的 pH 和浓度。

（2）用酸与亚氯酸钠反应制取，反应如下：

$$5NaOCl_2 + 4HCl \Longleftrightarrow 4ClO_2 + 5NaCl + 2H_2O$$

$$10NaClO_2 + 5H_2SO_4 \Longleftrightarrow 8ClO_2 + 5Na_2SO_4 + 4H_2O$$

在用硫酸制备时，需注意硫酸不能与固态 $NaClO_2$ 接触，否则会发生爆炸。此外，尚需注意两种反应物（$NaClO_2$ 和 HCl 或 H_2SO_4）的浓度控制，浓度过高，化合时也会发生爆炸。这种制取方法不会存在自由氯，故投入水中不存在产生三卤甲烷之虑。

二氧化氯既是消毒剂，又是氧化能力很强的氧化剂。作为消毒剂，据有关专家研究，ClO_2对细菌的细胞壁有较强的吸附和穿透能力，从而有效地破坏细菌内含巯基的酶，Bermard 也证实，ClO_2可快速控制微生物蛋白质的合成，故ClO_2对细菌、病毒等有很强的灭活能力。ClO_2的最大优点是不会与水中有机物作用生成三卤甲烷。这正是ClO_2在当前水处理中受到重视的主要原因。此外，ClO_2消毒还有以下优点：消毒能力比氯强，故在相同条件下，投加量比Cl_2少；ClO_2余量能在管网中保持很长时间，即衰减速度比Cl_2慢；由于ClO_2不水解，故消毒效果受水的 pH 影响极小。作为氧化剂，ClO_2能有效地去除或降低水的色、嗅及铁、锰、酚等物质。它与酚起氧化反应，不会生成氯酚。不过，采用ClO_2消毒或作为氧化剂还存在以下值得注意的问题：ClO_2本身和副产物 ClO_2^-对人体血红细胞有损害，有报道认为，还对人的神经系统及生殖系统有损害。因此，近年来美国 EPA 规定：水中剩余ClO_2和ClO_2^-等总量不得超过 1.0 mg/L。目前我国还没有这方面的规定或限定标准。不过，作为消毒剂，一般ClO_2投加量在 1.0～2.0 mg/L 范围内，不会产生副作用，但作为氧化剂，ClO_2投加量变化较大，就应注意水中剩余ClO_2和ClO_2^-的副作用。另外，由于制取ClO_2的$NaClO_2$价格很高（约为Cl_2的 10 倍），因而限制了ClO_2消毒的广泛应用。不过，欧美等一些国家应用ClO_2消毒或作为氧化剂用于给水处理已日益增多。近年来，我国也重视ClO_2在给水处理中的应用。

4.6.3 氯胺消毒

氯胺消毒作用缓慢，杀菌能力比自由氯弱。但氯胺消毒的优点是：当水中含有有机物和酚时，氯胺消毒不会产生氯臭和氯酚臭，同时大大减少 THM（三卤甲烷）产生的可能；能保持水中余氯较久，适用于供水管网较长的情况。不过，因杀菌力弱，单独采用氯胺消毒的水厂很少，通常作为辅助消毒剂以抑制管网中细菌再繁殖。

人工投加的氨可以是液氨、硫酸铵$(NH_4)_2SO_4$或氯化铵 NH_4Cl。水中原有的氨也可利用。硫酸铵或氯化铵应先配成溶液，然后再投加到水中。液氨投加方法与液氯相似。

氯和氨的投加量视水质不同而有不同比例。一般采用氯∶氨=3∶1～6∶1。当以防止氯臭为主要的目的时，氯和氨之比小些；当以杀菌和维持余氯为主要目的时，氯和氨之比应大些。

采用氯胺消毒时，一般先加氨，待其与水充分混合后再加氯，这样可减少氯臭，特别当水中含酚时，这种投加顺序可避免产生氯酚恶臭。但当管网较长，主要目的是维持余氯较为持久，可先加氯后加氨。有的以地下水为水源的水厂，可采用进厂水加氯消毒，出厂水加氨减臭并稳定余氯。氯和氨也可同时投加。有资料认为，氯和氨同时投加比先加氨后加氯，更利于减少有害副产物（如三卤甲烷、卤乙酸等）的生成。

4.6.4 漂白粉消毒

漂白粉由氯气和石灰加工而成，分子式可简单表示为 $CaOCl_2$，有效氯约 30%。漂白精分子式为 $Ca(OCl)_2$，有效氯约达 60%。两者均为白色粉末，有氯的气味，易受光、热和潮气作用而分解使有效氯降低，故必须放在阴凉干燥和通风良好的地方。漂白粉加入水中反应如下：

$$2CaOCl_2 + 2H_2O \Longleftrightarrow 2HOCl + Ca(OH)_2 + CaCl_2$$

反应后生成 HOCl，因此消毒原理与氯气相同。

漂白粉需配成溶液加注，溶解时先调成糊状物，然后再加水配成 1.0%～2.0%（以有效氯计）浓度的溶液。当投加在滤后水中时，溶液必须经过 4～24 h 澄清，以免杂质带进清水中；若加入浑水中，则配制后可立即使用。

漂白粉消毒一般用于小水厂或临时性给水。

4.6.5 次氯酸钠消毒

次氯酸钠（NaOCl）是用发生器的钛阳极电解食盐水而制得，反应如下：

$$NaCl + H_2O \Longleftrightarrow NaOCl + H_2 \uparrow$$

次氯酸钠也是强氧化剂和消毒剂，但消毒效果不如氯强。次氯酸钠消毒作用仍依靠 HOCl，反应如下：

$$NaOCl + H_2O \Longleftrightarrow HOCl + NaOH$$

次氯酸钠发生器有成品出售。由于次氯酸钠易分解，故通常采用次氯酸钠发生器现场制取，就地投加，不宜贮运。制作成本就是食盐和电耗费用。次氯酸钠消毒通常用于小型水厂。

4.6.6 臭氧消毒

臭氧由 3 个氧原子组成，在常温常压下，它是淡蓝色的具有强烈刺激性的气体。臭氧密度为空气的 1.7 倍，易溶于水，在空气或水中均易分解消失。臭氧对人体健康有影响，空气中臭氧浓度达到 1 000 mg/L 即有致命危险，故在水处理中散发出来的臭氧尾气必须处理。

臭氧都是在现场用空气或纯氧通过臭氧发生器高压放电产生的。臭氧发生器是臭氧生产系统的核心设备。如果以空气作气源，臭氧生产系统应包括空气净化和干燥装置以及鼓风机或空气压缩机等，所产生的臭氧化空气中臭氧含量一般在2%～3%（重量比）；如果以纯氧作为气源，臭氧生产系统应包括纯氧制取设备，所生产的是纯氧/臭氧混合气体，其中臭氧含量约达6%（重量比）。由臭氧发生器出来的臭氧化空气（或纯氧）进入接触池与待处理水充分混合。为获得最大传质效率，臭氧化空气（或纯氧）应通过微孔扩散器形成微小气泡均匀分散于水中。

臭氧既是消毒剂，又是氧化能力很强的氧化剂。在水中投入臭氧进行消毒或氧化通称臭氧化。作为消毒剂，由于臭氧在水中不稳定，易消失，故在臭氧消毒后，往往仍需投加少量氯、二氧化氯或氯胺以维持水中剩余消毒剂。臭氧作为唯一消毒剂的极少。当前，臭氧作为氧化剂以氧化去除水中有机污染物更为广泛。臭氧的氧化作用分直接作用和间接作用两种。臭氧直接与水中物质反应称直接作用。直接氧化作用有选择性且反应较慢。间接作用是指臭氧在水中可分解产生二级氧化剂 —— 氢氧自由基·OH（表示OH带有一未配对电子，故活性极大）。·OH是一种非选择性的强氧化剂（E^0=3.06V），可以使许多有机物彻底降解矿化，且反应速度很快。不过，仅由臭氧产生的氢氧自由基量很少，除非与其他物理化学方法配合方可产生较多·OH。据有关专家认为，水中 OH^-及某些有机物是臭氧分解的引发剂或促进剂。臭氧消毒机理实际上仍是氧化作用。臭氧化可迅速杀灭细菌、病毒等。

臭氧作为消毒剂或氧化剂的主要优点是不会产生三卤甲烷等副产物，其杀菌和氧化能力均比氯强。但近年来有关臭氧化的副作用也引起人们关注。有人认为，水中有机物经臭氧化后，有可能将大分子有机物分解成分子较小的中间产物，而在这些中间产物中，可能存在毒性物质或致突变物，或者有些中间产物与氯（臭氧化后往往还需加适量氯）作用后致突变反而增强。因此，当前通常把臭氧与粒状活性炭联用，一方面可避免上述副作用产生，同时也改善了活性炭吸附条件。臭氧生产设备较复杂，投资较大，电耗也较高，目前我国应用很少，欧洲一些国家（特别是法国）应用最多。随着臭氧发生系统在技术上的不断改进，现在设备投资及生产臭氧的电耗均有所降低，加之人们对饮用水水质要求提高，臭氧在我国水处理中的应用也将逐渐增多。

水的消毒方法除了以上介绍的几种以外，还有紫外线消毒、高锰酸钾消毒、重金属离子（如银）消毒及微电解消毒等。微电解消毒是同济大学高廷耀教授等近年来研制的一种新的消毒设备，已在优质饮用水制取等生产中应用。综合各种消毒方法，可以这样说，没有一种方法完美无缺；不同消毒方法配合使用往往也可互补长短，现在已有水厂这样做了，专家们也在不断探索研究。

4.6.7　消毒工艺与脱氯

（1）给水消毒

现代给水处理厂要求全天候提供合格水，因此处理工艺应能适应水质水量的变化。为了保证消毒效果，又不增加三卤甲烷的形成量，工艺上可在以下几方面努力。

1）强化混凝、沉淀、过滤效果，以减少进入接触池的悬浮物和有机物量。通过选择适当的混凝剂组合，控制 pH 为 6.5～7.5，自动化加药，并充分混合可使处理效果提高。据报道，加明矾混凝可去除 95%～99%的柯萨奇病毒；加三氯化铁则可去除 92%～94%，凝絮体形成越好，病毒的去除率越高。在滤池进水中加聚合电解质，絮凝强度增加，能使出水中的病毒减少。接触池的进水浊度最好控制在 0.1～1 mg/L。

2）采用多点加氯和多种消毒方法。采用预氯化，可延长接触时间，防止藻类繁殖堵塞滤池。采用间歇适当大剂量加氯，因为大剂量时的氧化作用比取代作用强，可减少三卤甲烷形成量。采用滤后加氯可减少三卤甲烷形成量（报道可减少约 32%），但应保证不短于 30 min 的接触时间。加氯后的快速初始混合对消毒效果至关重要。采用氯氨消毒时，有先氯后氨或先氨后氯 2 种方式，一般认为前者效果稍好，但需较长的接触时间，以稳定杀菌后的剩余氯；当水中含酚时，宜先加氨，避免生成氯酚臭。第二种药剂需在前种药剂与水充分混合后再投加。

3）增加预处理和深度处理，主要目的是去除日益增加的源水中的微量有机污染物。属化学预处理的有臭氧氧化和高锰酸钾氧化等；属生物预处理的有塔滤、生物转盘、生物滤池与接触氧化等生物膜技术。采用的深度处理工艺有活性炭吸附、臭氧氧化、光氧化（UV 或 UV-O_3）等。

（2）脱氯

脱氯通常是指去除氯化后存在于水中的总化合性余氯，以降低处理水对后续处理系统的危害或对受纳水体生物区系的毒性。

1）活性炭脱氯

利用活性炭脱氯，可以完全去除化合性余氯和游离性余氯。其反应如下：

与氯进行的反应

$$C + 2Cl_2 + 2H_2O \longrightarrow 4HCl + CO_2$$

与氯胺进行的反应

$$C + 2NH_2Cl + 2H_2O \longrightarrow CO_2 + 2NH_4^+ + 2Cl^-$$

$$C + 4NHCl_2 + 2H_2O \longrightarrow CO_2 + 2N_2 + 8H^+ + 8Cl^-$$

粒状活性炭既可用于重力滤床，又可用于压力滤床。如果活性炭仅用于脱氯，则在活性炭处理之前必须去除其他一些易被活性炭去除的组分。利用粒状活性炭去除有机物的一些处理厂，为了脱氯，不论是利用去除有机物的滤床，还是设置单独的滤床，其再生均很方便。

粒状活性炭柱的应用已被证明十分有效和可靠，但是，这种方法十分昂贵，所以最好用于以脱氯为主要目的，同时还需去除大量有机物的情况。

2）二氧化硫脱氯

用二氧化硫气体可有效地去除游离氯、一氯胺、二氯胺、三氯化氨和多氯化合物。当将二氧化硫投加到废水中时，产生下列反应：

与氯进行的反应为

$$SO_2 + H_2O \longrightarrow HSO_3^- + H^+$$

$$HOCl + HSO_3^- \longrightarrow Cl^- + SO_4^{2-} + 2H^+$$

$$SO_2 + HOCl + H_2O \longrightarrow Cl^- + SO_4^{2-} + 3H^+$$

与氯胺进行的反应为

$$SO_2 + H_2O \longrightarrow HSO_3^- + H^+$$

$$NH_2Cl + HSO_3^- + H_2O \longrightarrow Cl^- + SO_4^{2-} + NH_4^+ + H^+$$

$$SO_2 + NH_2Cl + 2H_2O \longrightarrow Cl^- + SO_4^{2-} + NH_4^+ + 2H^+$$

对于二氧化硫与氯之间的总反应，二氧化硫与氯的质量比为 0.9∶1，去除 1.0 mg/L 的余氯（以 Cl_2 计）需二氧化硫约为 1.0 mg/L。由于二氧化硫与氯和氯胺的反应几乎是瞬时作用，所以接触时间一般不是反应的一个因素，而且也不需要接触池。但是，在投氯点进行迅速的、强制性的混合却是绝对需要的。

脱氯前的游离氯与化合性余氯的比值，确定了脱氯过程是部分进行还是进行到底。当该比值小于 85%时表明有大量有机氯存在，它对游离氯的处理有干扰。

假如化合性余氯的监测装置有足够的精确性，则在多数情况下，二氧化硫脱氯在废水处理中是一个非常可靠的单元过程。应避免投加过量的二氧化硫，这不仅是因为消耗化学药剂，而且还因为过量的二氧化硫将消耗氧。过量的二氧化硫和溶解氧之间的反应较为缓慢，其表达式如下：

$$HSO_3^- + 0.5O_2 \longrightarrow SO_4^{2-} + H^+$$

反应的结果使废水中溶解氧减少，被测的生化需氧量和化学需氧相应增加，pH 可能下降。而通过正确地控制脱氯系统，这些影响即可完全消除。

二氧化硫脱氯系统与加氯系统相类似，二氧化硫设备与加氯设备可以互换。二氧化硫脱氯过程的关键性控制参数为：①以准确的监测化合性余氯（电流法）为基础确定恰当的投加量；②在二氧化硫投加点进行充分的混合。

此外，用于脱氯的还原剂还有 Na_2SO_3、$Na_2S_2O_5$、$Na_2S_2O_3$、$NaHSO_3$ 等。

【习题与思考题】

4-1　酸性废水的中和方法有哪些？

4-2　比较投药中和法与过滤中和法的优缺点。

4-3　含盐酸废水量 100 m^3/d，其中盐酸浓度为 5 g/L，用石灰进行中和处理，石灰的有效成分占 50%。试求石灰的用量。

4-4　如何确定氢氧化物沉淀法处理重金属废水的 pH 条件？

4-5　试述硫化物沉淀法常用药剂、去除对象及特点，并剖析硫化物沉淀法除 Hg（Ⅱ）的基本原理。

4-6　试述铁氧体沉淀法处理含重金属废水的基本原理、工艺流程及操作条件。

4-7　一个城市小型水处理厂以 MgO 为药剂处理水量为 1.56×10^7 L/d 的生活污水，使污水中所含磷、氮化合物通过化学沉淀反应一并去除，若按污水中含 30 mg/L $H_2PO_4^-$ 作化学计量计算，则每天产渣量多少？

沉淀反应方程为：$H_2PO_4^- + 2NH_4^+ + MgO + 5H_2O = Mg(NH_4)_2PO_4\cdot6H_2O$

4-8　采用石灰沉淀法处理含氟废水，废水排放标准为氟化物最高容许浓度 10 mg/L（以 F 计）。试计算达到此排放标准时水中应保持的最低 Ca^{2+} 浓度（以 mg/L 计）。

4-9　投石灰以去除水中的 Zn^{2+} 离子，生成 $Zn(OH)_2$ 沉淀。当 pH=7 和 9 时，问溶液中 Zn 离子的浓度各有多少 mg/L。

4-10　用氢氧化物沉淀法处理含镉废水，若欲将 Cd^{2+} 浓度降到 0.1 mg/L，问需要将溶液的 pH 提高到多少？

4-11　如原水含 Fe^{2+} 3 mg/L 和 Mn^{2+} 2 mg/L，求曝气法氧化铁、锰时理论上所需的氧消耗量。

4-12　用碱性氯化法处理含氰废水，已知废水量为 300 m^3/d，CN^- 浓度为

30 mg/L，若使出水浓度低于 0.05 mg/L，计算氯气的最小消耗量。

4-13 某工厂拟用亚硫酸钠去除重铬酸根，已知废水量为 5 000 m^3/d，$Cr_2O_7^{2-}$ 浓度为 10 mg/L，要求出水浓度达到 0.05 mg/L（均以六价铬计），试计算消耗的亚硫酸钠的量，并比较 NaOH 和 CaO（纯度为 50%）分别作为中和沉淀试剂所生成的沉淀物质量。

4-14 简述电解上浮法和电解凝聚法的作用原理。

4-15 电解上浮法在废水处理中的主要作用有哪些？

4-16 试分别举例说明电化学氧化和电化学还原的作用原理。

4-17 用氯气处理某工业含氰废水，已知水量为 10 m^3/d，含 CN^-浓度为 500 mg/L，为将水中全部氰转为氮气，需用多少氯气？

4-18 试简述高级氧化处理与传统氧化处理的区别。

4-19 简述湿式氧化处理技术的原理。

4-20 简述超临界水氧化处理技术的原理。

4-21 简述光催化氧化处理技术的原理。

4-22 简述超声波处理技术的基本原理。

4-23 简述加氯消毒的原理，pH 对消毒效果有何影响？

4-24 什么叫游离（自由）性氯、化合性氯？消毒效果有何区别？

第 5 章　废水的物理化学处理

5.1　混凝处理

各种废水都是以水为分散介质的分散体系。根据分散相粒度不同，废水可分为三类：分散相粒度小于 0.001 μm 的称为真溶液；分散相粒度在 0.001～0.1 μm 的称为胶体溶液；分散相粒度大于 1 μm 的称为悬浮液。其中粒度在 100 μm 以上的悬浮液可采用沉淀或过滤处理，而粒度在 0.001～100 μm 间的部分悬浮液和胶体溶液需采用混凝处理。混凝（Coagulation）就是在废水中预先投加化学药剂来破坏胶体的稳定性，使废水中的胶体和细小悬浮物聚集成具有可分离性的絮凝体，再加以分离除去的过程。

5.1.1　胶体的结构和胶体的稳定性

（1）胶体的结构

图 5-1 是胶体粒子的双电层结构及其电位分布示意图。粒子的中心，是由数百以至数万个分散相固体物质分子组成的胶核。在胶核表面，有一层带同号电荷的离子，称为电位离子层，电位离子层构成了双电层的内层，电位离子所带的电荷称为胶体粒子的表面电荷，其电性正负和数量多少决定了双电层总电位的符号和胶体粒子的整体呈现为电中性。为了平衡电位离子所带的表面电荷，液相一侧必须存在众多电荷数与表面电荷相等而电性与电位离子相反的离子，称为反离子。反离子层构成了双电层的外层，其中紧靠电位离子的反离子被电位离子牢固吸引着，并随胶核一起运动，称为反离子吸附层。吸附层的厚度一般为几纳米，它和电位离子层一起构成胶体粒子的固定层。固定层外围的反离子由于受电位离子的引力较弱，受热运动和水合作用的影响较大，因而不随胶核一起运动，并趋于向溶液主体扩散，称为反离子扩散层。扩散层中，反离子浓度呈内浓外稀的递减分布，直至与溶液中的平均浓度相等。

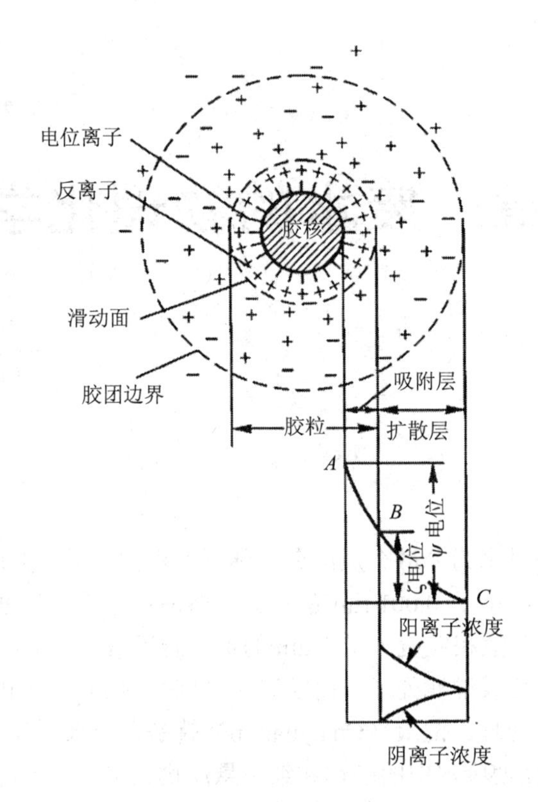

图 5-1 胶体粒子结构及其电位分布

固定层与扩散层之间的交界面称为滑动面（Sliding Surface）。当胶核与溶液发生相对运动时，胶体粒子就沿滑动面一分为二，滑动面以内的部分是一个做整体运动的动力单元，称为胶粒。由于其中的反离子所带电荷数少于表面电荷总数，所以胶粒总是带有剩余电荷。剩余电荷的电性与电位离子的电性相同，其数量等于表面电荷总数与吸附层反离子所带电荷之差。胶粒和扩散层一起构成电中性的胶体粒子（即胶团）。

胶核表面电荷的存在，使胶核与溶液主体之间产生电位，称为总电位或ψ电位。胶粒表面剩余电荷，使滑动面与溶液主体之间也产生电位，称为电动电位或ζ电位（Electrokinetic Potential）。图 5-1 中的曲线 AC 和 BC 段分别表示出ψ电位和ζ电位随与胶核距离不同而变化的情况。ψ电位和ζ电位的区别是：对于特定的胶体，ψ电位是固定不变的，而ζ电位则随温度、pH 及溶液中的反离子强度等外部条件而变化，是表征胶体稳定性强弱和研究胶体凝聚条件的重要参数。

根据电学的基本定律，可导出ζ电位的表达式为：

$$\zeta = \frac{4\pi q\delta}{\varepsilon} \tag{5-1}$$

式中，q —— 胶体粒子的电动电荷密度，即胶粒表面与溶液主体间的电荷差；

δ —— 扩散层厚度，cm；

ε —— 水的介电常数，其值随水温升高而减小。

由式（5-1）可见，在电荷密度和水温一定时，ζ电位取决于扩散层厚度δ，δ值越大，ζ 电位也越高，胶粒间的静电斥力就越大，胶体的稳定性越强。

以氢氧化铁为例，因氢氧化铁是由三氯化铁水解形成，故水中的主要电解质为 H^+和 Cl^-，氢氧化铁聚集成胶核，并吸附了溶液中的一些电位离子（H^+），为达到电中性，H^+又吸附了具有相同数目的反离子 Cl^-，构成了吸附层与扩散层。由此可写出氢氧化铁胶体粒子的结构式：

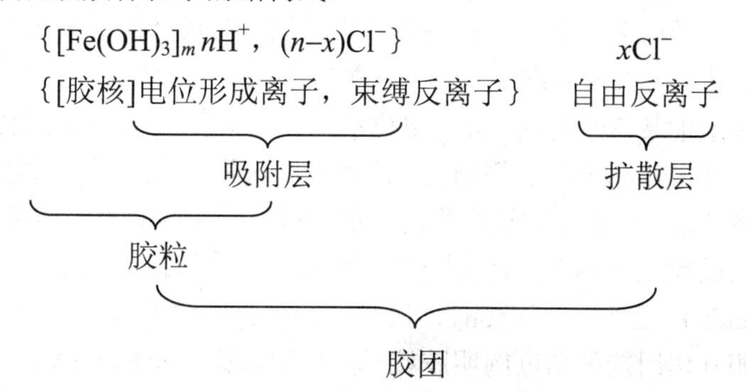

其中，m 为胶核中的分子数；n 为被吸附的电位离子数；（$n-x$）为吸附层中反离子数；x 为扩散层中的反离子数。

（2）胶体的稳定性

所谓“胶体稳定性”，是指胶体粒子在水中长期保持分散悬浮状态的特性。从胶体化学角度而言，高分子溶液可说是稳定系统，黏土类胶体及其他憎水胶体都并非真正的稳定系统。但从水处理角度而言，凡沉降速度十分缓慢的胶体粒子以至微小悬浮物，均被认为是“稳定”的。例如，粒径为 1 μm 的黏土悬浮粒子，沉降 10 cm 约需 20 h 之久，在停留时间有限的水处理构筑物内不可能沉降下来，它们的沉降性可忽略不计。这样的悬浮体系在水处理领域即被认为是“稳定体系”。

胶体稳定性分“动力学稳定”和“聚集稳定”两种。

动力学稳定是指颗粒布朗运动对抗重力影响的能力。大颗粒悬浮物如泥沙等，在水中的布朗运动很微弱甚至不存在，在重力作用下会很快下沉，这种悬浮物称动力学不稳定；胶体粒子很小，布朗运动剧烈，本身质量小而所受重力作用小，布朗运动足以抵抗重力影响，故而能长期悬浮于水中，称动力学稳定。粒子越小，动力学稳定性越高。

聚集稳定性系指胶体粒子之间不能相互聚集的特性。胶体粒子很小，比表面积大从而表面能很大，在布朗运动作用下，有自发地相互聚集的倾向，但由于粒子表面同性电荷的斥力作用或水化膜的阻碍使这种自发聚集不能发生。不言而喻，如果胶体粒子表面电荷或水化膜消除，便失去聚集稳定性，小颗粒便可相互聚集成大的颗粒，从而动力学稳定性也随之破坏，沉淀就会发生。因此，胶体稳定性，关键在于聚集稳定性。

对憎水胶体而言，聚集稳定性主要取决于胶体颗粒表面的电动位即ζ电位。ζ电位越高，同性电荷斥力越大。天然水中的胶体杂质通常是负电荷胶体，如黏土、细菌、病毒、藻类、腐殖质等。黏土胶体的ζ电位一般在–15～40 mV 范围内；细菌的ζ电位一般在–30～70 mV 范围内；藻类的ζ电位一般在–10～15 mV 范围内。由于水中杂质成分复杂，存在条件不同，同一种胶体所表现的ζ电位很不一致。例如，若黏土上吸附着细菌，其ζ电位值就高。以上所列ζ电位值数字，仅作为对天然地表水中某些杂质的一般ζ电位情况的了解。ζ电位可采用传统电泳法及近代发明的激光多普勒电泳法等测定。后者可同时将电泳速度和ζ电位迅速测出。

虽然胶体的ζ电位是导致聚集稳定性的直接原因（对憎水胶体而言），但研究方法却可从两胶粒之间相互作用力及其与两胶粒之间的距离关系来进行评价。德加根（Derjaguin）、兰道（Landon）、伏维（Verwey）和奥贝克（Overbeek）各自从胶粒之间相互作用能的角度阐明胶粒相互作用理论，简称 DLVO 理论。DLVO 理论认为，当两个胶粒相互接近以至双电层发生重叠时[图 5-2（a）]，便产生静电斥力。静电斥力与两胶粒表面间距 x 有关，用排斥势能 E_R 表示，则 E_R 随 x 增大而按指数关系减小，见图 5-2（b）。然而，相互接近的两胶粒之间除了静电斥力外，还存在范德华引力。此力同样与胶粒间距有关。用吸引势能 E_A 表示。球形颗粒的 E_A 与 x 成反比。将排斥势能 E_R 和吸引势能 E_A 相加即为总势能 E。

由图可知，当 $oa<x<oc$ 时，排斥势能占优势，$x=ob$ 时，排斥势能最大，用 E_{max} 表示，称排斥能峰；当 $x<oa$ 或 $x>oc$ 时，吸引势能均占优势。不过，$x>oc$ 时虽然两胶粒表现出相互吸引趋势，但由于存在着排斥能峰这一屏障，两胶粒仍无法靠近。只有当 $x<oa$ 时，吸引势能随间距急剧增大，凝聚才会发生。要使两胶粒表面间距小于 oa，布朗运动的动能首先要能克服排斥能峰 E_{max} 才行。然而，胶粒布朗运动的动能远小于 E_{max}，两胶粒之间距离无法靠近到 oa 以内，故胶体处于分散稳定状态。

用 DLVO 理论阐述典型憎水胶体的稳定性及相互凝聚机理，与叔采、哈代（Schulze-Hardy）法则是一致的，并可进行定量计算。它的正确性已得到一些化学家的实验证明。

胶体的聚集稳定性并非都是由于静电斥力引起的，胶体表面的水化作用往往也是重要因素。某些胶体（如黏土胶体）的水化作用一般是由胶粒表面电荷引起的，水化作用较弱。因而，黏土胶体的水化作用对聚集稳定性影响不大。因为，一旦胶体ζ电位降至一定程度或完全消失，水化膜也随之消失。但对于典型亲水胶体（如有机胶体或高分子物质）而言，水化作用影响却是胶体聚集稳定性的主要原因。它们的水化作用往往来源于粒子表面极性基团对水分子的强烈吸附，使粒子周围包裹一层较厚的水化膜阻碍胶粒相互靠近，因而使范德华力不能发挥作用。实践证明，虽然亲水胶体也存在双电层结构，但ζ电位对胶体稳定性的影响远小于水化膜的影响。因此，亲水胶体的稳定性尚不能用 DLVO 理论予以描述。

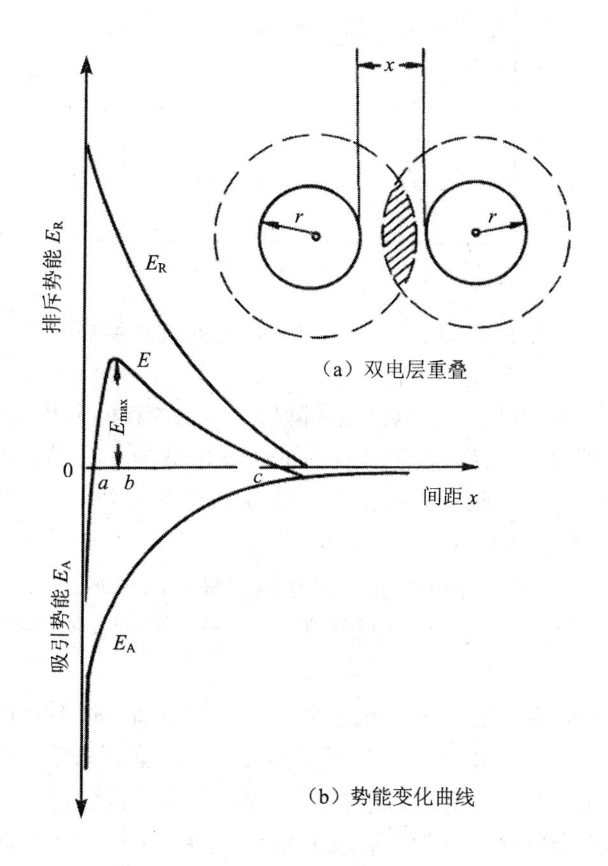

图 5-2　相互作用势能与粒间距离关系

5.1.2 混凝作用机理

（1）压缩双电层机理

由胶体粒子的双电层结构可知，反离子的浓度在胶粒表面处最大，并随距胶粒表面的距离呈递减分布。最终与溶液中离子浓度相等，见图 5-3。当向溶液中投加电解质，使溶液中离子浓度增高。则扩散层的厚度将从图上的 *oa* 减小至 *ob*。该过程的实质是加入的反离子与扩散层原有反离子之间的静电斥力把原有部分反离子挤压到吸附层中，从而使扩散层厚度减小。

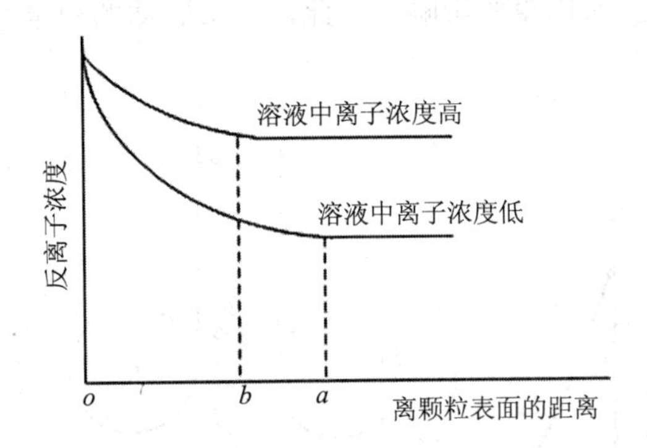

图 5-3 溶液中离子浓度与扩散层厚度的关系

由于扩散层厚度的减小，ζ 电位相应降低，因此胶粒间的相互排斥力也减少。另一方面，由于扩散层减薄，它们相撞时的距离也减少，因此相互间的吸引力相应变大。从而其排斥力与吸引力的合力由斥力为主变成以引力为主（排斥势能消失了），胶粒得以迅速凝聚。

港湾处泥沙沉积现象可用该机理较好地解释。因淡水进入海水时，海水中盐类浓度较大，使淡水中胶粒的稳定性降低，易于凝聚，所以在港湾处泥沙易沉积。

根据这个机理，当溶液中外加电解质浓度无论多高，也不会有更多超额的反离子进入扩散层，不可能出现胶粒改变符号而使胶粒重新稳定的情况。但这与实际情况不符。例如，以三价铝盐或铁盐作混凝剂，当其投量过多时，凝聚效果反而下降，甚至重新稳定。这是由于在实际操作水溶液中投加混凝剂使胶粒脱稳现象涉及胶粒与混凝剂、胶粒与水溶液、混凝剂与水溶液三个方面的相互作用，是一个综合的现象。而压缩双电层机理只是通过单纯静电现象来说明电解质对脱稳的作用，如仅用它来解释水中的混凝现象，会产生一些矛盾。为此，又提出了其他几种机理。

（2）吸附电中和机理

胶粒表面对异号离子、异号胶粒、链状离子或分子带异号电荷的部位有强烈的吸附作用，由于这种吸附作用中和了电位离子所带电荷，减少了静电斥力，降低了ζ电位，使胶体的脱稳和凝聚易于发生。此时静电引力常是这些作用的主要方面。上面提到的三价铝盐或铁盐混凝剂投量过多，凝聚效果反而下降的现象，可以用本机理解释。因为胶粒吸附了过多的反离子，使原来的电荷变号，排斥力变大，从而发生了再稳现象。

（3）吸附架桥机理

吸附架桥作用主要是指链状高分子聚合物在静电引力、范德华力和氢键力等作用下，通过活性部位与胶粒和细微悬浮物等发生吸附桥联的过程。

当三价铝盐或铁盐及其他高分子混凝剂溶于水后，经水解、缩聚反应形成高分子聚合物，具有线形结构。这类高分子物质可被胶粒所强烈吸附。聚合物在胶粒表面的吸附来源于各种物理化学作用，如范德华引力、静电引力、氢键、配位键等，取决于聚合物同胶粒表面二者化学结构的特点。因其线形长度较大，当它的一端吸附某一胶粒后，另一端又吸附另一胶粒，在相距较远的两胶粒间进行吸附架桥，使颗粒逐渐变大，形成粗大絮凝体。

本机理能解释当废水浊度很低时有些混凝剂效果不好的现象。因为废水中胶粒少，当聚合物伸展部分一端吸附一个胶粒后，另一端因粘连不着第二个胶粒，只能与原先的胶粒粘连，就不能起架桥作用，从而达不到混凝的效果。

在废水处理中，对高分子絮凝剂投加量及搅拌时间和强度都应严格控制，如投加量过大时，一开始微粒就被若干高分子链包围，而无空白部位去吸附其他的高分子链，结果造成胶粒表面饱和产生再稳现象。已经架桥絮凝的胶粒，如受到剧烈的长时间的搅拌，架桥聚合物可能从另一胶粒表面脱开，重又卷回原所在胶粒表面，造成再稳定状态。

显然，在吸附桥联过程中，胶粒并不一定要脱稳，也无需直接接触。这个机理可解释为何非离子型或带同号电荷的离子型高分子絮凝剂得到好的絮凝效果的现象。

（4）沉淀物网捕机理

当采用硫酸铝、石灰或氯化铁等高价金属盐类作凝聚剂时，若投加量大得足以迅速沉淀金属氢氧化物[如 $Al(OH)_3$，$Fe(OH)_3$]或金属碳酸盐（如 $CaCO_3$），水中的胶粒和细微悬浮物可被这些沉淀物在形成时作为晶核或吸附质所网捕。水中胶粒本身可作为形成这些沉淀的核心时，凝聚剂最佳投加量与被除去物质的浓度成反比，即胶粒越多，金属凝聚剂投加量越少。

以上介绍的混凝的四种机理，在水处理中往往可能是同时或交叉发挥作用的，只是在一定情况下以某种机理为主而已。

5.1.3 混凝动力学

要使杂质颗粒之间或杂质与混凝剂之间发生絮凝，一个必要条件是使颗粒相互碰撞。碰撞速率和混凝速率问题属于混凝动力学范畴，这里仅介绍一些基本概念。

推动水中颗粒相互碰撞的动力来自两方面：颗粒在水中的布朗运动；在水力或机械搅拌下所造成的流体运动。由布朗运动所造成的颗粒碰撞聚集称“异向絮凝”（Perikinetic Flocculation），由流体运动所造成的颗粒碰撞聚集称“同向絮凝”（Orthokinetic Floceulation）。

（1）异向絮凝

颗粒在水分子热运动的撞击下所作的布朗运动是无规则的。这种无规则运动必然导致颗粒相互碰撞。当颗粒已完全脱稳后，一经碰撞就发生絮凝，从而使小颗粒聚集成大颗粒，而水中固体颗粒总质量不变，只是颗粒数量浓度（单位体积水中的颗粒数）减少。颗粒的絮凝速率取决于碰撞速率。假定颗粒为均匀球体，根据费克（Fick）定律，可导出颗粒碰撞速率：

$$N_{\mathrm{p}} = 8\pi d D_{\mathrm{B}} n^2 \qquad (5\text{-}2)$$

式中，N_{p} —— 单位体积中的颗粒在异向絮凝中碰撞速率，$1/\mathrm{cm}^3\cdot\mathrm{s}$；

n —— 颗粒数量浓度，个$/\mathrm{cm}^3$；

d —— 颗粒直径，cm；

D_{B} —— 布朗运动扩散系数，cm^2/s。

扩散系数 D_{B} 可用斯笃克斯-爱因斯坦（Stokes-Einstein）公式表示：

$$D_{\mathrm{B}} = \frac{KT}{3\pi d v \rho} \qquad (5\text{-}3)$$

式中，K —— 波兹曼（Boltzmann）常数，$1.38\times10^{-16}\ \mathrm{g}\cdot\mathrm{cm}^2/(\mathrm{s}^2\cdot\mathrm{K})$；

T —— 水的绝对温度，K；

v —— 水的运动黏度，cm^2/s；

ρ —— 水的密度，cm^3/g。

将式（5-3）代入式（5-2）得：

$$N_{p} = \frac{8}{3v\rho} KTn^2 \qquad (5\text{-}4)$$

由式（5-4）可知，由布朗运动所造成的颗粒碰撞速率与水温成正比，与颗粒的数量浓度平方成正比，而与颗粒尺寸无关。实际上，只有小颗粒才具有布朗运动。随着颗粒粒径增大，布朗运动将逐渐减弱。当颗粒粒径大于 1μm 时，布朗运动基本消失。因此，要使较大的颗粒进一步碰撞聚集，还要靠流体运动的推动来促使颗粒相互碰撞，即进行同向絮凝。

（2）同向絮凝

同向絮凝在整个混凝过程中占有十分重要的地位。有关同向絮凝的理论，现在仍处于不断发展之中，至今尚无统一认识。最初的理论公式是根据水流在层流状态下导出的，显然与实际处于紊流状态下的絮凝过程不相符合。但由层流条件下导出的颗粒碰撞凝聚公式，某些概念至今仍在沿用，因此，有必要在此简单介绍一下。

图 5-4 表示水流处于层流状态下的流速分布，i 和 j 颗粒均跟随水流前进。由于 i 颗粒的前进速度大于 j 颗粒，则在某一时刻，i 与 j 必将碰撞。设水中颗粒为均匀球体，即粒径 $d_i=d_j=d$，则在以 j 颗粒中心为圆心。以 R_{ij} 为半径的范围内的所有 i 和 j 中的颗粒均会发生碰撞。碰撞速率 N_0（推导从略）为：

$$N_0=\frac{4}{3}n^2d^3G \tag{5-5}$$

$$G=\frac{\Delta u}{\Delta z} \tag{5-6}$$

式中，G —— 速度梯度，s^{-1}；

Δu —— 相邻两流层的流速增量，cm/s；

Δz —— 垂直于水流方向的两流层之间距离，cm。

公式中，n 和 d 均属原水杂质特性，而 G 是控制混凝效果的水力条件。故在絮凝设备中，往往以速度梯度 G 值作为重要的控制参数之一。

实际上，在絮凝池中，水流并非层流，而总是处于紊流状态，流体内部存在大小不等的涡旋，除前进速度外，还存在纵向和横向脉动速度。公式（5-5）和式（5-6）显然不能表达促使颗粒碰撞的动因。为此，甘布（T.R. Camp）和斯泰因（P.C. Stein）通过一个瞬间受剪而扭转的单位体积水流所耗功率来计算 G 值以替代式（5-6）。公式推导如下：

在被搅动的水流中，考虑一个瞬息受剪而扭转的隔离体 $\Delta x\cdot\Delta y\cdot\Delta z$，见图 5-5。在隔离体受剪而扭转过程中，剪力做了扭转功。设在 Δt 时间内，隔离体扭转了 θ 角度，于是角速度 $\Delta\omega$ 为：

$$\Delta\omega=\frac{\Delta\theta}{\Delta t}=\frac{\Delta l}{\Delta t}\cdot\frac{1}{\Delta z}=\frac{\Delta u}{\Delta z}=G \tag{5-7}$$

式中，Δu —— 扭转线速度；

G —— 速度梯度。

转矩ΔJ：

$$\Delta J=(\tau\Delta x\Delta y)\Delta z \tag{5-8}$$

式中，τ —— 剪应力；

$\tau\Delta x\cdot\Delta y$ —— 作用在隔离体上的剪力。

隔离体扭转所耗功率等于转矩与角速度的乘积，于是，单位体积水流所耗功率 p 为：

$$p=\frac{\Delta J\cdot\Delta\omega}{\Delta x\cdot\Delta y\cdot\Delta z}=\frac{G\cdot\tau\cdot\Delta x\cdot\Delta y\cdot\Delta z}{\Delta x\cdot\Delta y\cdot\Delta z}=\tau G \tag{5-9}$$

根据牛顿内摩擦定律，$\tau=\mu G$，代入上式得：

$$G=\sqrt{\frac{p}{\mu}} \tag{5-10}$$

式中，μ —— 水的动力黏度，Pa·s；

p —— 单位体积流体所耗功率，W/m^3；

G —— 速度梯度，s^{-1}。

当用机械搅拌时，式（5-10）中的 p 由机械搅拌器提供。当采用水力絮凝池时，式中 p 应为水流本身能量消耗：

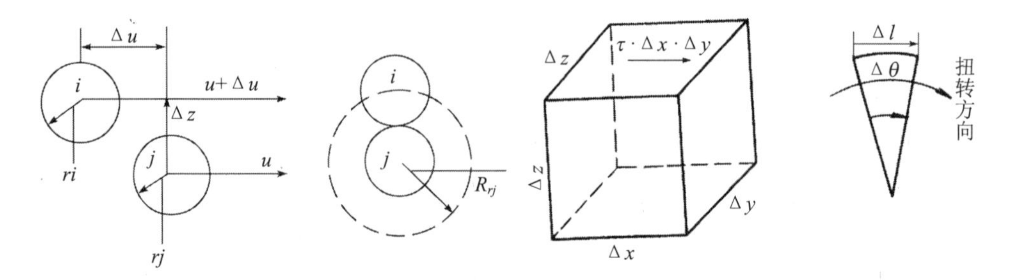

图 5-4　层流条件下颗粒碰撞示意　　　图 5-5　速度梯度计算图示

$$pV=\rho gQh \tag{5-11}$$

$$V=QT \tag{5-12}$$

式中，V —— 水流体积。

将式（5-11）和式（5-12）代入式（5-10）得：

$$G=\sqrt{\frac{gh}{vT}} \tag{5-13}$$

式中，g —— 重力加速度，9.8 m/s^2；

h —— 混凝设备中的水头损失，m；

v —— 水的运动黏度，m^2/s；

T —— 水流在混凝设备中的停留时间，s。

公式（5-10）和式（5-13）就是著名的甘布公式。虽然甘布公式中的 G 值反映了能量消耗概念，但仍使用“速度梯度”这一名词，且一直沿用至今。

（3）理想絮凝反应器

絮凝反应是在反应器中完成的，在此简单讨论一下将絮凝动力学理论应用于不同类型反应器的情况。

在絮凝过程中，水中颗粒数逐渐减少，颗粒总质量不变。若按照球形颗粒计算，颗粒直径为 d 且粒径均匀，则每个颗粒的体积为（π/6）d^3。单位体积水中颗粒总数为 n，则单位体积水中所含颗粒总体积，即体积浓度 ϕ 为：

$$\phi=\frac{\pi}{6}d^3\cdot n \tag{5-14}$$

将上式代入公式（5-5）得：

$$N_0=\frac{8}{\pi}G\varphi n \tag{5-15}$$

由于[碰撞速率]=–2[絮凝速率]，则絮凝速率为：

$$\frac{\mathrm{d}n}{\mathrm{d}t}=-\frac{1}{2}N_0=-\frac{4}{\pi}G\phi n \tag{5-16}$$

由上式可知，絮凝速率与颗粒数量浓度的一次方成正比，属于一级反应。令 $K=\frac{4}{\pi}\phi$，上式改写为：

$$\frac{\mathrm{d}n}{\mathrm{d}t}=-KGn \tag{5-17}$$

对于特定的原水水质，式中 K 为常数。

考虑到在实际水处理过程中，采用连续流反应器，如推流式反应器（FP）和完全混合连续式反应器（CSTR），可以对上式积分并得出不同类型反应器在达到一定处理后水质时的停留时间 t。

采用 PF 型反应器时，稳态条件下的絮凝时间为：

$$t=\frac{1}{KG}\ln\frac{n_0}{n} \tag{5-18}$$

采用 CSTR 型反应器（如机械搅拌絮凝池）时，稳态条件下的絮凝时间为：

$$t=\frac{1}{KG}\ln(\frac{n_0}{n}-1) \tag{5-19}$$

采用 m 个絮凝池串联时，单个絮凝池的平均絮凝时间为：

$$t=\frac{1}{KG}[\ln(\frac{n_0}{n})^{1/m}-1] \quad (5\text{-}20)$$

式中，n_0 —— 原水颗粒数量浓度；

n —— 第 m 个絮凝池出水颗粒浓度；

t —— 单个絮凝池平均絮凝时间。总絮凝时间 $T=mt$。

（4）混凝过程的控制指标

如何利用混凝动力学理论基础作指导，在实际水处理工艺过程中控制某些动力学指标从而达到控制最佳混凝效果，一直是水处理领域一些专家学者的研究方向。

在混合阶段，主要目的是使混凝药剂快速均匀地分散到水中以利于混凝剂的快速水解、聚合及胶体颗粒凝集，因此需要对水流进行快速剧烈搅拌。混合过程通常在 10～20 s 至多不超过 2 min 内完成。搅拌速度按速度梯度计，一般控制 G 值在 700～1 000 s^{-1} 之内。由于在此阶段水中颗粒尺寸很小，未超出布朗运动颗粒的尺寸范围，因此存在颗粒间的异向絮凝。

在絮凝阶段，主要靠机械或水力搅拌促使颗粒碰撞凝聚，同向絮凝起主要作用。由前文可知，若絮凝反应器中的平均颗粒碰撞速率为 N_0，絮凝时间为 T，则 N_0T 就是水中颗粒在絮凝反应器中碰撞的总次数，它可以作为反映絮凝效果的一个参数。由式（5-5）和式（5-15）可知，N_0 与 G 有正比例关系，所以 GT 量纲为一也是反映絮凝效果的一个参数。在设计中，平均 G 值控制在 20～70 s^{-1} 之内，平均 GT 值控制在 1×10^4～1×10^5 范围内。

在絮凝反应过程中，絮凝体尺寸逐渐增大，粒径变化可从微米级增大到毫米级，变化幅度达到几个数量级，但大尺寸絮凝体在强的剪切力作用下容易破碎，若为了不使生成的大絮凝体破碎而采用很小的 G 值，就需要很长的絮凝时间，这就会加大絮凝池的容积，增大建设费用。为了使絮凝池容积不致过大，工程中于絮凝开始颗粒很小时采用大的 G 值，并随着絮凝体尺寸增大逐渐减小 G 值，最后絮凝体增至最大时采用最小的 G 值，这样既保证了絮凝体不被打碎，又能使絮凝池容积较小，这是计算絮凝池时普遍采用的一种设计原理。

5.1.4 混凝的影响因素

① 水的 pH 对混凝效果影响　pH 的大小直接关系到选用药剂的种类、加药量和混凝沉淀效果。水中 H^+和 OH^-参与混凝剂的水解反应，因此，pH 强烈影响混凝剂的水解速度，产物的存在形态与性能。以铝盐为例，铝盐的混凝作用是通过生成 $Al(OH)_3$ 胶体实现的，在不同 pH 下，Al^{3+}的存在形态不同。当 pH＜4 时，$Al(OH)_3$ 溶解，以 Al^{3+}存在，混凝除浊效果极差。一般来说，在低 pH 时，高电荷

低聚合度的多核配合离子占主要地位，起不了黏附、架桥、吸附等作用。在 pH 为 6.5～7.5 时，聚合度很大的中性 $Al(OH)_3$ 胶体占绝对多数，故混凝效果好。当 pH＞8 时，$Al(OH)_3$ 胶体又重新溶解为负离子，生成 AlO_2^-，混凝效果又很差了。高分子絮凝剂受 pH 影响较小。水的碱度对 pH 有缓冲作用。当碱度不够时，应添加石灰等药剂。

② 水温对混凝效果有明显的影响　混凝剂水解多是吸热反应。水温低时，水解速度慢，不完全。温度也影响混凝形成速度和结构。低温时，尽管增加投药量，絮体的形成还是很缓慢，而且结构松散，颗粒细小，较难去除；此外，水温低时水的黏度大，布朗运动减弱，碰撞次数减少，同时剪切力增大，难以形成较大的絮体。但温度太高，易使高分子絮凝剂老化或分解生成不溶性物质，反而降低混凝效果。

③ 水中杂质成分、性质和浓度对混凝效果的影响　水中黏土杂质，粒径细小而均匀者，混凝效果较差，粒径参差者对混凝有利。颗粒浓度过低往往对混凝不利，回流沉淀物或投加助凝剂可提高混凝效果。水中存在大量有机物时，能被黏土微粒吸附，使微粒具备了有机物的高度稳定性，此时，向水中投氯以氧化有机物，破坏其保护作用，常能提高混凝效果。水中的盐类也能影响混凝效果，如水中 Ca^{2+}、Mg^{2+}以及硫、磷化合物一般对混凝有利，而某些阴离子、表面活性物质却有不利影响。

④ 混凝剂种类影响　混凝剂的选择主要取决于胶体和细微悬浮物的性质、浓度。如水中污染物主要呈现胶体状态，且ζ电位较高，则应先选无机混凝剂使其脱稳凝聚，如絮体细小，还需投加高分子混凝剂或配合使用活化硅胶等助凝剂。很多情况下，将无机混凝剂与高分子混凝剂并用，可明显提高混凝效果，扩大应用范围。对于高分子而言，链状分子上所带电荷量越大，电荷密度越高，链越能充分延伸，吸附架桥的空间范围也就越大，絮凝作用就越好。

⑤ 混凝剂投加量的影响　对任何混凝处理，都存在最佳混凝剂和最佳投药量，应通过试验确定。普通铁盐、铝盐的投量范围为 10～100 mg/L；一般聚合盐为普通盐的 1/3～1/2；有机高分子混凝剂 1～5 mg/L。投量过多可能造成胶体不稳。

⑥ 混凝剂投加顺序的影响　当使用多种混凝剂时，其最佳投加顺序通过试验确定。一般而言，当无机混凝剂与有机混凝剂并用时，先投加无机混凝剂，再投加有机混凝剂。但当处理的胶粒在 50μm 以上时，常先投加有机混凝剂吸附架桥，再加无机混凝剂压缩双电层而使胶体脱稳。

⑦ 水力条件对混凝有重要影响　在混合阶段，要求混凝剂与水迅速均匀地混合，而到了反应阶段，既要创造足够的碰撞机会和良好的吸附条件让絮体有足够的成长机会，又要防止生成的小絮体被打碎，因此搅拌强度要逐步减小，反应时间要长。

5.1.5 混凝剂和助凝剂

混凝剂是混凝过程中不可缺少的，在混凝过程中占有十分重要的地位。为了获得理想的混凝效果，应根据不同原水水质选用适当的混凝剂。在选用混凝剂时，可以通过模拟实验的方法进行优选，同时也需要对各类混凝剂的特性有初步的了解。

混凝剂的种类繁多，有研究报道的可能多达数百种，但真正得到一定规模应用的仅有数十种。混凝剂的分类方法有多种，按其作用可分为：凝聚剂、絮凝剂、助凝剂；按其化学组成可分为：无机混凝剂、有机混凝剂；按其分子量大小可分为：低分子混凝剂、高分子混凝剂；按其来源可分为：天然混凝剂、合成混凝剂。其实各种分类方法相互交叉包容，目前通常使用的是前两种分类方法，即按作用分类和按化学组成分类。

（1）混凝剂

1）无机盐类混凝剂

无机盐类混凝剂品种较少，但在水处理中应用较普遍，主要是水溶性的两价或三价金属盐，如铁盐和铝盐及其水解聚合物。可以选用的无机盐类混凝剂有硫酸铝、三氯化铁、硫酸亚铁、硫酸铝钾（明矾）、铝酸钠和硫酸铁等。

① 硫酸铝。硫酸铝为白色有光泽结晶，分子式为 $Al_2(SO_4)\cdot nH_2O$，根据干燥失水情况不同，其中 n=6、10、14、16、18 和 37 不等，常用的为有 18 个结晶水的 $Al_2(SO_4)\cdot 18H_2O$，分子量 666.41，相对密度 1.61。硫酸铝易溶于水，水溶液呈酸性，常温下溶解度约为 50%，沸水中溶解度提高至 90%以上。

固体硫酸铝需溶解投加，一般配制成 10%左右的重量百分浓度使用。对于附近有硫酸铝生产厂的水厂，可以考虑直接采用未经浓缩结晶的液态硫酸铝，可以节省由于浓缩结晶增加的生产成本。

② 三氯化铁。三氯化铁为黑褐色有光泽结晶，分子式为 $FeCl_3\cdot 6H_2O$ 有强烈吸水性，极易溶于水，溶解度随温度上升而增大。市售无水三氯化铁产品中 $FeCl_3$ 含量可达 92%以上，不溶性杂质小于 4%。

三氯化铁适合于干投或浓溶液投加，但配制和投加设备均需采用耐腐蚀器材。

采用三氯化铁作混凝剂时，其优点是易溶解，形成的絮凝体比铝盐絮凝体密实，沉降速度快，处理低温、低浊水时效果优于硫酸铝，适用的 pH 范围较宽，投加量比硫酸铝小。其缺点是三氯化铁固体产品极易吸水潮解，不易保管，腐蚀性较强，对金属、混凝土、塑料等均有腐蚀性，处理后水色度比铝盐处理水高，最佳投加量范围较窄，不易控制等。

③ 硫酸亚铁。硫酸亚铁为半透明绿色结晶，俗称绿矾，分子式为 $FeSO_4\cdot 7H_2O$，

易溶于水，20℃时溶解度为 21%。

硫酸亚铁通常是生产其他化工产品的副产品，价格低廉，但应检测其重金属含量，保证在其最大投量时处理后水中重金属含量不超过国家有关水质标准的限量。

固体硫酸亚铁需溶解投加，一般配制成 10%左右的重量百分比浓度使用。

当硫酸亚铁投加到水中时，离解出的二价铁离子只能水解形成单核配合物，混凝效果不如三价铁离子，而且未水解的二价铁离子残留在水中使处理后水带色，若二价铁离子与水中有色物质发生反应后会生成颜色更深的溶解性物质，使处理后水的色度更大。若能使投加到水中的二价铁离子迅速氧化成三价铁离子，则可克服以上缺点。通常情况下，可采用调节 pH、加入氯、曝气等方法使二价铁快速氧化。

2）高分子混凝剂

在高分子混凝剂中，又可分为无机高分子混凝剂和有机高分子混凝剂。无机高分子混凝剂主要有聚合氯化铝、聚合硫酸铝、聚合硫酸铁、聚合氯化铁、聚硅酸金属盐等。有机高分子混凝剂则可分为人工合成高分子物质和天然高分子物质，人工合成有机高分子物质又可分为阳离子型合成高分子物质如乙烯吡啶共聚物类、阴离子型合成高分子物质如聚丙烯酸盐类和非离子型合成高分子物质如聚丙烯酰胺类。天然高分子物质主要有淀粉、树胶、动物胶等。

① 聚合氯化铝。聚合氯化铝（Poly Aluminum Chloride，PAC）又名碱式氯化铝或羟基氯化铝，化学式为$[Al_2(OH)_nCl_{6-n}]_m$。其中 m 为聚合度，通常 $m\leqslant 10$，聚合单体为铝的羟基配合物 $Al_2(OH)_nCl_{6-n}$，通常 $n=1-5$，聚合物分子量在 1 000 左右。有时也写作 $Al_n(OH)_mCl_{3n-m}$，但都是聚合氯化铝的不同表达式，式中 OH 与 Al 的比值代表了水解和聚合反应的程度，与混凝效果密切相关，因此定义盐基度 $B=[OH]/3[Al]=n/(3\times 2)=n/6$，$n$ 为单体铝羟基配合物中羟基的摩尔数，例如当 $n=3$ 时，盐基度 $B=3/6=50\%$；当 $n=5$ 时，盐基度 $B=5/6=83.3\%$。行业标准要求生产的聚合氯化铝盐基度在 50%～80%，也即 $n=3$～5。

聚合氯化铝是 20 世纪 60 年代后期正式投入工业生产应用的一种新型无机高分子混凝剂，我国也是研制和应用聚合氯化铝较早的国家之一，从 1971 年采用酸溶铝灰一步法生产聚合氯化铝成功之后，逐渐得到推广应用。发展到现在，生产聚合氯化铝的原料多种多样，但主要还是以价廉易得的铝渣、铝灰或含铝矿物等作为原料，经酸溶、水解、聚合三个步骤制得。

首先用盐酸将原料中的 Al 和 Al_2O_3 从原料中溶出得到三氯化铝六水配合物：

$$2Al+6HCl+12H_2O \longrightarrow 2[Al(H_2O)_6]Cl_3+3H_2$$

$$Al_2O_3+6HCl+9H_2O \longrightarrow 2[Al(H_2O)_6]Cl_3$$

随着溶出反应的进行，反应液的 pH 逐渐升高，三氯化铝六水配合物逐渐发生水解：

$$[Al(H_2O)_6]Cl_3 == [Al(H_2O)_5(OH)]Cl_2 + HCl$$

$$[Al(H_2O)_5(OH)]Cl_2 == [Al(H_2O)_4(OH)_2]Cl + HCl$$

水解反应产生的盐酸进一步促进溶出反应，当 pH 继续升高时，水解中间产物的两个羟基间发生架桥缩合，产生多核配合物：

$$2[Al(H_2O)_5(OH)]Cl_2 == [Al_2(H_2O)_8(OH)_2]Cl_4 + 2H_2O$$

$$2[Al(H_2O)_4(OH)_2]Cl == [Al_2(H_2O)_6(OH)_4]Cl_2 + 2H_2O$$

缩合反应减少了水解产物浓度使水解反应继续进行，最终促使反应向高铝浓度、高盐基度、高聚合度方向进行。

聚合氯化铝作混凝剂时，与无机盐类混凝剂相比，具有很多优点：形成絮凝体速度快，絮凝体大而密实，沉降性能好；投加量比无机盐类混凝剂低；对原水水质适应性好，无论是低温、低浊、高浊、高色度、有机污染等原水，均保持较稳定的处理效果；最佳混凝 pH 范围较宽，最佳投量范围宽，一定范围内过量投加不会造成水的 pH 大幅度下降，不会突然出现混凝效果很差的现象；由于聚合氯化铝的盐基度比无机盐类高，因此在配制和投加过程中药液对设备的腐蚀程度小，处理后水的 pH 和碱度变化也较小。

聚合氯化铝的混凝机理主要是利用水解缩合过程中产生的高价多核配合物的压缩双电层作用和吸附电中和作用。

目前有关聚合氯化铝的研究仍在不断发展，通过某些特殊制备手段提高其高价多核配合物（如$[Al_{13}O_4(OH)_{24}]^{7+}$等）的百分含量，将使混凝效果得到大幅度提高。

② 聚合硫酸铝。聚合硫酸铝（Poly Aluminium Sulfate，PAS）是利用其中的硫酸根离子起到类似羟基架桥的作用，把简单铝盐水解产物桥联起来，促进铝的水解反应形成高价多核配合物以提高混凝效果。目前聚合硫酸铝还没有得到广泛应用。

③ 聚合硫酸铁。聚合硫酸铁（Poly Ferric Sulfate，PFS）是碱式硫酸铁的聚合物，化学式为$[Fe_2(OH)_n(SO_4)_{3-0.5n}]_m$，其中 m 为聚合度，通常 $n<2$，$m>10$，是一种红褐色的黏液体。

聚合硫酸铁是日本于 20 世纪 70 年代开始研究，目前已取得良好的应用效果。聚合硫酸铁的制备方法有好几种，但主要还是以硫酸亚铁为原料，采用不同的氧化法将硫酸亚铁氧化成硫酸铁，通过控制总硫酸根与总铁的摩尔比，使氧化过程中部分硫酸根被羟基所取代，从而形成碱式硫酸铁，再经过聚合形成聚合硫酸铁。

采用聚合硫酸铁作混凝剂时，其优点主要有：混凝剂用量少；絮凝体形成速度快、沉降速度也快；有效的 pH 范围宽；与三氯化铁相比腐蚀性大大降低；处理后水的色度和铁离子含量均较低。

④ 聚硅酸金属盐。聚硅酸金属盐主要包括聚硅酸铝（PASi）和聚硅酸铁（PFSi）及二者的复合物。首先由日本开始研究，之后中国也在这方面做了大量的研究工作，制备出了稳定周期较长的液体混凝剂。活化硅酸作为硫酸亚铁、硫酸铝等无机盐类混凝剂的助凝剂分别投加，曾经发挥过很好的作用，聚硅酸金属盐混凝剂的研究意图就是将助凝剂与混凝剂结合在一起，简化水处理厂的操作。尽管目前对聚硅酸金属盐的化学组成还不十分明了，但在国内已经有生产规模的应用。

对其化学组成的确定、聚合反应机理及混凝机理的深入研究将推动其更广泛的应用。

⑤ 合成有机高分子混凝剂。合成有机高分子混凝剂可以分为离子型和非离子型聚合物两类，离子型聚合物也称为聚电解质，按其大分子结构中重复单元带电基团的电性不同，又可以分为阴离子型、阳离子型和两性聚合物。

阳离子型聚电解质是指大分子结构重复单元中带有正电荷基团如胺基（$—NH_3^+$）、亚胺基（$—CH_2—NH_2^+—CH_2—$）或季胺基（N^+R_4）的水溶性聚合物，主要产品有聚乙烯胺、聚乙烯亚胺、聚二甲基烯丙基氯化铵、聚二甲胺基丙甲基丙烯酰胺、阳离子单体与丙烯酰胺共聚物等。由于水中胶体一般带有负电荷，所以阳离子聚电解质兼有吸附电中和、吸附架桥等多重作用，在水处理中占有较重要的位置。

阴离子聚电解质是指大分子结构重复单元中带有负电荷基团如羧基（$—COO^-$）或磺酸基（$—SO_3^{2-}$）等的水溶性共聚物。如丙烯酸盐的均聚物或丙烯酸与丙烯酰胺的共聚物。

两性聚电解质是大分子重复单元中既包含带正电基团又有带负电基团的高分子聚合物。这类聚电解质比较适合在各种不同性质的废水处理中使用，除了具有吸附电中和、吸附架桥作用外，还具有分子间缠绕包裹作用，特别适合于污泥脱水处理。

非离子型有机高分子聚合物的主要产品有聚丙烯酰胺（Polyacrylamide，PAM）和聚氧化乙烯（Polyethylene Oxide，PEO），其中 PAM 是使用最普遍的人工合成有机高分子混凝剂。此外还有聚乙烯醇、聚乙烯吡啶烷酮、聚乙烯基醚等也属此类。

⑥ 天然有机高分子混凝剂。天然高分子化合物主要分为淀粉类、半乳甘露聚

糖类、纤维素衍生物类、微生物多糖类和动物骨胶类等。与合成高分子絮凝剂相比，天然高分子物质分子量较低、电荷密度较小、易生物降解而失去活性，因此实际应用不多。目前这方面的研究受到关注，主要是这类高分子聚合物为天然产品，其毒性可能比合成高分子要小，而且由于易于生物降解，不会引起环境污染问题。

3）微生物絮凝剂

随着全球性人口老龄化的出现和加剧，人们对混凝剂使用安全性提出了质疑。有关研究表明，常饮用以铝盐为絮凝剂的水，能引起老年性痴呆症。目前广泛使用的聚丙烯酰胺，已被指出存在安全及环境方面的问题，完全聚合化的聚丙烯酰胺危险性不大，但聚合用的单体 —— 丙烯酰胺对神经有强烈的毒性，是膀胱癌的致剂，且残留性极大。由于现有混凝剂存在的问题，使研究开发具有高絮凝活性、安全、无毒和不造成二次污染的絮凝剂成为迫切而有意义的课题，因此人们开始把研究目光转向微生物絮凝剂。

微生物絮凝剂是利用现代生物技术，经过微生物的发酵、提取、精制等工艺，从微生物或其分泌物中制备具有凝聚性的代谢产物，例如DNA、蛋白质、糖蛋白、多糖、纤维素等。这些物质能使悬浮物微粒连接在一起，并使胶体失稳，形成絮凝物，克服了无机混凝剂和有机合成高分子絮凝剂的缺点，不仅不易产生二次污染，降解安全可靠，而且能快速絮凝各种颗粒物质，在废水处理中有独特效果。因此广泛应用于医药、食品、化学和环保等领域。

微生物絮凝剂的特点如下：

① 高效。与现在常用的各类絮凝剂，如铁盐、铝盐和聚丙烯酰胺等相比，在同等用量下，微生物絮凝剂对活性污泥的絮凝速度最大，而且絮凝沉淀比较容易用滤布过滤。

② 无毒。经小白鼠安全试验证明，微生物絮凝剂完全能用于食品、医药等行业。

③ 消除二次污染。微生物絮凝剂为微生物菌体或菌体外分泌的生物高分子物质，属于天然有机高分子絮凝剂，因此它不会危害微生物，也不会影响水处理效果，且絮凝后的残渣可被生物降解，对环境无害，不会造成二次污染。

④ 絮凝广泛。微生物絮凝剂能絮凝处理的对象较广，有活性污泥、粉煤灰、果汁、饮用水、河底沉积物、细菌、酵母菌和各种生产废水。其他絮凝剂则由于各自的特点而在某些应用领域受到限制。

⑤ 价格较低。主要从两方面考虑：微生物絮凝剂较化学絮凝剂便宜，微生物絮凝剂是靠生物发酵产生的，化学絮凝剂是人工合成的，从生产所用原材料、生产工艺和能源消耗等方面考虑，微生物絮凝剂也是经济的，这一点已为国内外普遍认同；微生物絮凝剂处理技术总费用低于化学絮凝剂处理技术的处理费用，前

者约为后者的 2/3。

与有机合成高分子絮凝剂和无机絮凝剂相比，微生物絮凝剂具有高效、安全、无毒和无二次污染等优点，但目前对其的研究还主要停留在高效微生物絮凝剂的产生菌种的分离、筛选和培养上，所以微生物絮凝剂还未能大规模应用于水处理上。微生物絮凝剂是当今一种最具希望的絮凝剂，它有着广阔的研究和发展前景。

4）复合混凝剂

复合混凝剂是指将两种以上特性互补的混凝剂复合在一起而得到的混凝剂。由于各种混凝剂水解机理不同而且有各自的优缺点和适用范围，为了发挥各单一混凝剂的优点，弥补其不足，因此出现将两种以上混凝剂复合使用以达到扬长避短、拓宽最佳混凝范围、提高混凝效率的目的。例如某些铁铝复合混凝剂，可以利用铁和铝水解特性的差异及形成的絮体特性不同而获得最佳的混凝效果。不同铁铝比对混凝效果有显著影响，须通过混凝实验确定。将适当的无机和有机混凝剂复合使用可以发挥各自在电中和及吸附架桥方面的优势作用而提高混凝效率。

（2）助凝剂

助凝剂是指与混凝剂一起使用，能够提高混凝效果的辅助药剂。即当单独使用某种絮凝剂不能取得良好效果时，还需要投加的药剂。助凝剂通常是高分子物质，其作用往往可以改善絮体结构，促使细小而松软的絮粒变得粗而密实，调节和改善混凝条件。根据助凝剂功能不同，可以分为调整剂、氧化剂和絮体结构改良剂三种类型。

① 调整剂

在污水 pH 不符合工艺要求时，或在投加混凝剂后 pH 变化较大时，需要投加 pH 调整剂。常用的 pH 调整剂包括石灰、硫酸和氢氧化钠等。

② 氧化剂

当污水中有机物含量高时易起泡沫，使絮凝体不易沉降，这时可以投加氯气、次氯酸钠、臭氧等氧化剂来破坏有机物，从而提高混凝效果。

③ 絮体结构改良剂

当生成的絮体较小，且松散易碎时，可投加絮体结构改良剂以改善絮体结构，增加其粒径、密度和强度。水处理常用助凝剂有骨胶、聚丙烯酰胺及其水解产物、活化硅酸、海藻酸钠等。

骨胶是一种粒状或片状动物胶，是高分子物质，分子量为 3 000～80 000。骨胶易溶于水，无毒、无腐蚀性，与铝盐或铁盐配合使用，效果显著。其价格比铝盐和铁盐高，使用较麻烦，不能预制保存，需要现场配制，即日使用，否则会变成冻胶。

活化硅酸（AS），又称活化水玻璃、泡花碱，其分子式为 $Na_2O \cdot xSiO_2 \cdot yH_2O$。

活化硅酸是粒状高分子物质，属阴离子型絮凝剂，其作用机理是靠分子链上的阴离子活性基团与胶体微粒表面间的范德华力、氢键作用而引起的吸附架桥作用，而不具有电中和作用。活化硅酸是在20世纪30年代后期作为混凝剂开始在水处理中得到应用的。在原水浊度低、悬浮物含量少及水温较低（4℃以下）时使用，效果更为显著。

活化硅酸一般在水处理现场制备，无商品出售。因为活化硅酸在储存时易析出硅胶而失去絮凝功能。活化的方法是先将水玻璃配成3%～5%的水溶液，再缓慢加入工业硫酸，边加边搅拌，使溶液的碱度控制在1 200～1 500 mg/L（以$CaCO_3$计）。活化时间为2 h，溶液应成乳化状态，如果冻结成块则失效。活化硅酸的投加量与原水浊度、pH、碱度、水中二氧化硅的含量等因素有关。配制时要注意有适宜的酸化度和活化时间，在使用时要注意投加点的确定。

目前出现了一种改良助凝剂改性活化硅酸，改性活化硅酸是在活化硅酸聚合反应形成冻胶之前，加入阻聚剂，中止或抑制其聚合过程。由于加入抑制硅酸聚合的阻聚剂，可控制聚合度和聚合反应条件，使聚合度很高并使聚合反应条件在最佳范围，达到其最佳助凝效果，同时可延长保存时间，其保存时间高达一个月时，助凝效果仍然很好，并与保存几个小时的助凝效果相同，其助凝效果不因保存时间延长而降低，而其活化时间短，不超过30 min，是一种适合北方冬季低温、低浊水处理的高效助凝剂。

（3）混凝药剂选用原则

如前文所述，混凝药剂种类繁多，如何根据水处理厂工艺条件、原水水质情况和处理后水质目标选用合适的混凝药剂，是十分重要的。混凝药剂品种的选择应遵循以下一般原则：

① 混凝效果好。在特定的原水水质、处理后水质要求和特定的处理工艺条件下，可以获得满意的混凝效果。

② 无毒害作用。当用于处理生活饮用水时，所选用混凝药剂不得含有对人体健康有害的成分；当用于工业生产时，所选用混凝药剂不得含有对生产有害的成分。

③ 货源充足。应对所要选用的混凝剂货源和生产厂家进行调研考察，了解货源是否充足、是否能长期稳定供货、产品质量如何等。

④ 成本低。当有多种混凝药剂品种可供选择时，应综合考虑药剂价格、运输成本与投加量等，进行经济分析比较，在保证处理后水质前提下尽可能降低使用成本。

⑤ 新型药剂的卫生许可。对于未推广应用的新型药剂品种，应取得当地卫生部门的卫生许可。

⑥ 借鉴已有经验。查阅相关文献并考察具有相同或类似水质的水处理厂，借鉴其运行经验，为选择混凝药剂提供参考。

对于各种混凝药剂混凝效果的比较及混凝剂投加量优化，混凝实验是最有效的方法之一。

5.1.6 混凝设备

（1）混凝剂的溶解配置和投配设备

混凝药剂投加到待处理的水中，可以采用干投法和湿投法。干投法就是将固体药剂（如硫酸铝）破碎成粉末后定量地投加，这种方法现使用较少。目前常用的湿投法是将混凝剂先溶解，再配制成一定浓度的溶液后定量地投加。因此，它包括溶解配制设备和投加设备。

1）混凝剂的溶解和配制

混凝剂在溶解池中进行溶解。溶解池应有搅拌装置，搅拌的目的是加速药剂的溶解。搅拌的方法常有机械搅拌、压缩空气搅拌和水泵搅拌等。机械搅拌是用电动机带动桨板或涡轮进行搅拌。压缩空气搅拌是向溶解池通入压缩空气进行搅拌。水泵搅拌则直接用水泵从溶解池内抽取溶液再循环回到溶解池。无机盐类混凝剂溶解池，搅拌装置和管配件等都应考虑防腐措施或用防腐材料。当使用 $FeCl_3$ 时，腐蚀性非常强，更需注意。

药剂溶解完全后，将浓药液送入溶液池，用清水稀释到一定的浓度备用。无机混凝剂溶液浓度一般用 10%～20%。有机高分子混凝剂溶液的浓度一般用 0.5%～1.0%。

溶液池的容积（V_1）

$$V_1 = \frac{24 \times 100AQ}{1\,000 \times 1\,000\omega n} = \frac{AQ}{417\omega n} \tag{5-21}$$

式中，V_1 —— 溶液池的容积，m^3；

Q —— 处理的水量，m^3/h；

A —— 混凝剂的最大投加量，mg/L；

ω —— 溶液质量分数，%；

n —— 每天配制次数，一般为 2～6 次。

溶解池的容积 V_2：

$$V_2 = (0.2 \sim 0.3)\,V_1 \tag{5-22}$$

2）混凝剂溶液的投加

药剂投入原水中必须有计量及定量设备，并能随时调节投加量。计量设备可以用转子流量计、电磁流量计等。图 5-6 是一种常用的简单计量设备。配制好的药剂溶液通过浮球阀进入恒位水箱。箱中液位靠浮球阀保持恒定。在恒定液位下 h 处有出液管，管端装有苗嘴或孔板，见图 5-7。因作用水头 h 恒定，一定口径的苗嘴或是一定开启度的孔板的出流量是恒定的。当需要调节投药量时，可以更换苗嘴或改变孔板的出口断面。

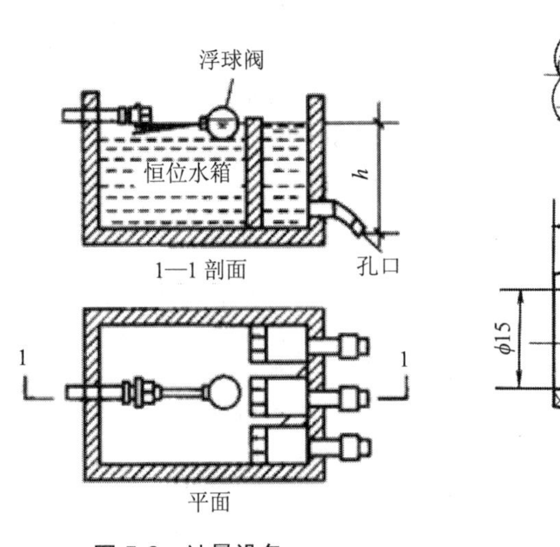

图 5-6　计量设备

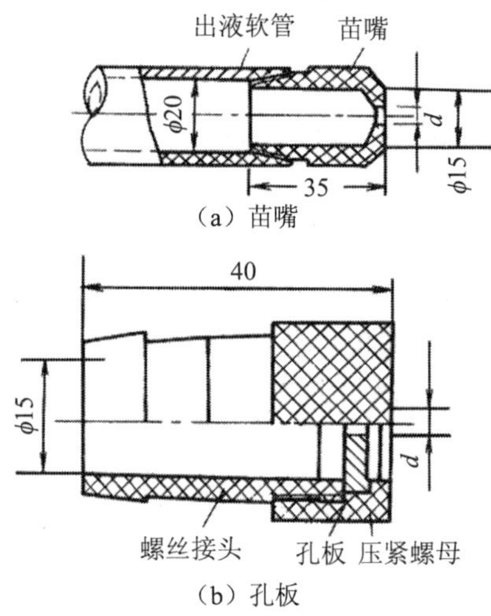

图 5-7　苗嘴和孔板

药剂投入原水中的方式，可以采用在泵前靠重力投加（图 5-8），也可以用水射器投加（图 5-9）或直接用计量泵投加。

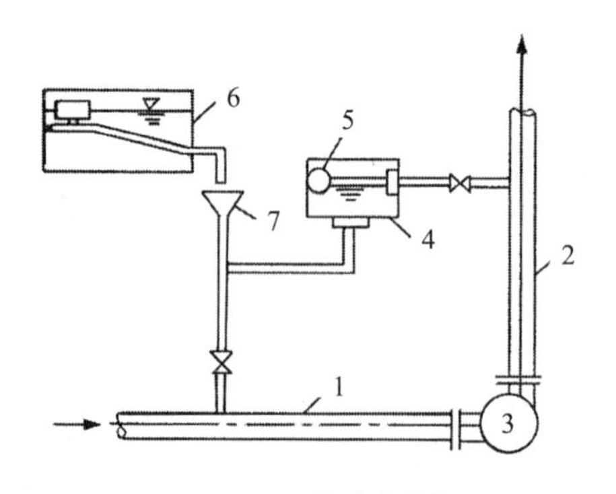

图 5-8　泵前重力投加

1-吸水管；2-出水管；3-水泵；4-水封箱；5-浮球阀；6-溶液池；7-漏斗管

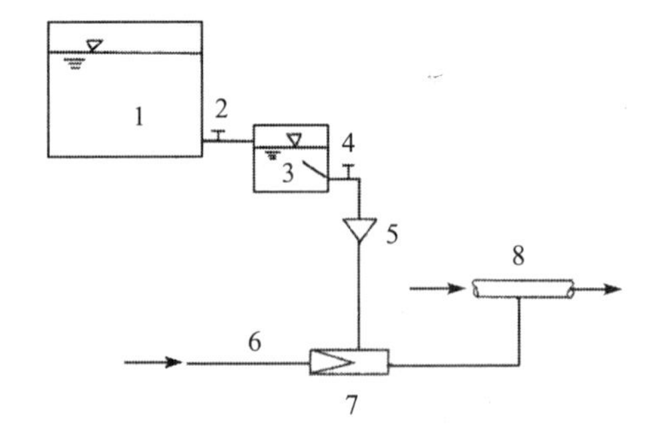

图 5-9　水射器投加

1-溶液池；2-阀门；3-投药箱；4-阀门；5-漏斗；6-高压水管；7-水射器；8-原水

（2）混合设备

常用的混合方式是水泵混合、隔板混合和机械混合。

1）水泵混合

利用提升水泵进行混合是一种常用的方法。药剂在水泵的吸水管上或吸水喇叭口处投入（图 5-8），利用水泵叶轮的高速转动达到快速而剧烈的混合目的。用水泵混合效果好，不需另建混合设备。但如用三氯化铁作混凝剂时，对水泵叶轮有一定腐蚀作用。另外，当水泵到处理构筑物的管线很长时，可能会在长距离的管道中过早地形成絮凝体并被打碎，不利于以后的处理。

2）隔板混合

如图 5-10 所示，在混合池内设有数块隔板，水流通过隔板孔道时产生急剧的收缩和扩散，形成涡流，使药剂与原水充分混合。隔板间距约为池宽的 2 倍。隔板孔道交错设置，流过孔道时的流速不应小于 1 m/s，池内平均流速不小于 0.6 m/s。混合时间一般为 10～30 s。在处理水量稳定时，隔板混合的效果较好；如流量变化较大时，混合效果不稳定。

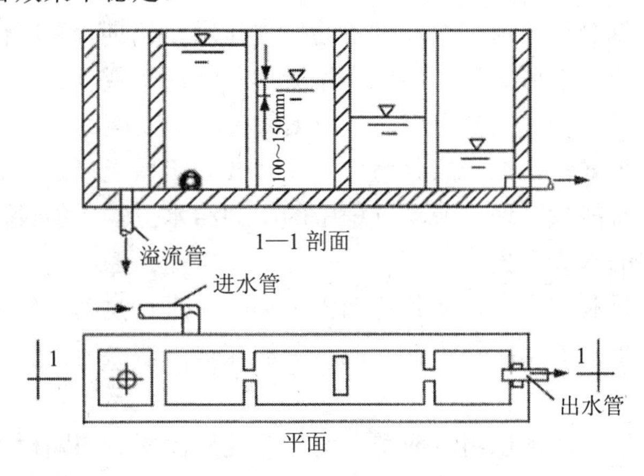

图 5-10　隔板混合池

3）机械混合

用电动机带动桨板或螺旋桨进行强烈搅拌是一种有效的混合方法。如图 5-11 所示，桨板的外缘线速度一般为 2 m/s 左右，混合时间为 10～30 s。机械搅拌的强度可以调节，比较灵活。这种方法的缺点是增加了机械设备，增加维修保养工作和动力消耗。

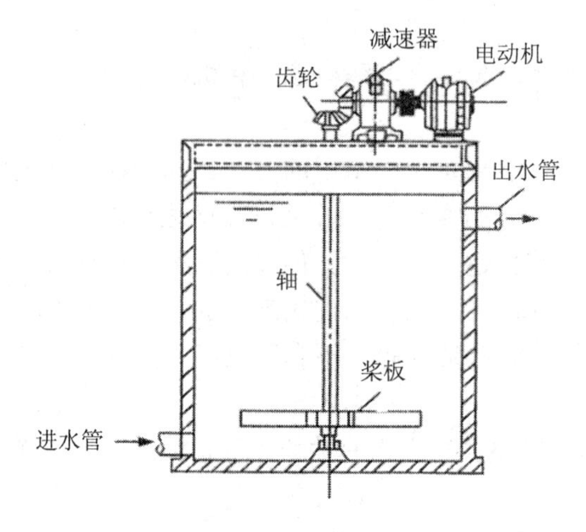

图 5-11 桨板混合池

（3）絮凝设备

原水与药剂混合后，通过絮凝设备的外力作用，使具有絮凝性能的微絮凝颗粒接触碰撞，形成肉眼可见的大的密实絮凝体，从而实现沉淀分离的目的。絮凝是净水工艺中不可缺少的重要内容，完成絮凝过程的设施称为絮凝池。

絮凝设备的形式较多，一般分为水力搅拌式和机械搅拌式两大类，水力搅拌式是利用水流自身能量，通过流动过程中的阻力给水流输入能量，反映为在絮凝过程中产生一定的水头损失。

机械搅拌式是利用电动机或其他动力带动叶片进行搅动，使水流产生一定的速度梯度。这种形式的絮凝不消耗水流自身的能量，絮凝所需要的能量由外部提供。

也可以将不同形式加以组合应用，例如穿孔旋流絮凝与隔板组合，隔板絮凝与机械搅拌组合等。

1）隔板絮凝池

水流以一定流速在隔板之间通过从而完成絮凝过程的絮凝设施，称为隔板絮凝池。水流方向是水平运动的称为水平隔板絮凝池，水流方向为上下竖向运动的称为垂直隔板絮凝池。水平隔板絮凝池应用较早，隔板布置采用来回往复的形式，如图 5-12 所示。水流沿隔板间通道往复流动，流动速度逐渐减小，这种形式称为往复式隔板絮凝池。往复式隔板絮凝池可以提供较多的颗粒碰撞机会，但在转折处消耗能量较大，容易引起已形成的矾花破碎。为了减小能量的损失，出现了回转式隔板絮凝池，如图 5-13 所示。这种絮凝池将往复式隔板 180°的急剧转折改为 90°，水流由池中间进入，逐渐回转至外侧，其最高水位出现在池的中间，出口处的水位基本与沉淀池水位持平。回转式隔板絮凝池避免了絮凝体的破碎，同时也减少了颗粒碰撞机会，影响了絮凝速度。为保证絮凝初期颗粒的有效碰撞和后期的矾花顺利形成免遭破碎，出现了往复-回转组合式隔板絮凝池。

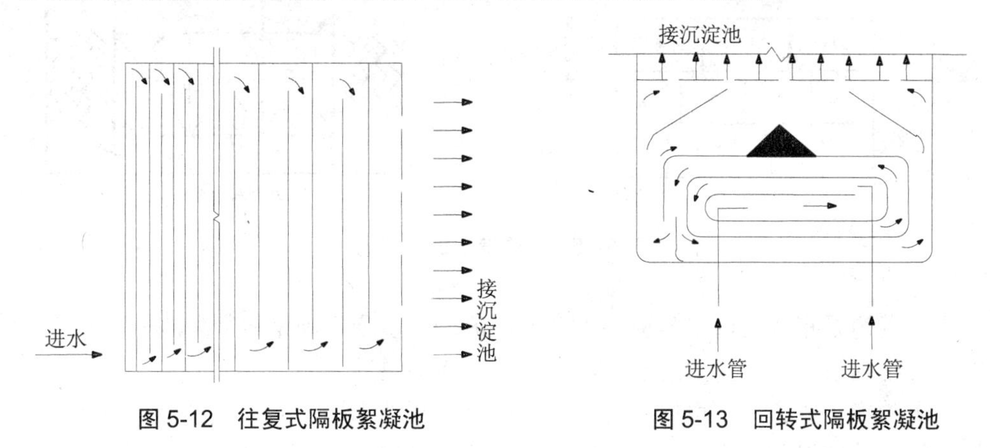

图 5-12　往复式隔板絮凝池　　　图 5-13　回转式隔板絮凝池

2）折板絮凝池

折板絮凝池是在隔板絮凝池基础上发展起来的，是目前应用较为普遍的形式之一。在折板絮凝池内放置一定数量的平折板或波纹板，水流沿折板竖向上下流动，多次转折，以促进絮凝。

折板絮凝池的布置方式有以下几种分类：

①按水流方向可以分为平流式和竖流式，以竖流式应用较为普遍。

②按折板安装相对位置不同，可以分为同波折板和异波折板，如图 5-14 所示。同波折板是将折板的波峰与波谷对应平行布置，使水流不变，水在流过转角处产生紊动；异波折板将折板波峰相对、波谷相对，形成交错布置，使水的流速时而收缩成最小，时而扩张成最大，从而产生絮凝所需要的紊动。

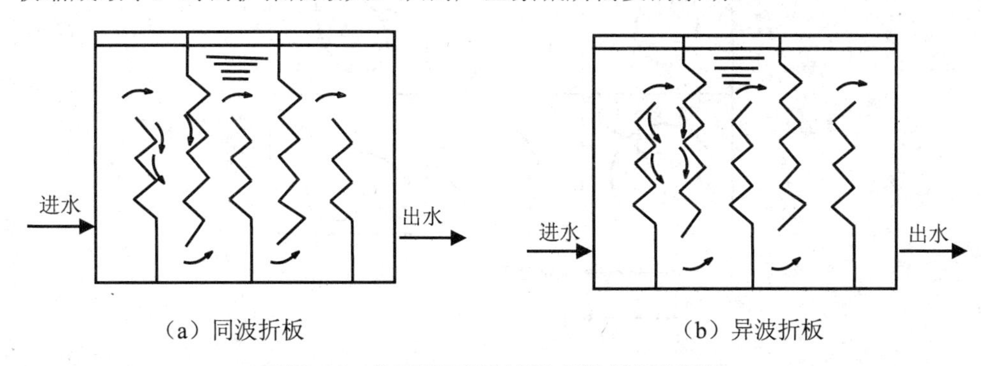

（a）同波折板　　　（b）异波折板

图 5-14　单通道同波折板和异波折板絮凝池

③按水流通过折板间隙数，又可分为单通道和多通道，如图 5-14 和图 5-15 所示。

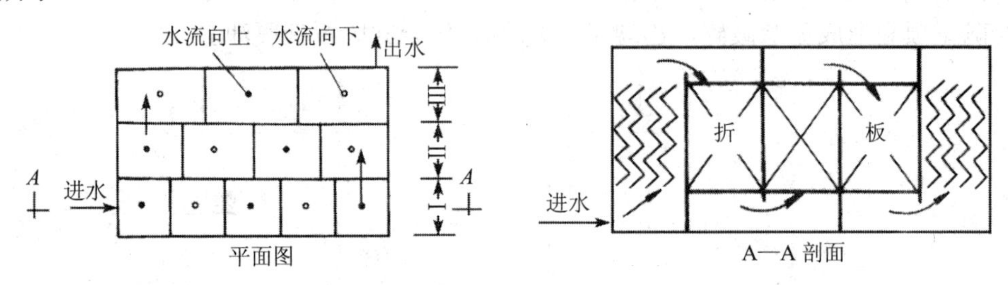

图 5-15 多通道折板絮凝池

单通道是指水流沿二折板间不断循序流动，多通道则是将絮凝池分隔成若干格，各格内设一定数量的折板，水流按各格逐格通过。

无论哪一种方式都可以组合使用，有时絮凝池末端还可采用平板。同波和异波折板絮凝效果差别不大，但平板效果较差，只能放置在池末起补充作用。

3）穿孔旋流絮凝池

穿孔旋流絮凝池是由若干方格组成。分格数一般不少于 6 格。各格之间的隔墙上沿池壁开孔。孔口上下交错布置，见图 5-16。水流沿池壁切线方向进入后形成旋流。第一格孔口尺寸最小，流速最大，水流在池内旋转速度也最大。而后孔口尺寸逐渐增大，流速逐格减小，速度梯度 G 值也相应逐格减小以适应絮凝体的成长。一般起点孔口流速宜取 0.6～1.0 m/s，末端孔口流速宜取 0.2～0.3 m/s。絮凝时间 15～25 min。

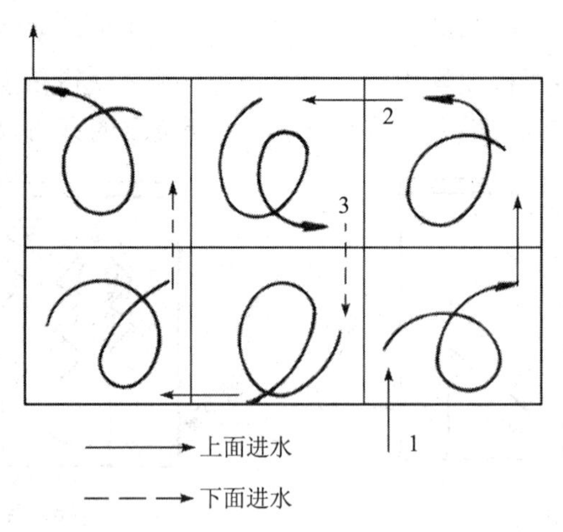

图 5-16 穿孔旋流絮凝池平面示意

穿孔旋流絮凝池可视为接近于 CSTR 型反应器，且受流量变化影响较大，故絮凝效果欠佳，池底也容易产生积泥现象。其优点是构造简单、施工方便、造价低，可用于中、小型水厂或与其他形式絮凝池组合应用。

4）网格（栅条）絮凝池

网格、栅条絮凝池设计成多格竖井回流式。每个竖井安装若干层网格或栅条。各竖井之间的隔墙上，上、下交错开孔。每个竖井网格或栅条数自进水端至出水端逐渐减少，一般分 3 段控制。前段为密网或密栅，中段为疏网或疏栅，末段不安装网、栅。图 5-17 所示一组絮凝池共分 9 格（即 9 个竖井），网格层数共 27 层。当水流通过网格时，相继收缩、扩大，形成涡旋，造成颗粒碰撞。水流通过竖井之间孔洞流速及过网流速按絮凝规律逐渐减小。

网格和栅条絮凝池所造成的水流紊动接近于局部各向同性紊流，故各向同性紊流理论应用于网格和栅条絮凝池更为合适。

网格絮凝池效果好，水头损失小，絮凝时间较短。不过，根据已建的网格和栅条絮凝池运行经验，还存在末端池底积泥现象，少数水厂发现网格上滋生藻类、堵塞网眼现象。

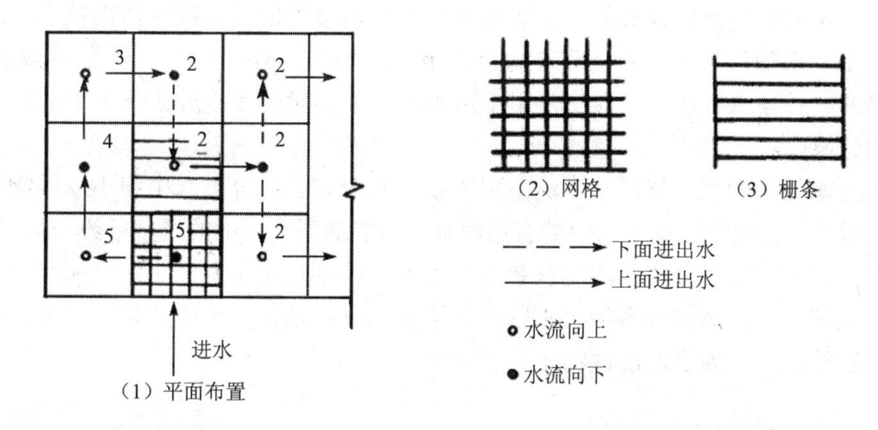

图 5-17　网格（或栅条）絮凝池平面示意（图中数字表示网格层数）

5）机械搅拌絮凝池

搅拌絮凝池通过电动机经减速装置驱动搅拌器对水进行搅拌，使水中颗粒相互碰撞，发生絮凝。搅拌器可以旋转运动，也可以上下往复运动。国内目前都是采用旋转式，常见的搅拌器有桨板式和叶轮式，桨板式较为常用，见图 5-18。根据搅拌轴的安装位置，又分为水平轴式和垂直轴式。前者通常用于大型水厂，后者一般用于中小型水厂。机械搅拌絮凝池宜分格串联使用，以提高絮凝效果。

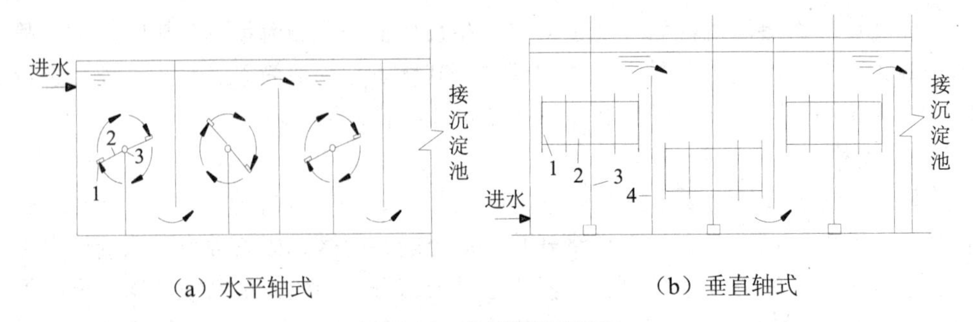

（a）水平轴式　　（b）垂直轴式

图 5-18　机械搅拌絮凝池

1-浆板；2-叶轮；3-旋转轴；4-隔墙

5.2　气浮处理

气浮法（Flotation）是固-液或液-液分离的一种方法。它是设法在水中通入或产生大量微细气泡，使其黏附于废水中密度与水接近的固体或液体微粒上，造成密度小于水的气浮体，并依靠浮力上浮至水面形成浮渣，从而实现固-液或液-液分离的一种净水方法。气浮法常用于污水中颗粒相对密度接近或小于 1 的细小颗粒的分离。

在水处理领域，气浮法广泛应用于以下几个方面：分离水中细小悬浮物、藻类及微聚体；回收工业废水中的有用物质，如造纸厂废水中的纸浆纤维及填料等；代替二次沉淀池，分离和浓缩剩余活性污泥，特别适用于易产生污泥膨胀的生化处理工艺中；分离回收含油废水中的悬浮油和乳化油；分离回收以分子或离子状态存在的物质，如表面活性物质和金属离子。

5.2.1　气浮的基本原理

为了探讨颗粒向气泡黏附的条件和它们之间的内在规律，应研究气、液、固三相间的相互作用。

（1）空气在水中的溶解度

空气在水中的溶解度与压力及温度有关。在一定范围内，压力越大、温度越低，空气在水中的溶解度越大（图 5-19）。因此，增加压力，利于水中溶解更多的溶解氧。相反，当含有饱和溶解氧的水减压时，溶解氧会从水中迅速溢出。由于减压速度快，气泡来不及凝并而以微小气泡出现，从而显著提高气浮效果。

（2）界面张力、接触角与悬浮颗粒的黏附

在水、气、粒三相混合体系中，不同介质的相表面上都因受力不均衡而存在界面张力（σ）。气泡与颗粒一旦接触，由于界面张力会产生表面吸附作用。三相间吸附界面构成的交界线称为润湿周边，如图 5-20 所示。为了便于讨论，现将水、气、粒三相分别以 1、2、3 表示。

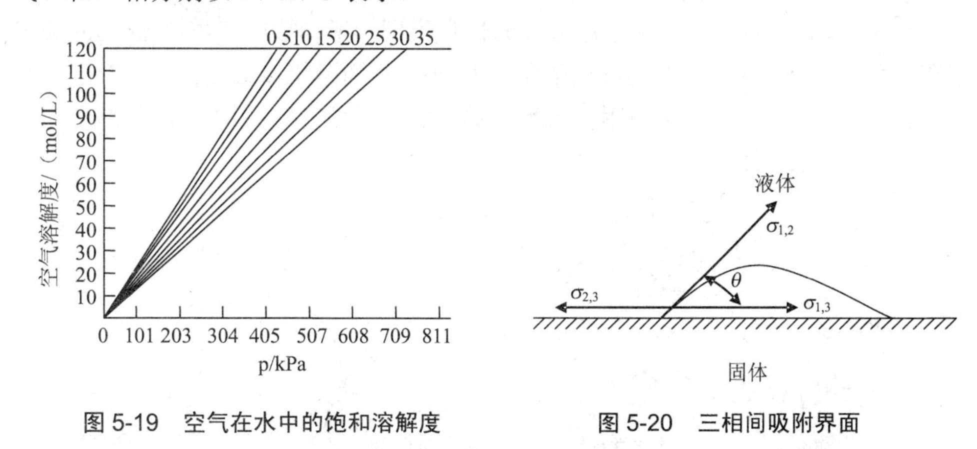

图 5-19　空气在水中的饱和溶解度　　图 5-20　三相间吸附界面

通过润湿周边（即相界面交界线）作水、粒界面张力（$\sigma_{1,3}$）作用线和水、气界面张力（$\sigma_{1,2}$）作用线，两作用线的交角为润湿接触角（θ）。水中具有不同表面性质的颗粒，其润湿接触角大小不同。通常将 $\theta>90°$ 的称为疏水界面，易于为气泡黏附，而 $\theta<90°$ 的称为亲水界面，不易为气泡所吸附。

从物理化学热力学得知，由水、气泡和颗粒构成的三相混合液中，存在着体系界面自由能（W）。体系界面自由能（W）存在着耗散至最小的趋势，从而使分散相的总表面积减小。

界面自由能（W）为：

$$W=\sigma S\ (\text{N/m}) \tag{5-23}$$

式中，S —— 界面面积，cm^2。

颗粒与气泡黏附前，颗粒和气泡单位面积（S=1 cm^2）的界面能分别为 $\sigma_{1,3}\times1$ 及 $\sigma_{1,2}\times1$，这时单位面积上的界面能之和为：

$$W_1=\sigma_{1,3}+\sigma_{1,2}\ (\text{N/m}) \tag{5-24}$$

当颗粒与气泡吸附后，界面自由能减少了。此时黏附面上单位面积的界面能为：

$$W_2=\sigma_{2,3}\ (\text{N/m}) \tag{5-25}$$

因此，界面能的减少值（ΔW）为：

$$\Delta W = W_1 - W_2 = \sigma_{1,3} + \sigma_{1,2} - \sigma_{2,3} \quad (5\text{-}26)$$

ΔW 值越大，推动力越大，易于气浮处理；反之，则相反。

（3）气-固气浮体的亲水吸附和疏水吸附

如图 5-21 所示，由于水中颗粒表面性质不同，所构成的气-固气浮体的黏附情况也不同。亲水性颗粒的润湿接触角（θ）小，气固两相接触面积小，气浮体结合不牢，易脱落，此为亲水吸附。疏水性颗粒的接触角（θ）大，气浮体结合牢固不易脱落，为疏水吸附。

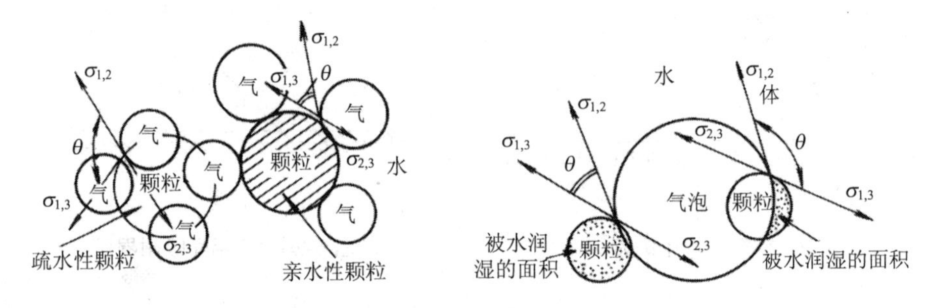

图 5-21　亲水性和疏水性物质的接触角

平衡状态时，三相界面张力之间关系式为：

$$\sigma_{1,3} = \sigma_{1,2}\cos(180° - \theta) + \sigma_{2,3} \quad (5\text{-}27)$$

将上式代入式并加以整理可得：

$$\Delta W = \sigma_{1,2}(1 - \cos\theta) \quad (5\text{-}28)$$

从式（5-28）可知，当 $\theta \to 0°$，$\cos\theta \to 1$ 则（$1-\cos\theta$）$\to 0$，这种物质不易与气泡黏附，不能用气浮法去除。当 $\theta \to 180°$，$\cos\theta \to -1$ 则（$1-\cos\theta$）$\to 2$，这种物质易于与气泡黏附，宜用气浮去除。

接触角 $\theta < 90°$时，根据力的平衡原理有

$$\sigma_{1,2}\cos\theta = \sigma_{2,3} - \sigma_{1,3} \quad (5\text{-}29)$$

或

$$\cos\theta = \frac{\sigma_{2,3} - \sigma_{1,3}}{\sigma_{1,2}} \quad (5\text{-}30)$$

上式表明，水中颗粒的润湿接触角（θ）是随水的表面张力不同而改变的。增大水的表面张力（$\sigma_{1,2}$），可以使接触角增加，有利于气固结合。反之，则有碍于

气固结合，不能形成牢固结合的气浮体。

（4）泡沫的稳定性

洁净的气泡本身具有自动降低表面自由能的倾向，即所谓气泡合并作用。由于这一作用的存在，表面张力大的洁净水中的气泡粒径常常不能达到气浮操作要求的极细分散度。此外，如果水中表面活性物质很少，则气泡壁表面由于缺少两亲分子吸附层的包裹，泡壁变薄，气泡浮升到水面以后，水分子很快蒸发而极易使气泡破灭，以致在水面上得不到稳定的气浮泡沫层。这样，即使气浮体在露出水面之前就已形成，而且也能够浮升到水面，但由于所形成的泡沫不够稳定，使已浮起的水中污染物又脱落回到水中，从而使气浮效果降低。为了防止产生这种现象，当水中缺少表面活性物质时，需向水中投加起泡剂，以保证气浮操作中泡沫的稳定性。所谓起泡剂，大多数是由极性-非极性分子组成的表面活性剂。表面活性剂的分子结构符号一般用“⚲”表示，圆头表示极性端，易溶于水，伸向水中（因为水是强极性分子）；尾端表示非极性基（疏水基），伸入气泡。由于同种电荷的相斥作用可防止气泡的兼并和破灭，因而增强了泡沫的稳定性，多数表面活性剂都是起泡剂（见图 5-22）。

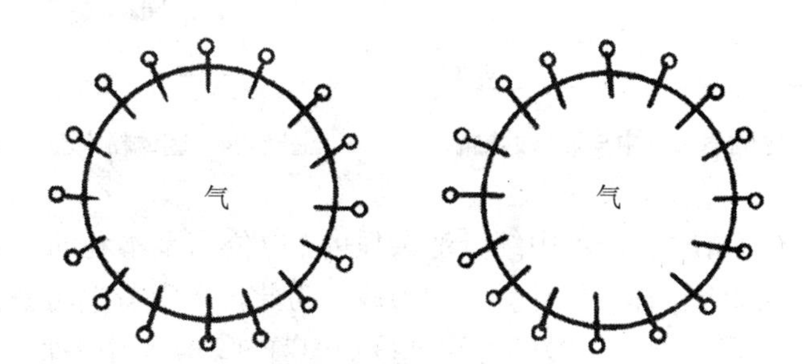

图 5-22　表面活性物质与气泡黏附的电荷相斥作用

有机污染物含量不多的废水进行气浮法处理时，泡沫的稳定性可能成为影响气浮效果的主要因素。在这种情况下，水中存在适量的表面活性物质是适宜的，有时是必需的。但是当其浓度超过一定的限度后，由于表面活性物质增多，会使水的表面张力减小，水中污染粒子严重乳化，表面ζ电位增高，此时水中含有与污染粒子相同荷电性的表面活性物质的作用则转向反面，尽管起泡现象强烈，泡沫形成稳定，但气-固的黏附不好，气浮效果变坏。因此，如何掌握好水中表面活性物质的最佳含量，成为气浮处理需实践探索的重点。

（5）界面电现象和混凝剂脱稳

废水中污染粒子的疏水性在许多情况下并不好。以乳化石油为例，就其表面性质来说是完全疏水的，而且密度小于水，理应互相附聚，兼并成较大油珠，并且借密度差自行上浮到水面，但由于水中含有由两亲分子组成的表面活性物质，其非极性端吸附在油粒内，极性端则伸向水中，在水中的极性端进一步电离，从而导致油珠界面被包围了一层负电荷。如水中与油珠结合的皂类和酚类物质，它们的极性端羧基—COOH 和羟基—OH 伸入水中电离后的情况就是这样（见图 5-23）。由此产生双电层现象，提高了粒子的表面电位。增大了的ζ电位值不仅阻碍细小油珠的相互兼并，而且影响油珠向气泡表面的黏附，使乳化油水成为稳定体系。

废水中含有的亲水性固体粉末如粉砂、黏土等，其润湿角 $0°<\theta<90°$，因此，它表面的一小部分为油珠所黏附，大部分为水润湿（见图 5-24）。油珠为这些固体粉末所包围覆盖。从而阻碍其兼并，形成稳定的乳化油水体系。这种固体粉末称为固化乳化剂，增大了油珠的ζ电位值。

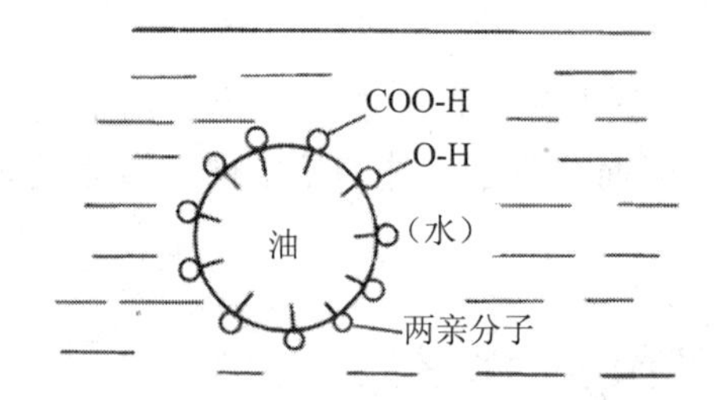

图 5-23　表面活性物质在水中与油珠的黏附

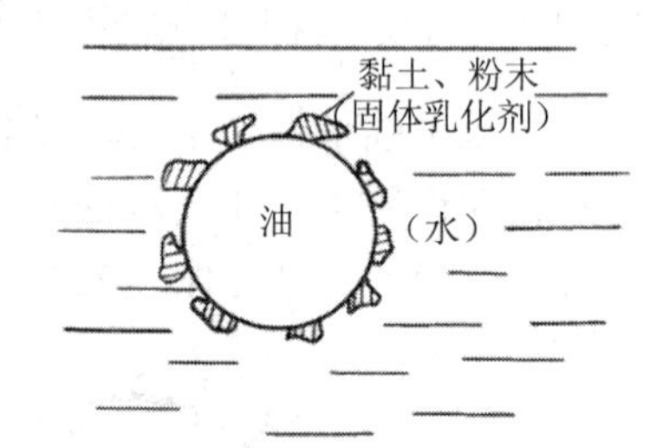

图 5-24　固体粉末在水中与油珠的黏附

从废水处理的角度看，水中细分散杂质的ζ电位高是不利的，它不仅促进乳化，而且影响气-固结合体（气浮体）的形成。为此，水中荷电污染粒子在气浮前最好采取脱稳、破乳措施。有效的方法是投加混凝剂，使水中增加相反电荷胶体，以压缩双电层，降低ζ电位值，使其达到中和。例如投加硫酸铝、聚氯化铝、二氯化亚铁、三氯化铁等，既可压缩双电层，又能吸附废水中的固体，使其凝聚。混凝剂的投加量要视废水的性质不同而根据实验确定。

对含有细分散亲水性颗粒杂质（例如纸浆，煤泥等）的工业废水，采用气浮法处理时，除应用前述的投加电解质混凝剂进行电中和的方法外，向水中投加（或水中存在）浮选剂，也可使颗粒的亲水性表面改变为疏水性，并能够与气泡黏附。例如图 5-25 所示，当浮选剂（亦属两亲分子组成的表面活性物）的极性端被吸附在亲水性颗粒表面后，其非极性端则朝向水中，物质表面与气泡结合力的强弱，取决于其非极性端碳链的长短。

分离洗煤废水中煤粉时所采用的浮选剂为脱酚轻油、中油、柴油、煤油或松油等。采用柴油时，投量取 1.4 g/L、松油投量为 0.09 g/L 时，可取得良好分离效果。分离造纸废水中的纸浆，则以动物胶（投量 3.5 mg/L）、松香、铝矾土、甲醛（各 0.3 mg/L）、氢氧化钠（0.1 mg/L）等为浮选剂为宜。

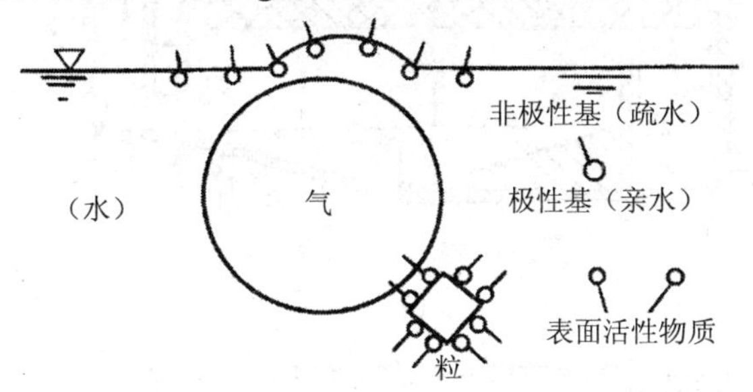

图 5-25　亲水性物质与气泡的黏附状况

5.2.2　电解气浮法

（1）电解气浮装置

电解气浮是在直流电的作用下，用不溶性阳极和阴极直接电解废水，在正负电极间产生氢和氧的微小气泡，从而将废水中的细小颗粒状污染物黏附并上升将其带至水面以固液分离的一种方法。

电解气浮产生的气泡细小，能够有效地利用电解液中的氧化还原效应以及由此产生微小气泡的上浮作用处理废水。这种方法不仅能把废水中的微细悬浮颗粒和乳化油与气泡黏附而浮出，还有氧化、脱色和杀菌作用，而且对水中一些金属离子和某些溶解有机物也具有同样净化效果。电解气浮法具有去除污染物范围广、泥渣量少、工艺简单、设备小等优点；主要缺点是能耗大。

电解气浮装置可分为竖流式和平流式两种，如图 5-26 和图 5-27 所示。

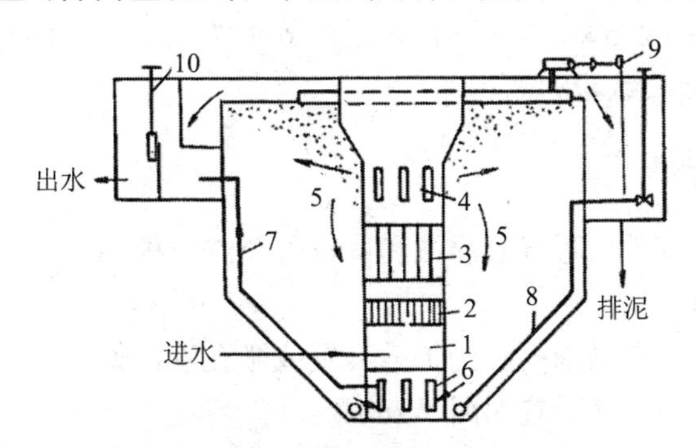

图 5-26　竖流电解气浮法装置

1-入流室；2-整流栅；3-电极组；4-出流孔；5-分离室；
6-集水孔；7-出水管；8-沉淀排泥管；9-刮渣机；10-水位调节器

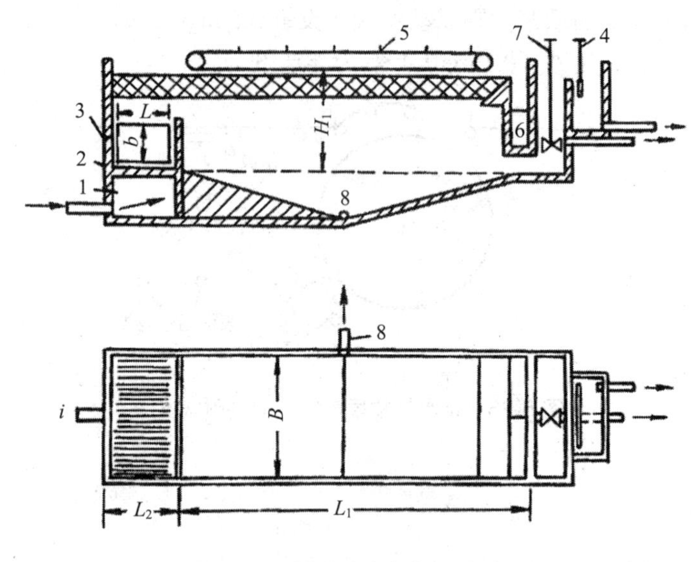

图 5-27 平流式电解气浮法装置

1-入流室；2-整流栅；3-电机组；4-出口水位调节器；5-刮渣机；
6-浮渣室；7-排渣阀；8-污泥排出口

（2）电解气浮法在工业废水处理中的应用

电解气浮法具有去除污染物范围广、泥渣量少、工艺简单、设备小等优点，但电耗大，如采用脉冲电解气浮法可降低电耗。电解气浮法多用于去除细分散悬浮固体和乳化油。如某轧钢厂废水中悬浮固体（主要为铁粉）含量 150～350 mg/L，橄榄油含量 300～600 mg/L，废水流量为 75 m^3/h。采用 25 m^3 的电解气浮池进行电解气浮处理。电极材料为镀铂的钛，极板面积为 25 m^2，电流密度 6 A/dm^2，槽电压 8V，电耗为 0.275 kWh/m^3，出水悬浮固体浓度小于 30 mg/L，油浓度小于 40 mg/L。浮渣可回收铁粉和油。

5.2.3 散气气浮法

目前应用的有扩散板曝气气浮法和叶轮气浮法两种。

（1）扩散板曝气气浮法

压缩空气通过具有微细孔隙的扩散装置或微孔管，使空气以微小气泡的形式进入水中，进行气浮。其装置如图 5-28 所示。

这种方法的优点是简单易行，但缺点较多，其中主要的是空气扩散装置的微孔易于堵塞，气泡较大，气浮效果不好。

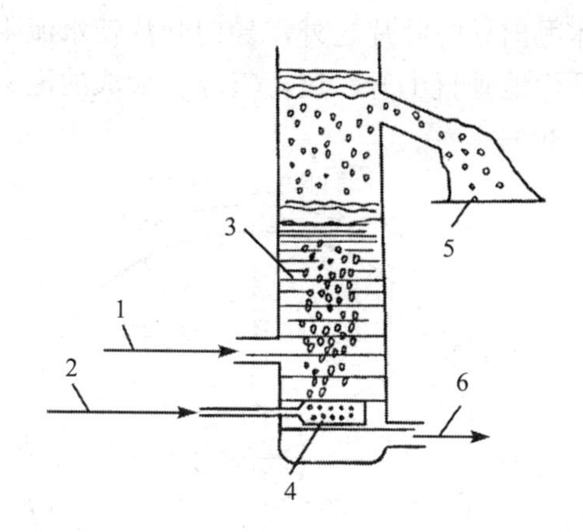

图 5-28　扩散板曝气气浮法

1-入流液；2-空气进入；3-分离柱；4-微孔陶瓷扩散板；5-浮渣；6-出流液

（2）叶轮气浮

叶轮气浮设备示意见图 5-29。在气浮池的底部置有叶轮叶片，由转轴与池上部的电机相连接，并由后者驱动叶轮转动，在叶轮的上部装设着带有导向叶片的固定盖板，叶片与叶轮直径成 60°角，盖板与叶轮间有 10 mm 的间距，而导向叶片与叶轮之间有 5～8 mm 的间距，在盖板上开有孔径为 20～30 mm 的孔洞 12～18 个，在盖板外侧的底部空间装设有整流板。

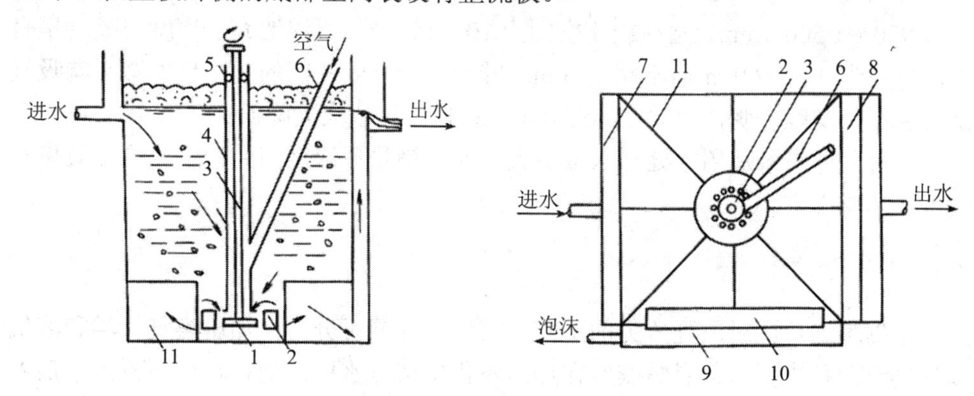

图 5-29　叶轮气浮设备构造示意

1-叶轮；2-盖板；3-转轴；4-轴套；5-轴承；6-进气管；

7-进水槽；8-出水槽；9-泡沫槽；10-刮沫板；11-整流板

叶轮在电机的驱动下高速旋转，在盖板下形成负压，从空气管吸入空气，废水由盖板上的小孔进入。在叶轮的搅动下，空气被粉碎成细小的气泡，并与水充分混合成水气混合体甩出导向叶片之外，导向叶片使水流阻力减小。又经整流板稳流后，在池体内平稳地垂直上升，进行气浮。形成的泡沫不断地被缓慢转动的刮板刮出槽外（图 5-30）。

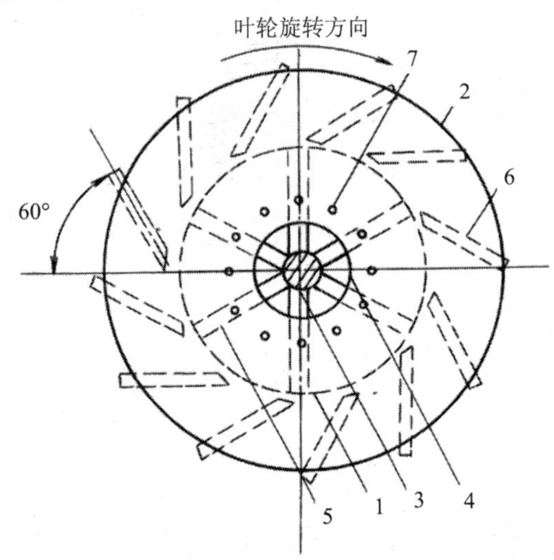

图 5-30 叶轮盖板构造

1-叶轮；2-盖板；3-转轴；4-轴套；5-叶轮叶片；6-导向叶片；7-循环进水孔

叶轮直径一般多为 200～400 mm，最大不超过 600～700 mm，叶轮的转速多采用 900～1 500 r/min，圆周线速度则为 10～15 m/s，气浮池充水深度与吸气量有关，一般为 1.5～2.0 m 而不超过 3 m。叶轮与导向叶片间的间距也能够影响吸气量的大小，实践证明，此间距超过 8 mm 将使进气量大大降低。

这种气浮设备适用于处理水量不大，而污染物质浓度高的废水。除油效果一般可达 80%左右。

5.2.4 溶气气浮法

根据气泡析出时所处压力的不同，溶气气浮又可分为：加压溶气气浮和溶气真空气浮两种类型。前者是空气在加压条件下溶入水中，而在常压下析出；后者是空气在常压或加压条件下溶入水中，而在负压条件下析出。加压溶气气浮是国内最常用的气浮法。

（1）溶气真空气浮法

溶气真空气浮法的主要特点是，气浮池是在负压（真空）状态下运行的。至于空气的溶解，可在常压下进行，也可以在加压下进行。溶气真空气浮池如图 5-31 所示。

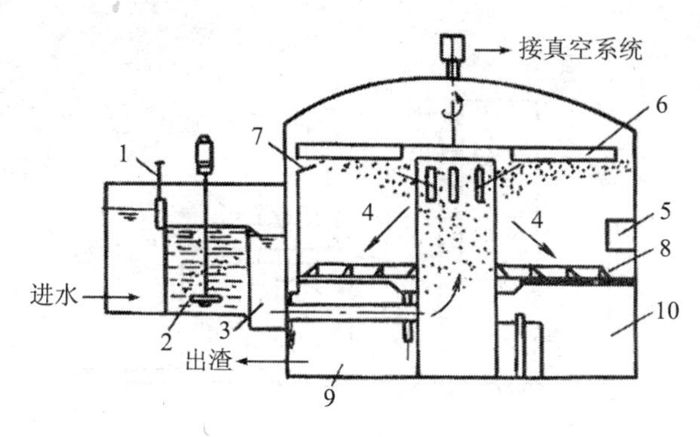

图 5-31　真空气浮池

1-入流调节器；2-曝气器；3-消气井；4-分离区；5-环形出水槽；6-刮渣板；7-集渣槽；8-池底刮泥板；9-出渣室；10-操作室（包括抽真空设备）

由于在负压（真空）条件下运行，因此，溶解在水中的空气，易于呈过饱和状态，从而大量地以气泡形式从水中析出，进行气浮。析出的空气数量，取决于水中溶解空气量和真空度。

溶气真空气浮的主要优点是：空气溶解所需压力比压力溶气气浮低，动力设备和电能消耗较少，但是这种气浮方法的最大缺点是：气浮在负压条件下运行，一切设备部件，如除泡沫的设备，都要密封在气浮池内，这就使气浮池的构造复杂，给维护运行和维修都带来很大困难。此外，这种方法只适用于处理污染物浓度不高的废水，因此在生产中使用得不多。

溶气真空气浮池，平面多为圆形，池面压力多取 29.9～39.9 kPa，废水在池内的停留时间为 5～20 min。

（2）加压溶气气浮

加压溶气气浮法是目前应用最广泛的一种气浮方法。空气在加压条件下溶于水中，再使压力降至常压，把溶解的过饱和空气以微气泡的形式释放出来。

1）加压溶气气浮法工艺流程

加压溶气气浮工艺由空气饱和设备、空气释放设备和气浮池等组成。其基本工艺流程有全溶气流程、部分溶气流程和回流加压溶气流程 3 种。

① 全溶气流程

如图 5-32 所示，该流程是将全部废水进行加压溶气，再经减压释放装置进入气浮池进行固液分离。与其他两流程相比，其电耗高，但因不另加溶气水，所以气浮池容积小。至于泵前投混凝剂形成的絮凝体是否会在加压及减压释放过程中产生不利影响，目前尚无定论。从分离效果来看并无明显区别，其原因是气浮法对混凝反应的要求与沉淀法不一样，气浮并不要求将絮体结大，只要求混凝剂与水充分混合。

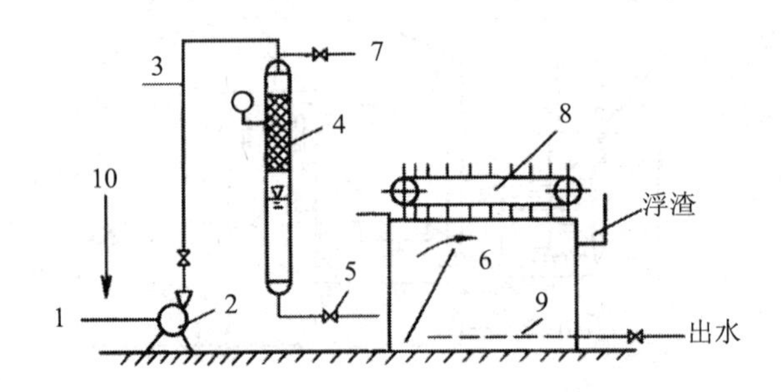

图 5-32　全溶气方式加压溶气浮上法流程

1-原水进入；2-加压泵；3-空气加入；4-压力溶气罐（含填料层）；
5-减压阀；6-气浮池；7-放气阀；8-刮渣机；9-集水系统；10-化学药剂

② 部分溶气流程

如图 5-33 所示。该流程是将部分废水进行加压溶气，其余废水直接送入气浮池。该流程比全溶气流程省电，另外因部分废水经溶气罐，所以溶气罐的容积比较小。但因部分废水加压溶气所能提供的空气量较少，因此，若想提供同样的空气量，必须加大溶气罐的压力。

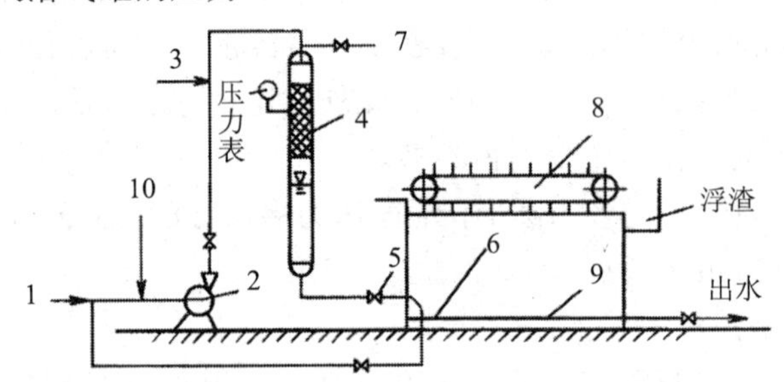

图 5-33　部分溶气方式浮上法流程

1-原水进入；2-加压泵；3-空气进入；4-压力溶气罐（含填料层）；
5-减压阀；6-气浮池；7-放气阀；8-刮渣机；9-集水系统；10-化学药液

③ 回流加压溶气流程

如图 5-34 所示。该流程将部分出水进行回流加压，废水直接送入气浮池。该方法适用于含悬浮物浓度高的废水的固液分离，但气浮池的容积较前两者大。

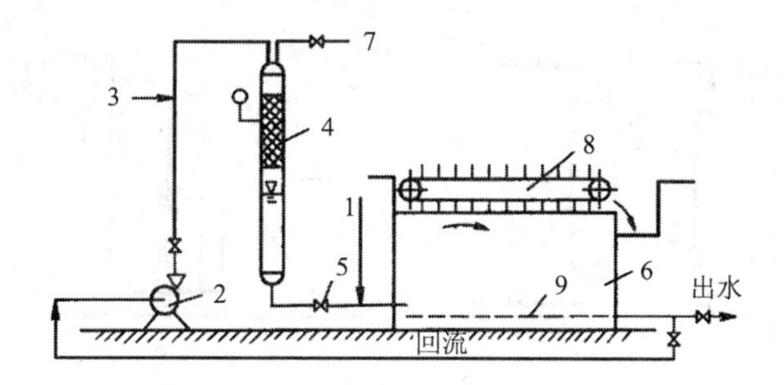

图 5-34　回流加压溶气流程方式流程示意图

1-原水进入；2-加压泵；3-空气进入；4-压力溶气罐（含填料层）；
5-减压阀；6-气浮池；7-放气阀；8-刮渣机；9-集水管及回流清水管

2）加压溶气气浮法的特点

加压溶气气浮法与电解气浮法和散气气浮法相比具有以下的特点：

①水中的空气溶解度大，能提供足够的微气泡，可满足不同要求的固液分离，确保去除效果。②经减压释放后产生的气泡粒径小（20～100 μm）、粒径均匀、微气泡在气浮池中上升速度很慢，对池扰动较小，特别适用于絮凝体松散、细小的固体分离。③设备和流程都比较简单，维护管理方便。

3）加压溶气气浮系统的设计

① 溶气方式的选择

溶气方式可分为水泵吸水管吸气溶气方式、水泵压水管射流溶气方式和水泵-空压机溶气方式。

A．水泵吸水管吸气溶气方式　可分为两种形式。一种是利用水泵吸水管内的负压作用，在吸水管上开一小孔，空气经气量调节和计量设备被吸入，并在水泵叶轮高速搅动形成气水混合体后送入溶气罐，如图 50-35（a）所示。另一种形式是在水泵压水管上接一支管，支管上安装一射流器，支管中的压力水通过射流器时把空气吸入并送入吸水管，再经水泵送入溶气罐，如图 5-35（b）所示。这种方式，设备简单，不需空压机，没有因空压机带来的噪声。当吸气量控制适当（一般只为饱和溶解量的 50%左右），压力不太高时，尽管水泵压力降低 10%～15%，但运行尚稳定可靠。当吸气量过大，超过水泵流量的 7%～8%（体积比）时，会造成水泵工作不正常并产生振动，同时水泵压力下降 25%～30%。长期运行还会发生水泵气蚀。

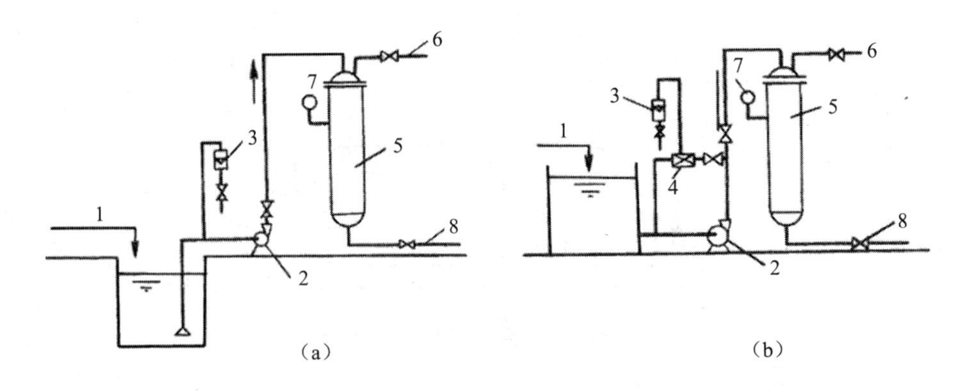

图 5-35　水泵吸水管吸气、溶气方式

1-回流水；2-加压泵；3-气量计；4-射流器；5-溶气罐；6-放气管；7-压力表；8-减压释放设备

B．水泵压水管射流溶气方式　如图 5-36 所示。这种方式是利用在水泵压水管上安装的射流器抽吸空气。缺点是射流器本身能量损失大，一般约 30%，当所需溶气水压力为 0.3 MPa 时，则水泵出口处压力约需 0.5 MPa。为了克服能耗高的缺点，开发出内循环式射流加压溶气方式，如图 5-37 所示。它采用了空气内循环和水流内循环，除保留射流溶气方式的特点，除不需空压机外，由于采用内循环方式，还可大大降低能耗，达到水泵-空压机溶气方式的能耗水平。

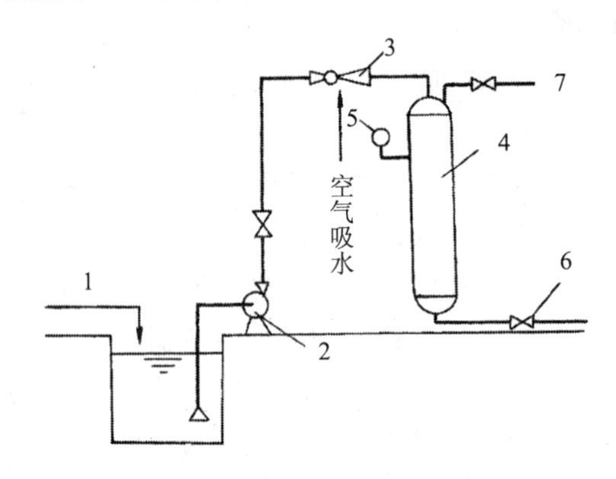

图 5-36　水泵压水管射流溶气方式

1-回流水；2-加压泵；3-射流器；4-溶气罐；5-压力表；6-减压释放设备；7-放气阀

内循环式射流加压溶气的工作原理：处理工艺要求溶气水压力为 P，流量为 Q，工作泵压力为 P_1 时，射流器 1 在$\Delta P_1 = P_1 - P$ 压差的作用下，把溶气罐内剩余的空气吸进，并与加压水混合送入溶气罐，这时溶气罐内压力逐渐上升，达到 P 值时，打开减压装置，溶气水进入气浮池。在ΔP_1 的作用下，溶气罐内的空气不断被吸出，罐中空气不断减少，水位逐渐上升，当水位上升到某一指定高度时，水位自动控制装置就指令循环泵开始工作。循环泵的压力为 P_2，从溶气罐抽出循环水量，在压差$\Delta P_2 = P_2 - P$ 的作用下，射流器II吸入空气，随循环水送入溶气罐。随着空气的不断吸入，罐中水位不断下降，当降到某一指定水位时，水位自控装置就指令循环水泵停止工作。如此循环工作。

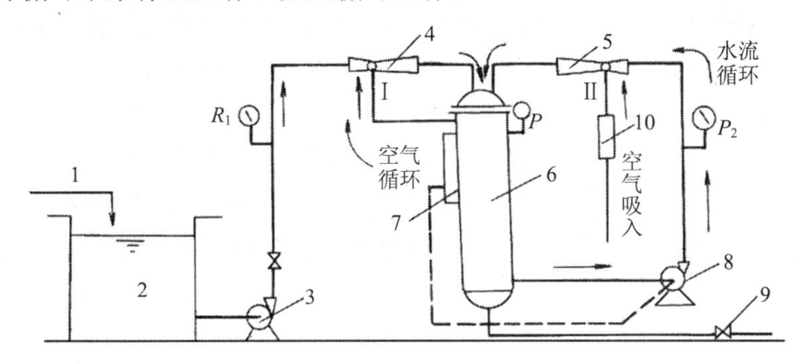

图 5-37 内循环式射流加压溶气方式

1-回流水；2-清水池；3-加压泵；4-射流器 I；5-射流器 II；6-溶气罐；7-水位自控设备；8-循环泵；9-减压释放设备；10-真空进气阀

C. 水泵-空压机溶气方式 如图 5-38 所示。是目前常用的一种溶气方法。该方式溶解的空气由空压机供给，压力水可以分别进入溶气罐，也有将压缩空气管接在水泵上一起进入溶气罐的，为防止因操作不当，使压缩空气或压力水倒流入水泵或空压机，目前常采用自上而下的同向流进入溶气罐。由于在一定压力下需空气量较少，因此空压机的功率较小，该方法的能耗较前两种方式少。但该法的缺点是，除产生噪声与油污染外，操作也比较复杂，特别是要控制好水泵与空压机压力，并使其达到平衡状态。

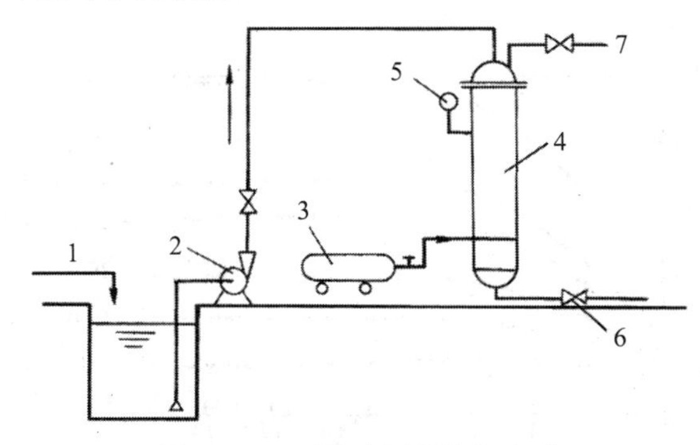

图 5-38 水泵-空压机溶气方式

1-回流水；2-加压泵；3-空压机；4-溶气罐；5-压力表；6-减压释放设备；7-放气阀

② 空气饱和设备的选择

该设备的作用是在一定压力下将空气溶解于水中以提供废水处理所要求的溶气水。空气饱和设备一般由加压泵、溶气罐、空气供给设备及液位自动控制设备等组成。

A．加压泵　用来供给一定压力的水量。加压泵压力过高时，由于单位体积溶解的空气量增加，经减压后能析出大量的空气，会促进微气泡的并聚，对气浮分离不利。另外，由于高压下所需的溶气水量减少，不利于溶气水与原废水的充分混合。反之，加压泵压力过低，势必需增加溶气水量，从而增加了气浮池的容积。目前国产的离心泵，其压力为 0.25～0.35 MPa，流量则在 10～200 m^3/h 范围内，可满足不同处理的要求。加压泵的选择，除满足溶气水的压力外，还应考虑管路系统的水头损失。按亨利定律，空气在水中的溶解度与所受压力成正比，因此，溶进的空气量（V）为：

$$V=K_TP \quad (\text{L/m}^3\text{水}) \tag{5-31}$$

式中，P —— 空气所受的绝对压力，Pa；

K_T —— 溶解常数，不同温度下的 K_T 值列举于表 5-1 中。

表 5-1　不同温度下的 K_T 值

温度/℃	0	10	20	30	40	50
K_T 值	0.038	0.029	0.024	0.021	0.018	0.016

设计空气量应按 25%的过量考虑，留有余地，保证气浮效果。

气浮操作中空气的实际用量，可取处理水量的 1%～5%（体积比）或气泡浮出固物量的 0.5%～1%（重量比）。空气溶解量与加压时间关系见图 5-39。回流水量一般为进水的 25%～50%。

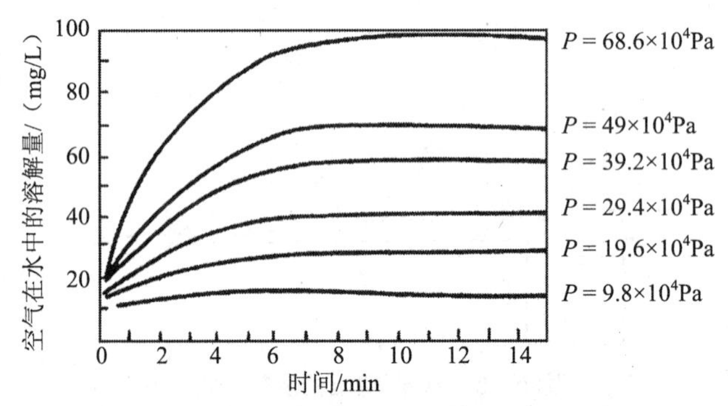

图 5-39　空气在水中的溶解量与加压时间的关系（水温=40℃）

B．溶气罐 溶气罐的作用是实施水和空气的充分接触，加速空气的溶解。目前常用的压力溶气罐有多种形式。其中填充式溶气罐效率高，故一般都采用填充溶气罐。其构造如图 5-40 所示。填充式溶气罐，因装有填料可加剧紊动程度，提高液相的分散程度，不断更新液相与气相的界面，从而提高了溶气效率。填料有各种型式，研究表明，阶梯环的溶气效率最高，可达 90%以上，拉西环次之，波纹片卷最低，这是由于填料的几何特性不同造成的。波纹片卷的溶气效率比空罐高 25%左右。填料层的厚度超过 0.8 m 时，可达到饱和状态。溶气罐的表面负荷一般为 300～2 500 $m^3/(m^2 \cdot d)$。

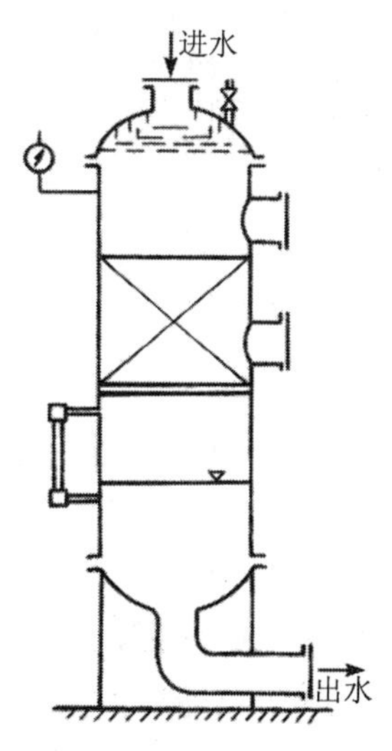

图 5-40 填充式溶气罐

关于溶气罐中填料堵塞问题，按表面负荷来说，远远超过生物滤池的表面负荷 10 $m^3/(m^2 \cdot d)$，似乎不会发生堵塞。但对于较大的溶气罐，由于布水不均匀，在某些部位可能发生堵塞，特别是对含悬浮物浓度高的废水，应考虑堵塞问题。关于空气和水在填料内的流向问题，研究结果表明，应从溶气罐顶部进气和进水为佳。由于空气从罐顶进入，可防止因操作不慎，可能使压力水倒流入空压机，以及排出的溶气水中夹带较大气泡的可能性。为防止从溶气水中夹带出不溶的气泡进入气浮池，其供气部分的最低位置应在溶气罐中有效水深 1.0 m 以上。

③ 溶气水的减压释放设备

其作用是将压力溶气水减压后迅速将溶于水中的空气以极为细小的气泡形式释放出来，要求微气泡的直径在 20～100 μm。微气泡的直径大小和数量对气浮效果有很大影响。目前生产中采用的减压释放设备分两类：一种是减压阀，另一种是释放器。

A. 减压阀　利用现成的截止阀，其缺点是：多个阀门相互间的开启度不一致，其最佳开启度难以调节控制，因而从每个阀门的出流量各异，且释放出的气泡尺寸大小不一致；阀门安装在气浮池外，减压后经过一段管道才送入气浮池，如果此段管道较长，则气泡合并现象严重，从而影响气浮效果；另外，在压力溶气水昼夜冲击下，阀芯与阀杆螺栓易松动，造成流量改变，使运行不稳定。

B. 专用释放器　根据溶气释放规律制造。在国外，有英国水研究中心的 WRC 喷嘴、针形阀等。在国内有 TS 型、TJ 型和 TV 型等，如图 5-41 所示。

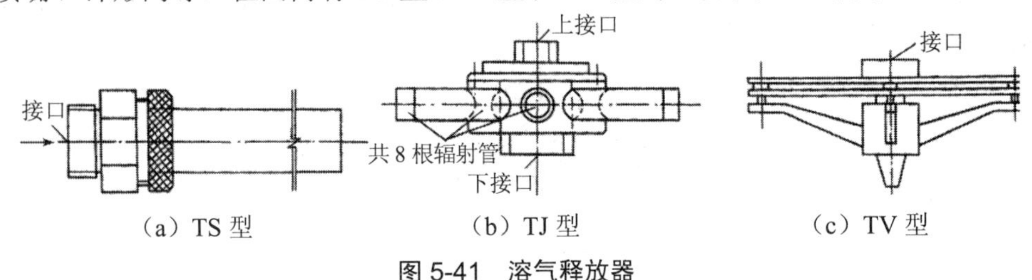

图 5-41　溶气释放器

目前国产的 TS 型、TJ 型和 TV 型的特点是：在 0.15 MPa 以上时，即能释放溶气量的 99%左右；能在 0.2 MPa 以上的低压下工作，即能取得良好的净水效果，节约能耗；释放出的气泡微细，平均直径为 20～40 μm，气泡密集，附着性能好。

TS 型溶气释放器的工作原理如图 5-42 所示。当压力溶气水通过孔盒时，溶气水反复经过收缩、扩散、撞击、返流、挤压、辐射、旋涡等流态，在 0.1 s 内，就使压力损失 95%左右，溶解的空气迅速释放出来。TJ 型溶气释放器是根据 TS 型的原理，为了扩大单个释放器出流量及作用范围，以及克服 TS 型易被水中杂质堵塞而设计的。该释放器堵塞时，可以通过从上接口抽真空，提起器内的舌簧，以清除杂质。TV 型溶气释放器是为了克服上面两种释放器布水不均匀及需要用水射器才能使舌簧提起等缺点而设计的。堵塞时，接通压缩空气即可使下盘下移，增大水流通道，使堵塞物排出。

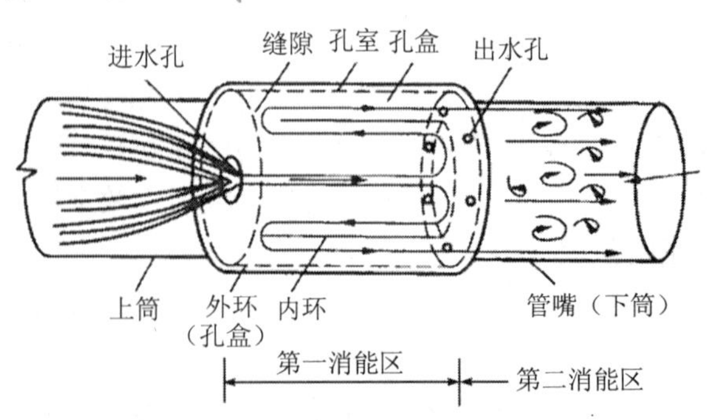

图 5-42　TS 型溶气释放器的工作原理

④ 气浮池

根据废水的水质、处理程度及其他具体情况，目前已开发了各种形式的气浮池。应用比较广泛的有平流式气浮池和竖流式气浮池两种，如图 5-43 和图 5-44 所示。平流式气浮池是目前应用最多的一种。废水从池下部进入气浮接触区，保证气泡与废水有一定的接触时间，废水经隔板进入气浮分离区进行分离后，从池底集水管排出。浮在水面上的浮渣用刮渣设备刮入集渣槽后排出。这种形式的优点是池身浅，造价低，构造简单，管理方便。缺点是分离区容积利用率不高；竖流式气浮池也是常用的一种形式。这种形式的优点是接触区在池中央，水流向四周扩散，水力条件比平流式好。缺点是构造比较复杂。

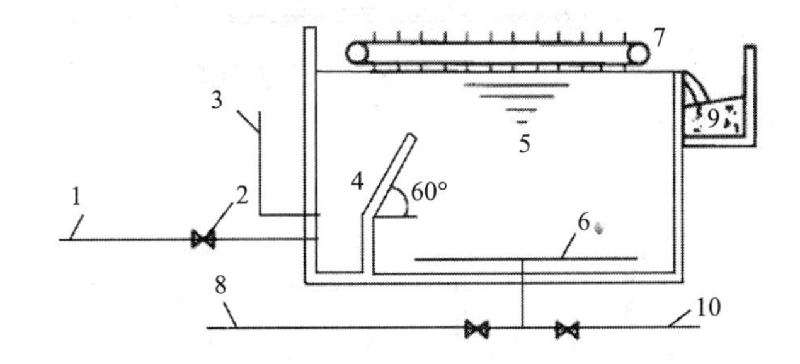

图 5-43　有回流的平流式气浮池

1-溶气水管；2-减压释放及混合设备；3-原水管；4-接触区；
5-分离区；6-集水管；7-刮渣设备；8-回流管；9-集渣槽；10-出水管

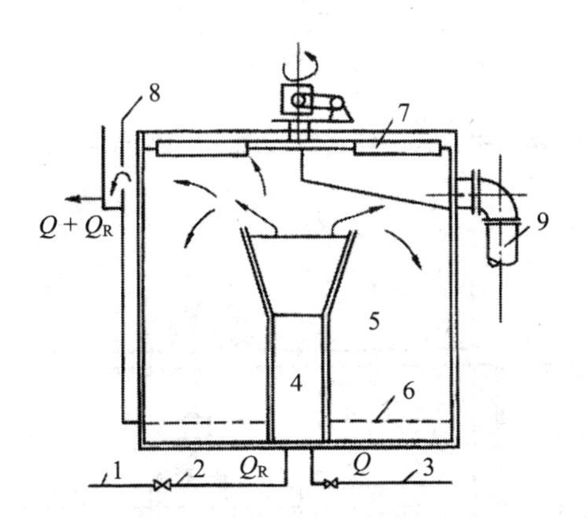

图 5-44　竖流式气浮池

1-溶气水管；2-减压释放器；3-原水管；4-接触区；
5-分离区；6-集水管；7-刮渣机；8-水位调节器；9-排渣管

除上述两种基本形式外，还有各种组合式一体化气浮池。组合式气浮池有反应-气浮、反应-气浮-沉淀和反应-气浮-过滤一体化气浮设备，如图 5-45、图 5-46 和图 5-47 所示。

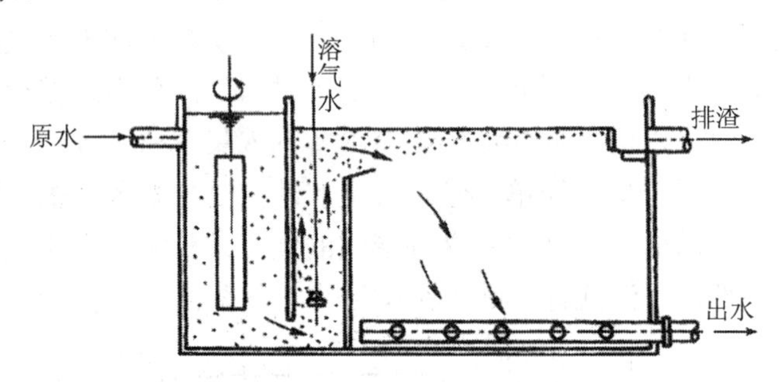

图 5-45 平流式气浮池（反应-气浮）

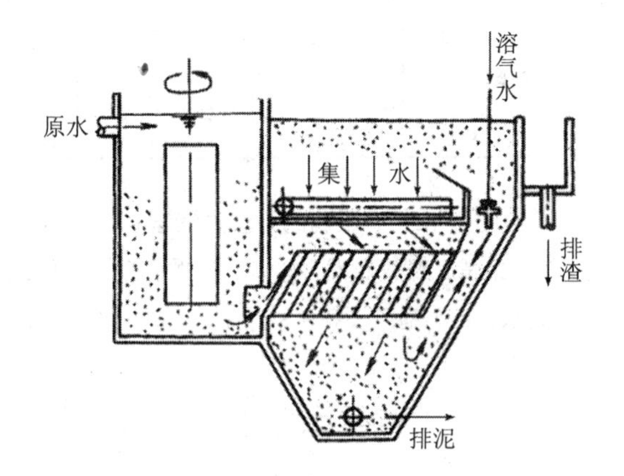

图 5-46 组合式一体化气浮池（反应-气浮-沉淀）

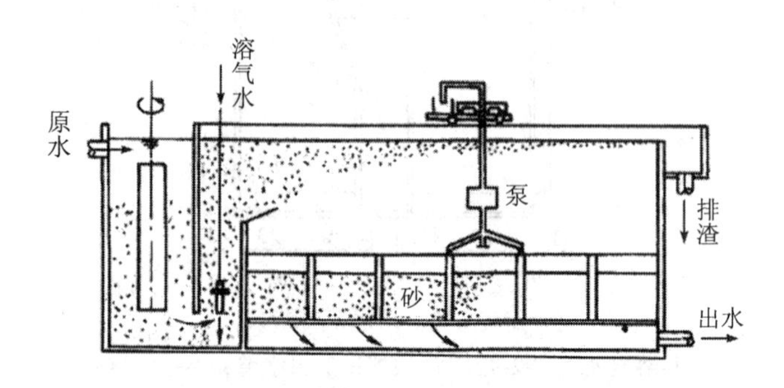

图 5-47 组合式一体化气浮池（反应-气浮-过滤）

⑤ 平流式矩形气浮池的设计

平流式矩形气浮池的设计参数的选定：

A．气浮池的有效水深　一般取 2.0～2.5 m，长宽比一般为 1∶1～1∶1.5。气浮池的表面负荷率常取 5～10 $m^3/(m^2 \cdot h)$（取决于原水的水质），水力停留时间一般为 10～20 min。

B．接触区下端水流上升流速　一般取 20 mm/s 左右，上端水流的上升流速为 5～10 mm/s，水力停留时间不小于 2 min。接触区容积不能过大，否则会影响分离区的容积。隔板的作用是使已黏附气泡的颗粒向池表面产生上升运动，隔板角度一般为 60°，隔板下端可以有一直段，其高度一般取 300～500 mm，隔板顶部和气浮池水面之间应留有约 300 mm 的高度，以防止干扰分离区的浮渣层。

C．分离区水流向下流速　一般取 1～3 mm/s（包括溶气回流量）。分离区的作用是使黏附于气泡的悬浮颗粒与水分离并浮至水面。如前所述，悬浮颗粒黏附气泡后，其比重比水轻，在静止状态下颗粒上升速度为 $v_{上}$。黏附气泡的颗粒在气浮池中，由于清水从池底部排出，水流在分离区下降流速为 $v_{下}$。而分离区，颗粒的上浮或下沉取决于 $v_{下}$的大小。当 $v_{上} > v_{下}$时，则颗粒上浮；当 $v_{上} < v_{下}$时，则颗粒下沉。$v_{上}$不是一个定值，它与原水的水质、温度、微气泡的质量等因素有关，一般通过试验确定。而 $v_{下}$与集水装置的集水均匀程度有关。在给水处理中，原水浊度在 100 度以下时，$v_{下}$一般取 2～3 mm/s（包括溶气回流水）；废水处理时，当悬浮物浓度较高时（包括投加化学混凝剂的固体量）$v_{下}$可取 1.0～3.0 mm/s。

D．集水管，宜于在分离区的底部设置集水均匀的树枝状或环状的集水管。

E．浮渣层的厚度与浮渣的性质及刮泥周期有关，应通过试验确定，以决定合理的刮渣周期。

F．浮渣一般都用机械方法刮除。刮渣机的行车速度宜控制在 5 m/min 以内。为防止刮渣时浮渣再次下落，刮渣方向应与水流流向相反，把可能下落的浮渣控制在接触区，这时仍可由接触区上升的带气泡絮凝体再次将其托起，而不致影响出水水质。

G．当原水中含有比重较大的颗粒时，可能产生沉淀，沉淀污泥可用刮泥机刮至污泥斗后排出。

H．气固比。在设计加压溶气系统时，最基本的参数是溶解空气量（A）与原水中悬浮固体含量（S）的比值 A/S，称为气固比。即

$$a = \frac{A}{S} = \frac{\text{经减压释放的溶解空气总量}}{\text{原水带入的悬浮固体总量}} \tag{5-32}$$

根据被处理废水中污染物的不同，气固比 a 有两种不同的表示方法：当分离乳化油等比重小于水的液态悬浮物时，a 常用体积比计算；当分离比重大于水的

固态悬浮物时，a 常采用质量比计算。当 a 用质量比计算时，其计算如下：

$$A=\gamma C_s(fP-1)R\cdot\frac{1}{1\,000} \tag{5-33}$$

式中，A —— 减压至一个大气压时释放的空气量，kg/d；

γ —— 空气容重，g/L，见表 5-2；

C_s —— 在一定温度下，一个大气压时的空气溶解度，mg/L，见表 5-2；

P —— 溶气压力，绝对压力；

f —— 加压溶气系统的溶气效率，为实际空气溶解度与理论空气溶解度之比，与溶气罐等因素有关；

R —— 压力水回流量或加压溶气水量，m^3/d。

表 5-2　空气在水中的溶解度

温度/℃	空气容重γ/（mg/L）	溶解度 C_s/（mg/L）	空气在水中的溶解常数
0	1 252	29.2	0.038
10	1 206	22.8	0.029
20	1 164	18.7	0.024
30	1 127	15.7	0.021
40	1 092	14.2	0.018

气浮的悬浮固体干重 S 为：

$$S=QS_a \tag{5-34}$$

式中，S —— 悬浮固体干重，kg/d；

Q —— 进行气浮处理的废水量，m^3/d；

S_a —— 废水中悬浮颗粒浓度，kg/dm^3。

因此气固比可写成：

$$a=\frac{A}{S}=\frac{\gamma C_s(fP-1)R}{QS_a\times 1\,000}\quad(\text{kg/kg}) \tag{5-35}$$

如已知气固比 a，由上式可求得 R

$$R=\frac{QS_a\left(\frac{A}{S}\right)1\,000}{\gamma C_s(fP-1)} \tag{5-36}$$

参数 a 的选用涉及出水水质、设备、动力等因素。从节省能耗考虑并达到理想的气浮分离效果，应对所处理的废水进行气浮试验来确定气固比。如无资料或无试验数据时，a 一般可选用 0.005～0.006，废水悬浮固体含量高时，可选用上限，低时可采用下限。剩余污泥气浮浓缩时气固比一般采用 0.03～0.04。

I. 水中悬浮固体总量应包括：废水中原有的呈悬浮状的物质量 S_1，因投加化学药剂后使原水中呈乳化状的物质、溶解性的物质或胶体状物质转化为絮状物的增加量 S_2，以及因加入的化学药剂所带入的悬浮物量 S_3，因此，废水中的总固体量为：

$$S=S_1+S_2+S_3 \tag{5-37}$$

5.2.5 气浮法在废水处理中的应用

（1）炼油厂含油废水处理

某厂经平流式隔油池处理后的含油废水量为 250 m^3/h，主要污染物含量：石油类 80 mg/L、硫化物 5.45 mg/L、挥发酚 21.9 mg/L、COD 400 mg/L、pH 7.9，废水处理采用回流加压溶气流程，如图 5-48 所示。

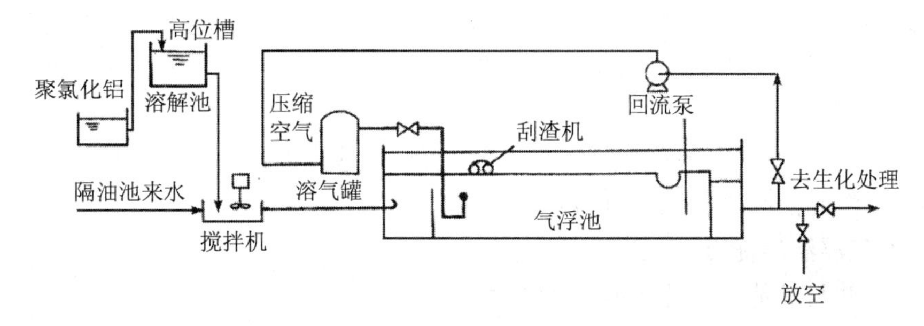

图 5-48 回流加压溶气工艺流程

含油废水经平流式隔油池处理后，在进水管线上加入 20 mg/L 的聚氯化铝，搅拌混合后流入气浮池。气浮处理出水，部分送入生物处理构筑物进一步处理，部分用泵进行加压溶气后送入溶气罐，进罐前加入 5%的压缩空气，在 0.3 MPa 压力下使空气溶于水中，从顶部减压后从释放器进入气浮池。浮在池面的浮渣用刮渣机刮至排渣槽。

主要构筑物的设计参数和实际运转参数见表 5-3。

表 5-3 设计及运转参数

设备	设计参数			实际运转参数		
	流速/（m/min）	停留时间/min	回流比/%	流速/（m/min）	停留时间/min	回流比/%
气浮池	0.55	53	100	0.21	148	80
溶气罐	—	3.2	—	—	9.6	—

出水水质：石油类 17 mg/L、硫化物 2.54 mg/L、酚 18.4 mg/L、COD 250 mg/L、pH 7.5。主要构筑物和设备见表 5-4。

表 5-4 构筑物和设备一览表

名 称	尺寸、规格或型号	数 量	名 称	尺寸、规格或型号	数 量
气浮池	31×4.5×3 m	4 座	空气压缩机	3L-10/8	2 台
溶气罐	ϕ1.6×4.76 m	4 个	释放器		4 个
回流泵	6SH-9A	2 台	刮泥机		4 台
搅拌机	C60-368	1 台			

（2）造纸厂白水处理

造纸工业是耗用水量最大的行业之一，生产每吨文化用纸需耗用 300 m^3 水，而造纸机白水占整个造纸过程排水量的 45%左右。这部分白水中，含有大量的纤维，填料、松香胶状物等。因此，搞好造纸机白水封闭循环，对提高资源利用率、节约水资源，压缩废水排放量、减轻对水体的污染，保护环境等都有重要意义。

造纸机白水封闭循环技术，国内外已有许多成功的经验，目前广泛采用的有气浮法、沉淀法和过滤法 3 种方法。

1）气浮法的优点

气浮法与其他方法比较有下列的优点：

① 气浮时间短，一般只需 15 min 左右。去除率高，用于处理造纸机白水时，悬浮物去除率为 90%以上，COD 去除率为 80%左右，浮渣浓度在 5%以上。处理后的白水不经过滤，即可直接送到造纸机循环使用。② 对去除废水中纤维物质特别有效，有利于提高资源利用率，效益好。③ 工艺流程和设备结构比较简单，运行管理方便。占地少、投资省。④ 应用范围广。适用于牛皮纸、水泥袋纸、凸版纸、书写纸、卷烟纸、电容器纸、板纸及油毡原纸等品种的白水处理，而且去除效果都很显著。

2）工艺流程

目前国内采用的气浮法有 3 种典型工艺流程：采用空气压缩机、射流器和泵前插管的工艺流程。图 5-49 为某造纸厂处理白水量为 3 000 m^3/d，采用射流气浮法白水回收工艺流程。

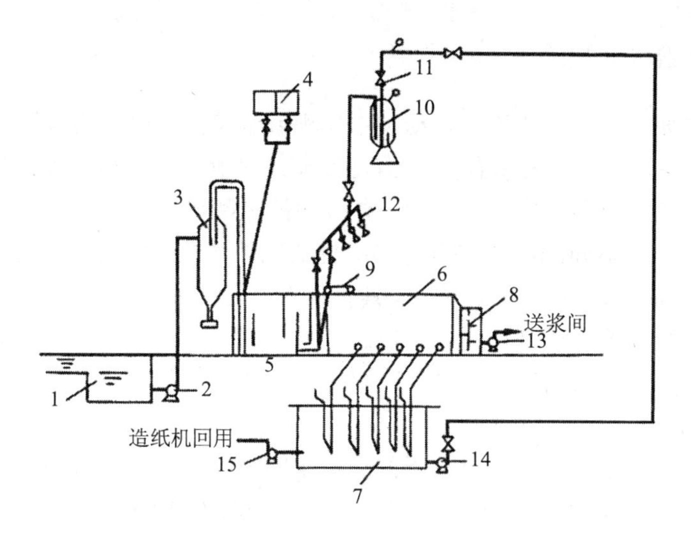

图 5-49 射流气浮法白水回收工艺流程图

1-白水池；2-白水泵；3-低压除渣器；4-凝聚剂贮槽；5-反应池；6-气浮池；7-清水池；8-贮浆池；9-刮板机；10-溶气罐；1 1-射流器；12-释放系统；13-浆泵；14-射流泵；15-清水泵

3）气浮法的关键技术及工艺参数

① 关键技术

A. 加压溶气产生大量符合气浮要求的微气泡，气泡直径为 50～100 μm；B. 投加絮凝剂，改变悬浮物的亲水性质，使细小的悬浮物结成大颗粒，并黏附大量的微气泡。

② 工艺参数

A. pH6.8～7.0；B. 溶气罐压力 0.23～0.26 MPa；C. 溶气水量为处理废水量的 30%；D. 气浮停留时间 15～20 min；E. 化学反应时间 15 min；F. 进溶气罐前的压力 0.4～0.5 MPa；G. 气浮池表面负荷率一般为 4.5～6.5 $m^3/(m^2 \cdot h)$。

5.3 吸附处理

许多工业废水含有难降解的有机物，这些有机物很难或根本不能用常规的生物法去除，例如丙烯腈-丁二烯-苯乙烯共聚物（ABS）和某些杂环化合物。这些物质可用吸附法加以去除。

5.3.1 吸附的类型

在相界面上，物质的浓度自动发生累积或浓集的现象称为吸附。吸附作用虽然可发生在各种不同的相界面上，但在废水处理中，主要利用固体物质表面对废水中物质的吸附作用。本节只讨论固体表面的吸附作用。

吸附法（Adsorption）就是利用多孔性的固体物质，使废水中的一种或多种物质被吸附在固体表面而去除的方法。具有吸附能力的多孔性固体物质称为吸附剂，而废水中被吸附的物质则称为吸附质。

根据固体表面吸附力的不同，吸附可分为物理吸附和化学吸附两种类型。

（1）物理吸附

吸附剂和吸附质之间通过分子间力产生的吸附称为物理吸附。物理吸附是一种常见的吸附现象。由于吸附是由分子力引起的，所以吸附热较小，一般在41.9 kJ/mol 以内。物理吸附因不发生化学作用，所以低温时就能进行。被吸附的分子由于热运动还会离开吸附剂表面，这种现象称为解吸，它是吸附的逆过程。物理吸附可形成单分子吸附层或多分子吸附层。由于分子间力是普遍存在的，所以一种吸附剂可吸附多种吸附质。但由于吸附剂和吸附质的极性强弱不同，某一种吸附剂对各种吸附质的吸附量是不同的。

（2）化学吸附

化学吸附是吸附剂和吸附质之间发生的化学作用，是由于化学键力引起的。化学吸附一般在较高温度下进行，吸附热较大，相当于化学反应热，一般为 83.7～418.7 kJ/mol。一种吸附剂只能对某种或几种吸附质发生化学吸附，因此化学吸附具有选择性。由于化学吸附是靠吸附剂和吸附质之间的化学键力进行的，所以吸附只能形成单分子吸附层。当化学键力大时，化学吸附是不可逆的。

物理吸附和化学吸附并不是孤立的，往往相伴发生。在水处理中，大部分的吸附往往是几种吸附综合作用的结果，只是由于吸附质、吸附剂及其他因素的影响，可能某种吸附是主要的。例如有的吸附在低温时主要是物理吸附，在高温时主要是化学吸附。

5.3.2 吸附剂

吸附剂从广义而言，一切固体表面都有吸附作用，但实际上，只有多孔物质或磨得很细的物质，由于具有很大的表面积，所以才有明显的吸附能力。废水处理中常用的吸附剂有活性炭、磺化煤、活化煤、沸石、活性白土、硅藻土、腐殖质酸、焦炭、木炭、木屑等。本节着重介绍在水处理中应用较广的活性炭。

（1）活性炭的制造

活性炭是用含炭为主的物质（如木材、煤）做原料，经高温炭化和活化而制成的疏水性吸附剂，外观呈黑色。炭化是把原料热解成炭渣，生成类似石墨的多环芳香系物质，活化是使热解的炭渣成为多孔结构，活化方法有药剂法和气体法两种。药剂活化法常用的活化剂有氯化锌、硫酸、磷酸等。粉状活性炭多用氯化锌为活化剂，活化炉用转炉。气体活化法一般用水蒸气、二氧化碳、空气作活化剂。粒状炭多采用水蒸气活化法，以立式炉或管式炉为活化炉。

（2）活性炭的细孔构造和分布

活性炭在制造过程中，晶格间生成的空隙形成各种形状和大小的细孔。吸附作用主要发生在细孔的表面上。每克吸附剂所具有的表面积称为比表面积。活性炭的比表面积可达 500～1 700 m^2/g。其吸附量并不一定相同，因为吸附量不仅与比表面积有关，而且还与细孔的构造和细孔的分布情况有关。

活性炭的细孔构造主要和活化方法及活化条件有关，活性炭的细孔有效半径一般为 1～10 000 nm。小孔半径在 2 nm 以下，过渡孔半径为 2～100 nm，大孔半径为 100～10 000 nm。活性炭的小孔容积一般为 0.15～0.90 mL/g，表面积占比表面积的 95%以上。过渡孔容积一般为 0.02～0.10 mL/g，其表面积占比表面积的 5%以下。用特殊的方法，例如延长活化时间，减慢加温速度或用药剂活化时，可得到过渡孔特别发达的活性炭。大孔容积一般为 0.2～0.5 mL/g，表面积只有 0.5～2 m^2/g。

细孔大小不同，它在吸附过程中所引起的主要作用也就不同。对液相吸附来说，吸附质虽可被吸附在大孔表面，但由于活性炭大孔表面积所占的比例较小，故对吸附量影响不大。它主要为吸附质的扩散提供通道，使吸附质通过此通道扩散到过渡孔和小孔中去，因此吸附质的扩散速度受大孔影响，活性炭的过渡孔除为吸附质的扩散提供通道使吸附质通过它扩散到小孔中去而影响吸附质的扩散速度外，当吸附质的分子直径较大时，这时小孔几乎不起作用，活性炭对吸附质的吸附主要靠过渡孔来完成。活性炭小孔的表面积占比表面积的 95%以上，所以吸附量主要受小孔支配。由于活性炭的原料和制造方法不同，细孔的分布情况相差很大，所以应根据吸附质的直径和活性炭的细孔分布情况选择合适的活性炭。

（3）活性炭的表面化学性质

活性炭的吸附特性不仅与细孔构造和分布情况有关，而且还与活性炭的表面化学性质有关。活性炭是由形状扁平的石墨型微晶体构成的。处于微晶体边缘的碳原子，由于共价键不饱和而易与其他元素如氧、氢等结合形成各种含氧官能团，使活性炭具有一些极性。目前对活性炭含氧官能团（又称表面氧化物）的研究还不够充分，但已证实的有—OH 基、—COOH 基等。

5.3.3 吸附等温线

（1）吸附平衡

如果吸附过程是可逆的，当废水与吸附剂充分接触后，一方面吸附质被吸附剂吸附，另一方面，一部分已被吸附的吸附质，由于热运动的结果，能够脱离吸附剂的表面，又回到液相中去。前者称为吸附过程，后者称为解吸过程。当吸附速度和解吸速度相等时，即单位时间内吸附的数量等于解吸的数量时，则吸附质在溶液中的浓度和吸附剂表面上的浓度都不再改变而达到平衡。此时吸附质在溶液中的浓度称为平衡浓度。

吸附剂吸附能力的大小以吸附量 q（质量比）表示。所谓吸附量是指单位重量的吸附剂（g）所吸附的吸附质的重量（g）。取一定容积 V（L），含吸附质浓度为 C_0（g/L）的水样，向其中投加活性炭的重量为 W（g）。当达到吸附平衡时，废水中剩余的吸附质浓度为 C（g/L），则吸附量 q 可用下式计算：

$$q=\frac{V(C_0-C)}{W} \tag{5-38}$$

式中，V —— 废水容积，L；

W —— 活性炭投量，g；

C_0 —— 原水吸附质浓度，g/L；

C —— 吸附平衡时水中剩余的吸附质浓度，g/L。

在温度一定的条件下，吸附量随吸附质平衡浓度的提高而增加。把吸附量随平衡浓度而变化的曲线称为吸附等温线。常见的吸附等温线有两种类型，如图 5-50 所示。

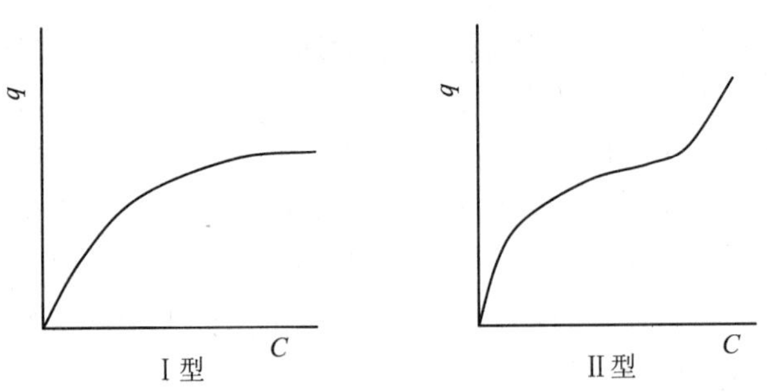

图 5-50 吸附等温线形式

（2）吸附等温式

由于液相吸附很复杂，至今还没有统一的吸附理论，因此液相吸附的吸附等温式一直沿用气相吸附等温式。表示 I 型吸附等温式有朗谬尔公式和费兰德利希公式，表示Ⅱ型吸附等温式有 BET 公式，现分述如下。

1）朗谬尔公式

朗谬尔公式是从动力学观点出发，通过一些假设条件而推导出来的单分子吸附公式。

$$q=\frac{abC}{1+aC} \tag{5-39}$$

式中，q —— 吸附剂的吸附量，mg/g；

C —— 吸附质的平衡浓度，mg/L；

a，b —— 常数。

为计算方便，可将上式改为倒数式，即

$$\frac{1}{q}=\frac{1}{ab}\cdot\frac{1}{C}+\frac{1}{b} \tag{5-40}$$

从上式可看出，$\frac{1}{q}$与$\frac{1}{C}$成直线关系，利用这种关系可求 a、b 的值。

2）BET 公式

BET 公式是表示吸附剂上有多层溶质分子被吸附的吸附模式，各层的吸附符合朗谬尔单分子吸附公式。公式为：

$$q=\frac{BCq_0}{(C_s-C)[1+(B-1)\frac{C}{C_s}]} \tag{5-41}$$

式中，q_0 —— 单分子吸附层的饱和吸附量，g/g；

C_s —— 吸附质的饱和浓度，g/L；

q —— 吸附剂的吸附量，mg/g；

C —— 吸附质的平衡浓度，mg/L；

B —— 常数。

为计算方便，可将上式改为倒数式，即

$$\frac{C}{(C_s-C)q}=\frac{1}{Bq_0}+\frac{B-1}{Bq_0}\cdot\frac{C}{C_s} \tag{5-42}$$

从上式可看出，$\frac{C}{(C_s-C)q}$与$\frac{C}{C_s}$成直线关系，利用这个关系可求 q_0、B 值。

3）费兰德利希经验公式

$$q = KC^{\frac{1}{n}} \tag{5-43}$$

式中，q —— 吸附量；

C —— 吸附质平衡浓度，g/L；

K，n —— 常数。

将上式改写为对数式：

$$\lg q = \lg K + \frac{1}{n}\lg C \tag{5-44}$$

把 C 和与其对应的 q 点绘在双对数坐标纸上，便得到一条近似的直线。这条直线的截距为 K，斜率为 $\frac{1}{n}$。$\frac{1}{n}$ 越小，吸附性能越好。一般认为 $\frac{1}{n}$ 为 0.1～0.5 时，容易吸附；$\frac{1}{n}$ 大于 2 时，则难以吸附。当 $\frac{1}{n}$ 较大时，即吸附质平衡浓度越高，则吸附量越大，吸附能力发挥的也越充分，这种情况最好采用连续式吸附操作。当 $\frac{1}{n}$ 较小时，多采用间歇式吸附操作。

吸附量是选择吸附剂和设计吸附设备的重要数据。吸附量的大小，决定吸附剂再生周期的长短。吸附量越大，再生周期就越长，从而再生剂的用量及再生费用就越小。

市场上供应的吸附剂，在产品样本中附有各种吸附量的指标，如对碘、亚甲蓝、糖蜜液、苯、酚等的吸附量。这些指标虽然表示吸附剂对该吸附质的吸附能力，但这些指标与对废水中吸附质的吸附能力不一定相符，因此应通过试验确定吸附量和选择合适的吸附剂。

测定吸附等温线时，吸附剂的颗粒越大，则达到吸附平衡所需的时间就越长。因此，为了在短时间内得到试验结果，往往将吸附剂破碎为较小的颗粒后再进行试验。由颗粒变小所增加的表面积虽然是有限的，但由于能够打开吸附剂原来封闭的细孔，能使吸附量有所增加，此外，对实际吸附设备运行效果的影响因素很多，因此，由吸附等温线得到的吸附量与实际的吸附量并不完全一致。但是，通过吸附等温线所得吸附量的方法简便易行，为选择吸附剂提供了可比较的数据，对吸附设备的设计有一定的参考价值。

5.3.4 影响吸附的因素

了解影响吸附因素的目的是为了选择合适的吸附剂和控制合适的操作条件。影响吸附的因素很多，其中主要有吸附剂的性质、吸附质的性质和吸附过程的操作条件等。

（1）吸附剂的性质

由于吸附现象是发生在吸附剂表面上，所以吸附剂的比表面积越大，吸附能力就越强。吸附剂的种类不同，吸附效果也就不同。一般是极性分子（或离子）型的吸附剂易吸附极性分子（或离子）型的吸附质，非极性分子型的吸附剂易于吸附非极性的吸附质。另外，吸附剂的颗粒大小，细孔的构造和分布情况以及表面化学性质等对吸附也有很大影响。

（2）吸附质的性质

① 溶解度

吸附质在废水中的溶解度对吸附有较大的影响，一般吸附质的溶解度越低，越容易被吸附。

② 表面自由能

能够使液体表面自由能降低得越多的吸附质，也越容易被吸附。例如活性炭自水溶液中吸附脂肪酸，由于含炭越多的脂肪酸分子可使炭液界面自由能降低得越多，所以吸附量也越大。

③ 极性如上所述

极性的吸附剂易吸附极性的吸附质，非极性的吸附剂则易于吸附非极性的吸附质。例如活性炭是一种非极性的吸附剂或称疏水性吸附剂，可从溶液中有选择地吸附非极性或极性很低的物质。硅胶和活性氧化铝为极性吸附剂或称亲水性吸附剂，它们可从溶液中有选择地吸附极性分子（包括水分子），例如填充硅胶的吸附柱先向吸附柱通苯达到吸附饱和后再向吸附柱通苯和水的混合液，则原先被吸附的苯逐渐为水所置换而被解吸出来，这是因为硅胶为极性吸附剂，它对极性的水分子的吸附能力比非极性的苯分子为大，故优先吸附水。又如填充活性炭的吸附柱先通水使之达到吸附饱和，再通苯和水的混合液，则原先被活性炭吸附的水逐渐为苯所置换而解吸出来，这是因为活性炭为非极性吸附剂，它对非极性的苯的吸附能力比对极性的水为大，故优先吸附苯。

④ 吸附质分子的大小和不饱和度

吸附质分子的大小和不饱和度对吸附也有影响。例如活性炭与沸石相比，前者易吸附分子直径较大的饱和化合物。而合成沸石易吸附分子直径小的不饱和（$>C=C<$，$—C\equiv C—$）化合物。应该指出的是活性炭对同族有机化合物的吸附能力，虽然随有机化合物的分子量的增大而增加，但分子量过大，会影响扩散速度。所以当有机物分子量超过 1 000 时，需进行预处理，将其分解为小分子量后再用活性炭进行处理。其他吸附剂对吸附质的选择性见图 5-51。

<table>
<tr><td colspan="3">非极性 ⟷ 极性
饱和 ⟷ 不饱和</td></tr>
<tr><td rowspan="3">大
↑
（分子大小）
↓
小</td><td>炭素吸附剂</td><td>二氧化硅
氧化铝</td></tr>
<tr><td>活性炭</td><td>硅胶
氧化铝胶
活性白土</td></tr>
<tr><td>分子筛</td><td>含成沸石</td></tr>
</table>

图 5-51 吸附剂的选择性

⑤吸附质的浓度

吸附质的浓度对吸附也有影响。浓度比较低时，由于吸附剂表面大部分是空着的，因此提高吸附质浓度会增加吸附量，但浓度提高到一定程度后，再行提高浓度时，吸附量虽仍有增加，但速度减慢。这说明吸附表面已大部分被吸附质所占据。当全部吸附表面被吸附质占据时，吸附量就达到极限状态，以后吸附量就不再随吸附质的浓度的提高而增加了。

（3）废水的 pH

废水的 pH 对吸附剂及吸附质的性质有关。活性炭一般在酸性溶液中比在碱性溶液中有更高的吸附率。另外，pH 对吸附质在水中存在的状态（分子、离子、配合物等）及溶解度有时也有影响，从而对吸附效果产生影响。

（4）共存物质

物理吸附，吸附剂可吸附多种吸附质，一般共存多种吸附质时，吸附剂对某种吸附质的吸附能力比只含该种吸附质时的吸附能力差。

（5）温度

因为物理吸附过程是放热过程，温度升高吸附量减少，反之吸附量增加。温度对气相吸附影响较大，但对液相吸附影响较小。

（6）接触时间

在进行吸附时，应保证吸附质与吸附剂有一定的接触时间，使吸附接近平衡，充分利用吸附能力。吸附平衡所需时间取决于吸附速度。吸附速度越快，达到吸附平衡所需的时间就越短。

5.3.5　吸附操作方式

在废水处理中，吸附操作分静态和动态两种。

（1）静态吸附

在废水不流动的条件下，进行的吸附操作称为静态吸附操作。静态吸附操作的工艺过程是，把一定数量的吸附剂投加入预处理的废水中，不断地进行搅拌，达到吸附平衡后，再用沉淀或过滤的方法使废水和吸附剂分开。如经一次吸附后，出水的水质达不到要求时，往往采取多次静态吸附操作。多次吸附由于操作麻烦，所以在废水处理中采用较少。静态吸附常用的处理设备有水池和桶等。

（2）动态吸附

动态吸附是在废水流动条件下进行的吸附操作。

1）吸附设备

废水处理常用的动态吸附设备有固定床、移动床和流化床。

① 固定床

这是水处理工艺中最常用的一种方式。当废水连续通过填充吸附剂的吸附设备（吸附塔或吸附池）时，废水中的吸附质便被吸附剂吸附。若吸附剂数量足够时，从吸附设备流出的废水中吸附质的浓度可以降到零。吸附剂使用一段时间后，出水中的吸附质的浓度逐渐增加，当增加到某一数值时，应停止通水，将吸附剂进行再生，吸附和再生可在同一设备内交替进行，也可将失效的吸附剂卸出，送到再生设备进行再生。因为这种动态吸附设备中吸附剂在操作中是固定的，所以叫固定床。

固定床根据水流方向又分为升流式和降流式两种形式。降流式固定床如图 5-52 所示。降流式固定床的出水水质较好，但经过吸附层的水头损失较大，特别是处理含悬浮物较高的废水时，为了防止悬浮物堵塞吸附层，需定期进行反冲洗。有时需要在吸附层上部设反冲洗设备。而在升流式固定床中，当发现水头损失增大，可适当提高水流流速，使填充层稍有膨胀（上下层不能互相混合）就可以达到自清的目的。这种方式由于层内水头损失增加较慢，所以运行时间较长为其优点，但对废水入口处（底层）吸附层的冲洗难以降流式。另外，由于流量变动或操作一时失误就会使吸附剂流失，为其主要缺点。

固定床根据处理水量、原水的水质和处理要求可分为单床式、多床串联式和多床并联式三种图（图 5-53）。

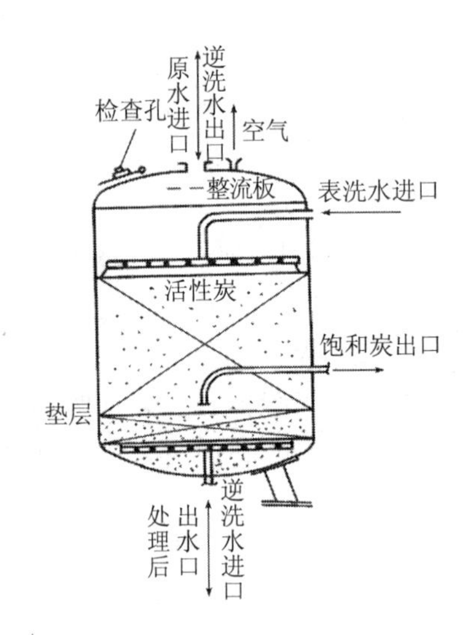

图 5-52 降流式固定床型吸附塔构造示意

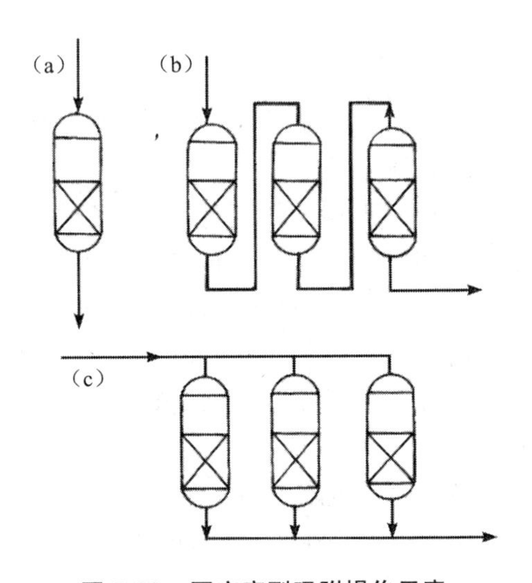

图 5-53 固定床型吸附操作示意

（a）单床式；（b）多床串联式；（c）多床并联式

废水处理采用的固定床吸附设备的大小和操作条件，根据实际设备的运行资料建议采用下列数据：

塔径	1～3.5 m
吸附塔高度	3～10 m
填充层与塔径比	1∶1～4∶1
吸附剂粒径	0.5～2 mm（活性炭）
接触时间	10～50 min
容积速度	2 $m^3/h \cdot m^3$ 以下（固定床）
	5 $m^3/h \cdot m^3$（移动床）
线速度	2～10 m/h（固定床）
	10～30 m^3/h（移动床）

② 移动床

移动床的运行操作方式如下（图 5-54）：原水从吸附塔底部流入与吸附剂进行逆流接触，处理后的水从塔顶流出，再生后的吸附剂从塔顶加入，接近吸附饱和的吸附剂从塔底间歇地排出。这种方式较固定床能更充分利用吸附剂的吸附容量，并且水头损失小。由于采用升流式，废水从塔底流入，从塔顶流出，被截留的悬浮物随饱和的吸附剂间歇地从塔底排出，所以不需要反冲洗设备。但这种操作方式要求塔内吸附剂上下层不能互相混合，操作管理要求高。

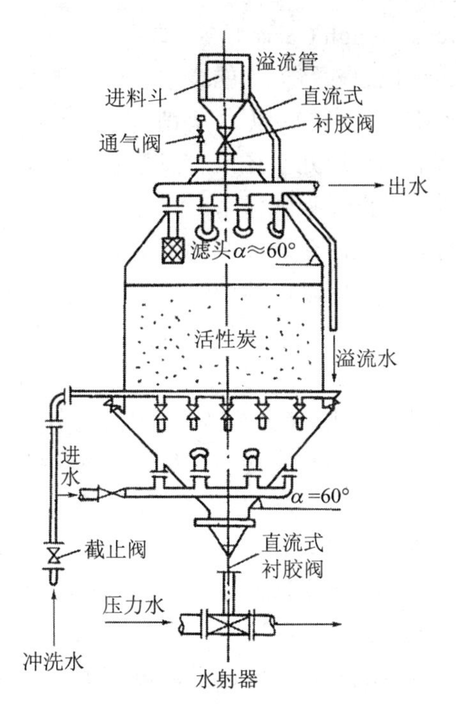

图 5-54　移动床吸附塔构造示意

移动床一次卸出的炭量一般为总填充量的 5%～20%，在卸料的同时投加等量的再生炭或新炭。卸炭和投炭的频率与处理的水量和水质有关，从数小时到一周。移动床进水的悬浮物浓度不大于 30 mg/L。移动床高度可达 5～10 m。移动床占地面积小，设备简单，操作管理方便，出水水质好，目前较大规模的废水处理多采用。

③ 流化床

这种操作方式与固定床和移动床不同的地方在于吸附剂在塔内处于膨胀状态或流化状态。被处理的废水与活性炭基本上也是逆流接触。由于活性炭在水中处于膨胀状态，与水的接触面积大，因此用少量的炭可处理较多的废水，基建费用低使这种操作适于处理含悬浮物较多的废水，不需要进行反冲；流化床一般连续卸炭和投炭，空塔速度要求上下不混层，保持炭层成层状向下移动，所以运行操作要求严格。为克服这个缺点开发出多层流化床。这种床每层的活性炭可以相混，新炭从塔顶投入，依次下移，移到底部时达到饱和状态和卸出。

2）穿透曲线和吸附容量的利用

当缺乏设计资料时，应先做吸附剂的选择试验：通过吸附等温线试验得到的静态吸附量可粗略地估计处理每立方米废水所需吸附剂的数量。由于在动态吸附装置中废水处于流动状态，所以还应通过动态吸附试验确定设计参数。

① 穿透曲线（Breakthrough Curve）

向降流式固定床连续地通入待处理的废水，研究填充层的吸附情况，发现有的填充层呈现明显的吸附带，有的则无。所谓吸附带是指正在发生吸附作用的那段填充层。在这段下部的填充层几乎还没有发生吸附作用，在其上部的填充层由于已达到饱和状态，所以不再起吸附作用。

当有明显的吸附带时，吸附带随废水的不断流入将缓缓地向下移动。吸附带的移动速度比废水在填充层内流动的线速度要小得多。当吸附带下缘移到填充层下端时，从装置中流出的废水中便开始出现吸附质。以后继续通水，出水中吸附质的浓度将迅速增加，直到等于原水的浓度 C_0 时为止。我们以通水时间 t 或出水量 Q 为横坐标，以出水中吸附质浓度 C 为纵坐标作图，如图 5-55 所示的曲线。这条曲线称穿透曲线。图中 a 点称穿透点，b 点为吸附终点。在从 a 到 b 这段时间 Δt 内，吸附带所移动的距离即为吸附带长度。一般 C_b 取（0.9～0.95）C_0，C_a 取（0.05～0.1）C_0 或根据排放要求确定。

一般采用多柱串联试验绘制穿透曲线。一般采用 4～6 根吸附柱，将它们串联起来（图 5-56）。填充层高度一般采用 3～9 m。在填充层不同高度处设取样口，通水后每隔一定时间测定各取样口的吸附质浓度。如果最后一个吸附柱的出水水质达不到试验要求，应适当增加吸附柱的个数。吸附柱的个数确定后进行正式通水试验。当第一个吸附柱出水吸附质浓度为进水浓度的 90%～95%时，停止向第一个吸附柱通水，进行再生。将备用的装有新的或再生过的吸附剂的吸附柱串联在最后。接着向第二个吸附柱通水，直到第二个吸附柱出水中吸附质浓度为进水浓度的 90%～95%时，停止进水，再将再生后的吸附柱串联在最后。如此试验下去，一直达到稳定状态为止。以出水量 $Q(m^3)$ 为横坐标，以各柱出水浓度 $C(kg/m^3)$ 为纵坐标，作如图 5-56 所示的各柱穿透曲线。所谓达到稳定状态是指各柱的吸附量相等时的运行状态。例如图中第一条和第二条曲线所包围的面积 A 为第二个吸附柱的吸附总量（kg）。第二条和第三条曲线所包围的面积 B 为第三个吸附柱的吸附总量（kg）；当 $A=B$ 时，吸附操作便达到稳定状态。

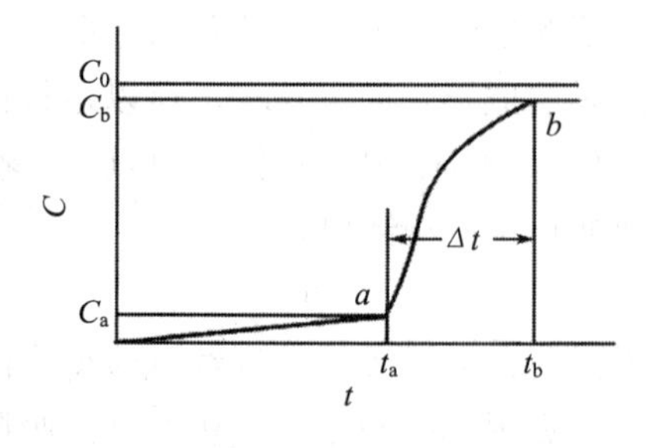

图 5-55 穿透曲线

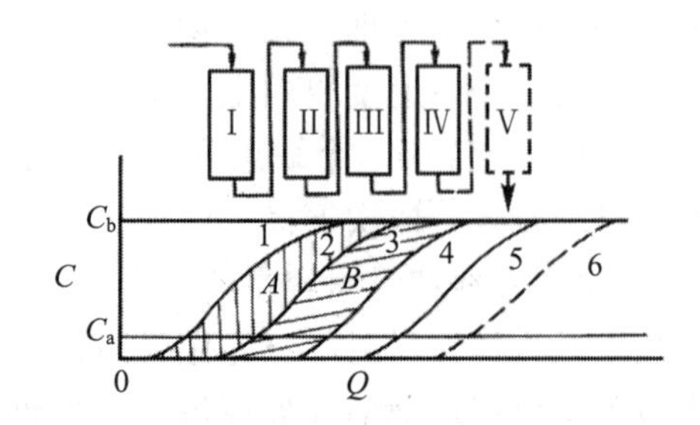

图 5-56 多柱串联试验

② 吸附容量的利用

从穿透曲线可知，吸附柱出水浓度达到 C_a 时，吸附带并未完全饱和。如继续通水，尽管出水浓度不断增加，但仍能吸附相当数量的吸附质，直到出水浓度等于原水浓度 C_0 为止。这部分吸附容量的利用问题，特别是吸附带比较长或不明显时，是设计时必须考虑的重要问题之一。这部分吸附容量的利用，一般有以下两个途径。

A．采用多床串联操作　假如采用如图 5-57 所示的三柱串联操作。开始时按Ⅰ柱→Ⅱ柱→Ⅲ柱的顺序通水，当Ⅲ柱出水水质达到穿透浓度时，Ⅰ柱中的填充层已接近饱和，再生Ⅰ柱，将备用的Ⅳ柱串联在Ⅲ柱后面。以后按Ⅱ柱→Ⅲ柱→Ⅳ柱的顺序通水，当Ⅳ柱出水浓度达到穿透浓度时，Ⅱ柱已接近饱和，将Ⅱ柱进行再生，把再生后的Ⅰ柱串联在Ⅳ柱后面。这样进行再生的吸附柱中的吸附剂都是接近饱和的，从而能够充分地利用吸附剂的吸附容量。

B．采用升流式移动床操作　废水自下而上流过填充层，最底层的吸附剂先饱和。如果每隔一定时间从底部卸出一部分饱和的吸附剂，同时在顶部加入等量的新的或再生后的吸附剂，这样从底部排出的吸附剂都是接近饱和的，从而能够充分地利用吸附剂的吸附容量。

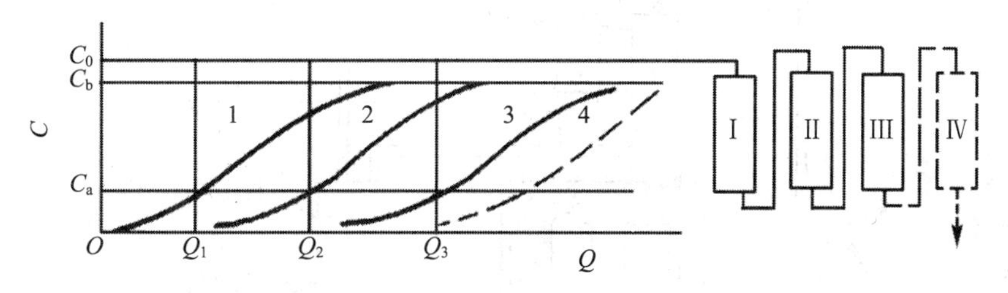

图 5-57　三柱串联操作

5.3.6　吸附剂的再生

吸附饱和的吸附剂，经再生后可重复使用。所谓再生，就是在吸附剂本身结构不发生或极少发生变化的情况下，用某种方法将被吸附的物质，从吸附剂的细孔中除去，以达到能够重复使用的目的。

活性炭的再生主要有以下几种方法。

（1）加热再生法

加热再生法分低温和高温两种方法，前者适于吸附浓度较高的简单低分子量的碳氢化合物和芳香族有机物的活性炭的再生。由于沸点较低，一般加热到 200℃即可脱附。多采用水蒸气再生，再生可直接在塔内进行。被吸附有机物脱附后可利用。后者适于水处理粒状炭的再生。高温加热再生过程分 5 步进行：

1）脱水　使活性炭和输送液体进行分离。

2）干燥　加温到 100～150℃，将吸附在活性炭细孔中的水分蒸发出来，同时部分低沸点的有机物也能够挥发出来。

3）炭化　加热到 300～700℃，高沸点的有机物由于热分解，一部分成为低沸点的有机物挥发；另一部分被炭化。留在活性炭的细孔中。

4）活化　将炭化留在活性炭细孔中的残留炭，用活化气体（如水蒸气、二氧化碳及氧）进行气化，达到重新造孔的目的。活化温度一般为 700～1 000℃。炭化的物质与活化气体的反应如下。

$$C+O_2 \longrightarrow CO_2$$

$$C+H_2O \longrightarrow CO + H_2$$

$$C+CO_2 \longrightarrow 2CO$$

5）冷却　活化后的活性炭用水急剧冷却，防止氧化。

活性炭高温加热再生系统由再生炉、活性炭贮罐、活性炭输送及脱水装置等组成。如图 5-58 所示。

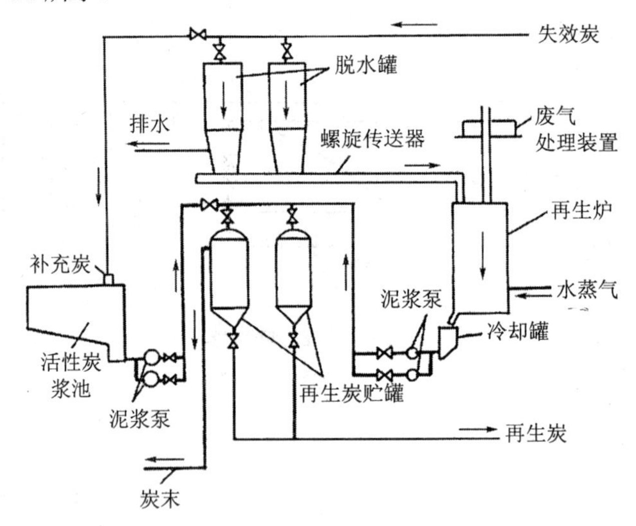

图 5-58　干式加热再生系统

（2）药剂再生法

药剂再生法又可分为无机药剂再生法和有机溶剂再生法两类。

1）无机药剂再生法

用无机酸（H_2SO_4、HCl）或碱（NaOH）等无机药剂使吸附在活性炭上的污染物脱附。例如，吸附高浓度酚的饱和炭，用 NaOH 再生，脱附下来的酚为酚钠盐，可回收利用。

2）有机溶剂再生法

用苯、丙酮及甲醇等有机溶剂萃取吸附在活性炭上的有机物。例如吸附含二硝基氯苯的染料废水饱和活性炭，用有机溶剂氯苯脱附后，再用热蒸汽吹扫氯苯，脱附率可达 93%。药剂再生可在吸附塔内进行，设备和操作管理简单，但药剂再生，一般随再生次数的增加，吸附性能明显降低，需要补充新炭，废弃一部分饱和炭。

（3）化学氧化法

属于化学氧化法的有如下几种方法。

① 湿式氧化法

近来为了提高曝气池的处理能力，向曝气池投加粉状炭。吸附饱和的粉状炭可采用湿式氧化法进行再生。其工艺流程如图 5-59 所示。饱和炭用高压泵经换热器和水蒸气加热器送入氧化反应塔。在塔内被活性炭吸附的有机物与空气中的氧反应，进行氧化分解，使活性炭得到再生。再生后的炭经热交换器冷却后，再送入再生贮槽。在反应器底积集的无机物（灰分）定期排出。本方法用于粒状炭的再生，目前尚处于试验阶段。

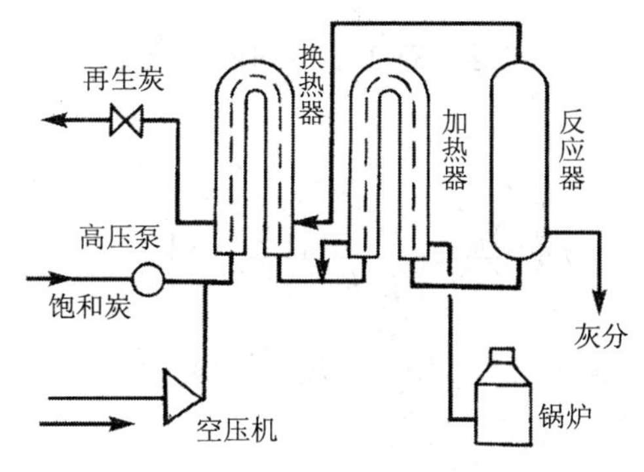

图 5-59　湿式氧化再生流程

② 电解氧化法

将碳作阳极，进行水的电解，在活性炭表面产生的氧气把吸附质氧化分解。

③ 臭氧氧化法

利用强氧化剂臭氧，将吸附在活性炭上的有机物加以分解。

（4）生物法

利用微生物的作用，将被活性炭吸附的有机物加以氧化分解。这种方法目前还处于试验阶段。

5.3.7　吸附塔的设计

吸附塔的设计方法有多种，这里介绍以博哈特（Bohart）和亚当斯（Adams）

所推荐的方程式为依据的设计方法和通水倍数法。

（1）博哈特-亚当斯计算法

① 博哈特和亚当斯方程式

动态吸附活性炭层的性能可用博哈特和亚当斯提出的方程式表示。

$$\ln\left[\frac{C_0}{C_e}-1\right]=\ln\left[\exp\left(\frac{KN_0h}{V}\right)-1\right]-KC_0t \tag{5-45}$$

式中，t —— 工作时间，h；

V —— 线速度，即空塔速度，m/h；

h —— 炭层高度，m；

C_0 —— 进水吸附质浓度，kg/m^3；

C_e —— 出水吸附质允许浓度，kg/m^3；

K —— 速率系数，m^3/（kg·h）；

N_0 —— 吸附容量，即达到饱和时吸附剂的吸附量，kg/m^3。

因 $\exp\left(\frac{KN_0h}{V}\right)\gg 1$，上式等号右边括号内的 1 可忽略不计，则工作时间 t 由上式可得：

$$t=\frac{N_0}{C_0V}h-\frac{1}{C_0K}\ln\left(\frac{C_0}{C_e}-1\right) \tag{5-46}$$

工作时间为零时，保证出水吸附质浓度不超过允许浓度 C_e 的炭层理论高度称为临界高度 h_0，可由下式求得：

$$h_0=\frac{V}{KN_0}\ln\left(\frac{C_0}{C_e}-1\right) \tag{5-47}$$

② 模型试验

如无成熟的设计参数时，可通过模型试验求得，可采用如图 5-60 所示的试验装置、吸附柱一般采用 3 根，炭层高度分别为 h_1、h_2、h_3。

吸附质浓度为 C_0（mg/L）的废水，以一定的线速度 V（m/h）连续通过 3 个吸附柱，3 个取样口吸附质浓度达到允许浓度 C_e 的时间分别为 t_1、t_2 和 t_3。从式（5-46）可知，t 对 h 的图形为如图 5-61 所示的一条直线。其斜率为 $\frac{N_0}{C_0V}$，截距为 $\ln\left(\frac{C_0}{C}-1\right)\Big/KC_0$。已知斜率和截距的大小，从而可以求得该线速度时的 N_0 和 K

值。已知 N_0 和 K 值，由式（5-47）可求得 h_0 的值。

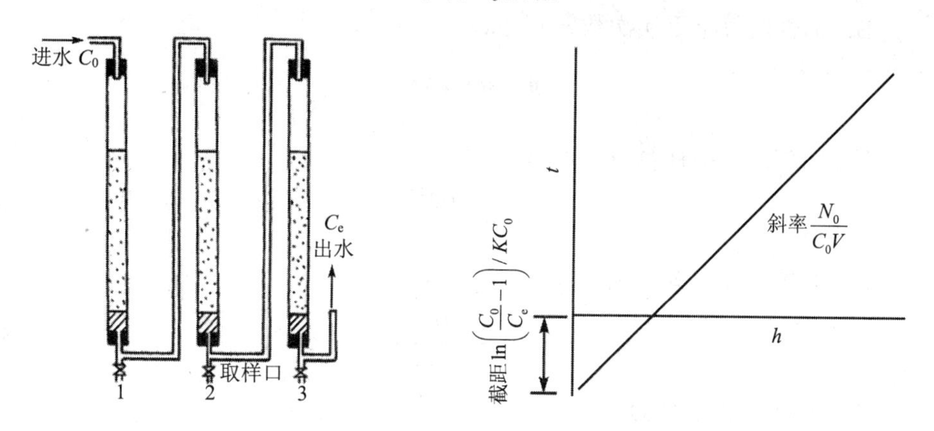

图 5-60　活性炭炭柱（模型试验）

图 5-61　t 对 h 的图解

改变线速度 V 可求得不同的 N_0、K 和 h_0。一般至少应当用三种不同的线速度进行试验。将所得的不同线速度 V 时的 N_0、K 和 h_0 作图如图 5-62 所示，供实际吸附塔设计时应用。

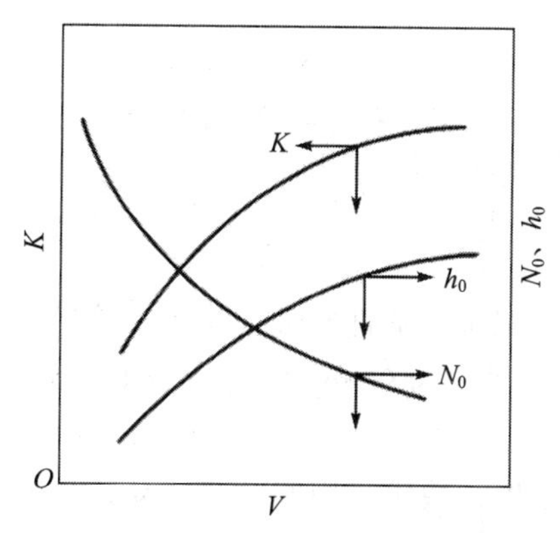

图 5-62　K、N_0、h_0 对 V 的图解

③ 吸附塔的设计

根据模型试验得到的设计参数进行生产规模吸附塔的设计。已知废水设计流量为 Q(m^3/h)，原水吸附质的浓度为 C_0(mg/L)，出水吸附质允许浓度为 C_e(mg/L)设计吸附塔的直径为 D（m），碳层高度为 h（m）。计算步骤如下：

A．工作时间 t（h）

线速度 $V=\dfrac{4Q}{\pi D^2}$(m/h)，已知 V 由图 5-62 可查得 N_0、K 和 h_0 值后，由公式(5-46)

可求得工作时间 t。

B．活性炭每年更换次数 n（次/a）

$$n = 365 \times 24/t \tag{5-48}$$

C．活性炭年消耗量 W（m^3/a）

$$W = \frac{n\pi D^2 h}{4} \tag{5-49}$$

D．吸附质年上除量 G（kg/a）

$$G = \frac{nQt(C_0 - C_e)}{1000} \tag{5-50}$$

E．吸附效率 E（%）

$$E = \frac{G}{G_0} \times 100 \tag{5-51}$$

式中

$$G_0 = \frac{N_0 \pi D^2 hn}{4} \tag{5-52}$$

或

$$E = \frac{h - h_0}{h} \times 100 \tag{5-53}$$

（2）通水倍数法

设计步骤见以下例题。

【例题 5-1】某炼油厂拟采用活性炭吸附法进行炼油废水深度处理。处理水量 Q 为 600 m^3/h，废水 COD 平均为 90 mg/L，出水 COD 要求小于 30 mg/L，试计算吸附塔的主要尺寸。

根据动态吸附试验结果，决定采用间歇式移动床活性炭吸附塔，主要设计参数如下：

1）空塔速度υ_L=l0 m/h；

2）接触时间 T=30 min；

3）通水倍数 n=6.0 m^3/kg；

4）活性炭填充密度ρ=0.5 t/m^3。

【解】①吸附塔总面积 F

$$F = \frac{Q}{\upsilon_L} = \frac{600}{10} = 60\ \text{m}^3$$

②吸附塔个数 N 采用 4 塔并联，N=4

③每个吸附塔的过水面积 f

$$f=\frac{F}{N}=\frac{60}{4}=15\ \text{m}^2$$

④吸附塔的直径 D

$$D=\sqrt{\frac{4f}{\pi}}=\sqrt{\frac{4\times 15}{\pi}}=4.5\ \text{m}，采用5\ \text{m}$$

⑤吸附塔的炭层高度 h

$$h=\upsilon_{\text{L}}T=10\times 0.5=5\ \text{m}$$

⑥每个吸附塔填充活性炭的体积 V

$$V=fh=15\times 5=75\ \text{m}^3$$

⑦每个吸附塔填充活性炭的重量 G

$$G=V\rho=75\times 0.5=37.5\ \text{t}$$

⑧每天需再生的活性炭重量 W

$$W=\frac{24Q}{n}=\frac{24\times 600}{6}=2.4t$$

5.3.8 吸附法在废水处理中的应用

（1）染料化工废水处理

某染料厂在二硝基氯苯生产过程中，排出含有二硝基氯苯洗涤废水。废水量为 320 m^3/d，二硝基氯苯浓度为 1 000～1 200 mg/L，含酸（以硫酸计）0.5%。废水处理工艺流程如图 5-63 所示。

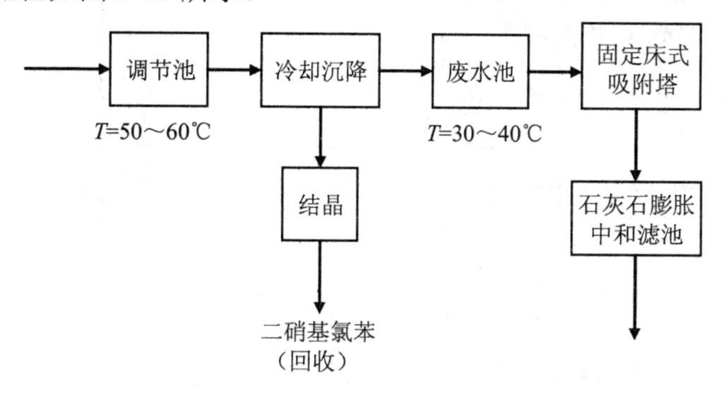

图 5-63 二硝基氯苯废水处理工艺流程

吸附塔工艺参数：空塔流速 u=14～15 m/h，停留时间 t=0.25 h，采用 2 塔串联，1 塔备用。每塔直径 900 mm，高 5 000 mm，每塔装活性炭 2.0 m^3，重 1.09 t，装炭高度 3.2 m。废水经冷却、沉淀处理后，进入吸附塔的废水中二硝基氯苯浓度为 700 mg/L，吸附塔出水为 5 mg/L，pH 大于 6，出水达到标准。

该厂饱和活性炭采用氯苯脱附，蒸汽吹扫的化学和物理再生法，其再生工艺流程如图 5-64 所示。再生工艺参数为：氯苯与活性炭重量比为 10∶1，氯苯流量为 2 m^3/h，氯苯预热温度 90～95℃，吹扫蒸汽流量 500 kg/h，蒸汽温度 250℃，蒸汽与活性炭重量比 5∶1，吹扫时间 10 h。实践表明，活性炭使用一段时间后，吸附性能下降，需更换，可送出进行热再生，降低处理成本。

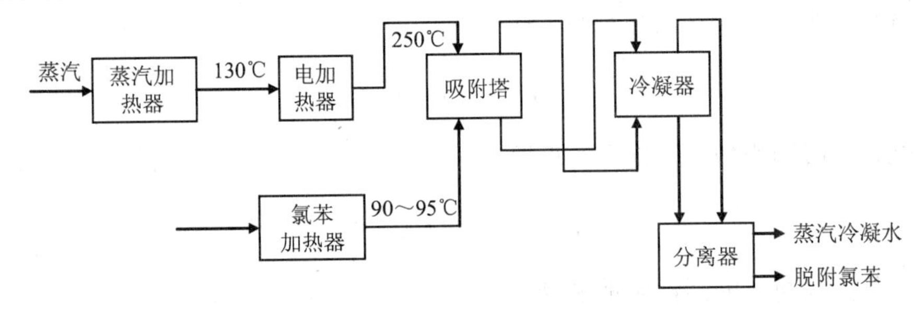

图 5-64 活性炭再生工艺流程

（2）铁路货车洗刷废水处理

由于铁路货车运输的货物品种繁多，例如牲畜、化肥、食品、农药及化学药品等，货车洗刷废水的水质复杂，某车站采用混凝沉淀、过滤和活性炭吸附法处理货车洗刷废水的工艺流程如图 5-65 所示。废水量 120 m^3/d，废水经混凝沉淀和砂滤后，COD、悬浮物、浊度、硫化物及挥发酚等都可大部分被去除，但有机磷等处理效果不显著，经活性炭吸附处理后，各项指标都达到排放标准，处理效果见表 5-5。饱和炭尚未考虑再生。

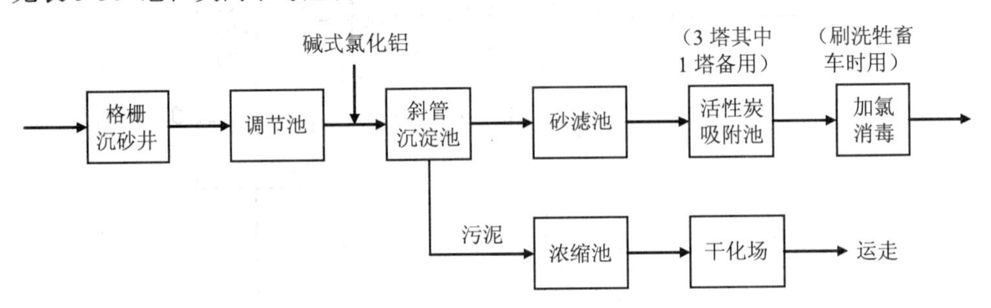

图 5-65 某铁路货车洗刷废水处理工艺流程

表 5-5　货车洗刷废水处理效果

项目 水样	pH	COD/（mg/L）	悬浮物/（mg/L）	挥发酚/（mg/L）	浊度/（°）	有机磷/（mg/L）	砷/（mg/L）	氰化物/（mg/L）	硫化物/（mg/L）
原水	8.5	552	556	0.152	160	0.16	0.09	0.011	2.95
吸附塔进水	7.4	73.8	47	0.046	15	0.12	0.02	0.003	0
吸附塔出水	7.9	23.6	24	0.002	2	0	0	0	0

5.4　离子交换

5.4.1　离子交换基本原理

离子交换法（Ion Exchange）是给水水质软化和除盐的主要方法之一；在废水处理中，主要用于去除废水中的金属离子。离子交换的实质是不溶性离子化合物（离子交换剂）上的可交换离子与溶液中的其他同性离子之间的交换反应。它是一种特殊的吸附过程，通常称为离子交换吸附。

离子交换是可逆反应，其反应式可表达为：

$$RH + M^+ \Longleftrightarrow RM + H^+$$

在平衡状态下，反应物浓度符合下列关系式：

$$\frac{[RM][H^+]}{[RH][M^+]} = K \tag{5-54}$$

式中，K —— 平衡常数，$K>1$ 表示反应能顺利地向右方进行。K 值越大，越有利于交换反应，而越不利于逆反应。K 值的大小能定量地反映离子交换选择性的大小。因此，K 值又称为离子交换平衡选择系数。

5.4.2　离子交换剂

（1）离子交换剂分类

离子交换剂的分类方法很多。在水处理中，通常根据母体材质和化学性质，分类如下：

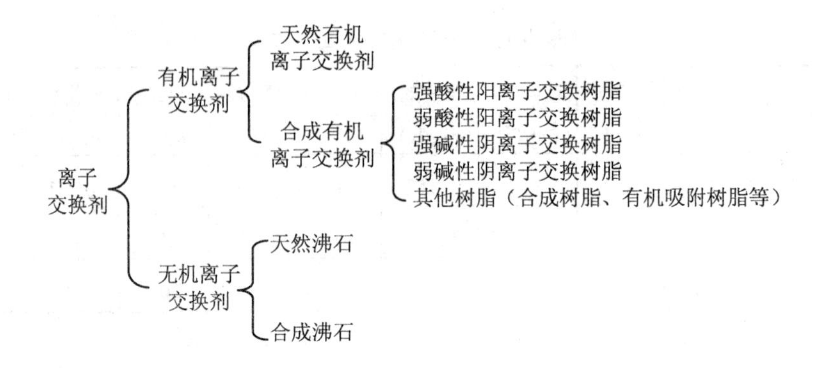

（2）选择离子交换剂的影响因素

选择离子交换剂主要应考虑下列影响因素：离子交换树脂的选择性、废水水质以及树脂的物理化学特性等。

1）离子交换树脂的选择性

离子交换树脂对各种离子的交换能力是不同的。交换能力的大小取决于各种离子对该种树脂亲和力（也称选择性）的大小。在常温、低浓度条件下，各种树脂对离子亲和力的大小可归纳为：

① 强酸阳离子交换树脂的选择性顺序为：

$$Fe^{3+}>Cr^{3+}>Al^{3+}>Ca^{2+}>Mg^{2+}>K^{+}=NH_4^{+}>Na^{+}>Li^{+}$$

② 弱酸阳离子交换树脂的选择性顺序为：

$$H^{+}>Fe^{3+}>Cr^{3+}>Al^{3+}>Ca^{2+}>Mg^{2+}>K^{+}=NH_4^{+}>Na^{+}>Li^{+}$$

③ 强碱阴离子交换树脂的选择性顺序为：

$$Cr_2O_7^{2-}>SO_4^{2-}>CrO_4^{2-}>NO_3^{-}>Cl^{-}>OH^{-}>F^{-}>HCO_3^{-}>HSiO_3^{-}$$

④ 弱碱阴离子交换树脂的选择性顺序为：

$$OH^{-}>Cr_2O_7^{2-}>SO_4^{2-}>CrO_4^{2-}>NO_3^{-}>Cl^{-}>HCO_3^{-}$$

⑤ 螯合树脂的选择性顺序与树脂的种类有关。螯合树脂在化学性质方面与弱酸阳离子交换树脂相似，但比弱酸树脂对重金属的选择性高。典型的螯合树脂为亚氨基醋酸型螯合树脂，其选择性顺序为：

$$Hg^{2+}>Cu^{2+}>Ni^{2+}>Mn^{2+}>Ca^{2+}>Mg^{2+}>>Na^{+}$$

位于顺序前列的离子可以取代位于后列的离子。应该指出的是，上述选择性顺序均是指低温、低浓度条件下的，在高温、高浓度时，处于顺序后列的离子可以取代前列的离子，这是树脂再生的依据之一。

2）废水水质对树脂交换能力的影响

废水水质对离子交换树脂交换能力的影响是多方面的，分述如下。

① 悬浮物和油脂

废水中的悬浮物会导致树脂孔隙的堵塞，油脂则会在树脂表面形成一层油膜，隔断废水与树脂的接触，它们都将导致树脂交换能力的降低。因此，如果废水中悬浮物和油脂含量高，必须进行预处理，预处理方法有沉淀、过滤、吸附等。

② 有机物

废水中某些高分子有机物与树脂活性基团的固定离子结合力很强，且一旦结合就很难洗脱，结果降低了树脂的再生率和交换能力。因此，为了减少树脂的有机污染，可选用低交联度的树脂，或者进行预处理去除有机物。

③ 高价金属离子

废水中的高价金属离子，如 Fe^{3+}、Al^{3+}、Cr^{3+}等可能导致树脂中毒。高价金属离子易为树脂吸附，再生时难以洗脱，结果会降低树脂的交换能力。对中毒树脂，为了恢复其交换能力，可用高浓度酸液（如 10%～15%的 HCl 或 20%的 H_2SO_4）长时间浸泡洗涤。

④ pH

强酸和强碱树脂活性基团的电离能力很强，交换能力基本上与 pH 无关。但弱酸树脂在低 pH 时不电离或部分电离，因此在碱性条件下才能得到较大的交换能力。同理，弱碱性树脂在酸性条件下才能得到较大的交换能力。

⑤ 水温

水温升高可以加速离子扩散过程，但各类树脂都有一定的允许使用温度范围。如国产 732#阳离子交换树脂允许使用温度小于 110℃，而 717#阴离子交换树脂应小于 60℃。水温超过允许温度，会使树脂交换基团分解破坏，从而降低树脂的交换能力。所以温度太高时必须进行降温处理。

⑥ 氧化剂

废水中如果含有氧化剂，如 Cl_2、O_2、$H_2Cr_2O_7$ 等，会使树脂氧化分解。如果强碱性阴离子交换树脂被氧化，会使交换基团变成非碱性物质，可能导致交换能力完全丧失。同时，氧化作用也会影响树脂的母体，使树脂加速老化，降低交换能力。为了减少氧化剂对树脂的影响，可选用交联度大的树脂或加入适当的还原剂。

此外，用离子交换树脂处理高浓度电解质废水时，由于渗透压的作用，会使树脂发生破碎现象，处理这类废水，一般应选用交联度大的树脂。

3）离子交换树脂的物理化学特性

离子交换树脂的物理性能和化学性能也是选择树脂必须考虑的因素。

① 物理性能

离子交换树脂外观是透明或半透明的球形，颜色有黄、白、赤褐色等，粒径一般为 0.3～1.2 mm，均匀系数一般 2 左右。湿视密度（湿树脂质量与湿树脂堆置体积之比）为 0.6～0.85 g/mL，湿真密度（湿树脂质量与湿树脂颗粒本身体积之比）一般为 1.04～1.3 g/mL，通常阳树脂为 1.3 g/mL 左右，阴树脂为 1.1 g/mL 左右。

孔隙度和比表面积也是树脂重要的物理性质。孔隙度指单位体积树脂颗粒内所占有的孔隙体积（mL（孔）/mL 树脂）。比表面积指单位重量干树脂颗粒的内外总表面积（m^2/g 树脂），凝胶树脂比表面积不到 1 m^2/g，而大孔树脂的比表面积可由几 m^2/g 到几百 m^2/g 之间变动。

树脂中交联剂含量的百分数称为树脂的交联度。在商品树脂中，交联度通常为 8%～12%。交联剂含量越高，树脂越坚固，机械强度越大，在水中越不易溶胀；而交联剂含量低，交联度降低，树脂变得柔软，网目结构粗大，离子易渗透到树脂内部，容易溶胀。因此，交联度对树脂的许多性能具有决定性的影响。

② 化学性能

离子交换树脂最重要的化学性能是交换容量，它定量地表示了树脂交换能力的大小。交换容量指一定量的树脂中所含交换基团或可交换离子的摩尔数，单位为（mol/kg 湿树脂）或（mol/mL 湿树脂）。

交换容量分全交换容量（也称理论交换容量）和工作交换容量。在实际工程中，对工作交换容量的了解更为重要，工作交换容量随使用条件而变化，一般为全交换容量的 60%～70%，实际值应由试验确定，也可参考下式计算：

$$E_{工} = E_{全} \cdot n \qquad (5\text{-}55)$$

$$n = [n_{饱} - (1 - n_{再})] = [n_{再} - (1 - n_{饱})] \qquad (5\text{-}56)$$

式中，$E_{工}$ —— 工作交换容量；

$E_{全}$ —— 全交换容量；

n —— 树脂利用率，等于交换后与交换前饱和程度之差；

$n_{饱}$ —— 树脂交换后的饱和程度；

$n_{再}$ —— 树脂再生度。

树脂的有效 pH 范围是树脂另一重要特性，也是选择树脂时必须考虑的。几种典型树脂的有效 pH 范围列于表 5-6。

表 5-6　几类树脂的有效 pH 范围

树脂类型	强酸性阳树脂	弱酸性阳树脂	强碱性阴树脂	弱碱性阳树脂
有效 pH 范围	1～14	5～14	1～12	0～7

5.4.3　离子交换装置

（1）离子交换装置构造

废水离子交换处理装置的运行分静态和动态两大类，都在离子交换器内进行。离子交换器是一个圆柱形钢罐，其构造与压力滤池类似，一般能承受 0.4～0.6 MPa 的压力，如图 5-66 所示。

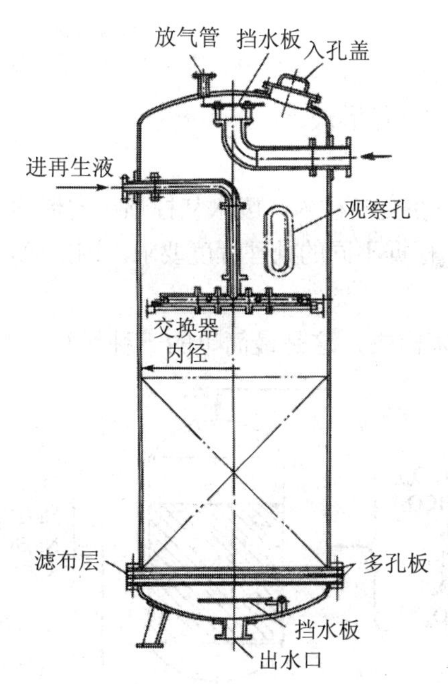

图 5-66　离子交换器构造

离子交换器上、下部设有配水管道系统，中间装填离子交换树脂，装填高度 1.5～2.0 m（采用磺化煤时高度可达 2.5 m 左右）。装 Na 型树脂的称钠离子交换器，装 H 型树脂的称氢离子交换器。为了在反冲洗时树脂层有足够的膨胀高度，从树脂层表面至上部配水系统的高度应为树脂层高度的 40%～80%。

（2）离子交换装置的布置形式

废水离子交换处理的运行操作分静态法和动态法，按装置的布置形式可如下分类。

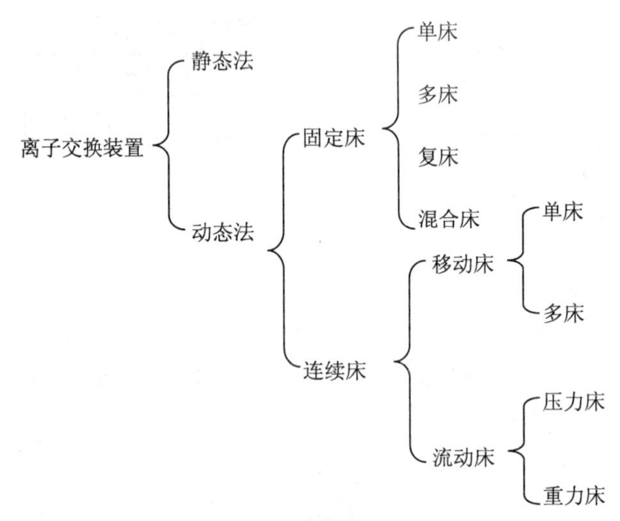

下面介绍几种常见的布置形式。

1）固定床

固定床是将树脂装填在交换柱内，废水从柱顶下向流通过树脂层，离子交换的各项操作都在柱内进行。根据不同的处理程度要求，固定床可以有下列布置形式。

① 单床

即由单个阳床或阴床构成，这是最简单的一种运行方式，如图 5-67 所示。

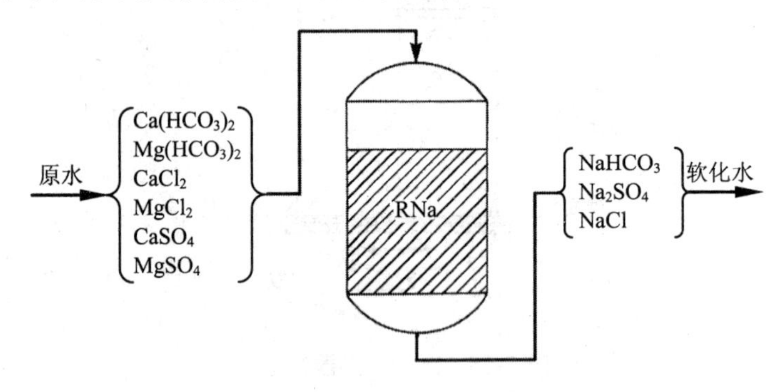

图 5-67　单床系统示意

② 多床

即由几个阳床或几个阴床串联使用，可以提高水处理能力与效率，如图 5-68 所示。

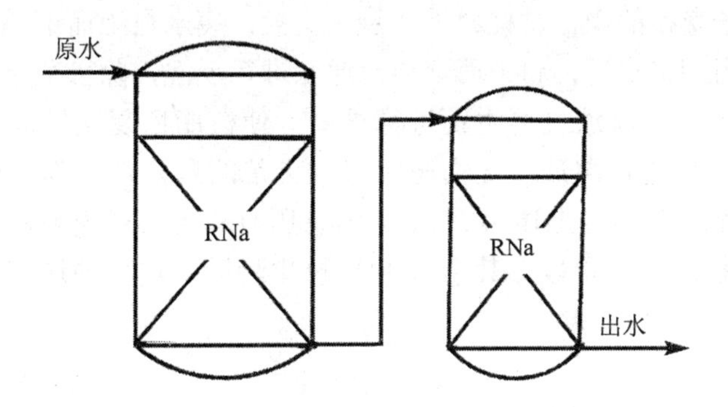

图 5-68　二级 Na 型离子交换系统示意图

③ 复床

即将阳床和阴床串联使用，可以同时去除水中阳离子和阴离子。如图 5-69 所示。

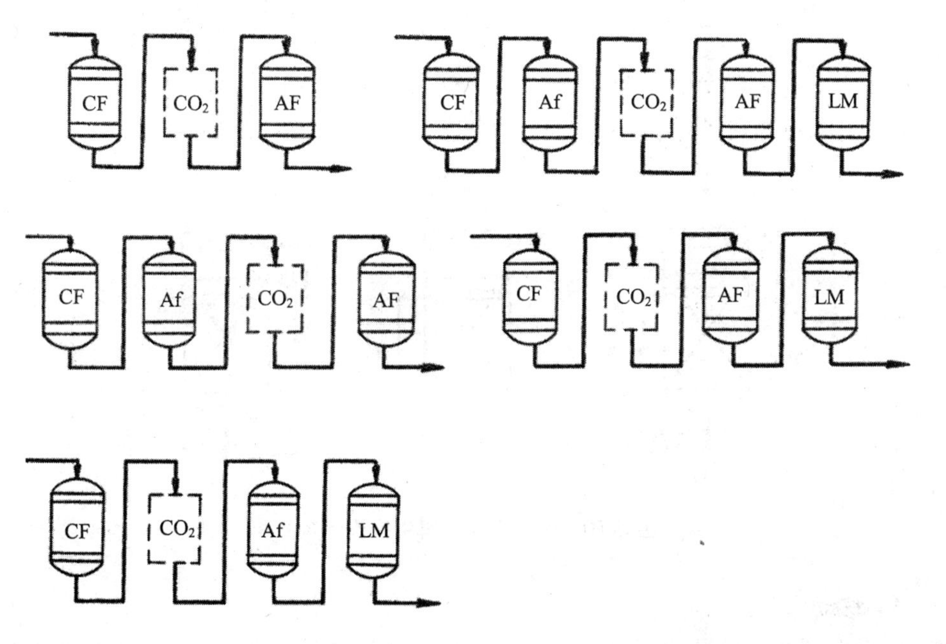

图 5-69　水处理中各种固定床常见的组合形式

CF-强酸阳离子；Cf-弱酸阳离子；AF-强碱阴离子；Af-弱碱阴离子；LM-混合床；CO_2-脱气塔

④ 混合床

即将阳树脂、阴树脂按一定比例混合后装入同一交换柱内，在一个柱内同时去除阳离子和阴离子。如图 5-69 中 LM。

工程中常见的固定床组合布置形式见图 5-69。

固定床离子交换的操作过程分为 4 步：交换，废水自上而下流过树脂层；反洗，当树脂使用到终点时，自下而上逆流通水进行反洗，除去杂质，使树脂层松动；再生，顺流或逆流通过再生剂进行再生，使树脂恢复交换能力；正洗，即自上而下通入清水进行淋洗，洗去树脂层中央带的剩余再生剂，正洗后交换柱即可进入下一循环工序。上述 4 个工序的总历时称为离子交换器的工作周期，其中第 1 步交换属工作阶段，其余 3 步属再生阶段。典型的逆流再生操作如图 5-70 所示。

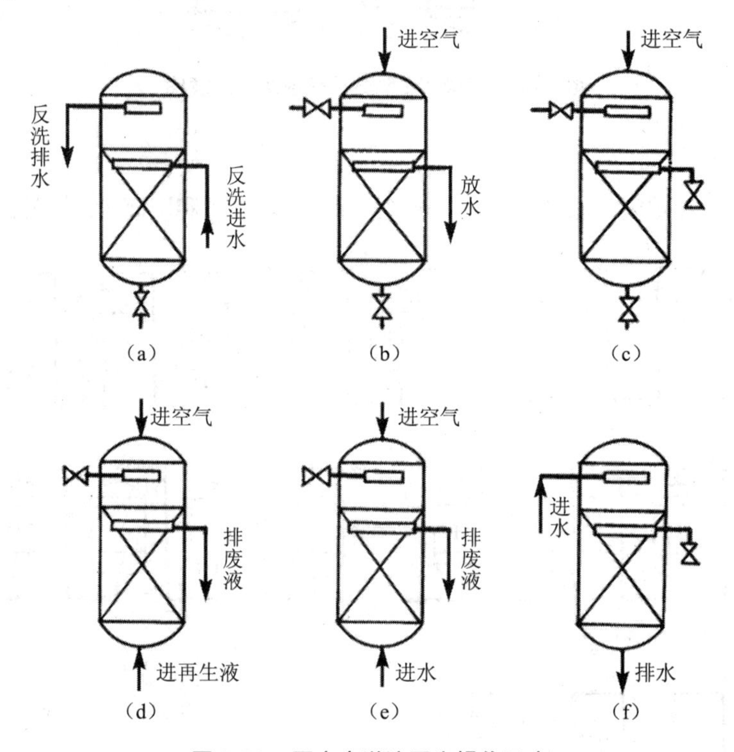

图 5-70　固定床逆流再生操作示意

2）移动床

移动床属半连续式离子交换装置。在移动床的离子交换过程中，不但废水是流动的，而且树脂也是移动的。饱和后的树脂连续地被送到再生柱和清洗柱内进行再生和淋洗，然后再送回交换柱内继续工作。其工作原理如图 5-71 所示。

从图 5-71 中可以看出，移动床树脂分三层，失效的一层被移出柱外进行再生和淋洗，再生和淋洗后的树脂定期向交换柱补充，其间要短时间（为 1～2 min）停产，以使树脂落床，故移动床被称为半连续式离子交换装置。

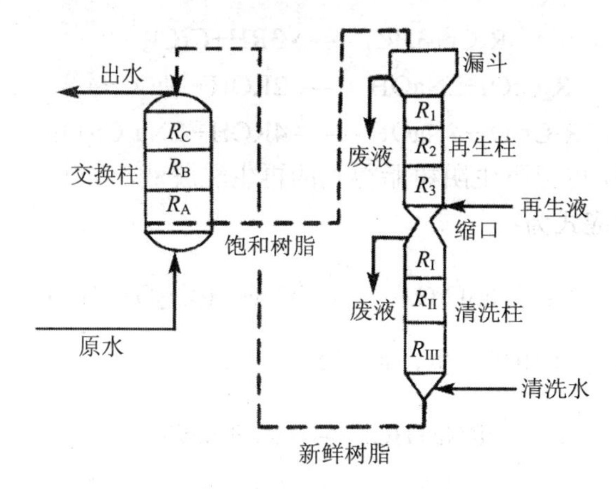

图 5-71　连续床工作原理

3）流动床

流动床是移动床的发展，在流动床系统中，不仅交换柱树脂分层，再生柱和清洗柱也分层，按照移动床方式连续移动，即树脂层数 $n\to\infty$ 即称为流动床。因此，流动床内树脂既不是固定的，也不是定期移动的，而是呈流动状态，整个系统的产水、再生和清洗过程都是连续进行的，因此流动床被称为全连续式离子交换装置。

5.4.4　离子交换在废水处理中的应用

近年来，离子交换法被广泛地应用于回收工业废水中的有用物质和去除有毒物质，一些定型的生产装置也得到了开发。

（1）离子交换法处理含铬废水

含铬废水主要含有以 CrO_4^{2-} 和 $Cr_2O_7^{2-}$ 形态存在的六价铬以及少量的三价铬。经预处理后，可用阳离子树脂去除三价铬离子和其他阳离子，用阴离子树脂去除六价铬离子，并可回收铬酸，实现废水在生产中的循环使用。其交换反应如下：

三价铬的交换：　$6RH+Cr_2O_3 \longrightarrow 2R_3Cr+3H_2O$

六价铬的交换：　$2ROH+CrO_4^{2-} \longrightarrow R_2CrO_4+2OH^-$

$$2ROH+Cr_2O_7^{2-} \longrightarrow R_2Cr_2O_7+2OH^-$$

经阳柱和阴柱处理后，废水中金属离子和六价铬转移到树脂上，树脂上的 H^+ 和 OH^- 被置换下来结合成水，因此可以得到纯度较高的水。

树脂失效后，阳柱可用一定浓度的 HCl 或 H_2SO_4 再生，阴柱可用一定浓度的 NaOH 再生，反应式如下：

$$R_3Cr+3HCl \longrightarrow 3RH+CrCl_3$$
$$R_2CrO_4+2NaOH \longrightarrow 2ROH+Na_2CrO_4$$
$$2R_2Cr_2O_7+4NaOH \longrightarrow 4ROH+2Na_2Cr_2O_7$$

为了回收铬酸，可把再生阴树脂得到的再生洗脱液，通过 H 型树脂进行脱钠，即可得到铬酸，反应式为：

$$4RH+2Na_2CrO_4 \longrightarrow 4RNa+H_2Cr_2O_7+H_2O$$

脱钠柱失效后可用 HCl 再生，反应如下：

$$RNa+HCl \longrightarrow RH+NaCl$$

（2）离子交换法处理含锌废水

化纤厂纺丝车间的酸性废水主要有 $ZnSO_4$、H_2SO_4、Na_2SO_4 等，用 Na 型阳离子树脂交换其中的 Zn^{2+}，用芒硝作再生剂，即可得到 $ZnSO_4$ 的浓溶液，反应式为：

$$2RSO_3Na+ZnSO_4 \xrightarrow{交换} (RSO_3)_2Zn+Na_2SO_4$$
$$(RSO_3)_2Zn+Na_2SO_4 \xrightarrow{再生} 2RSO_3Na+ZnSO_4$$

图 5-72 是某化纤厂采用的离子交换处理含锌废水流程，回收的浓缩液可直接用于酸浴，交换器出水含有较浓的 H_2SO_4 和 Na_2SO_4，可以作为软化设备中的再生剂。

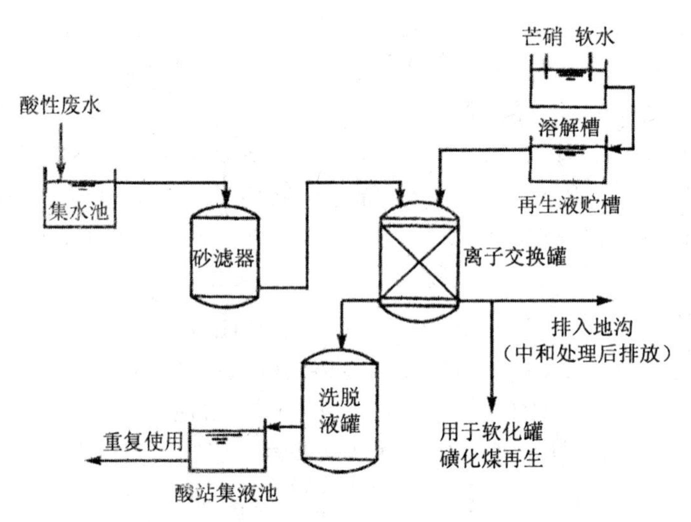

图 5-72　离子交换法处理含锌废水流程

（3）离子交换法处理含镍废水

离子交换法处理镀镍清洗废水中的镍离子浓度不宜大于 200 mg/L。废水处理后必须做到水的循环利用，回收的硫酸镍应用于镀槽。

离子交换法处理镀镍清洗废水，宜采用双阳柱串联工艺，流程如图 5-73 所示。

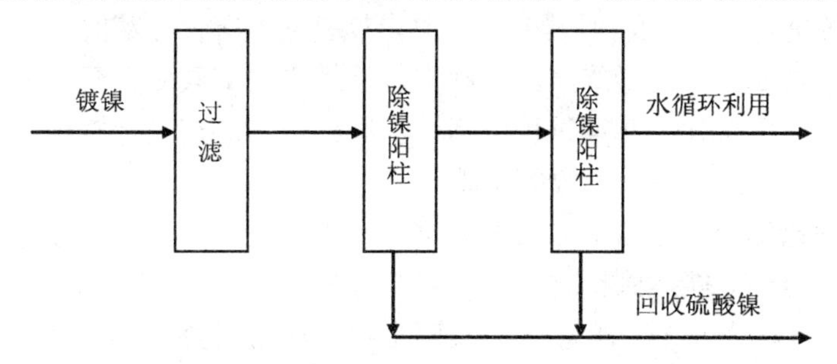

图 5-73　镀镍废水离子交换法处理工艺流程

阳树脂宜采用凝胶型强酸性阳离子交换树脂、大孔型弱酸性阳离子交换树脂或凝胶型弱酸性阳离子交换树脂，均以 Na 型投入运行。树脂层高度 0.5～1.2 m，强酸阳柱的流速宜小于或等于 25 m/h，弱酸阳柱的流速宜小于或等于 15 m/h。强酸阳柱采用工业无水硫酸钠作为再生剂，再生液用量为树脂体积的 2 倍，控制再生液流出时温度不宜低于 20℃，再生液流速宜为 0.3～0.5 m/h。淋洗水质应采用除盐水，淋洗水量宜为树脂体积的 4～6 倍，反冲时树脂膨胀率以 30%～50%为宜。

弱酸阳柱采用化学纯硫酸作再生剂，再生液浓度为 1.0～1.5 mol/L，并应采用除盐水配制。再生液体积宜为树脂体积的 2 倍，顺流再生液流速为 0.3～0.5 m/s，循环顺流再生时宜为 4～5 m/h，循环时间 20～30 min。淋洗终点 pH 为 4～5。反冲时树脂膨胀率宜为 50%左右。淋洗的其他要求与强酸阳床相同。

5.5　萃取处理

5.5.1　萃取的基本原理

萃取（Extraction）是将一种选定的溶剂加入到待分离的液体混合物中，利用混合物中各组分在该溶剂中溶解度的不同，将原料中所需分离的一种或数种成分分离出来。该方法具有适用浓度范围广、传质速率快、适于连续操作、产品纯度高、能量消耗少等优点，因此在污染物治理和资源回收工程中广泛应用。

萃取过程是一个传质过程。通过溶剂和原料液的一次或多次接触，被萃取组分通过两相的界面溶解入溶剂形成“萃取相”，部分溶剂溶解入原料液形成“萃余相”。萃取后将此两相分层后分别引出，萃取相借蒸馏、洗涤等方法把其中的溶剂除去进行回收，就得到产品，称“萃取液”。将萃余相中的溶剂除去则得残液，称“萃余液”。每进行一次（称“一级”）萃取，萃取液中所含被萃取组成的浓度就提高一点。为了得到较纯的最终产品，则需进行“多次萃取”直至产品纯度达到指定要求为止。由此可知，萃取过程包括：①原料液和溶剂进行接触；②使萃取相和萃余相分层；③进行溶剂回收等步骤。

从传质理论知道，原料液与溶剂的每一次接触进行萃取，都有一个限度，即原料液中的各组分只能达到在此条件下溶剂的溶解度，即达到“平衡”。萃取操作中，称这样的过程为一个“理论级”。实际上在生产中的每一个萃取操作过程是不可能达到一个“理论级”的，只能是接近这个理论级。

因此对于液-液萃取设备，既要求能使溶剂与原料液充分接触，尽可能接近理论级，又要求有一定的空间和时间使萃取相和萃余相能够有效地分层以分别引出。同时，为了保证两相有足够大的相对速度和相接触面积以利于传质，萃取装置多为“有外加能量”的设备（如振动、搅拌、脉冲等）。如被萃取的原始物料是固体，则称固-液萃取，本书不作详细介绍。

对溶质浓度比较低、浓度变化范围又不是很大的溶液，在一定温度下进行萃取，若溶质在萃取相及萃余相内的存在形态相同，则萃取达到平衡时，溶质在萃取相中的浓度 c_0 与在萃余相中的浓度 c_a 比值为一常数，称为分配系数。

$$D=\frac{c_0}{c_a} \tag{5-57}$$

分配系数 D 越大，被萃取组分在萃取相中的浓度越大，分离效果越好，也就越容易被萃取。焦化厂、煤气厂含酚废水的处理，某些萃取剂萃取酚时的分配系数见表 5-7。

表 5-7 某些萃取剂萃取酚时的分配系数（20℃）

溶剂名称	苯	重苯	中油	醋酸丁酯	三甲酚磷酸酯	杂醇油	异丙醚
分配系数 D	2.2	2.5 左右	2.5 左右	50	28	8 左右	20

但实际上，溶液浓度常不可能很低，且由于缔合、解离、配合等原因，溶质在两相中的形态也不可能完全相同，因此分配系数往往不是常数，它受温度和浓度的影响，通常温度上升，分配系数变小。

5.5.2 萃取剂的选择与再生

（1）萃取剂的选择

萃取剂的优劣对于萃取过程的技术经济指标有着直接的影响。一个好的萃取剂，要求具有如下性能：

1）选择性好

选择性好即该萃取剂对被萃取组分溶解能力大而对非被萃取组分溶解能力小，这样能使萃取剂用量减少，产品质量提高。

2）萃取剂与原料液有较大的密度差

密度差异越大，两相就越容易分层分离。

3）萃取剂的表面张力

一般希望表面张力大一些，不易产生乳化现象。若表面张力过大则因不易分散而使两相接触不好，影响传质。

4）萃取过程的能耗

萃取剂的汽化潜热和比热要小，与被萃取物的沸点差要大，使过程能耗低。

5）萃取剂的化学稳定性

萃取剂要求化学稳定性和热稳定性好，无毒，无腐蚀，不易燃烧等。

6）萃取剂的价格

萃取剂要价格低廉易得，资源充分。

（2）萃取剂的再生

1）物理法（蒸馏或蒸发）

当萃取相中各组分沸点相差较大时，最宜采用蒸馏法分离。例如，用乙酸丁酯萃取废水中的单酚时，溶剂沸点为 116℃，而单酚沸点为 181～202.5℃，相差较大，可用蒸馏法分离。根据分离目的，可采用简单蒸馏或精馏，设备以浮阀塔效果较好。

2）化学法

投加某种化学药剂使其与溶质形成不溶于溶剂的盐类。例如，用碱液反萃取萃取相中的酚，形成酚钠盐结晶析出，从而达到二者分离目的。化学再生法使用的设备有离心萃取机和板式塔。

5.5.3 萃取工艺

萃取工艺按不同的分类方式可以分成许多形式，根据操作状态可分为连续式和间歇式；根据萃取次数可分为单级萃取和多级萃取。多级萃取又有错流和逆流两种形式。

（1）单级萃取

单级萃取是萃取分离技术中最简单，也是最常用的一种方法。该方法是将一定体积的含有欲分离物质的水溶液与一定体积的有机相在一个容器中一次接触混合振摇，经过一定时间达到平衡，然后静止、分层、分离。

这类方法的特点是：设备简单、操作简便、快速。它只适用于分配系数大的萃取体系，只萃取一两次便可达到完全萃取分离的目的。也因为这个方法简单快速，特别适合未知体系的探索工作。

单级萃取的萃取率和萃余液中被萃取物的浓度可按如下方法计算：

若以 V_o 和 V_a 分别表示有机相和水相的体积，以 c 表示被萃取物在原料液（水相）中的原始浓度，则经过一次萃取后，萃余液中被萃取物的浓度为 c_1，有机相中被萃取物浓度为 c_2。

$$cV_a = c_1V_a + c_2V_o = c_1V_a + c_1DV_o \tag{5-58}$$

式中，D —— 萃取分配系数。

所以

$$c_1 = \frac{cV_a}{V_a + DV_o} = c\left[\frac{1}{1 + D\frac{V_o}{V_a}}\right] \tag{5-59}$$

萃取率

$$E = \frac{c_2V_o}{c_1V_a + c_2V_o} \times 100\% = \frac{D}{D + \frac{V_a}{V_o}} \times 100\% \tag{5-60}$$

（2）多级萃取

在生产实践中，常遇到一次萃取的萃取率较低或分离效果不合乎要求的情况。如果使含有被分离物质的水相与有机相多次接触，则可以大大提高萃取率。这种萃取工艺叫多级萃取或叫串级萃取。多级萃取按两相接触方式的不同，可以分为错流萃取和逆流萃取两种。

1）错流萃取

错流萃取实际上就是使有机相与水相多次重复平衡。把有机溶剂加到被处理的料液中去，然后经混合达到平衡，分层澄清，把有机萃取相分出，并把萃余相再一次用新有机溶剂处理。这样反复进行下去，直到萃余液具有规定的组成为止。

每次以有机溶剂处理的一个步骤，称为一个萃取级，图 5-74 为多级错流萃取示意图。

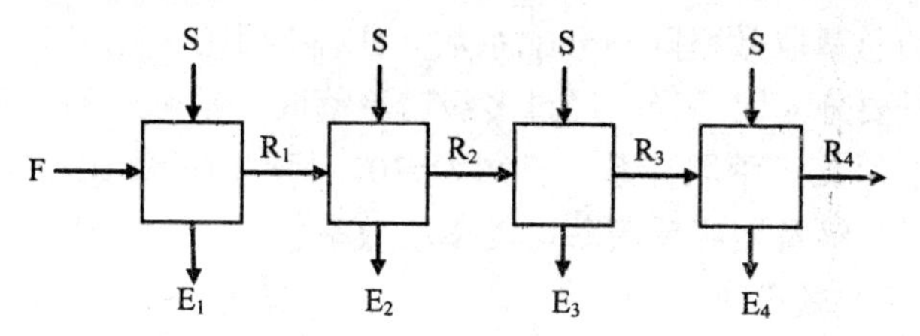

图 5-74　多级错流萃取示意

图中 F、S、R、E 分别表示料液、有机溶剂、萃余液、萃取液。

错流萃取的总萃取率和末级萃余液中残剩的被萃取物浓度可从相应的单级萃取计算式中导出。

料液（F）经过一次萃取后，萃余液（R_1）中被萃取物的浓度 c_1 可用式（5-58）计算。如果 R_1 再用新的一份有机溶剂 S 萃取一次，则萃余液 R_2 中被萃取物的浓度 c_2 可计算如下：

$$c_2 = c_1\left[\frac{1}{1+D\dfrac{V_o}{V_a}}\right] = c\left[\frac{1}{1+D\dfrac{V_o}{V_a}}\right]^2 \tag{5-61}$$

由此得到第 n 级错流萃取萃余液 R_n 中被萃取物的浓度 c_n：

$$c_n = c\left[\frac{1}{1+D\dfrac{V_o}{V_a}}\right]^n \tag{5-62}$$

经过 n 级错流萃取后的总萃取效率 E 可计算如下：

$$E = 1-\frac{c_nV_a}{cV_a} = 1-\left[\frac{1}{1+D\dfrac{V_o}{V_a}}\right]^n = \frac{\left(1+D\dfrac{V_o}{V_a}\right)^n-1}{\left(1+D\dfrac{V_o}{V_a}\right)^n}$$

即

$$E = \frac{(1+DR)^n-1}{(1+DR)^n}\times 100\% \tag{5-63}$$

式中，R —— 相比，$R = V_o/V_a$。

错流萃取的总萃取效率除与分配系数（D）及相比（V_o/V_a）有关外，还取决于萃取级数。只要分配比适当，经过多级错流萃取，常可达到几乎完全的萃取。

【例题 5-2】对某一萃取体系，已知 D=10，萃取时的相比相等（即 R=1），计算一级、二级、三级及四级错流萃取的萃取效率。

【解】单级萃取效率 E

$$E_1=\frac{D}{D+1}\times 100\%=90.9\%$$

二级萃取效率 E_2

$$E_2=\frac{(1+D)^2-1}{(1+D)^2}\times 100\%=\frac{11^2-1}{11^2}\times 100\%=99.2\%$$

三级萃取效率 E_3

$$E_3=\frac{(1+D)^3-1}{(1+D)^3}\times 100\%=\frac{11^3-1}{11^3}\times 100\%=99.9\%$$

四级萃取效率 E_4

$$E_4=\frac{(1+D)^4-1}{(1+D)^4}\times 100\%=\frac{11^4-1}{11^4}\times 100\%=99.99\%$$

上述计算表明经过四级错流萃取后，被萃取物质几乎已被定量的萃取。

必须指出：上式计算式只有在各萃取中分配系数 D 及相比 V_o/V_a 值都相同时才成立。在实际的萃取操作中由于各萃取级的被萃取物浓度不同，分配比 D 的值往往有所不同，一般应取 D 的平均值来计算。若各级 D 值相差很大，则以上计算式不适用。

错流萃取方法简单，得到的萃余液较纯，在有机溶剂总量恒定的情况下，错流萃取级数愈多，萃取效率愈高。缺点是每一个萃取级都要加入一份新的有机溶剂，消耗有机溶剂量大，并且相应得到多份萃取液，使被萃取物的反萃和有机溶剂的回收工作量增大。故仅适用于某些实验室的操作和分配系数及分离因素都较大的情况，而在工业生产中很少应用。

2）逆流萃取

在萃取过程中，将欲被分离的水溶液固定从一方向输入，将有机相从相反方向输入，形成对流萃取，此萃取过程称为逆流萃取，如图 5-75 所示：

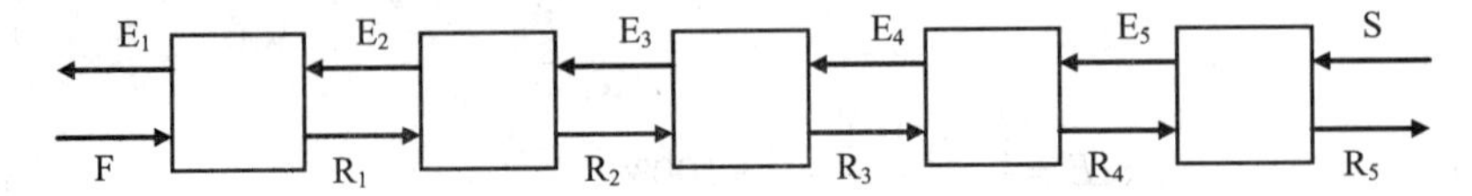

图 5-75　五级混合-澄清槽逆流萃取示意

F-料液；S-有机溶剂；R-萃余液；E-萃取液

混合澄清槽型设备目前在国内应用最为普遍。料液由第一级进入，有机溶剂自末级进入，在进行逆流萃取过程中水相与有机相通常总是由萃取设备两端引入，“相”向逆流而行。

从生产实践中知道，从开始进行逆流萃取的瞬间起，要经过一段相当长的时间后，整个萃取体系才能达到平衡，此时每个萃取级中有机相与水相的组成保持恒定，不随时间改变。在萃取条件一定时，级数愈多，达到稳定平衡状态所需的时间愈长。

逆流萃取的特点是合理使用有机溶剂，克服了错流萃取的缺点。多级逆流萃取操作效果很好，特别适用于分配比或分离系数较小的物质的分离。在适当增加级数的情况下就能达到很好的分离效果和较高的收率，而消耗的有机溶剂量不多，故工业上得到广泛的应用。

5.5.4　萃取设备及其在废水处理中的应用

（1）萃取设备

目前在废水处理中常用的连续逆流萃取设备有填料塔、筛板塔、喷淋塔、外加能量的脉冲塔、转盘塔和离心萃取机等。

1）填料塔

填料塔是一种有效的萃取设备，结构简单，如图 5-76 所示。塔中装有填料，常用的填料有瓷环、塑料或钢质球、木栅板等。填料的作用是使萃取剂的液滴能不断地分散和合并，不断地产生新的液面，增加传质速率，同时可避免萃取剂形成大径液的液滴和液流，影响传质效率。

这种塔的优点是设备简单、造价低、操作容易，可以处理带腐蚀性的废水。缺点是处理能力较低，效率不高，填料容易堵塞。

2）脉冲筛板塔

脉冲筛板塔的基本构造如图 5-77 所示。塔分三部分：中间部分为工作区，是进行传质的主要部位。工作区内上下排列着若干块穿孔筛板，这些筛板都固定在中间轴上。上下两个扩大部分为分离区，是轻、重液相分层的地方，从上部扩大部分排出轻液，从下部扩大部分排出重液。

这种塔的特点是中心轴在电动机和偏心轮的带动下使筛板产生上下方向的脉冲运动，使液体剧烈搅动，两相能够更好地接触，强化了传质过程。筛板的脉动频率（单位时间内振动次数）和脉动的振幅（每振动一次筛板上下移动的距离）的大小一般由试验确定。如果频率过高，振幅过大，搅拌过于剧烈，则萃取剂被打得过碎，不能很好地与废水分离，影响萃取的正常操作。反之，脉动的频率和振幅过小，则混合不够充分，也影响传质效率。

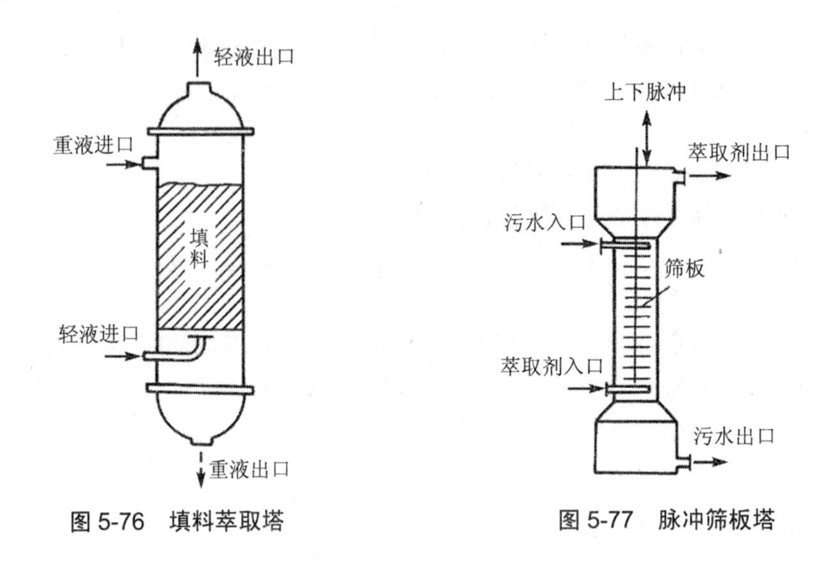

图 5-76　填料萃取塔　　　图 5-77　脉冲筛板塔

脉冲筛板塔的优点是设备简单，传质效率高，流动阻力较小，生产能力比其他类型有搅拌的塔大，所以近年来在国内应用较为普遍。

3）离心萃取机

离心萃取机的外形为圆筒形卧式转鼓（图 5-78），转鼓内有许多层同心圆筒，每层都有许多孔口。轻液由外层的同心圆筒进入，重液由内层的同心圆筒进入；转鼓高速旋转（1 500～3 000 r/min）产生的离心力，使重液由里向外，轻液由外向里流动，进行连续的对流混合与分离。在离心萃取机中产生的离心力约为重力的 1 000～4 000 倍（当转鼓半径为 0.4 m 时），所以可在转子外圈及中心部分的澄清区产生纯净的出流液。

离心萃取机的优点是效率高、体积小，特别是用于液体的比重差很小的液-液萃取更为有利。其缺点是电能消耗大，设备加工比较复杂。

4）转盘塔

转盘萃取塔也是分成三部分，上下两个扩大部分为轻、重液分离室，中间部分是工作区，如图 5-79 所示。在工作区的塔身上安装着许多个间距相等、固定在塔体上的环形挡板，使塔内形成多级的分离空间。在每一对固定环形挡板的中间位置，均有一块固定在中央旋转轴上的圆盘，称为转盘。转盘的直径一般均比固定环的开孔直径稍小些。当转盘随中心轴旋转时，产生的剪应力作用于液体，致使分散相破裂而成为许多小的液滴，因而增加了分散相的持留量并加大了两相间的接触面积。这种塔在重液相与轻液相引入塔内时不需要任何分布装置，但有的塔将进料口装在塔身的切线方向。

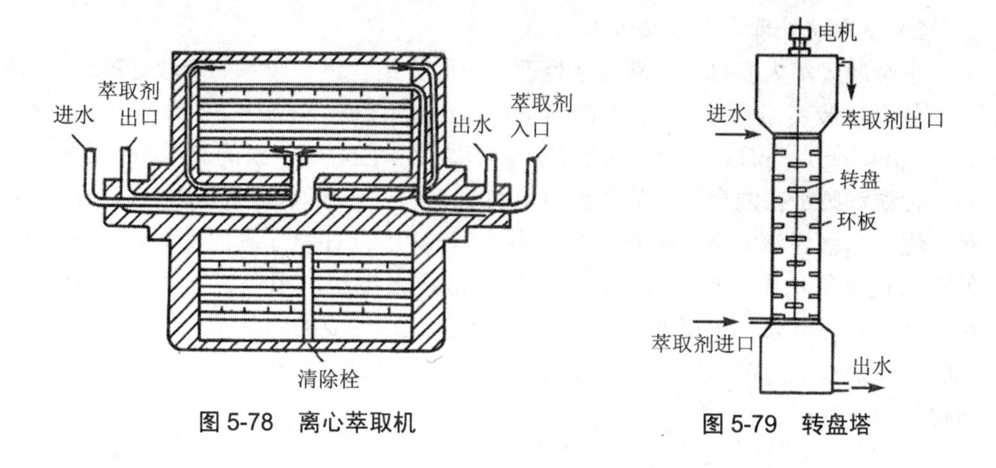

图 5-78 离心萃取机

图 5-79 转盘塔

转盘塔的生产能力大。一般认为，凡是溶质不是难于萃取的，在萃取要求不太高而处理量又较大的情况下，采用转盘塔是有利的。

（2）萃取法在废水处理中的应用

1）萃取法处理含酚废水

焦化厂、煤气厂、石油化工厂排出的废水均含有较高的酚量（1 000 mg/L以上），为避免高酚废水污染环境，同时回收有用的酚质，可采用萃取法处理这类废水。

某焦化厂用萃取法脱酚的工艺流程如图 5-80 所示。萃取设备采用脉冲筛板塔。该厂的处理水量为 16.3 m^3/h，含酚平均浓度为 1 400 mg/L。采用二甲苯作萃取剂。二甲苯用量与废水量之比为 1∶1。萃取后，出水含酚浓度为 100～150 mg/L，脱酚效率为 90%～93%。含酚二甲苯自萃取塔顶送到碱洗塔进行脱酚，塔中装有浓度为 20%的氢氧化钠溶液。脱酚后的二甲苯循环使用。从碱洗塔放出的酚盐含酚 30%左右，含游离碱 2%～2.5%，可作为回收酚的原料。

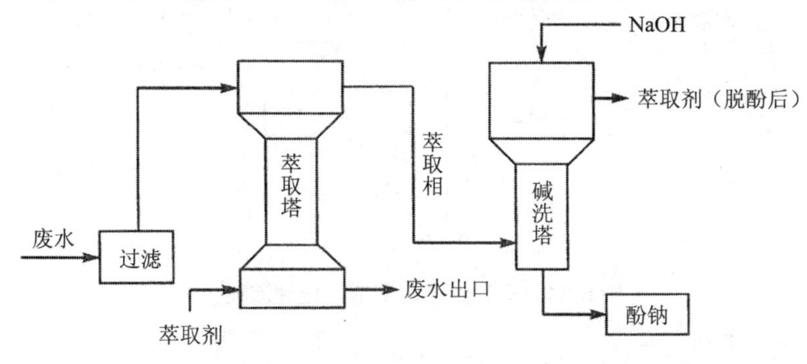

图 5-80 某煤气厂的萃取脱酚工艺流程

2）萃取法处理含重金属废水

重金属废水大多可以用萃取法处理，下面介绍含铜铁废水的萃取处理。

某铜矿废石场废水含铜 230～1 600 mg/L，含铁 4 700～5 400 mg/L，含砷 10.3～300 mg/L，pH 0.1～3。用萃取法从该废水中回收铜、铁的流程如图 5-81 所示。含铜铁废水在混合澄清萃取箱中用 N-510 作复合萃取剂，以磺化煤油作稀释剂，进行六级逆流萃取。含铜萃取相用 1.5 mol/L 的 H_2SO_4 进行反萃取，再生后的萃取剂重复使用，反萃取所得硫酸铜溶液送去电解沉积金属铜，硫酸回收于反萃取工序。萃余相用氨水（$NH_3/Fe=0.5$）除铁，生成的固体黄铵铁矾，经煅烧（800℃）后得到产品铁红，可作涂料使用。过滤液经中和处理达到排放标准后，即可排放或回用。

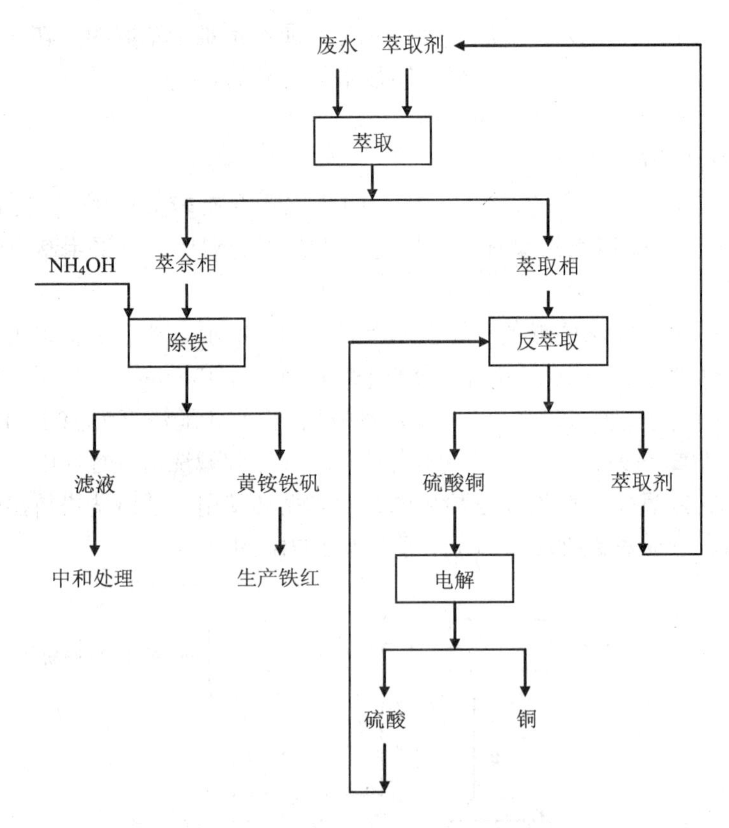

图 5-81　含铜铁废水萃取法处理流程

5.6 膜分离技术

膜分离法（Membrane Separation）是利用特殊的薄膜对液体中的某些成分进行选择性透过的方法的统称。溶剂透过膜的过程称为渗透，溶质透过膜的过程称为渗析。常用的膜分离方法有电渗析、反渗透、超滤，其次是自然渗析和液膜技术。近年来，膜分离技术发展很快，在水和废水处理、化工、医疗、轻工、生化等领域得到大量应用。

膜分离的作用机理往往用膜孔径的大小为模型来解释，实质上，它是由分离物质间的作用引起的，与膜传质过程的物理化学条件以及膜与分离物质间的作用有关。

根据膜的种类、功能和过程推动力的不同，各种膜分离法的特征和它们之间的区别如表 5-8 所示。

表 5-8 几种主要膜分离法的特点

方法	推动力	传递机理	透过物及其大小	截留物	膜类型
电渗析	电位差	电解质离子选择性透过	溶解性无机物 0.000 4～0.1 μm	非电解质大分子物	离子交换膜
反渗透	压力差 2～10 MPa	溶剂的扩散	水、溶剂 0.000 4～0.06 μm	溶质、盐（SS、大分子、离子）	非对称膜或复合膜
超滤	压力差 0.1～1.0MPa	筛滤及表面作用	水、盐及低分子有机物 0.005～10 μm	胶体大分子不溶的有机物	非对称膜
渗析	浓度差	溶质扩散	低分子物质、离子 0.000 4～0.15 μm	溶剂、分子量>1 000	非对称膜、离子交换膜
液膜	化学反应和浓度差	反应促进和扩散	杂质（电解质离子）	溶剂（非电解质）	液膜

膜分离技术有以下共同特点。

① 膜分离过程不发生相变，因此能量转化的效率高。例如在现在的各种海水淡化方法中，反渗透法能耗最低。

② 膜分离过程在常温下进行，因而特别适于对热敏性物料，如对果汁、酶、药物等的分离、分级和浓缩。

③ 装置简单，操作容易，易控制、维修且分离效率高。作为一种新型的水处理方法，与常规水处理方法相比，具有占地面积小、适用范围广、处理效率高等特点。

5.6.1 渗析

在膜分离技术中，渗析是最早被发现和研究的膜分离过程。渗析法（Dialytic Process）是利用半透膜或离子交换膜两侧溶液间溶质浓度梯度所产生的浓差扩散而进行分离的，所以渗析又常称为扩散渗析。其推动力是膜两侧溶液的浓度差。渗析法的原理如图 5-82 所示，在容器中间用一张渗析膜（虚线）隔开，膜两侧分别为 A 侧和 B 侧。A 侧通过原进料液，B 侧通过过接受液。由于两侧溶液的浓度不同，溶质由 A 侧根据扩散原理，而溶剂（水）由 B 侧根据渗透原理相互进行迁移。一般低分子比高分子扩散得快。渗析的目的就是借助这种扩散速度差，使 A 侧两组分以上的溶质（如 x_1 和 x_2）得以分离。

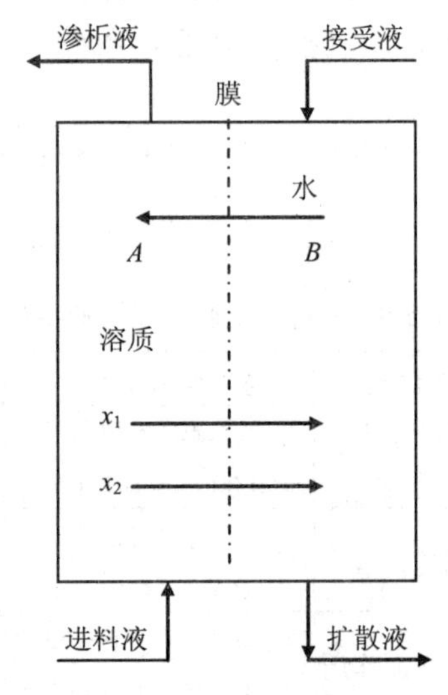

图 5-82　渗析原理示意

扩散渗析法主要应用于生物医学（如血液渗析）和废酸、碱的回收，回收率可达 70%～90%，但不能将它们浓缩。其优点是不消耗能量。

以下用回收酸洗钢铁废水中的硫酸为例说明扩散渗析的原理，见图 5-83。图 5-83 扩散渗析原理回收硫酸的扩散渗析器中，全部使用阴离子交换膜。含酸原液自下而上通入 1、3、5、7 隔室中，这些隔室称为原液室。水自上而下地通入 2、4、6 隔室中，这些隔室称为回收室。原液室的含酸废液中 Fe^{2+}、H^{+}、SO_4^{2-}离子的浓度较高，三种离子都有向两侧回收室的水中扩散的趋势。由于阴膜的选择透过性，硫酸根离子极易通过阴膜，而氢离子和亚铁离子则难以通过。又由于回收室中 OH^{-}离子的浓度比原液室中高，则回收室中的 OH^{-}离子极易通过阴膜进入原液室，与原液室中的 H^{+}离子结合成水。为了保持电中性，SO_4^{2-}渗析的当量数与

OH^-渗析的当量数相等。在回收室得到硫酸，由下端流出。原液脱除硫酸后，从原液室的上端排出，成为主要含 $FeSO_4$ 的残液。

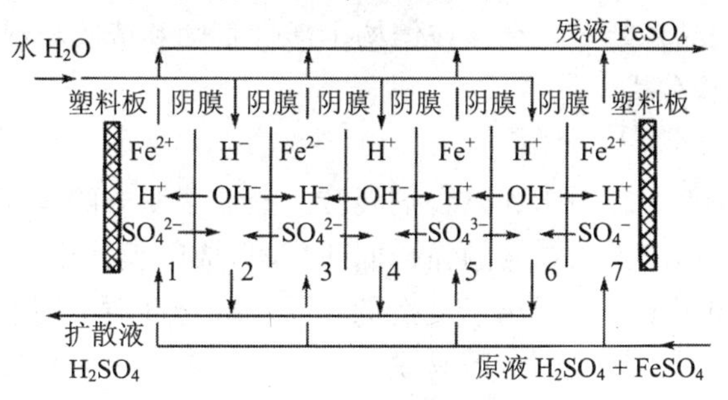

图 5-83　扩散渗析原理

5.6.2　电渗析

（1）电渗析原理与过程

电渗析（Electrodialysis）是在直流电场的作用下，利用阴、阳离子交换膜对溶液中阴、阳离子的选择透过性（即阳膜只允许阳离子通过，阴膜只允许阴离子通过），而使溶液中的溶质与水分离的一种物理化学过程。

电渗析系统由一系列阴、阳膜交替排列于两电极之间组成许多由膜隔开的小水室，如图 5-84 所示。当原水进入这些小室时，在直流电场的作用下，溶液中的离子作定向迁移。阳离子向阴极迁移，阴离子向阳极迁移。但由于离子交换膜具有选择透过性，结果使一些小室离子浓度降低而成为淡水室，与淡水室相邻的小室则因富集了大量离子而成为浓水室。从淡水室和浓水室分别得到淡水和浓水。原水中的离子得到了分离和浓缩，水便得到了净化。

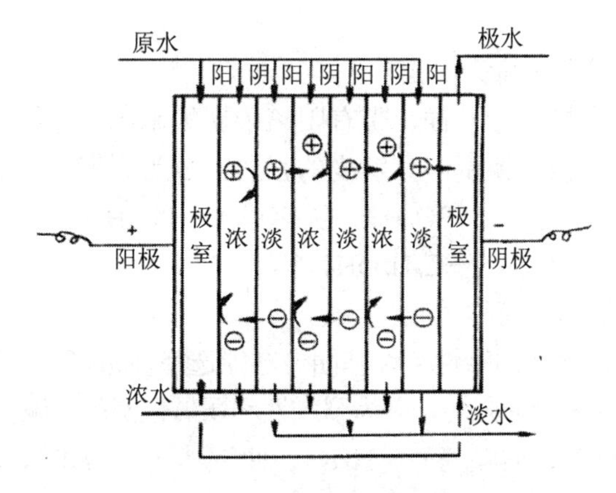

图 5-84　电渗析分离原理

（2）离子交换膜

1）离子交换膜的分类

离子交换膜的品种繁多，通常按结构、活性基团和成膜材料来分类。

① 按膜体结构分类

A．异相膜

它是离子交换剂的细粉末和黏合剂混合，经加工制成的薄膜，其中含有离子交换活性基团部分和成膜状结构的黏合剂部分，形成的膜其化学结构是不连续的，故称异相膜或非均相膜。由于离子交换剂和黏合剂是性质不同的物质，因而膨胀收缩不一样，在两者的接触面上容易脱开，产生间隙，从而导致离子透过的选择性下降。这类膜的优点在于制造容易，机械强度也比较高，缺点是选择性较差、膜电阻也大，在使用中容易受污染。

B．半均相膜

这类膜的成膜材料与活性基团混合得十分均匀，但它们之间没有化学结合。例如，用含浸法将具有离子交换基团的聚电解质引入成膜材料之中而形成的离子交换膜，以及将可溶性线形聚电解质与成膜材料溶解在同一溶剂中，然后用流延法制成的膜都属于半均相膜。这类膜的优点是制造方便，电化学性能较异相膜好，但聚电解质和成膜材料并没有化学结合，长期使用，仍有发生脱离的可能，影响均匀性和电化学性能。

C．均相膜

它是由具有离子交换基团的高分子材料直接制成的膜，或者在高分子膜基上接上活性基团而制成的膜。这类膜中活性基团与成膜材料发生化学结合，组成完全均匀，具有优良的电化学性能和物理性能，是近年来离子交换膜的主要发展方向。

② 按活性基团分类

A．阳离子交换膜（简称阳膜）

阳膜与阳离子交换树脂一样，带有阳离子交换基团，它能选择性透过阳离子而不让阴离子透过。按交换基团离解度的强弱，分为强酸性和弱酸性阳膜。酸性活性基团主要有：磺酸基（$—SO_3H$）、磷酸基（$—PO_3H$）、膦酸基（$—OPO_3H$）、羧酸基（$—COOH$）、酚基（$—C_6H_4OH$）等。

B．阴离子交换膜（简称阴膜）

膜体中含有带正电荷的碱性活性基团，它能选择性透过阴离子而不让阳离子透过。按其交换基团离解度的强弱，分为强碱性和弱碱性阴膜。碱性活性基团主要有：季胺基[$—N(CH_3)_2OH$]、伯胺基（$—NH_2$）、仲胺基（$—NHR$）、叔胺基（$—NR_2$）等。

C．特种膜

这类膜包括两极膜、两性膜、表面涂层膜等具有特种性能的离子交换膜。两极膜系由阳膜和阴膜粘贴在一起复合而成；在两性膜中阳、阴离子活性基团同时存在且均匀分布，这种膜对某些离子具有高选择性；在阳膜或阴膜表面上再涂一层阴或阳离子交换树脂就得到表面涂层膜，如在苯乙烯磺酸型阳膜的表面再薄薄地涂上一层酚醛磺酸树脂膜，得到的膜对一价阳离子有较好的选择性，而且有阻止二价阳离子透过的性能。

③ 按材料性质分类

A．有机离子交换膜

各种高分子材料合成的膜，如聚乙烯、聚丙烯、聚氯乙烯、聚砜、聚醚以及含氟高聚物、离子交换膜等均属此类。目前使用最多的磺酸型阳膜和季胺型阴膜都是有机离子交换膜。

B．无机离子交换膜

这类膜由无机材料制成，具有热稳定性、抗氧化、耐辐照及成本低等特点，如磷酸锆和矾酸铝等。它是在特殊场合使用的新型膜。此外，也有按膜的用途将离子交换膜分为浓缩膜、脱盐膜和特殊选择透过性膜等几类。

2）离子交换膜的性能

离子交换膜是电渗析器的关键部件，良好的电渗析膜应具有高的离子选择透过性和交换容量低的电阻和渗水性以及足够的化学和机械稳定性。反映离子交换膜性能的指标主要有以下几项。

① 交换容量

膜的交换容量是表示在一定量的膜样品中所含活性基团数，通常以单位面积、单位体积或单位干重膜所含的可交换离子的毫克当量数表示。膜的选择透过性和电阻都受交换容量的影响。一般膜的交换容量约为 1～3 毫克当量/g（干膜）。

② 含水量

它表示湿膜中所含水的百分数（可以单位重量干膜或湿膜计）。含水量受膜内活性基团数量、交联度、平衡溶液的浓度和溶液内离子种类的影响。离子交换膜的含水量一般为 30%～50%。

③ 破裂强度

破裂强度是衡量膜的机械强度的重要指标之一。表示膜在实际应用时所能承受的垂直方向的最大压力。在电渗析操作中，膜两侧所受的流体压力不可能相等，故膜必须有足够的机械强度，以免因膜的破裂而使浓室和淡室连通、造成无法运行。国产膜的破裂强度为 0.3～1.0 MPa。

④ 厚度

膜厚度与膜电阻和机械强度有关。在不影响膜的机械强度的情况下，膜越薄越好，以减少电阻。一般异相膜的厚度约 1 mm，均相膜的厚度 0.2～0.6 mm，最薄的为 0.015 mm。

⑤ 导电性

完全干燥的膜几乎是不导电的，含水的膜才能导电。这说明膜是依靠（或主要依靠）含在其中的电解质溶液而导电。膜的导电性可用电阻率、电导率或面电阻来表示，面电阻表示单位膜面积的电阻（$\Omega\cdot cm^{2-}$），整个膜的电阻为膜的面电阻除以膜的总面积。

膜的导电性与平衡溶液的浓度、溶液中的离子、膜中的离子、温度及膜本身的特性有关，所以其数值的测定要在规定的条件下进行。

⑥ 选择透过性与膜电位

膜对离子选择透过性的优劣，往往用离子在膜中的迁移数和膜的选择透过度来表示。

3）离子交换膜的选择性透过机理

离子交换膜主要是一种聚电解质，在高分子骨架上带有若干可交换活性基团，这些活性基团在水中可以电离成电荷符号不同的两部分 —— 固定基团和解离离子。

例如：

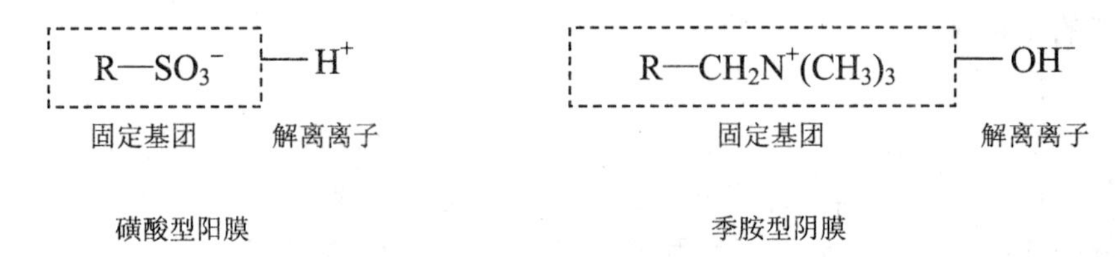

离子交换膜的选择性透过机理可用双电层理论和 Donnan 膜平衡理论解释。

① 双电层理论

在固定基团和进入溶液中的解离离子之间，由于存在着静电引力，固定基团力图将解离离子吸引到近旁，但热运动又使解离离子均匀分布到整个溶液中去，这两种互相矛盾着的力的作用结果，在膜-溶液界面上形成带相反电荷的双电层。此时这些带电的固定基团会与膜外溶液中带相反电荷的离子产生异性相吸使之向膜运动，并在外加电场力的作用下继续运动直至穿过膜，而溶液中与固定基团电荷相同的离子则因同性相斥而不能靠近和穿过膜，从而实现了离子的选择性透过。离子交换膜中活性基团数越多，双电层越厚。固定基团对反离子的吸引力和对同离子的排斥力就越大，膜的选择透过性也就越高。

② Donnan 膜平衡理论

Donnan 膜平衡理论是解释离子交换树脂与电解质溶液间的平衡问题的。对离子交换膜来说，它只是离子交换树脂的一种特殊应用。当离子交换膜浸入电解质溶液时，电解质溶液中的离子和膜内的离子会发生交换作用，最终达到动态平衡。假定膜相和溶液相分别为Ⅰ和Ⅱ相，假如Na^+型强酸离子交换膜浸入NaCl溶液中，离子在膜和溶液中发生交换（μ），当达平衡时：

$$\mu_{NaCl(II)} = \mu_{NaCl(I)} \tag{5-64}$$

$$[Na^+]_{(I)} \cdot [Cl^-]_{(I)} = [Na^+]_{(II)} \cdot [Cl^-]_{(II)} \tag{5-65}$$

为保持电中性

$$[Na^+]_{(II)} = [Cl^-]_{(II)} \tag{5-66}$$

$$[Na^+]_{(I)} = [Cl^-]_{(I)} + [RSO_3^-]_{(I)}$$

式中$[RSO_3^-]_{(I)}$为膜内固定离子浓度，同上三式得：

$$[Cl^-]_{(II)}^2 = [Cl^-]_{(I)}^2 + [Cl^-]_{(I)}[RSO_3^-]_{(I)} \tag{5-67}$$

或

$$[Na^+]_{(II)}^2 = [Na^+]_{(I)}^2 - [Na^+]_{(I)}[RSO_3^-]_{(I)} \tag{5-68}$$

$$[Cl^-]_{(II)} > [Cl^-]_{(I)} \tag{5-69}$$

由此可见，在平衡时：

$$[Na^+]_{(II)} < [Na^+]_{(I)} \tag{5-70}$$

$$[Cl^-]_{(II)} > [Cl^-]_{(I)} \tag{5-71}$$

即阳膜内阳离子浓度大于溶液中阳离子浓度，而阳膜中阴离子浓度小于溶液中阴离子浓度。说明阳离子容易进入阳膜，阴离子却受到阳膜排斥，也即膜对离子具有选择透过性。

（3）电渗析器的主要部件

1）电渗析器的主要部件

① 离子交换膜

有关膜的内容前面已有介绍，这里只强调组装前对膜的处理。首先将膜放在操作溶液中浸泡 24～48 h，使之与膜外溶液平衡，然后剪裁打孔。膜的尺寸大小应比隔板周边小 1 mm，应比隔板水孔大 1 mm。电渗析停运时，应在电渗析器中充满溶液，以防膜发霉变质，或膜因干燥收缩变形甚至破裂。

② 隔板

隔板放在阳、阴膜之间，其作用一是作为膜的支撑体，使两层膜之间保持一段距离；二是作为水流通道，使两层膜之间的流体均匀分布，同时依靠水流的涡动作用，减薄膜表面的滞流层，以提高净化效果和减少耗电量。隔板上有进出水孔、配水槽及过水道，其结构如图 5-85 所示。

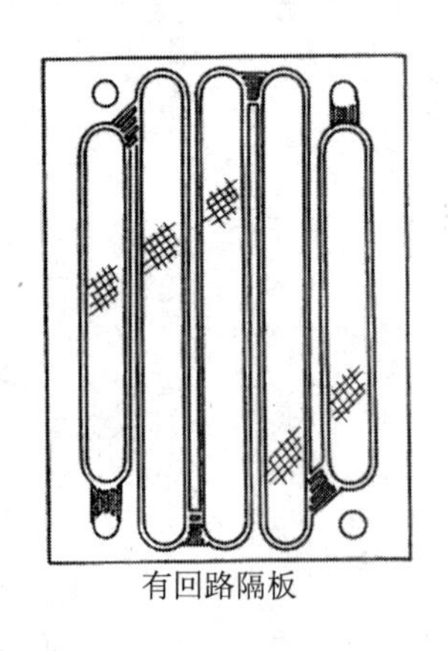
有回路隔板

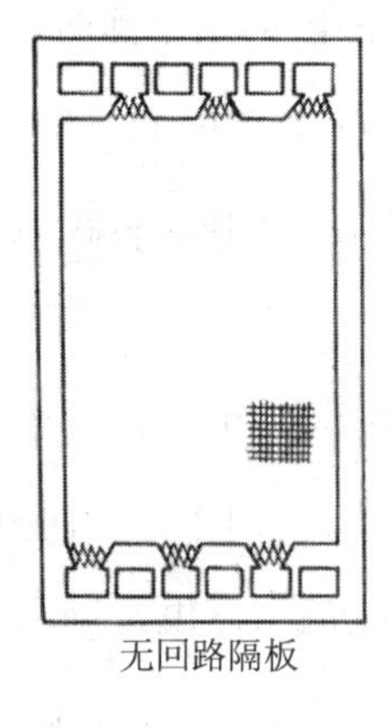
无回路隔板

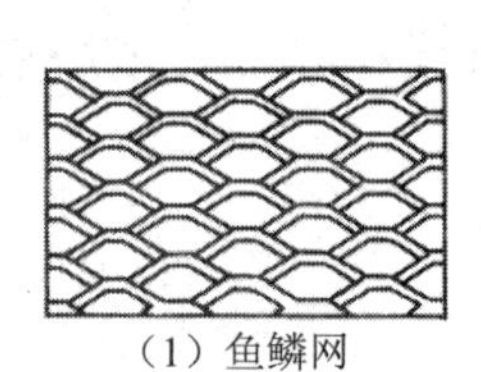
（1）鱼鳞网

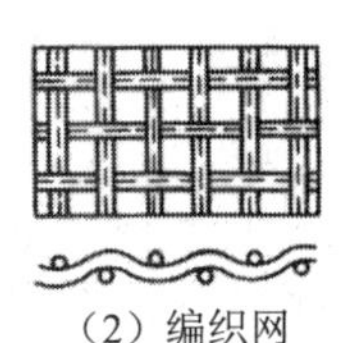
（2）编织网

图 5-85 隔板与隔网

为了支撑膜和加强搅拌作用，使液体产生紊流，在大部分隔板的流道中，均粘贴或热压上一定形式的隔网。常用的隔网类型有：鱼鳞网、编织网、冲膜网、挤塑网、离子交换导电隔网等。常用的隔板材料有聚氯乙烯、聚丙烯、合成橡胶等。隔板厚度一般 0.5～2.0 mm，且均匀平整。

按水流方式的不同，隔板可分为有回路隔板和无回路隔板两种（图 5-85）。前者依靠弯曲而细长的通道，达到以较小流量提高平均流速的效果，除盐率高；后者是使液流沿整个膜面流过，流程短，产水量大。

按隔板的作用不同，又可将隔板分为浓、淡室隔板、极框和倒向隔板三种。浓室隔板和淡室隔板结构完全一样，只是在组装时放置的方向不同，使进出水孔位置不一样。极框是供极水流通的隔板，放在电极和膜之间。由于电极反应产生气体和沉淀物，必须尽快地排除，避免阻挡水流和增大电阻，所以极框的流程短、厚度大。倒向隔板形状与浓、淡室隔板相同，只是缺少一只过水孔，其作用是截断水流迫使水流改变方向，以增加处理流程长度，提高废水脱盐率。

③ 电极

电极设在膜堆两端，连接直流电源，作为电渗析的推动力。通过直流电时，在电极上会发生电极反应，要求电极耐腐蚀、导电性能和机械性能好。石墨、炭板和许多金属导体如铂、铜、铅、铁、钛等，都可以作为电极材料。常用铅板或石墨作阳极，不锈钢作阴极。

④ 夹紧装置

其作用是把极区和膜堆组成不漏水的电渗析器整体。可采用压板和螺栓拉紧，也可采用液压压紧。

2）电渗析器的组装

将阴、阳离子交换膜和隔板交替排列，再配上阴、阳极就构成了电渗析器。其组装示意如图 5-86 所示。常用于水处理的电渗析器是由几十到几百个膜堆组成的压滤型（也称紧固型）电渗析器。紧固型电渗析器中隔板与膜的排列要求极严格，不允许有差错，否则影响出水质量。为保持膜堆的对称性，靠阳极和阴极的两张膜，均应采用阳膜，即在一级之内，第一张和最后一张膜都是阳膜。采用阳膜价格比阴膜便宜，抗腐蚀性也较阴膜好。

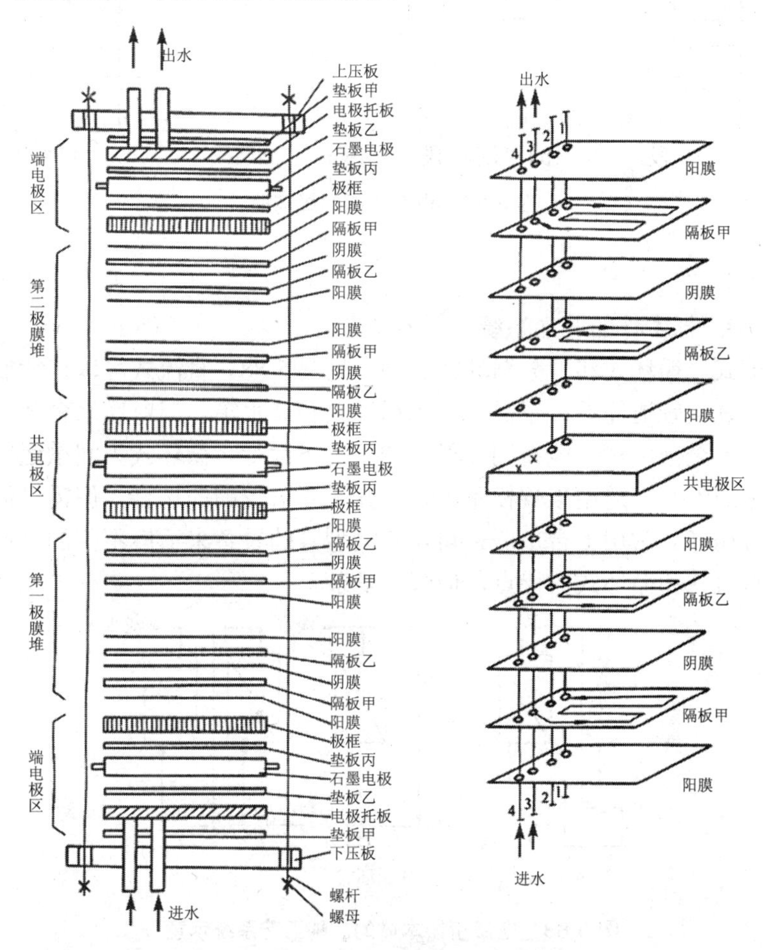

图 5-86　电渗析器组装示意

电渗析器的组装方式有几种，如图 5-87 所示。一对正、负电极之间的膜堆称为一级，具有同一水流方向的并联膜堆称为一段。一台电渗析器分为几级的原因在于降低两个电极间的电压，分为几段的原因是为了使几个段串联起来，加长水的流程长度。对多段串联的电渗析系统，又可分为等电流密度或等水流速度两种组装形式。前者各段隔板数不同，沿淡水流动方向，隔板数按极限电流密度公式规律递减，而后者的每段隔板数相等。

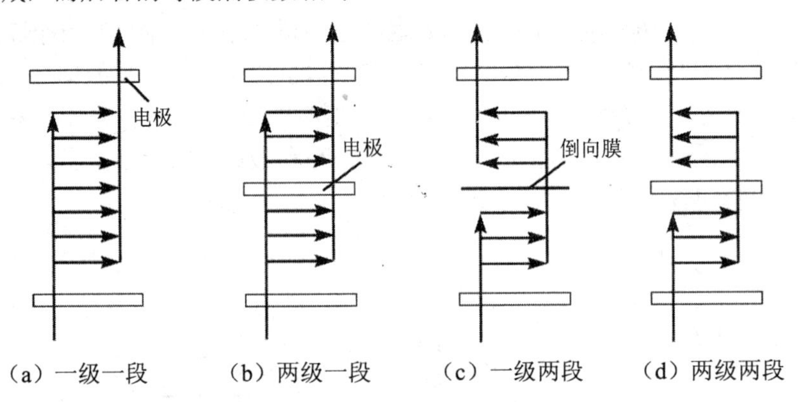

图 5-87　电渗析器的级与段

（4）工艺流程

1）电渗析器本体的脱盐系统

有直流式、循环式和部分循环式 3 种，见图 5-88。直流式可以连续制水，多台串联或并联，管道简单，不需要淡水循环泵和淡水箱，但对原水含盐量变化的适应性稍差，全部膜对不能在同一最佳的工况下运行。循环式为间歇运行，对原水变化的适应性强；适用于规模不大，除盐率要求较高的场合，但需设循环泵和水箱。部分循环式常用多台串联，可用不同型号的设备来适应不同的水质水量，它综合了直流式和循环式的特点，但管路复杂。

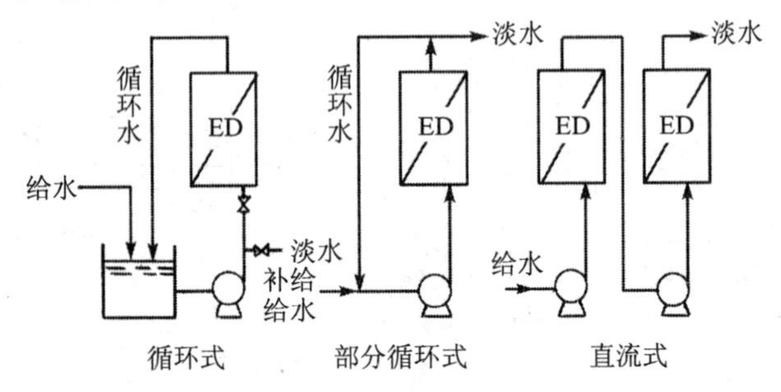

图 5-88　电渗析器本体的三种工艺系统示意

2）电渗析与其他设备组合工艺系统

用得较多的 4 种工艺系统为：

① 原水→预处理→电渗析→除盐水

② 原水→预处理→电渗析→消毒→除盐水

③ 原水→预处理→软化→电渗析→除盐水

④ 原水→预处理→电渗析→离子交换→纯水或高纯水

以上①是制取工业用脱盐水和初级纯水的最简单流程；②用于由海水、苦咸水制取饮用水或从自来水制取食品、饮料用水；③适于处理高硬度、高硫酸盐水或低硬度苦咸水；④将电渗析与离子交换结合，充分利用了电渗析适于处理较高盐浓度水，而离子交换适于处理较低盐浓度水的特点，先用电渗析脱盐 80%～90%，再用离子交换处理（也可在淡水室填充离子交换树脂），这样既可保证出水质量，又使系统运行稳定，耗酸碱少，适于各种原水。

（5）应用

1）海水淡化（或含盐废水的浓缩）

如图 5-89 所示，在电渗析槽中把阴离子交换膜和阳离子交换膜交替排列，隔成宽度仅 1～2 mm 的小室，在槽的两端则分别设阴、阳电极，接通直流电源。海水从渗析槽的一侧进入，从另一端流出。由于离子的导电性和离子交换膜的半透性，相邻两室中的海水，一个变淡，一个变浓，故渗析槽的出水管分成两路，一路收集淡水，另一路收集浓盐水。

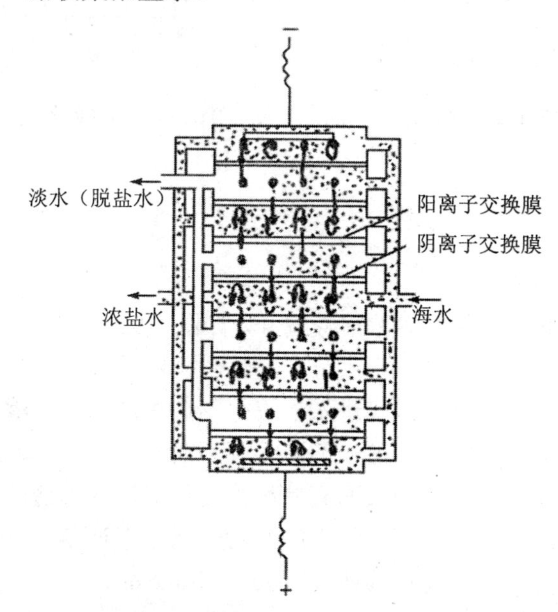

图 5-89　海水淡化电渗析法示意

2）废水处理

① 处理碱法造纸废液，从浓液中回收碱，从淡液中回收木质素；② 从芒硝废液中制取硫酸和氢氧化钠（图 5-90）；③ 从酸洗废液中制取硫酸和沉积重金属离子（图 5-91）；④ 从放射性废水中分离放射性元素；⑤ 处理电镀废水和废液以及含 Cu^{2+}、Ni^{2+}、Zn^{2+}、Cr^{6+}等金属离子的废水。这些操作都适宜用电渗析法，其中含镍废水处理技术最为成熟，回收的 $NiSO_4$ 浓液可返回电镀槽，设备投资可在 2 年内收回。

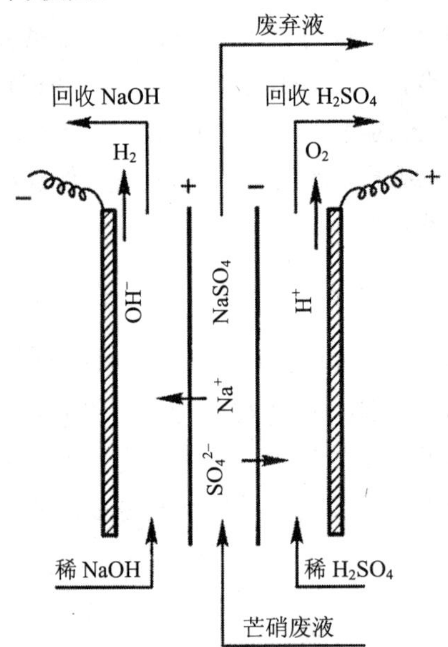

图 5-90 电渗析处理芒硝废水

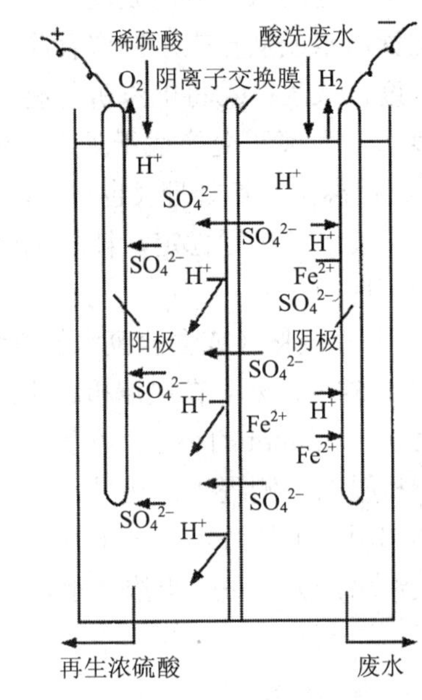

图 5-91 电渗析法回收酸洗废水中的硫酸和铁

5.6.3 反渗透

（1）反渗透分离原理

用一张半透膜将淡水和某种浓溶液隔开，如图 5-92 所示，该膜只让水分子通过，而不让溶质通过。由于淡水中水分子的化学位比溶液中水分子的化学位高，所以淡水中的水分子自发地透过膜进入溶液中，这种现象叫作渗透。在渗透过程中，淡水一侧液面不断下降，溶液一侧液面则不断上升。当两液面不再变化时，渗透便达到了平衡状态。此时两液面高差称为该种溶液的渗透压。如果在溶液一侧施加大于渗透压的压力 p，则溶液中的水就会透过半透膜，流向淡水一侧，使溶液浓度增加，这种作用称为反渗透（Reverse Osmosis）。

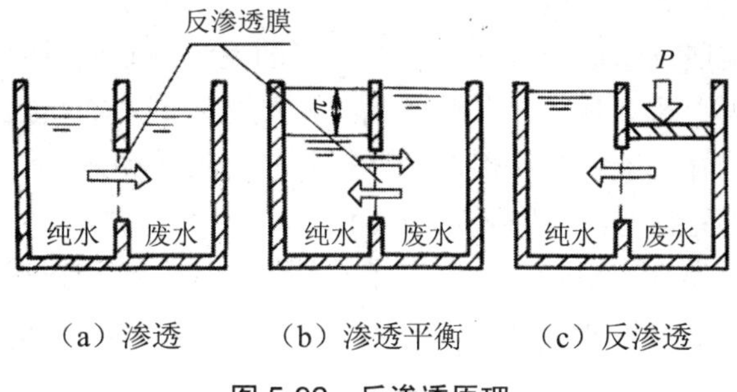

（a）渗透　（b）渗透平衡　（c）反渗透

图 5-92　反渗透原理

由此可见，实现反渗透过程必须具备两个条件：一是必须有一种高选择性和高透水性的半透膜；二是操作压力必须高于溶液的渗透压。

渗透压是区别溶液与纯水性质之间差别的标志，其值为：

$$P = fRTc_i \tag{5-72}$$

式中，P —— 溶液的渗透压力，Pa；

R —— 理想气体常数，8.314J/（mol·K）；

c_i —— 溶质 i 的浓度，mol/m^3；

T —— 绝对温度，K；

f —— 范特霍夫常数，它表示溶质的离解状态，对于电解质溶液，当它完全离解时，f 等于离解的阴、阳离子的总数，对非电解质溶液，f=1。

如温度为 25℃时，0.5 mol/L 的 NaCl 溶液的渗透压为

$$P=fRTci=2\times8.314\times(273+25)\times500=2.48\text{MPa}$$

（实验值为 2.28MPa）

渗透压的大小取决于溶液的种类、浓度和温度。若干常见溶液的渗透压见表 5-9。

表 5-9　几种水溶液的渗透压（25℃）

组分	浓度/（mg/L）	渗透压/MPa	组分	浓度/（mg/L）	渗透压/MPa
NaCl	1 000	0.078	Na_2SO_4	1 000	0.043
NaCl	2 000	0.16	$MgSO_4$	1 000	0.028
NaCl	35 000	2.8	$MgCl_2$	1 000	0.071
海水	32 000（NaCl）	2.4	$CaCl_2$	1 000	0.057
苦咸水	2～5 000（NaCl）	0.106～0.28	蔗糖	1 000	0.007
$NaHCO_3$	1 000	0.092	葡萄糖	1 000	0.014

（2）反渗透膜及其传质机理

反渗透膜是实现反渗透分离的关键。良好的反渗透膜应具有多种性能：选择性好，单位膜面积上透水量大，脱盐率高；机械强度好，能抗压、抗拉、耐磨；热和化学的稳定性好，能耐酸、碱腐蚀和微生物侵蚀，耐水解、辐射和氧化；结构均匀一致，尽可能得薄，寿命长，成本低。

反渗透膜是一类具有不带电荷的亲水性基团的膜，种类很多。按操作压力可分为高压反渗透膜（>5 MPa）和低压反渗透膜（1.4～4.2 MPa）；按成膜材料可分为有机和无机高聚物，目前研究得比较多和应用比较广的是醋酸纤维素膜和芳香族聚酰胺膜两种；按膜形状可分为平板状、管状、中空纤维状膜；按膜结构可分为多孔性和致密性膜或对称性（均匀性）和不对称性（各向异性）结构膜；按应用对象可分为海水淡化用的海水膜、咸水淡化用的咸水膜及用于废水处理、分离提纯等的膜。

1）醋酸纤维素膜的结构及性能

醋酸纤维素是没有强烈氢键的无定形链状高分子化合物，将其溶解在丙酮中并加入甲酰胺作添加剂，经混合调制、过滤、铸塑成型，然后再经蒸发、冷水浸渍、热处理，即可得到醋酸纤维素膜（简称 CA 膜）。外观为乳白色、半透明，有一定的韧性，膜厚 100～250 μm。其结构如图 5-93 所示。具有不对称结构。表面结构致密，孔隙很小，通称为表皮层或致密层、活化层；下层结构较疏松，孔隙较大，通称为多孔层或支撑层。

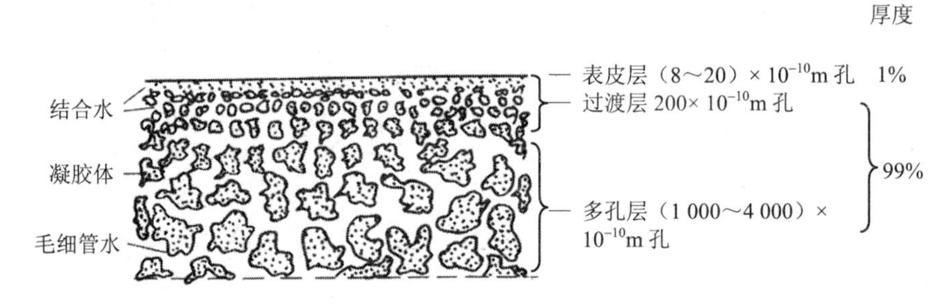

图 5-93 醋酸纤维素膜的结构

CA 膜是被水充分溶胀了的凝胶体。由于铸膜液中的所有添加剂及溶剂在制膜过程中先后被除去，膜中仅含水分而已。在相对湿度为 100%时，膜的含水量竟高达 60%，其中表皮层只含 10%～20%，且主要是以氢键形式结合的所谓一级结合水和少量的二级结合水。多孔层中除上述两种结合水外，较大的孔隙中还充满着毛细管水，富含水分，正由于膜中存在着这几种不同性质的水，决定了 CA 膜具有良好的脱盐性能和适宜的透水性能，同时也说明了膜必须保存在水中的原因。

CA 膜具有以下一些特性。

① 膜的方向性

由于 CA 膜是一种不对称膜，因此，在进行反渗透时，必须保持表皮层与待处理的溶液或废水接触，而绝不能倒置，否则达不到处理的目的。

② 选择透过性

CA 膜对无机电解质和有机物具有选择透过性。

对电解质，离子价越高或同价离子水合半径越大，则脱除效果越好，如 Sr^{2+} > Ba^{2+} > Li^{+} > Na^{+} > K^{+}；柠檬酸根 > 酒石酸根 > SO_4^{2-} > CH_3COO^{-} > Cl^{-} > Br^{-} > NO_3^{-} > I^{-} > SCN^{-}。

对有机物，一般水溶性好的、非解离性的、分子量小的脱除效果较差；而解离性大的、分子量大于 200 的有机物。则脱除效果较好。对同一类有机物，随分子量增大，脱除效率增高，对同分子量有机物，随分子支链的增加。脱除效果变得更好。如：正丙醇＞乙醇；异丁醇＞正丁醇。

CA 膜对氨、硼酸、尿素等脱除性差。对酚和脂肪酸有负脱除性，即透过液的溶质浓度较原液的溶质浓度高。对此。可以认为有机物可分为醛、酮、醚、酯、胺等质子接受体和醇、酚、酸等质子供给体。由于 CA 膜有作为质子接受体的性质，故对于质子接受体的特性（碱性）越强的化合物脱除性越好。反之，对质子供给体特性（酸性）越强的化合物脱除性越差。

③ 压密效应

CA 膜在压力作用下，外观厚度一般减少 1/4～1/2，同时，透水性及对溶质的脱除率也相应降低，这种现象称为膜的压密效应。

压密效应是由膜内部结构变化所引起，而这种变化和成膜材料的塑性变形有关。一般地说，在外力作用下，高分子链之间互相滑动，迫使膜的凝胶体结构中的吸附水失去，增加了链的交联，使膜体收缩，变得致密，导致膜的透水阻力增加，透水性能变差，溶质脱除率下降，而且这种塑性变形是不可逆的，故膜性能在压力消失后不会恢复。

膜的压密效应与操作压力、加压时间及原液温度有关。通常以膜的透水流量下降斜率（即透水流量系数或膜劣化指数）v 表示膜的耐压性能，v 的表达式为：

$$F_t = F_0 \cdot t^m \tag{5-73}$$

$$v = \frac{\lg F_0 - \lg F_t}{\lg t} \tag{5-74}$$

式中，F_0 和 F_t —— 膜的初期和 t 时间后的透水流量。

v 值依操作压力、液温和膜的类型而异同。

④ 膜的水解作用和生物分解作用

CA 膜是一种酯，易于水解，水解速率与 pH、水温有关。一般在碱性介质中的水解速率比在酸性介质中大，在 pH4.5～5.2 时最低。温度越高，水解越快。同时 CA 可以作为微生物的营养基质，因而某些微生物能在膜体上生长，破坏膜的致密层，使膜性能变差。因此，必须对原液或废水进行灭菌预处理，在膜的贮存中，也应采取措施防止微生物污染，以延长膜的使用寿命。

2）反渗透膜透过机理

反渗透膜的透过机理，因膜的类型不同而有所不同。下面结合 CA 膜介绍两种不对称膜的透过机理和模型。

① 氢键理论

这是最早提出的反渗透膜透过理论。该理论认为，水透过膜是由于水分子和膜的活化点（或极性基团，如 CA 膜的羟基和酰基）形成氢键及断开氢键之故。即在高压作用下，溶液中水分子和膜表皮层活化点缔合，原活化点上的结合水解离出来，解离出来的水分子继续和下一个活化点缔合，又解离出下一个结合水。这样水分子通过一连串的缔合-解离过程（即氢键形成-断开过程），依次从一个活化点转移到下一个活化点，直至离开表皮层，进入多孔层。由于膜的多孔层含大量的毛细管水，水分子便能畅通流出膜外。

CA 膜在热处理和加压前，每个活化点借助于氢键可含有 9 个分子的结合水。经热处理和加压后，结合水的数目可减到两个分子的限定值。依靠氢键连接很紧的结合水叫一级结合水，连接较松的结合水叫二级结合水。一级结合水的介电常数很低，没有溶剂化作用，故溶质不能溶于其中，也即不能透过膜。二级结合水的介电常数与水的一样，故溶质可溶于其中，也即可透过膜。理想的 CA 膜的表皮层只含一级结合水，只允许水通过，但实际的膜表皮层除含一级结合水外，还含有少量二级结合水，并且膜难免存在缺陷和破洞，充填其中的毛细管水易使溶质透过，所以实际膜除了能让水透过外总是有少量的溶质透过，膜的选择透过性不能达到 100%。

由上可知，溶质能否透过膜与表皮层厚度关系不大。换言之，只要表皮层仅含一级结合水，而又无缺陷和破洞，不管其厚薄如何，溶质均不能透过。膜的厚度只影响水的透过速率，水分子在表皮层的透过需经历一连串的缔合-解离过程，故膜厚度越大，水透过越慢，反之，表皮层越薄，透水速度就越快。至于多孔层只起支撑表皮层的作用，对水透过不起阻碍作用，因此水分子在毛细管中的扩散速度很快。

根据氢键理论，只有适当极性的高聚物才能作为反渗透膜材料，许多实验也说明了这一结论。

② 优先吸附-毛细管流理论

优先吸附-毛细管流理论把反渗透膜看做一种微细多孔结构物质，它有选择吸附水分子而排斥溶质分子的化学特性。当水溶液同膜接触时，膜表面优先吸附水分子，在界面上形成一层不含溶质的纯水分子层，其厚度视界面性质而异，或为单分子层或为多分子层。在外压作用下，界面水层在膜孔内产生毛细管流，连续地透过膜，溶质则被膜截留下来。

按此理论，膜的选择性取决于膜内孔径与膜面处形成的水分子层厚度之间的关系，当膜内孔径等于两倍的水分子层厚度时，膜的选择性高，溶质透过量极少，此时的膜孔径称为临界孔径。如膜孔径大于临界孔径。透水性虽增大，但溶质也会从膜孔中泄漏，使分离效率下降。反之，如膜孔径小于临界孔径，溶质脱除率虽然增大，但透水性却下降。已知水分子的有效直径为 5×10^{-10} m，如果这个理论正确，则可认为膜的表层的孔隙大小在 $2\times10^{-9}\sim1\times10^{-3}$ m。

（3）反渗透装置

工业上应用的反渗透膜组件主要有板式、管式、螺旋卷式及中空纤维式 4 种。

1）板式（板框式）

板式由几十块承压板、微孔透水板和膜重叠组成，承压板外两侧盖透水板，再贴膜，每 2 张膜四周用聚氨酯胶和透水板外环黏合，外环用“O”形密封圈支撑，用长螺栓固定。如图 5-94 所示。高压水由上而下折流通过每块板、净化水由每块膜中透水板引出。装置牢固，能承受高压，但水流状态差，易形成浓差极化；设备费用大。近年制成了聚苯醚薄型承压板，强度极高，采用复合膜，膜间距仅 6 mm，装置紧凑，产水量大，除盐率高。

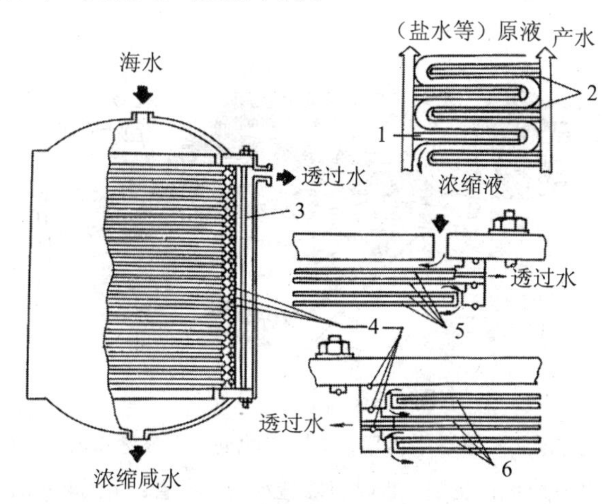

图 5-94　耐压板框构造型膜组件

1-承压板；2-膜；3-紧固螺栓；4-环形垫圈；5-膜；6-多孔板

2）管式

管式把膜衬在耐压微孔管内壁或将制膜浆液直接涂刷在管外壁。有单管式和管束式、内压式和外压式多种。耐压管径一般为 0.6～2.5 cm，常用多孔性玻璃纤维环氧树脂增强管、陶瓷管、不锈钢管等。管式水力条件好，但单位体积中膜面积小。图 5-95 为内压管式反渗透器除盐示意图。

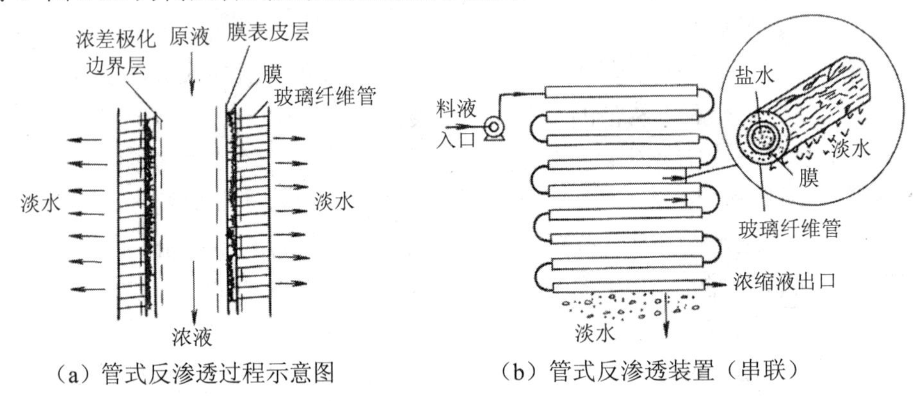

（a）管式反渗透过程示意图　　（b）管式反渗透装置（串联）

图 5-95　管式反渗透装置

3）卷式

在 2 层膜中间衬 1 层透水隔网，把这 2 层膜的 3 边用黏合剂密封，将另一开口边与一根多孔集水管密封连接。再在下面铺 1 层多孔透水隔网供原水通过，最后以集水管为轴将膜叶螺旋卷紧而成。见图 5-96。膜叶越多，卷式组件的直径越大。单位体积中膜面积大，结构紧凑，但比较容易堵塞，预处理要求比板式和管式高。

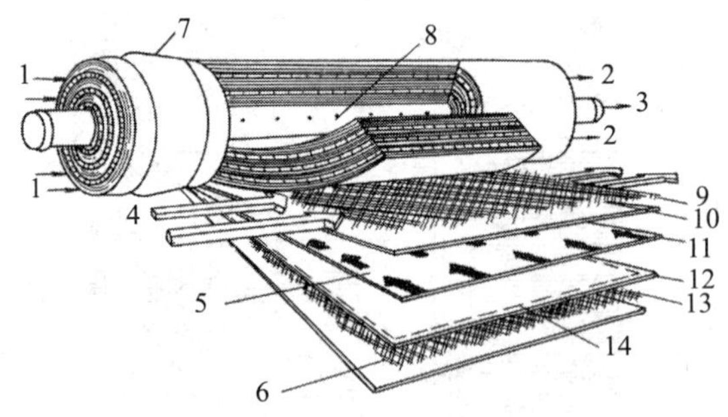

图 5-96　螺旋卷式组件

1-原水；2-废弃液；3-渗透水出口；4-原水流向；5-渗透水流向；6-保护层；7-组件与外壳间的密封；8-收集渗透水的多孔管；9-隔网；10-膜；11-渗透水的收集系统；12-膜；13-隔网；14-连接两层膜的缝线

4）中空纤维式

中空纤维式膜是一种细如发丝的空心纤维管，外径 50～100 μm，内径 25～42 μm。将几十万根这种中空纤维弯成心形装入耐压容器中，纤维开口端固定在圆板上用环氧树脂密封，就成中空纤维式反渗透器，见图 5-97。

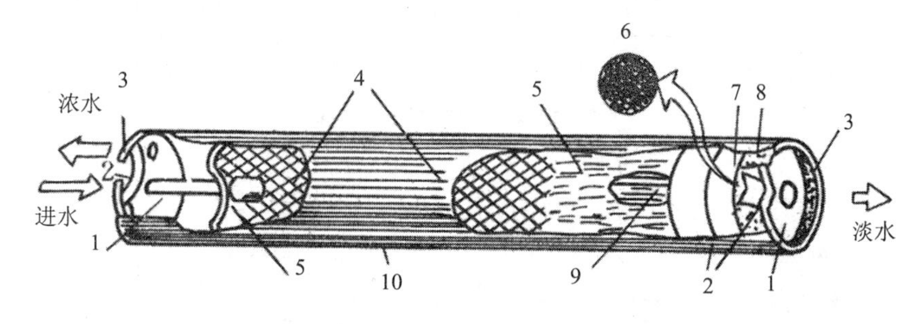

图 5-97　中空纤维模件结构示意

1-端板；2-“O”形密封环；3-弹簧（咬紧）夹环；4-导流网；5-中空纤维膜；6-中空纤维断面放大；7-环氧树脂管板；8-多孔支撑板；9-进水分配多孔管；10-外壳

（4）反渗透工艺流程

在整个反渗透处理系统中，除了反渗透器和高压泵等主体设备外，为了保证膜性能稳定，防止膜表面结垢和水流道堵塞等，除了设置合适的预处理装置外，还需配置必要的附加设备如 pH 调节、消毒和微孔过滤等。一级反渗透工艺基本流程见图 5-98。

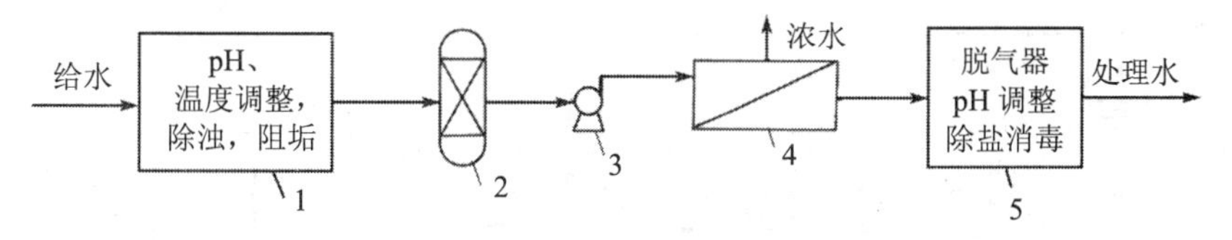

图 5-98　反渗透基本工艺流程

1-预处理；2-保安过滤器；3-高压泵；4-反渗透装置；5-后处理

反渗透工艺常用如下组合方式。

1）一级多段式（图 5-99、图 5-100）

以第一段的浓水作为第二段的进水，目的是提高水的回收率。适用于含盐量不太高的场合。设计时应使最后一段的进水含盐量不影响产水量与产水水质，因为随进水含盐量增加，膜的透水量降低，透盐量增加。

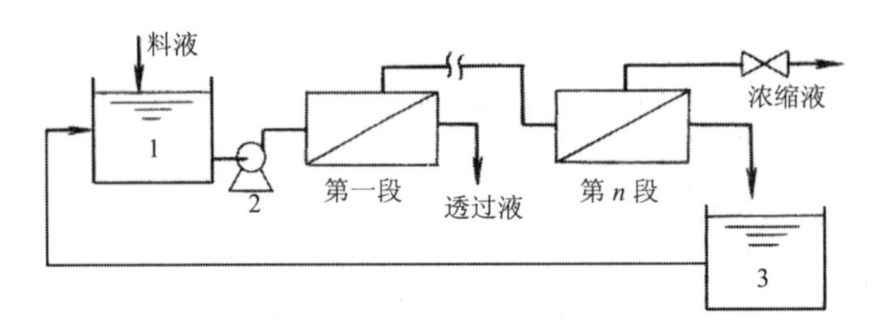

图 5-99　一级多段循环式

1-料液贮槽；2-高压泵；3-贮槽

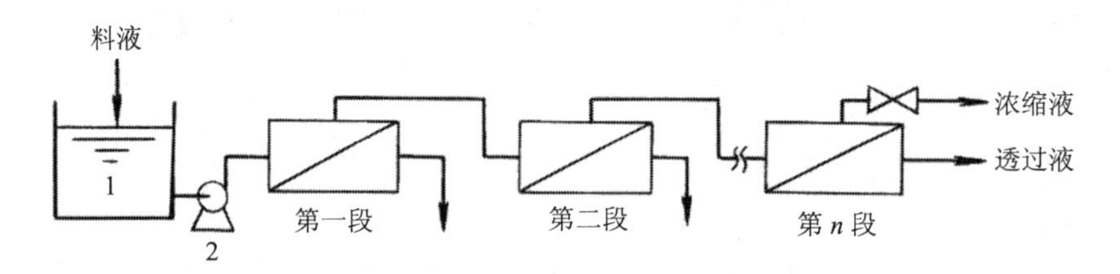

图 5-100　一级多段连续式

1-料液贮槽；2-高压泵

2）多级多段式（图 5-101）

以第一级的淡水作为第二级的进水；后一级的浓水回收作为前一级的进水。目的是提高出水质量。一般需设中间贮水箱和高压水泵。

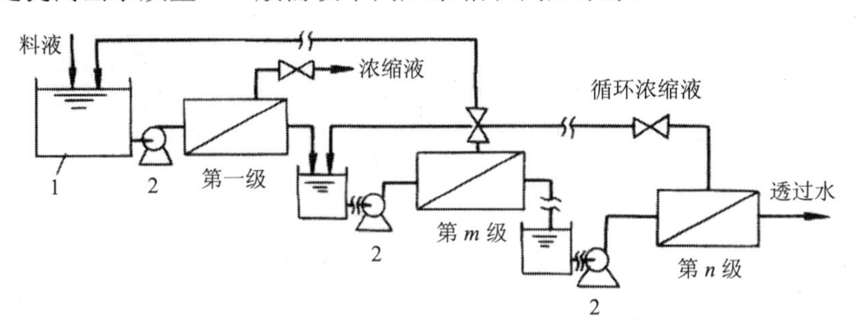

图 5-101　多级多段循环式

1-料液贮槽；2-高压泵

3）多段反渗透-离子交换组合（图 5-102）

对第一段的浓水用离子交换软化，防止第二段膜面结垢，第二、第三段用高压膜组件，以满足对高浓度水除盐的反渗透压力需要。该组合适用于水源缺乏的情况，即使原水含盐量较高，也可用于较高的水回收率的场合。

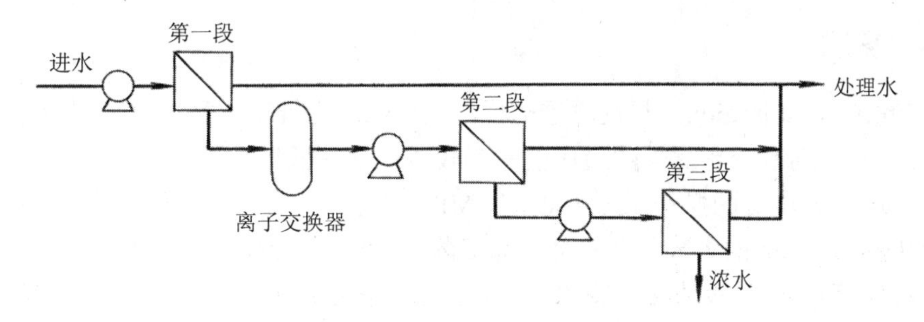

图 5-102　三段反渗透-离子交换组合

（5）反渗透应用

1）苦咸水淡化

苦咸水淡化多为一级反渗透工艺，对 TDS＜5 000 mg/L 的原水，经预处理后，再经反渗透可制取 TDS＜500 mg/L 的脱盐水。一般运行压力为 2～3 MPa，脱盐率为 90%～95%。目前世界上最大的苦咸水脱盐系统为美国尤马（Yuma），采用卷式组件，水通量为 0.64 m^3/（$m^2 \cdot d$），水回收率为 70%，淡水产量 3.7×10^5 m^3/d。

2）电镀废水的处理

采用反渗透法处理电镀废水可以实现闭路循环。逆流漂洗槽的浓液用高压泵打入反渗透器，浓缩液返回电镀槽重新使用，处理水则补充入最后的漂洗槽。对不加温的电镀槽，为实现水量平衡，反渗透浓缩液还需蒸发后才能返回电镀槽。表 5-10 列出了部分处理结果。

表 5-10　中空纤维反渗透器处理电镀废水试验

废水名称	废水浓度		操作条件			水流量/（Lmin）	去除率/%	
	溶解固体/%	废液浓度/%	压力/10^5Pa	温度/℃	pH		总溶解固体	离子
焦磷酸铜	0.18～5.22	0.55～16	27.5	28～31	6.8	5.07～10.9	92～99	Cu^{2+} 99 $P_2O_7^{4-}$ 98～99
铜的氰化物	0.57～3.71	1.6～10	27.5	26	11.8～12.5	0～6.89	97～98	Cu^{2+} 99 CN^- 98～99
罗谢尔铜氰化物	0.13～3.30	1～23	27.5	25～28	9.8～10.6	6.06～9.46	99	Cu^{2+} 98～99 CN^- 94～98
镉的氰化物	0.57～3.12	1～12	27.5	27～28	11.5～12.5	0.91～7.95	89～98	Cd^{2+} 99 CN^- 83～97
锌的氰化物	0.47～4.05	4～36	27.5	27	12.3～12.7	0.79～6.81	70～97	Zn^{2+} 98～99 CN^- 85～99
锌的氯化物	0.16～4.19	0.8～21	27.5	27～29	6.1～5.3	0.42～7.8	84～96	Zn^{2+} 98～99 Cl^- 52～90

5.6.4 超滤

超滤（Ultrafiltration）与反渗透一样，也依靠压力推动力和半透膜实现分离。两种方法的区别在于超滤受渗透压的影响较小，能在低压力下操作（一般 0.1～0.5 MPa），而反渗透的操作压力为 2～10 MPa。超滤适于分离分子量大于 500、直径为 0.005～10 μm 的大分子和胶体，如细菌、病毒、淀粉、树胶、蛋白质、黏土和油漆色料等，这类液体在中等浓度时，渗透压很小；而反渗透一般用来分离分子量低于 500、直径为 0.000 4～0.06 μm 的糖、盐等渗透压较高的体系。

（1）基本原理

超滤介于微孔过滤和反渗透之间，其分离机理也介于二者之间，但主要侧重于筛分机理。

溶液凭借外界压力的作用，以一定流速在具有一定孔径的超滤膜面上流动，溶液中的无机离子、低分子物质透过膜表面，溶液中的高分子物质、胶体微粒、热原质及细菌等被截留下来，从而达到分离和浓缩的目的。图 5-103 表示超滤的原理。

超滤的过程并不是单纯的机械截留，物理筛分，而是存在着以下三种作用：① 溶质在膜表面和微孔孔壁上发生吸附；② 溶质的粒径大小与膜孔径相仿，溶质嵌在孔中，引起阻塞；③ 溶质的粒径大于膜孔径，溶质在膜表面被机械截留，实现筛分。毫无疑问，我们应力求避免在孔壁上的吸附和膜孔的阻塞。膜表面的孔隙大小是主要的控制因素，溶质能否被膜孔截留取决于溶质粒子的大小、形状、柔韧性以及操作条件等，而与膜的化学性质关系不大。

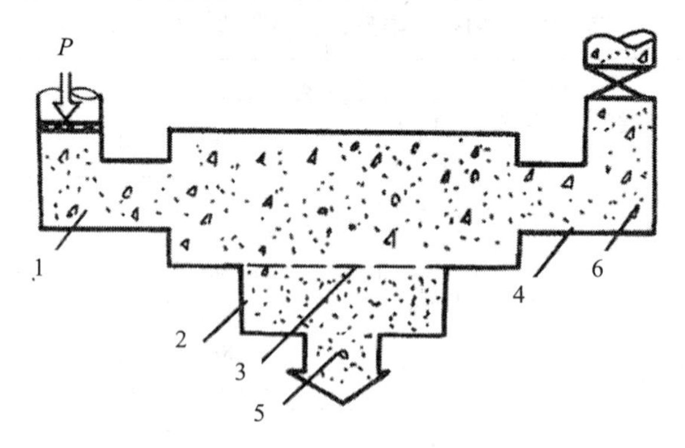

图 5-103 超滤原理

1-超滤进口溶液；2-超滤透过膜的溶液；3-超滤膜；4-超滤出口溶液；5-透过超滤膜的物质；6-被超滤膜截留下的物质

（2）超滤膜的种类

1）二醋酸纤维素超滤膜

二醋酸纤维素超滤膜的成膜工艺和反渗透膜相似，不同之处是不需热处理，制膜液浇膜后冷浸凝胶即可成型。膜的孔径大小由膜组分的配比决定。

2）聚砜超滤膜（PS）

该膜具有良好的化学稳定性、热稳定性和机械强度，可以制成干膜保存。

3）聚砜酰胺（PSA）超滤膜

该膜是由聚砜酰胺树脂、二甲基乙酰胺和硝酸钙三个组分组成。影响膜孔径的因素有 PSA 树脂的浓度、添加剂含量以及冷浸条件。

4）甲基丙烯酸甲酯-丙烯腈超滤膜

该膜是由甲基丙烯酸甲酯-丙烯腈共聚树脂、乙二醇乙醚乙酸酯和二甲基亚砜混合配制成膜液，在室温条件下，湿度为 75%～95%，于水中凝胶而成。

5）其他种类的超滤膜

除上述超滤膜外，还有芳香聚酰胺超滤膜、各种高分子电解质复合体超滤膜、聚偏氟乙烯超滤膜以及超滤动态膜等。这些膜在不同程度上都得到了应用。

工业用超滤组件也和反渗透组件一样，有板框式、管式、螺旋卷式和中空纤维四种。超滤的运行方式应当根据超滤设备的规模、被截留物质的性质及其最终用途等因素来进行选择，另外还必须考虑经济问题。膜的通量、使用年限和更新费用构成了运行费的关键部分，因而决定了运行的工艺条件。例如，若要求通量大、膜龄长和膜的更换费低，则用低压层流运行方式较为经济。相反，若要求降低膜的基建费用，则应采用紊流运行方式。

（3）超滤在废水处理中的应用

1）还原性染料废水处理

在染色工艺中，从轧染机还原箱底部溢流出的废水中含有浓度较高的染料，用超滤法处理这种废水，不仅可进行脱色减轻废水的污染，而且还能回收染料，有明显的经济效益。某印染厂采用的超滤工艺流程如图 5-104 所示。

从还原蒸箱溢流出的废水，染料以隐色体溶于水中，以醇式钠盐状态存在。要想回收染料，必须先将呈分子状态溶解的染料，氧化成为悬浮的微小颗粒。废水除含染料外，还含有大量的保险粉（Na_2SO_4）和碱（NaOH）。苛性钠不影响染料的絮凝，因此主要设法破坏废水中的保险粉，使保险粉失去还原作用。染料可进行凝聚形成微小颗粒，然后再用超滤法将水、NaOH、Na_2SO_3、Na_2SO_4 等小分子与染料微粒进行分离。上述小分子透过超滤膜，而染料微粒被超滤膜截留，如此循环浓缩，直到循环液浓缩达到生产需要的染料浓度后，即可回用。

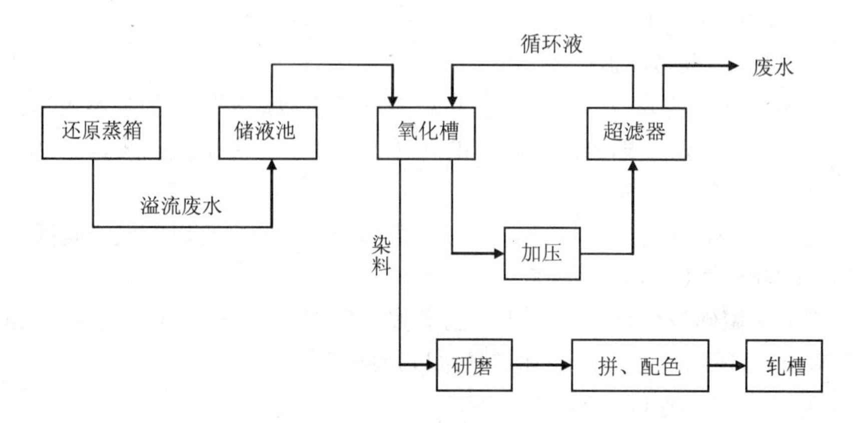

图 5-104 超滤法处理染色废水

2）含乳化油废水处理

石油炼制、金属加工、纤维处理过程产生的含油废水，采用超滤法去除其中的乳化油得到广泛应用。废水中的油分常以浮油、分散油和乳化油 3 种状态存在。乳化油由于油被一些有机物或表面活性剂乳化成乳化液，一般是先破乳后再除油，而超滤法处理乳化油废水不需要破乳就能直接分离浓缩，并可回收利用。同时，透过膜的水中含有低分子量物质，可直接循环再利用或用反渗透进行深度处理后再利用。图 5-105 为用超滤法和反渗透法处理含油废水的工艺流程图。

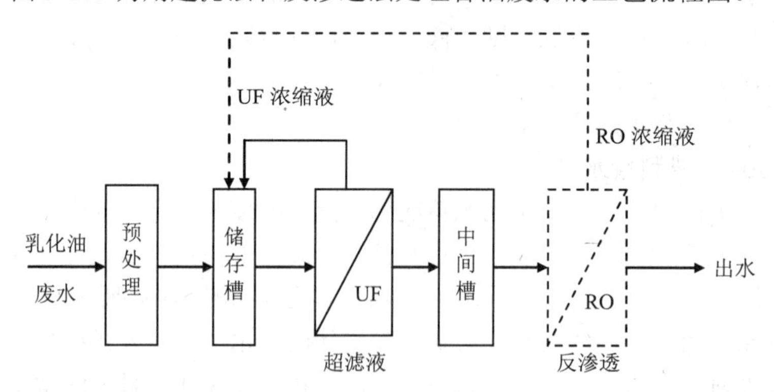

图 5-105 超滤法处理含油废水

为防止乳化油废水工艺乳化油废水中的杂质对膜的损害和污染，例如从金属加工过程排出的废水中还含有大量的金属和其他杂质，需进行预处理。常用的方法有离心分离、混凝沉淀、过滤等，视具体水质而定。超滤分离浓缩乳化油的过程中，随着浓度的提高，废水中油粒相互碰撞的机会增大，使油粒粗粒化，在贮存槽表面形成浮油得到回收。超滤法可将含乳化油 0.8%～1.0%的废水的含油量浓缩到 10%，必要时可浓缩到 50%～60%，大规模使用的膜组件有管式、毛细管式和板框式，膜有醋酸纤维素膜、聚酰胺膜、聚砜膜等。

5.6.5 液膜分离技术

（1）液膜的分类与构成

液膜是一层很薄的表面活性剂，它能够把两个组成不同而又互溶的溶液隔开，通过渗透分离一种或者一类物质。

液膜溶液通常是由膜溶剂和表面活性剂所组成。其中一类加流动载体，一类不加流动载体。膜溶剂是成膜的基体物质，具有一定的黏度，以保持成膜所需的机械强度，防膜破裂。表面活性剂含有亲水基和疏水基，可以定向排列，用于稳定膜形，固定油水分界面。流动载体负责指定溶质或离子的选择性迁移，它对分离指定溶质或离子的选择性和通量起决定性的作用，因此，它是研制液膜的关键。

液膜按其组成和膜形可分为：

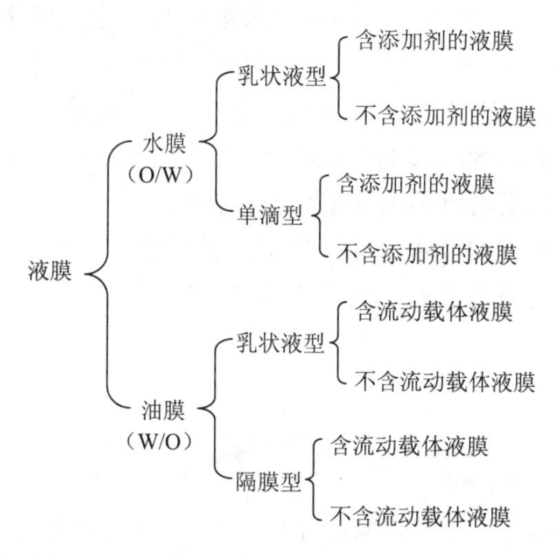

水膜型的液膜适宜于分离有机化合物的混合物，而油膜型的液膜则用于从无机或有机化合物的水溶液中分离出无机和有机物。含流动载体的液膜具有更高的选择性，能从复杂的体系中分离出所需要的成分。

隔膜型液膜（也称支撑型液膜），是用微孔聚合物膜片（如微孔聚丙烯膜、微孔聚四氟乙烯和微孔聚砜膜）制成的，其制法是将膜片浸入预先配制成的油膜溶液中，溶液即充满微孔形成液膜[图 5-106（a）]。此液膜处理能力较小。

单滴型的液膜是由水溶液和表面活性剂组成的，整个液膜为一个较大的单一的球面薄层[图 5-106（b）]，这种单滴型液膜很不稳定，寿命较短。

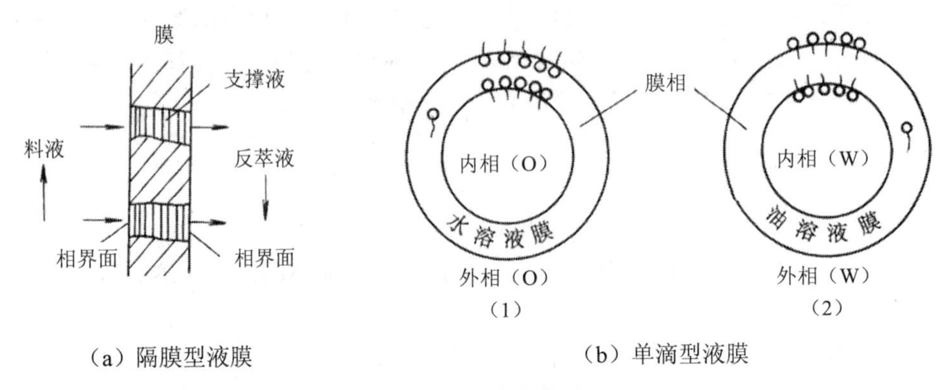

图 5-106 液膜类型

以上两种形式的液膜正处于研究之中，离工业应用尚远。目前实际应用较多的是乳状液型液膜。乳状液型液膜是一层很薄的液体，首先将两种互不相溶的液体制成乳状液，然后再将乳状液分散在第三相（连续相）而形成。它能够分隔两个不同组成的溶液。如果分隔两个溶液为水溶液时，则液膜采用油型的，简称 W/O/W 型。如果分两个溶液为有机相时，则液膜采用水型，简称 O/W/O 型。油型液膜由油膜溶液构成，油膜溶液是由表面活性剂、有机溶剂及流动载体组成的，膜相溶液与水和水溶液试剂组成的内相水溶液在高速搅拌下形成油包水型与水不相溶的小珠粒，内部包裹着许多微细的含有水溶性反应的小水滴，再把此珠粒分散在另一水相（如欲处理的废水）即外相中，就形成了一种油包水再水包油的薄层膜结构。原料液中的渗透物就穿过两水相之间的这一薄层的油膜进行选择性迁移，如图 5-107 所示。

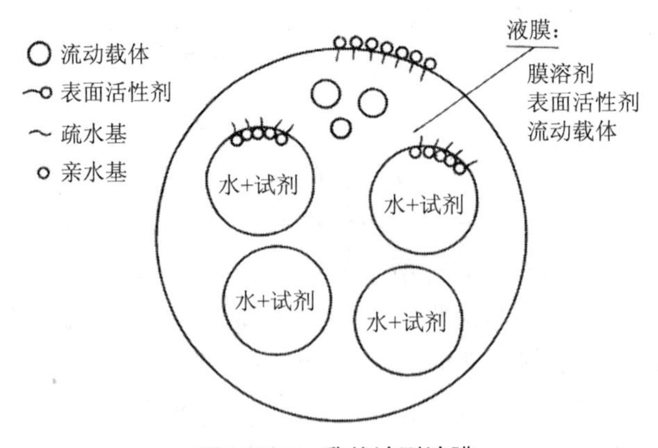

图 5-107 乳状液型液膜

W/O/W 型乳状液膜组成一般为：表面活性剂 1%～3%；流动载体 1%～2%；其余为 90%以上的有机溶剂。油包水型的乳状液膜液滴直径为 0.1～0.3 mm，液滴内微小水滴直径一般为 1 μm。油膜的厚度在 5～100 μm，一般为 10 μm。

与固体膜相比，液膜具有膜薄、比表面积大、物质渗透快、分离效率高等优点，可以有很多方面的应用。在废水处理中，可以应用液膜除去工业废水中的有毒阳离子如铬、镉、镍、汞等及阴离子如 CN^-、F^-等，使废水净化回用，还可回收其中有用的物质。用液膜法处理含酚废水，效果很好，已推广应用。液膜还能包裹细菌及营养物，让细菌吸食废水中的有机污染物，并可保护细菌免受毒物危害。液膜对工业废水的净化程度很高，可使有毒物质浓度降至 1 mg/L 以下，而且成本低，是一种有效的污染控制技术。

（2）液膜法处理废水的机理

液膜法处理废水的机理，按目前较为普遍的看法，大致可以分为四种：利用液膜对物质作选择性渗透；在膜上或在膜包封的小水滴内发生化学反应；膜相的萃取作用；在膜相界面上的选择性吸附。液膜分离的几种主要机理见图 5-108。

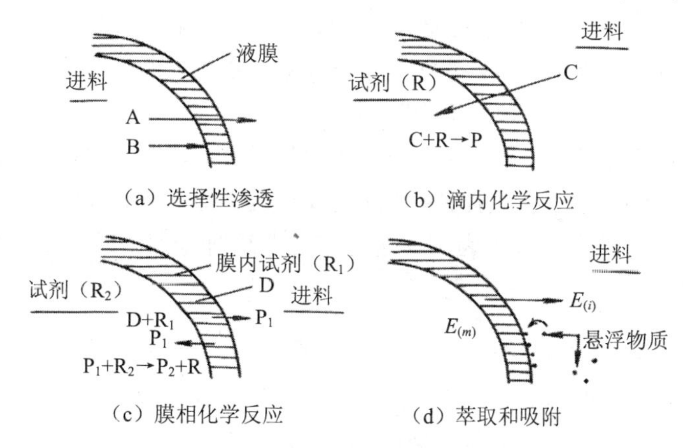

图 5-108 液膜分离机理

按照液膜渗透过程中有无流动载体参与输送可将分离机理分为两类：一类是非流动载体液膜分离；另一类是含流动载体液膜分离。

1）非流动载体液膜分离机理

当液膜中不含有流动载体时，其分离的选择性主要取决于溶质在膜中的溶解度。溶解度越大，选择性越好。这是因为对非流动载体液膜迁移来说，它要求被分离的溶质必须比其他的溶质运动得更快才能产生选择性，也就是说，混合物中的一种溶质的渗透速度要高。图 5-108（a）中表示两种不同碳氢化合物的混合液。包裹在液膜内的 A、B，由于它们在液膜中的渗透速度不同，经过一定时间后，A

透过膜面而 B 不透过从而达到分离的目的。这就是膜分离的选择性渗透机理，为了实现有效分离，必须选择一个能优先溶解一种溶质而排斥所有其他溶质的膜溶剂。例如，用液膜从有机混合物中分离己烷就是利用这个原理。

使用非流动载体液膜进行分离时，当膜两侧的被迁移的溶质浓度相等时，输送便会自行停止。因此，它不能产生浓缩效应。为了实现高效分离，可以采取在接受相内发生化学反应的办法来促进溶质迁移，即滴内化学反应的机理[图 5-108（b）]。料液中被分离物 C，通过膜进入滴内，与滴内试剂 R 产生化学反应生成 P，生成物 P 不能透过液膜，被分离在滴内浓度几乎为零，从而维持着迁移过程很大的推动力，使连续相中的 C 物质不断地迁移到滴内，直到滴内反应试剂消耗完为止。如处理废水中酚、有机酸、有机碱等属于这种类型。

2）含流动载体液膜分离机理

使用含流动载体的液膜时，其选择性分离主要取决于所添加的流动载体。载体主要有离子型和非离子型。流动载体负责指定溶质或离子的选择性迁移，因此，要提高液膜选择性的关键在于找到合适的流动载体。其迁移机理有以下两种。

① 促进传递。这种迁移过程是，当液膜中含有离子型载体时，载体在膜内的一侧与欲分离的溶质离子结合，生成配合物在膜中扩散，而扩散到膜的另一侧与同性离子（供能溶质）进行交换。由于膜两侧要求电中性，在某一方向一种阳离子移动穿过膜，必须由相反方向另一种阳离子来平衡。所以待分离溶质与供能溶质的迁移方向相反，这种促进传递与生物膜输送物质过程类似。下面以膜法处理含铜离子的反向迁移（铜离子原）过程为例，进一步说明这种迁移机理（见图 5-109）。

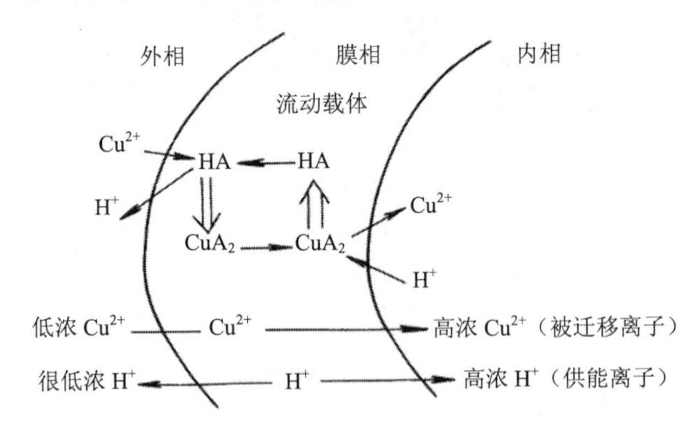

图 5-109 液膜分离铜的促进传递过程

A．当外相中的铜离子扩散到膜表面时，与膜中的流动载体 HA 发生反应，同时释放出供能的溶质 H^+：

$$Cu^{2+} + 2HA = CuA_2 + 2H^+$$

B．载体配合物 CuA_2 扩散膜的内相表面；

C．载体配合物 CuA_2 与内相中的供能的溶质 H^+发生反应，同时放出 Cu^{2+}；

D．生成的载体 HA 因本身的浓度梯度而继续扩散到膜的外相侧面，再与外相中的 Cu^{2+}作用，如此反复，直到内相中的酸消耗完止。

逆向迁移的结果，内相中的 Cu^{2+}浓度不断升高，外相中 Cu^{2+}浓度不断降低，实现 Cu^{2+}从外相的 Cu^{2+}低浓度区向内相的 Cu^{2+}高浓度区迁移，直至平衡。而高酸度的内相则富集了铜，达到了从水溶液中分离出铜的目的。

上述分析表明，Cu^{2+}从低浓度区向高浓度区的迁移是随着 H^+离子从内相的高酸区向外相的低酸区迁移进行的。所以 H^+离子是此过程的供能离子。液膜法分离铜所用的流动载体 HA，如 Lix-64N，是一种肟类化合物。

② 同向迁移。当液膜中含有非离子型载体时，它所载带的溶质是中性盐。例如用冠醚化合物载体，它与阳离子选择性配合的同时，又与阴离子结合形成离子对一起迁移，这种迁移过程称为同向迁移。图 5-110 为用二苯并-18-冠-6（以 DBC 表示）作载体时，液膜法分离 K^+的过程示意图。外相是含有较高 Cl^-浓度的 KCl 料液，内相接受液为水。迁移过程的反应步骤如下。

A．当外相的 K^+和 Cl^-扩散到液膜外侧表面时，K^+和 DBC 作用生成的配阳离子与 Cl^-缔合生成 DBC·KCl 配合物：

$$\mathrm{DBC} + \mathrm{K^+} + \mathrm{Cl^-} = \mathrm{DBC \cdot KCl}$$

B．载体配合物 DBC·KCl 扩散到液膜的内侧；

C．因内相 Cl^-浓度很低，引起 KCl 向内相释放，使 K^+贮于内相；

D．游离的 DBC 逆扩散回到膜的外侧，重复上述 K^+和 Cl^-的配合迁移过程，直到内、外相 Cl^-浓度相同为止，从而实现 K^+由低浓区向高浓区的迁移。

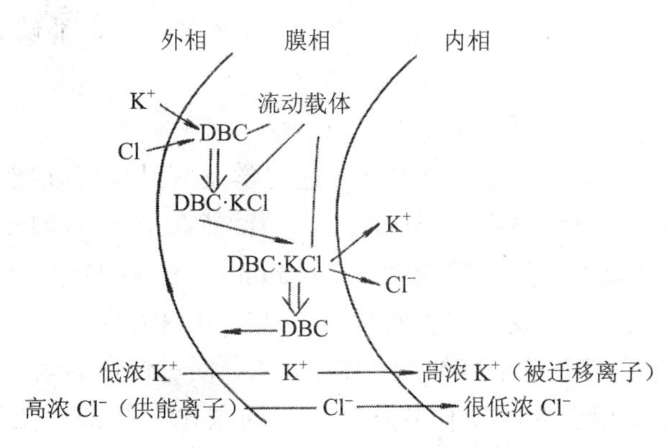

图 5-110　钾的同向迁移原理

上述迁移过程中，供能离子是 Cl^-，由于内外相 Cl^- 离子浓度的差异，促使 Cl^- 由外相向内相迁移，同时供给了 K^+ 由外相向内相迁移的能量，Cl^- 与 K^+ 迁移方向相同，所以称为同向迁移。

（3）流动载体的类型、种类及选择

对于含流动载体液膜，关键在于找到合适的流动载体，流动载体按电性可以分类如下：

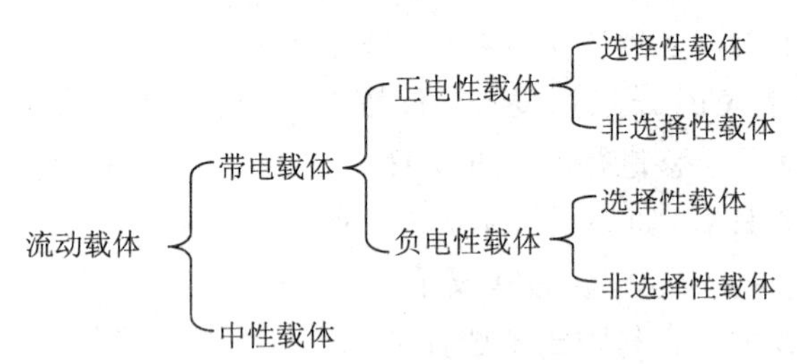

带电流动载体本身具有电荷，其性质类似于液态离子交换剂，因此也有阳离子型（如念珠菌素）和阴离子型（如四价烷基胺）。这类载体迁移的是离子。念珠菌素对阳离子迁移具有选择性，而且烷酸是非选择性的。

中性流动载体本身不具有电荷，迁移的是中性盐。主要有胺类和大环多元醚两种。胺类的作用原理与溶剂萃取类似，其使用量不能过大，一般 2%～20%，过多则对膜的稳定性有破坏作用，因为在油膜中的胺类与在水相的酸或者金属络阴离子进行交换时，是以铵盐的形式存在的，属离子型化合物。它在水中的溶解度大、亲水性强，是水包油（O/W）型表面活性剂，对形成油包水（W/O）型液膜不利，从而影响分离效果。大环多元醚对同一种阳离子能引起其透过膜的通量变化达 3 个数量级，极大地提高了渗透性；对不同的阳离子具有高度选择配合能力。使用大环多元醚作流动载体，能够分离任何两种具有不同半径的阳离子；采用具有合乎要求的中心腔半径的大环多元醚，能够有效地分离任何稍有差别的阳离子。

选择流动载体必须遵循以下原则。

① 载体必须能与待分离组分进行可逆化学反应且反应强度适当，没有副反应。对带电载体，与待分离组分形成配合物的键能在 10～50 kJ/mol，配合物不太稳定，促进传递效果不明显；键能大于 50 kJ/mol，形成的配合物太稳定，解络困难。对中性载体，无因次反应平衡常数 K 在 1～10 内为宜。

② 载体应能溶解于膜相溶剂，溶解度越大，促进传递的效果越好。一般选用和膜溶剂化学性质相近的物质作载体。也可通过化学修饰，在载体分子上接上—OH 或—SO_3H 等亲水性基团，从而提高在水中的溶解度。另外，载体在膜中必须是稳定的，不易流失。

③ 载体和配合物在膜中有适宜的迁移性。

选择流动载体的方法，通常与选择萃取剂的方法相似。用于溶剂萃取的萃取剂一般均可用作液膜分离过程中的流动载体，一些常用的流动载体及其所能分离的有关离子如表 5-11 所示。

表 5-11　常用分离不同离子的流动载体

被迁移物质	料液	液膜		内相接受液
		流动载体	膜相溶剂	
K^+、Na^+、Li^+、Cs^+	NaOH	念珠菌素	辛醇	HCl
K^+、Na^+、Li^+、Cs^+	NaOH	胆烷酸	辛醇	HCl
Cu^{2+}	NH_4OH	苯甲酸丙酮	二甲苯	HCl
Co^{2+}、Cu^{2+}	$KNO_3+Co(NO_3)_2$	二（2-乙基己基）	环己烷、聚丁二烯	HNO_3
	或 $Cu(NO_3)_2$	磷酸	1Span 80	
Ni^{2+}	弱酸性含 Ni 液	肟（Lix64，Lix65）	聚丁烯	HCl
K^+	LiCl+KCl	二苯并-18-冠-6	CCl_4+氯仿	H_2O
Zn^{2+}、Pb^{2+}	柠檬酸盐	双硫腙	CCl_4	HCl
	pH=3.5			
Hg^{2+}	HCl	三辛胺	二甲苯	NaOH
SO_4^{2-}、Cl^-	HCl、H_2SO_4	三辛胺	二甲苯	NaOH
$Cr_2O_7^{2-}$	$H_2Cr_2O_7$	三辛胺	75%聚丁二烯	NaOH
		4%十二烷基胺	10%己基氯丁二烯	
			2%Span 80	
己烯	庚烷+己烯	乙酸亚铜水	水+皂角	正辛烷

（4）液膜分离操作

液膜分离过程主要包括制乳、接触分离、沉降澄清、破乳等工序。下面以 W/O/W 型乳状液膜的制备与间歇式液膜废水处理工艺，来说明液膜分离的一般性操作。

1）乳状液膜的制备

首先在膜相（油或水）中加入所需表面活性剂，流动载体和其他膜增强添加剂，与待包封的内相试剂混合后，采用高速搅拌，超声波乳化等方法制备乳状液，根据需要可制成油包水型（W/O）或水包油型（O/W）。

2）接触分离

将制备好的乳状液再在适度搅拌下加入待处理废水中，形成油包水再水包油（W/O/W）型的较大的乳状液珠粒，废水中待分离溶质便通过中间液膜层的选择性迁移作用透过膜进入乳状液滴的内相中。液膜法处理废水方式可采用间歇式和连续式。间歇式的液膜处理是以乳状液与待处理的废水在搅拌釜内进行。连续式的液膜分离可采用塔式和混合沉降槽式的装置。分离塔有搅拌塔、转盘塔等。当迁移达到一定程度后，经澄清实现乳状液与料液分相，将富集后待分离溶质的乳状液收集起来作后处理。

3）液膜回收

为了将使用过的乳状液膜回收，需要进行破乳，分出膜相用于循环制乳，分出内相以便回收有用物质。破乳的方法很多；如沉降、加热、超声、化学、离心、过滤、静电等。其中静电破乳更为经济有效。静电破乳是借电场的作用使膜削弱或破坏。把乳液置于常压或高压电场中，则液珠在电场作用下极化带电，并在电场中运动，在介质阻力的作用下发生变形，使膜各处受力不均而被削弱，甚至破坏。高压静电破乳是一种高效的破乳手段。

（5）液膜法在废水处理中的应用

1）液膜法脱酚

研究发现，无论是高浓度还是低浓度的酚，都能用液膜体系予以净化，其过程简单，成本低廉，脱酚效果很理想，因此成为国际上正在普遍重视和致力研究的新颖的脱酚途径。

用液膜法除酚的具体操作为通过搅拌将含有 NaOH 0.8%～1.0%的水溶液混入到一种脱蜡石油中间馏分（S1OON）中，两者重量比为 1～2。在 S1OON 中含有表面活性剂 Span80（失水山梨糖醇油酸单酯）约 2%。这样就形成了直径为 10^{-3}～10^{-4} cm 大小乳状液微滴，然后将此乳状液搅拌混合到含酚废水中（废水与乳状液重量比为 2～5），使乳状液在废水中分散良好，成为由单个稳定的乳状液滴悬浮在水相中的体系。搅拌一定时间后，取出废水相分析其中含酚浓度，若已达到所需的浓度要求后，停止搅拌，则乳状液小珠迅速凝聚形成一乳状液层，如果此液层比水相轻，则有机相将浮到水面与废水相分开。然后再采取破浮方法使上浮乳状液的有机相与水相分离，则可使含有表面活性剂的有机相再返回使用。图 5-111 为液膜法除酚示意图。

液膜法脱酚的迁移机理：在液膜脱酚的工艺中，当油包纯水的乳状液分散在含酚废水中时，该体系是由漂浮在废水相中的稳定乳状液膜球滴所组成。由于球层液膜内外两侧存在酚的浓度差，同时酚在有机油膜中也有一定的溶解度，因而就提供了酚扩散迁移的推动力，废水相中的酚将穿过油膜扩散到乳液里面的小水滴中。但是，废水相中酚的浓度通常都是较低的，并且当酚的扩散作用进行到液膜内外两侧的浓度相等时，扩散过程将自行中止，所以脱酚不是十分有效的，为了提高废水脱酚的净化度，必须设法促进液膜迁移过程。为此，可以在液膜覆盖的纯水小滴里加入一种水溶性碱性物质来实现。例如加入氢氧化钠，使穿过膜渗透到小滴内的酚立即和氢氧化钠发生以下选择性不可逆反应：

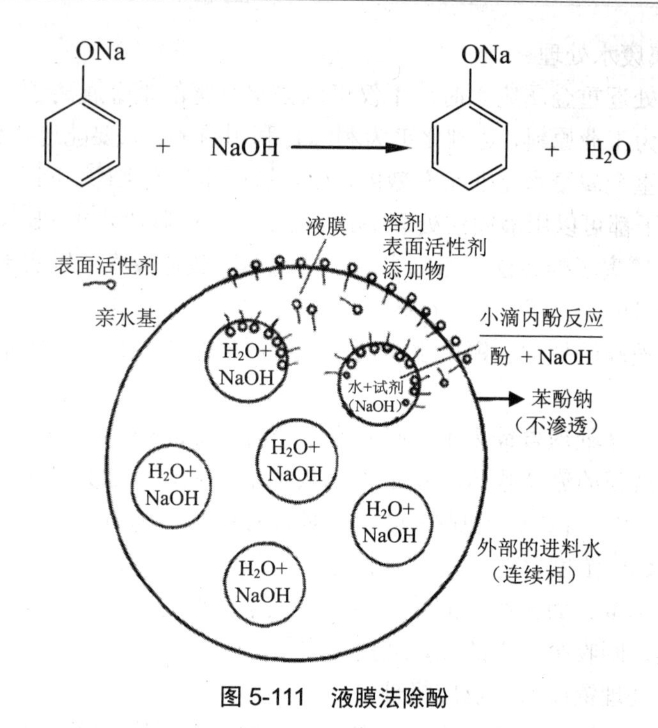

图 5-111　液膜法除酚

结果，酚转变成另一种不同的化合物苯酚钠，从而使小水滴相内的酚浓度实际上仍然为零，于是液膜内外两侧的酚浓度梯度维持最大，而推动废水中的酚源源不断地输入膜内小滴。强碱 NaOH 和生成的离子化盐苯酚钠都不溶于有机油膜，所以不能再返回到外部废水相。这样，废水中的酚逐渐浓集到乳状液膜内部的小滴里，从而实现高效除酚的目的。其机理参见图 5-112。

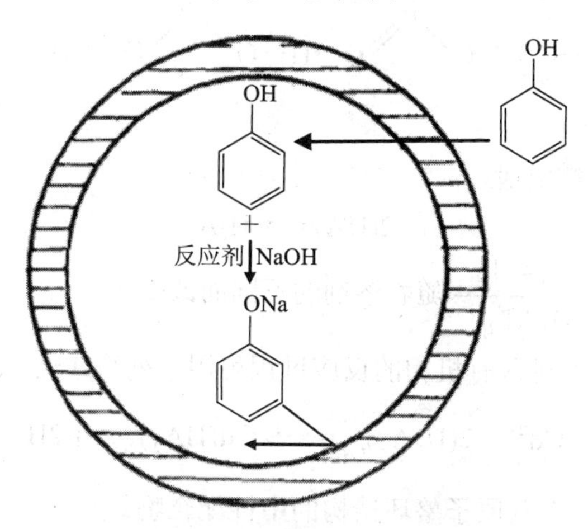

图 5-112　液膜脱酚机理

2）重金属废水处理

用液膜法处理重金属废水时，不仅可以去除有害的重金属离子，同时也能回收贵重金属作为工业原料，达到化害为利综合利用目的。只要能选择合适的载体，用液膜法处理重金属废水是非常有效的，如电镀废水中含 Cr^{6+}、Ni^{2+}、Zn^{2+}、Cu^{2+}、Cd^{2+}等金属离子都可以用液膜法处理。此外还研究了去除废水中 Pb^{2+}、Hg^{2+}、Co^{2+}、Ag^{+}、Na^{+}、K^{+}等离子的方法。原则上讲，利用不同载体液膜可以实现富集周期表中所有元素的目的。

下面以用液膜法处理含镉废水为例，介绍用液膜法处理重金废水的基本原理及操作过程。

用液膜分离法处理含镉废水，膜体系由 P_{204}、Span80 和煤油组成，P_{204} 作离子交换剂，即液膜的流动载体，Span80 为表面活性剂，煤油为膜溶剂，内解析酸为 5 mol/L HCl 水乳体积比控制在 20∶1，对含 Cd^{2+}浓度为万分之一左右的废水经液膜处理后，Cd^{2+}浓度普遍低于百万分之一，最低的可达万分之一以下，达到国家规定的排放标准，为镉废水的综合治理提供了重要途径。用液膜技术处理过程中，又能富集、回收废水中的镉，变废为宝。

用液膜法处理镉废水的反应机理

镉在水溶液中以水合离子形式存在，为了在废水中除去镉，可以采用 P_{204} =（2-乙基己基）磷酸酯作为离子流动载体。P_{204} 是酸性磷类萃取剂，在非极性溶剂中通过氢键进行结合，形成二聚体的结构：

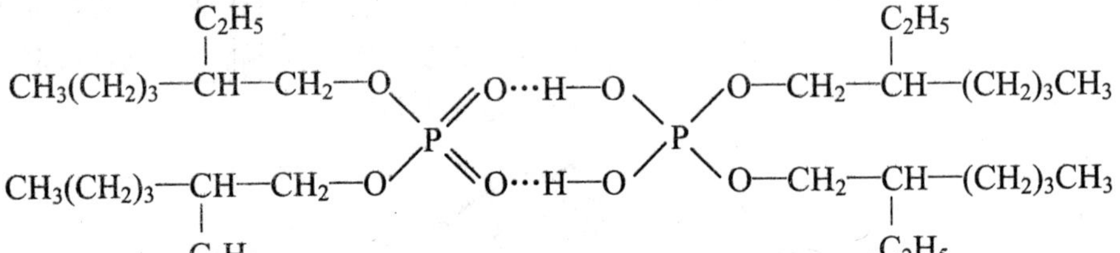

```
            C2H5                                                  C2H5
             |                                                     |
CH3(CH2)3—CH—CH2—O           O···H—O           O—CH2—CH—(CH2)3CH3
                   \        //          \      /
                    P                    P
                   /        \\          /      \
CH3(CH2)3—CH—CH2—O           O···H—O           O—CH2—CH—(CH2)3CH3
             |                                                     |
            C2H5                                                  C2H5
```

聚合反应式可简写成：

$$2(HA) = H_2A_2$$

二聚常数 $K = \dfrac{[H_2A_2]_{(有)}}{[HA]^2_{(有)}}$ 随着溶剂的不同而改变。

Cd^{2+}被 P_{204} 萃取进入有机相的反应过程可用下列简式表示：

$$Cd^{2+} + 2(H_2A_2)_{(有)} \Longleftrightarrow Cd(HA_2)_{2(有)} + 2H^+$$

$Cd(HA_2)_2$ 为二个八原子螯环结构的中性配合物：

有机相中的$Cd(HA_2)_2$遇到内相解析酸 HCl 则发生如下反应：

$$Cd(HA_2)_{2(有)}+2H^+_{(水)} \Longleftrightarrow Cd^{2+}_{(水)}+2(H_2A_2)_{(有)}$$

这样 Cd^{2+}就被富集于内相，而 P_{204}往返输送 Cd^{2+}，H^+作为传递 Cd^{2+}的动力，从而达到废水除镉的目的，总的反应式为：

$$Cd^{2+}_{(水相)}+2(H_2A_2)_{(有机相)} \Longleftrightarrow Cd(HA_2)_{2(有机相)}+2H^+_{(水相)}$$

用液膜法处理含镉废水化学过程可用图 5-113 表示。

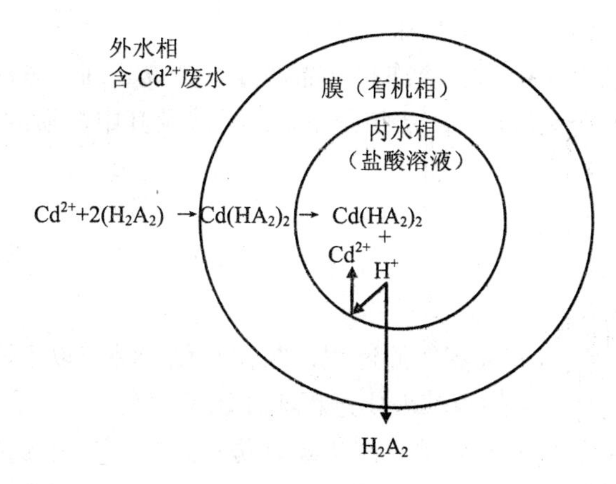

图 5-113　用液膜技术处理含镉废水化学过程示意

处理的工艺过程大体可分为以下几步：

制乳：将表面活性剂 Span80、溶剂煤油、离子载体 P_{204} 按一定比例相混合，加入一定浓度的内解析酸 HCl，在制乳器中进行高速搅拌，即得一种白色乳状液，即为乳液。

提取或分离：将含 Cd^{2+}的料液调至一定的 pH，注入一定量的上述乳液，搅拌，取料液进行 Cd^{2+}浓度的测定，当绝大部分 Cd^{2+}进入膜内相后，停止搅拌，静置，这时乳液与料液分层，处理后得料液分离排放。

破乳：把分离出的乳液均匀加热，使内水相与油相分离，油相返回制乳器制乳，内水相中的镉回收利用。

5.7 热过程法

废水中的溶解态污染物除了可以用化学转化法进行处理外，还可以利用物化分离法进行处理。物化分离法种类很多，其中依热量转移来实现处理目的的方法称热过程法。其中包括蒸发、冷冻、冷却及结晶等。

①蒸发：加热废水（有时还兼施以减压），使水分子汽化逸出，从而达到制取纯水和浓缩废水中的溶质的目的。

②冷冻：将水温降到冰点以下，使水分子结成冰晶，然后分离冰晶与浓缩液，同样可达到制取纯水与浓缩废水中溶质的目的。

③冷却：使热废水与冷流体接触，通过传热或蒸发冷却，降低废水温度。

④结晶：通过蒸发浓缩或者降温，使废水中具有结晶性能的溶质达到过饱和状态；从而将多余的溶质结晶出来。

上述四种方法中，蒸发、冷冻和结晶都兼有分离和回收有用溶质的目的，而冷却仅是为了降低废水温度，一般情况下，并不涉及其中溶质的分离和利用问题，故本节仅讨论前三种方法。

5.7.1 蒸发法

（1）基本原理

水分子逸入大气，变成蒸气的过程，叫作汽化。沸点以下进行的表面汽化叫作蒸发汽化；沸点时发生的内部汽化过程叫作沸腾汽化。工业上都采用沸腾汽化，以期获得尽可能大的生产率。沸腾汽化既有传热过程，又有传质过程。根据蒸发前的物料衡算和能量衡算原理，可以推算出有关蒸发操作的基本关系式。

图 5-114 为蒸发过程物料衡算图，图中采用蒸气夹套加热废水，使之沸腾蒸发。设加热蒸气叫作一次蒸气，其量为 D（kg/h），温度为 t_0（℃）；被加热的废水量为 G_1（kg/h），溶质的初浓度为 B_1（%），温度为 t_1（℃）。废水在蒸发器内沸腾蒸发，逸出的蒸气叫作二次蒸气，经冷凝后变成水，其量为 G_2（kg/h），含有的溶质浓度为 B_2（%）。浓缩液（母液）的量为 $G_3=G_1-G_2$，溶质浓度为 B_3（%）。根据蒸发前后溶质量不变物料衡算原理，得如下关系式：

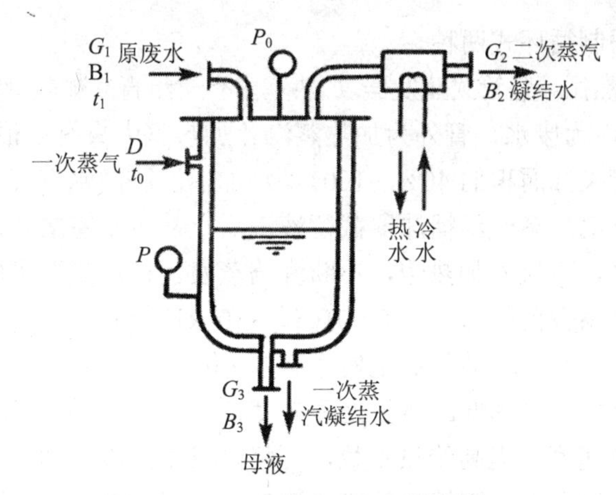

图 5-114 蒸发过程物料衡算

$$G_1B_1=G_2B_1+G_3B_3=G_2B_2+(G_1-G_2)B_3 \tag{5-75}$$

由此得浓缩后的溶质浓度为：

$$B_3=(G_1B_1-G_2B_2)/G_3 \tag{5-76}$$

废水经蒸发后的污染物富集于浓缩液中，蒸发浓缩倍数为：

$$\alpha=\frac{G_1}{G_1-G_2}=\frac{G_1}{G_3} \tag{5-77}$$

一般条件下，蒸发法去污效率可以达 95%～99%。

蒸发法的去污效率 $$\eta=\frac{B_1-B_2}{B_1}\times 100(\%) \tag{5-78}$$

蒸发过程热量衡算关系：

$$D\gamma'=G_1\cdot C(t_2-t_1)+G_2\gamma \tag{5-79}$$

式中，D —— 一次蒸汽用量，kg/h；

γ' —— 一次蒸汽冷凝热，kJ/kg；

C —— 废水比热容，kJ/kg·℃；

t_2、t_1 —— 分别为废水沸点与原水温度，℃；

γ —— 水的汽化潜热，kJ/kg。

（2）蒸发设备

1）列管式蒸发器

列管式蒸发器由加热室和蒸发室构成。根据废水循环流动时作用水头的不同，分自然循环式和强制循环式两种。

图 5-115 为自然循环竖管式蒸发器。加热室内有一组直立加热管（D_g 25～75 mm，长 0.6～2 m），管内为废水，管外为加热蒸汽。加热室中央有一根很粗的循环管，其截面积为加热管束截面积的 40%～100%。经加热沸腾的水汽混合液上升到蒸发室后便进行水汽分离。蒸汽经捕沫器截留液滴后，从蒸发室的顶部引出。废水则沿中央循环管下降，再流入加热管，不断沸腾蒸发。待达到要求的浓度后，从底部排出。其总传热系数范围为（2.10～10.5）$\times10^3$ kJ/（$m^2\cdot h\cdot$℃）。

自然循环竖管式蒸发器的优点是构造简单，传热面积较大，清洗修理较简便。缺点是循环速度小，生产率低。适于处理黏度较大及易结垢的废水。

为了加大循环速度，提高传热系数，可将蒸发室的液体抽出再用泵送入加热室，构成强制循环蒸发器。因管内强制流速较大，对水垢有一定冲刷作用，故该蒸发器适于蒸发结垢性废水，但能耗较大。

2）薄膜式蒸发器

薄膜式蒸发器有长管式、旋流式和旋片式三种类型。其特点是废水仅通过加热管一次，不作循环，废水在加热管壁上形成一层很薄的水膜。蒸发速度快，传热效率高。薄膜蒸发器适于热敏性物料蒸发，处理黏度较大，容易产生泡沫废水的效果也较好。

长管式薄膜蒸发器按水流方向又可分为升膜（图 5-116）、降膜和升-降膜式三种。加热室内有一组 5～8 m 长的加热管，废水从管端进入，沿管程汽化，然后进入分离室，分离二次蒸汽和浓缩液。

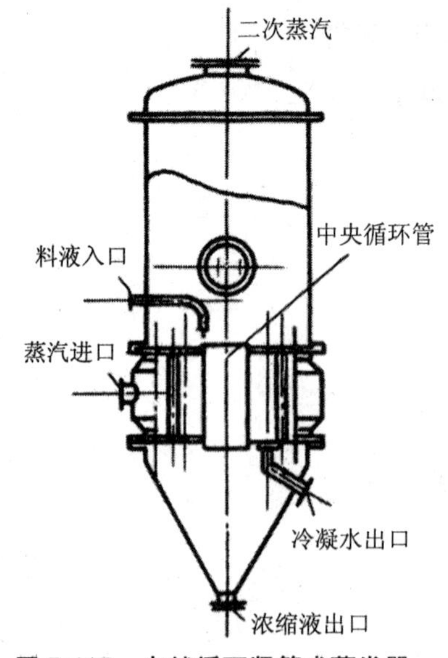

图 5-115 自然循环竖管式蒸发器

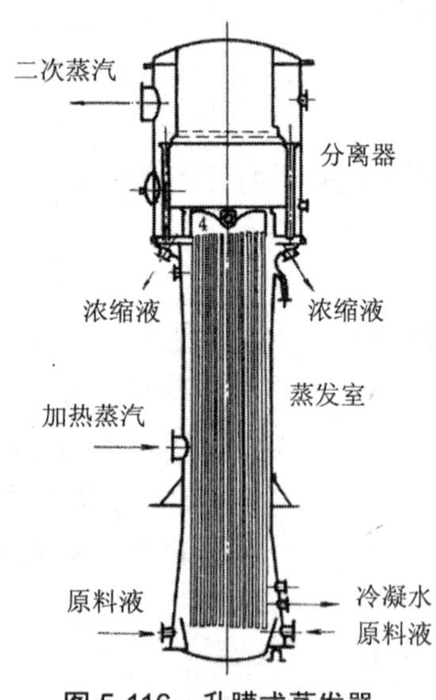

图 5-116 升膜式蒸发器

旋流式薄膜蒸发器构造与旋风分离器类似。废水从顶部的四个进口沿切线方向流进，由于速度很高，离心力很大，因而形成均匀的螺旋形薄膜，紧贴器壁流下。在内壁外层蒸汽夹套的加热下，液膜迅速沸腾汽化。蒸发残液由锥底排出，二次蒸汽由顶部的中心管排出。其特点是结构简单，传热效率高，蒸发速度快，适于蒸发结晶，但因传热面较小，设备能力不大。

如果用高速旋转叶片带动废水旋转，产生离心力，将废水甩向器壁形成水膜，再经蒸汽夹套加热器壁蒸发废水，则构成旋片式薄膜蒸发器。

3）浸没燃烧蒸发器

浸没燃烧蒸发器是热气与废水直接接触式蒸发器，热源为高温烟气。图 5-117 为其构造示意图。燃料（煤气或油）和空气在混合室混合后，进入燃烧室中点火燃烧。产生的高温烟气（约 1 200℃），从浸没于废水中的喷嘴喷出，加热和搅拌废水，二次蒸汽和燃烧尾气由器顶出口排出，浓缩液由器底用空气喷射泵抽出。

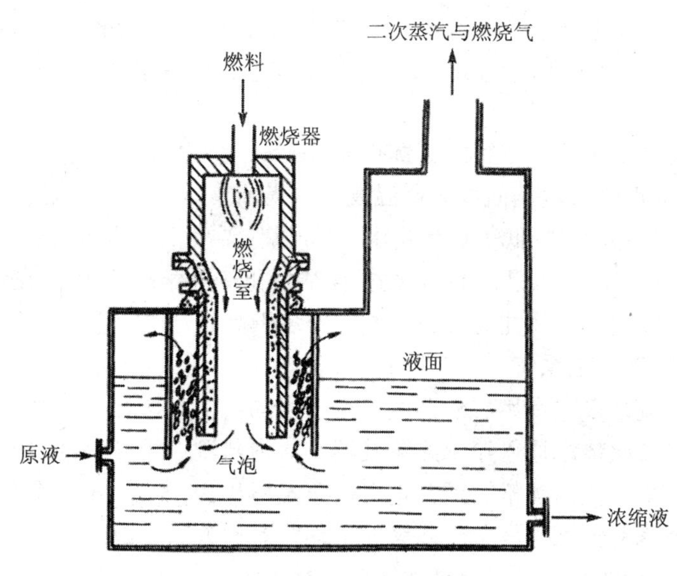

图 5-117　浸没燃烧蒸发器

浸没式燃烧蒸发器具有传热效率高，废水沸点较低，构造简单等优点，适于蒸发强腐蚀性和易结垢的废液，但不适于热敏性物料和能被烟气污染的物料蒸发。

（3）蒸发工艺

1）单效蒸发工艺系统　如图 5-118 所示。二次蒸气冷凝后排出，不再利用。

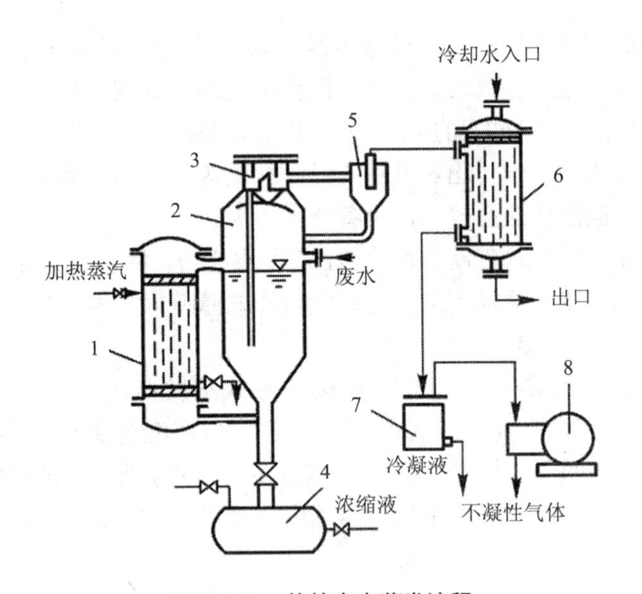

图 5-118　单效真空蒸发流程

1-加热室；2-蒸发室；3-挡板分液器；4-浓缩液贮槽；
5-旋风分液器；6-冷凝器；7-冷凝液贮槽；8-真空泵

蒸发系统多在负压下运行，其优点为：

① 废水沸点降低，从而增大了温度差，提高了传热效率；② 可采用低压蒸汽或废蒸汽作为热源，降低了设备费用；③ 操作温度低，热损失小，而且设备腐蚀问题容易解决。但缺点是：① 需设置真空泵和冷凝器；② 由于在负压下操作，浓缩液的排出较困难，往往需要将蒸发室安装于高处。

2）多效蒸发工艺系统

多效蒸发就是多次利用二次蒸汽进行蒸发的工艺。例如，几个蒸发器串联起来，第一级的二次蒸汽通入第二级蒸发器，作为热源；第二级的二次蒸汽又通入第三级作为热源，依此类推。通常把每一蒸发器称为一效，第一个蒸发器称为第一效，第二个蒸发器称为第二效，第 n 个蒸发器称为第 n 效。

由于前一效的二次蒸汽用来加热后一效的废水，因而前一效的二次蒸汽温度必须高于后一效的废水沸腾温度。或者前一效的蒸汽压强必须高于后一效的蒸汽压强（沸点与压强相适应）；否则，后一效的沸腾蒸发就无法实现。为此，工程上大多采用真空操作系统。工程上常用的三种多效蒸发运行系统，见图 5-119。

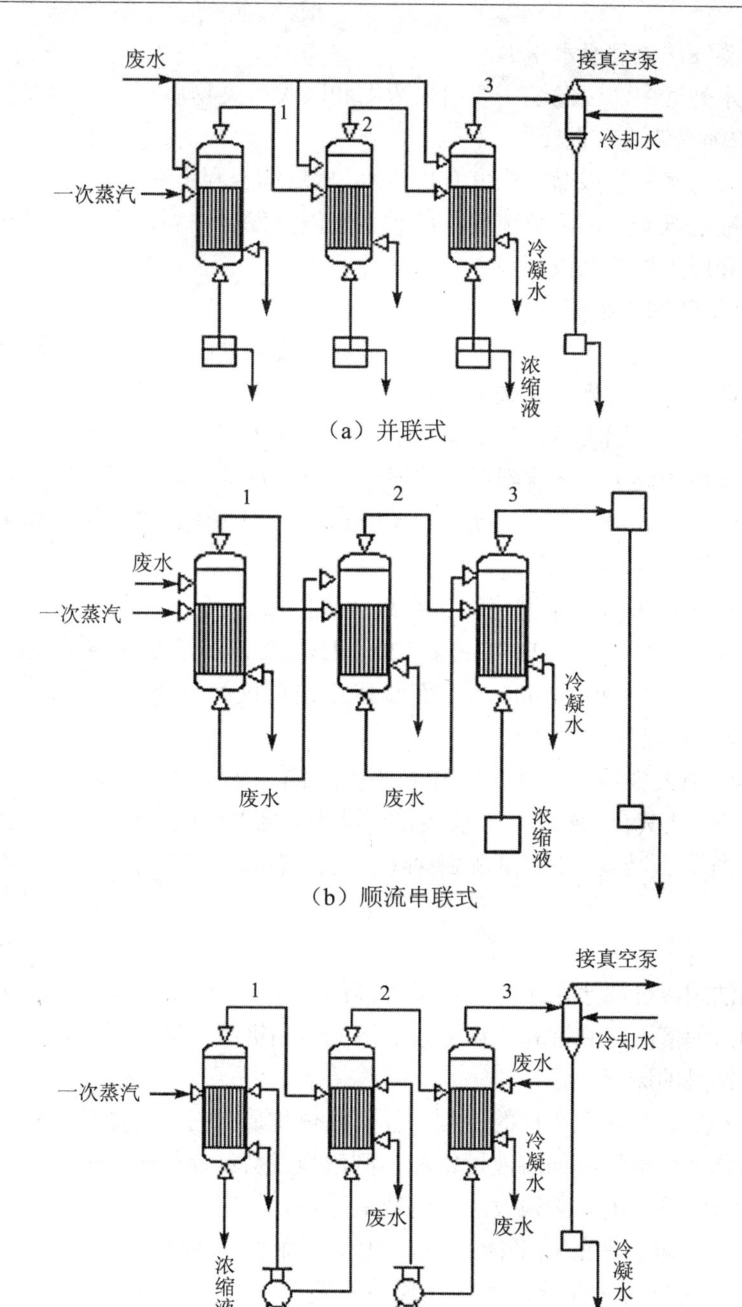

图 5-119　多效蒸发系统运行方式

（1、2、3 为一效、二效、三效的二次蒸汽）

（4）蒸发法处理废水举例

在废水处理中，蒸发法主要用来浓缩和回收污染物质。

1）浓缩高浓度有机废水

国外采用蒸发法浓缩高浓度有机废水，然后综合利用浓缩液或将其焚化处理。例如，在酸法纸浆厂，将亚硫酸盐纤维素废液蒸发浓缩后，用作道路砂模、黏合剂、鞣剂和用来生产杀虫剂等。

2）浓缩和回收废碱液

纺织、造纸、化工等工业部门排出的高浓度碱液经蒸发浓缩后，可回用于生产。例如印染厂的丝光机废碱液，含碱量很高而混杂的机械杂质甚少，一般都采用蒸发浓缩法进行回收再用。如某印染厂采用顺流串联式三效蒸发设备，使废碱液（含碱 40～60 g/L）从前到后连续通过三个蒸发器，加热面积共 168 m^2，蒸发强度为 89.3 kg/（$m^2 \cdot h$），蒸发总量为 13.1 m^3/h。蒸发浓缩后的碱液中含碱 300 g/L。

3）浓缩和回收废酸液

酸洗废液可采用浸没燃烧法进行浓缩和回收。例如，某钢厂的废酸液中含 H_2SO_4 量 100～110 g/L，$FeSO_4$ 量 220～250 g/L，经浸没燃烧蒸发浓缩后，母液中含 H_2SO_4 量增加到 600 g/L，而硫酸亚铁量仅为 60 g/L（一水硫酸亚铁）。

4）浓缩处理放射性废水

废水中绝大多数放射性污染物是不挥发的，可用蒸发法浓缩，然后将浓缩液密闭封固，让其自然衰变。一般经二效蒸发，废水体积可减少为原来的 1/500～1/200。这样大大减少了昂贵的贮罐容积，从而降低处理费用。

5.7.2 结晶法

结晶法用以分离废水中具有结晶性能的固体溶质。其实质是通过蒸发浓缩或降温冷却，使溶液达到饱和，让多余的溶质结晶析出，加以回收利用。

（1）结晶的原理

结晶和溶解是两个相反的过程。任何固体物质与它的溶液接触时，如溶液未饱和，固体就会溶解，如溶液过饱和，则溶质就会结晶析出。所以，要使溶液中的固体溶质结晶析出，必须设法使溶液呈过饱和状态。

固体与其溶液间的相平衡关系，通常以固体在溶剂中的溶解度表示。物质的溶解度与它的化学性质、溶剂性质与温度有关。一定物质在一定溶剂中的溶解度主要随温度而变化，压力及该物质的颗粒大小对其影响很小。各种物质的溶解度数据，都是用实验方法求出的，通常将其绘成与温度相关的曲线，如图 5-120 所示。

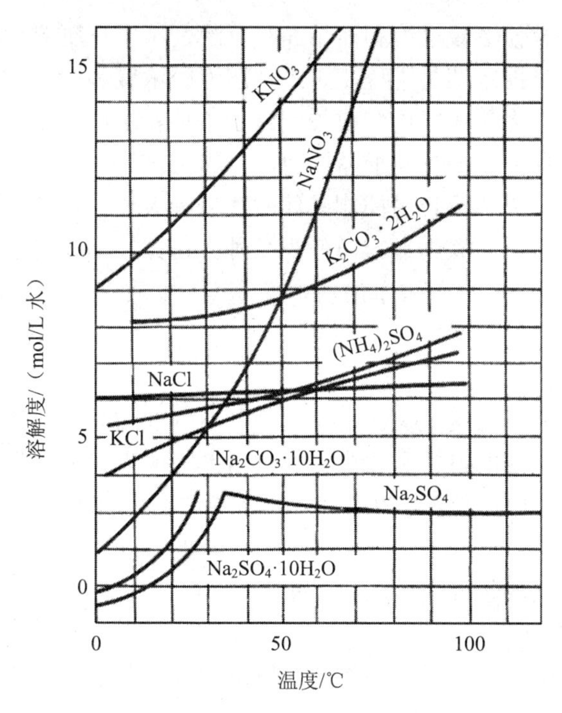

图 5-120 几种物质的溶解度曲线

由图可见，大多数物质的溶解度随温度的升高而显著增大，如 $NaNO_3$、KNO_3 等；有些物质的溶解度曲线有折点，这表明物质的组成有所改变，如 $Na_2SO_4 \cdot 10H_2O$ 转变为 Na_2SO_4；有些物质如 Na_2SO_4 和钙盐等的溶解度随温度升高反而减小；有些物质的溶解度受温度影响很小，如 NaCl。

根据溶解度曲线，通过改变溶液温度或移除一部分溶剂来破坏相平衡，而使溶液呈过饱和状态，析出晶体。通常在结晶过程终了时，母液浓度即相当于在最终温度下该物质的溶解度，若已知溶液的初始浓度和最终温度，即可计算结晶量。

结晶过程包括形成晶核和晶体成长两个连续阶段。过饱和溶液中的溶质首先形成极细微的单元晶体，或称晶核，然后这些晶核再成长为一定形状的晶体。结晶条件不同，析出的晶粒大小不同。对于由同一溶液中析出相等的结晶量，若结晶过程中晶核的形成速率远大于晶体的成长速率，则产品中晶粒小而多。反之，晶粒大而少。晶粒大小将影响产品的纯度和加工。粒度大的晶体易干燥、沉淀、过滤、洗涤，处理后含水量较小，产品得率较高，但粒径较大的晶体往往容易堆垒成集合体（叫晶簇），使在单颗晶体之间包含母液，洗涤困难，影响产品纯度。当晶体颗粒多而粒度小时，洗涤后产品纯度高，但洗涤损失较大，得率较低。所以，在生产上，必须控制晶体的粒度。

当采用蒸发浓缩使溶液过饱和而结晶时，溶剂蒸发速度对结晶过程的影响也与此类似。搅拌也可控制结晶进程，它既使溶液的浓度和温度均匀一致，又使小晶体悬浮在溶液中，为晶体的均匀成长创造了条件。所以，剧烈搅拌有利于晶核的形成，而较缓慢的搅拌则有利于晶体的均匀成长。

在结晶过程中，为了较容易控制晶体的数目和大小，往往在结晶将要开始之前，于溶液中加入溶质的微细晶粒，作为晶种。这样，晶核可以在较低的过饱和程度下形成。作为晶种，并不限于溶质本身，其他物质，若其晶格与溶质的相似，都可作为晶种。

（2）结晶的方法

结晶的方法主要分为两大类：移除一部分溶剂的结晶和不移除溶剂的结晶。在第一种方法中，溶液的过饱和状态可通过溶剂在沸点时的蒸发或在低于沸点时的汽化而获得，它适用于溶解度随温度降低而变化不大的物质结晶，如 NaCl、KBr 等，在第二种方法中，溶液的过饱和状态用冷却的方法获得，适用于溶解度随温度的降低而显著降低的物质结晶，如 KNO_3，$K_4Fe(CN)_6 \cdot 3H_2O$ 等。

（3）物料衡算

蒸发浓缩和结晶前后，进入系统的物质总量等于排出系统的物质总量：

$$G_1 = G_2 + G_3 + G \tag{5-80}$$

式中，G_1 —— 进入系统的废水总量，kg/h；

G_2 —— 蒸发水量，kg/h；

G_3 —— 结晶后的残余废水，kg/h；

G —— 结晶析出的晶体量，kg/h。

蒸发量 G_2 取决于结晶时的热力学条件和经济因素。母液量 G_3 和晶体量 G 依 G_2 而定。结晶前后溶质的物料衡算式如下：

$$G_1B_1 = G_3B_3 + GR \tag{5-81}$$

式中，B_1 —— 原废水的溶质浓度（以溶质重量的百分数表示），%；

B_3 —— 母液中溶质的浓度；等于结晶温度下溶质在废水中的溶解度；

R —— 无水晶体的分子量与晶体水合物的分子量的比值，当析出的晶体不带结晶水时，R=1。

综合以上两式，可得晶体产量的计算公式：

$$G = [G_1(B_3 - B_1) - G_2B_3]/(B_3 - R) \tag{5-82}$$

式中，G_1B_1 为已知，B_3 和 R 由结晶时的操作温度确定，余下的 G_2 及 G 为两个待定值。如果给定晶体量 G，可求出欲蒸发水量 G_2；反之，如果给定蒸发的水量 G_2，则可求出结晶析出的晶体量 G。

（4）结晶法应用举例 —— 从废酸洗液中回收硫酸亚铁

金属进行各类热加工时，表面会形成一层氧化铁皮。它对金属的强度及后加工（如轧制和电镀等），都有不良影响，必须加以清除。采用的方法是用稀酸将其溶解掉。黑色金属主要用硫酸浸洗。浸洗金属的硫酸，以浓度为 20%、温度为 45～80℃最好。在浸酸过程中，由于硫酸亚铁不断生成，使硫酸浓度不断降低，待到 10%以下时，酸洗效果降低，需要将其更换，此时废酸洗液中含硫酸亚铁约 17%。

各种温度下，硫酸亚铁在硫酸溶液中的溶解度如图 5-121 所示。由图可知，硫酸浓度为 10%时，如温度为 80℃，则其溶解度约为 21.1%，多余溶质析出的晶体为 $FeSO_4 \cdot H_2O$；如温度为 20℃，则其溶解度为 16.2%，析出的晶体为 $FeSO_4 \cdot 7H_2O$。

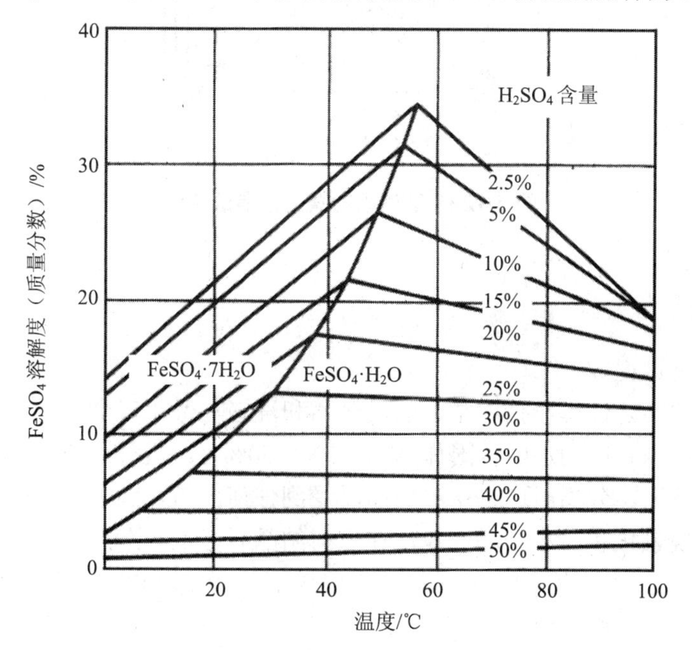

图 5-121 硫酸亚铁的溶解度与结晶的形成

图 5-122 为蒸汽喷射真空结晶法流程。废酸液先在蒸发器进行蒸发浓缩。为了提高废酸浓度，以利于水分的蒸发，在蒸发器内还投加了浓硫酸，然后在Ⅰ、Ⅱ、Ⅲ三级结晶器内连续进行真空蒸发和结晶。从结晶器排出的浓浆液，在离心机中进行固液分离，晶体（$FeSO_4 \cdot 7H_2O$）被回收，母液（含 H_2SO_4 25%，$FeSO_4$ 6.6%）回用于酸洗过程。

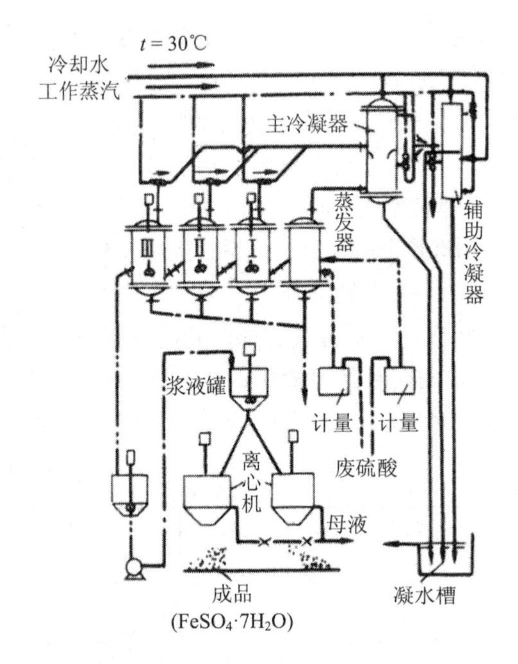

图 5-122　蒸汽喷射真空结晶法流程

5.7.3　冷冻法

（1）工艺过程

冷冻法的工艺过程包括冻结、固液分离和洗涤与融化三个步骤。首先是降温冻结以形成冰晶。待到水中含固体冰晶 35%～50%时，进行固液分离。采用的分离设备多为滤网。分离时应尽量不使冰晶受到任何压力，因为压力能降低冰点，使冰面上出现融化和二次结晶现象，在重新结晶时能混入杂质，即令冲洗也无法去除。

（2）方法及流程

冻法处理废水的方法及流程很多，下面简要介绍两种典型的方法。

1）间接冷冻法

如图 5-123 所示，废水在热交换器内降低温度后，进入冷冻室结晶。结晶的固体量达 35%～50%后，冰浆流入分离室，用净水浇淋洗。纯净的冰浆流入融化室，经吸热融化后，一部分供作洗涤水，另一部分经热交换后排出，成为高品质用水。浓缩液和洗涤液从分离室下部的筛网流出，经热交换器后排走。若需要回收有用溶质时，可对浓缩液进一步加工处理。间接冷冻法采用封闭的制冷系统，冷冻剂通常为液氨。由冷冻室排出的氨气经压缩后，在融化室内液化。然后，通过膨胀阀膨胀，并在冷冻室内吸热气化，如此反复循环。

2）真空冷冻法

图 5-124 为真空冷冻法流程图。用压缩机将冷冻室抽成高真空度，低温废水在喷出后汽化吸热，使一部分水结成冰晶。将抽出的蒸汽及空气压入融化室，使洗涤过的冰晶融化，废水经汽经真空系统排出。洗涤液及浓缩液经热交换器排出，以进一步处理或回收利用；净水经热交换器后，成为产品送走。

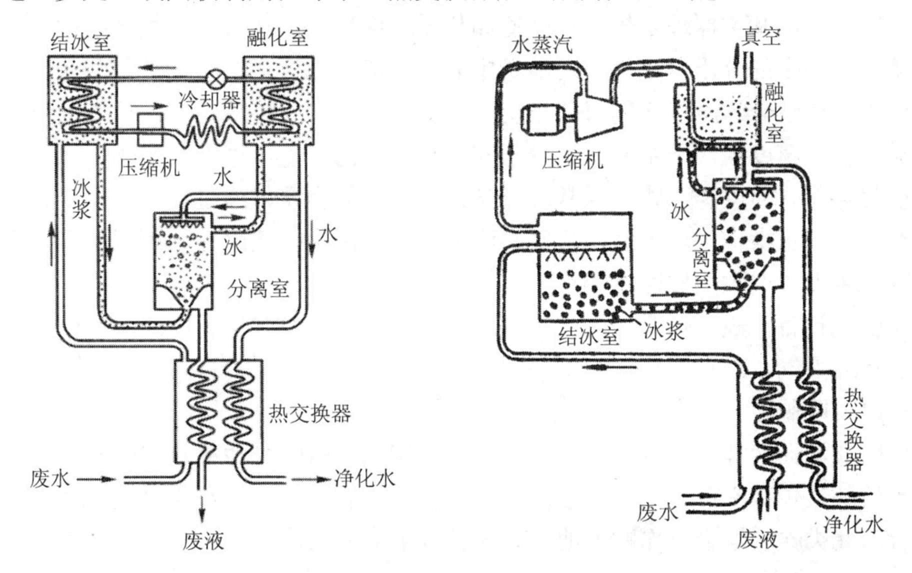

图 5-123 间接冷冻法流程　　图 5-124 真空冷冻法流程

5.8 吹脱和汽提

吹脱和汽提都属于气-液相转移分离法。即将气体（载气）通入废水中，使之相互充分接触，使废水中的溶解气体和易挥发的溶质穿过气液界面，向气相转移，从而达到脱除污染物的目的。常用空气或水蒸气作载气，习惯上把前者称为吹脱法，后者称为汽提法。

水和废水中有时会含有溶解气体。例如用石灰石中和含硫酸废水时产生大量 CO_2；水在软化脱盐过程中经过氢离子交换器，产生大量 CO_2；某些工业废水中含有 H_2S、HCN、NH_3、CS_2 及挥发性有机物等。这些物质可能对系统产生侵蚀，或者本身有害，或对后续处理不利，因此，必须分离除去。产生的废气根据其浓度高低，可直接排放、送锅炉燃烧或回收利用。

将空气通入水中，除了吹脱作用以外，还伴随充氧和化学氧化作用。

例如

$$H_2S + 1/2\,O_2 = S + H_2O$$

5.8.1 吹脱法

吹脱法的基本原理是气液相平衡和传质速度理论。在气液两相系统中，溶质气体在气相中的分压与该气体在液相中的浓度成正比。当该组分的气相分压低于其溶液中该组分浓度对应的气相平衡分压时，就会发生溶质组分从液相向气相的传质。传质速度取决于组分平衡分压和气相分压的差值。气液相平衡关系和传质速度随物系、温度和两相接触状况而异。对给定的物系，通过提高水温，使用新鲜空气或负压操作，增大气液接触面积和时间，减少传质阻力，可以达到降低水中溶质浓度、增大传质速度的目的。

吹脱设备一般包括吹脱池（也称曝气池）和吹脱塔。前者占地面积较大，而且易污染大气，对有毒气体常用塔式设备。

（1）吹脱池

依靠池面液体与空气自然接触而脱除溶解气体的吹脱池称自然吹脱池，它适用于溶解气体极易挥发，水温较高，风速较大，有开阔地段和不产生二次污染的场合。此类吹脱池也兼作贮水池，其吹脱效果按下式计算：

$$0.43\lg\frac{c_1}{c_2} = D\left(\frac{\pi}{2h}\right)^2 t - 0.207 \tag{5-83}$$

式中，t —— 废水停留（吹脱）时间，min；

c_1，c_2 —— 分别为气体初始浓度和经过 t 后的剩余浓度，mg/L；

h —— 水层深度，mm；

D —— 气体在水中的扩散系数，cm^2/min；O_2、H_2S、CO_2 和 Cl_2 的扩散系数分别为 1.1×10^{-3}、8.6×10^{-4}、9.2×10^{-4} 和 $7.6\times10^{-4}\,cm^2/min$。

由上式可知，欲获得较低的 c_2，除延长贮存时间外，还应当尽量减小水层深度，或增大表面积。

为强化吹脱过程，通常向池内鼓入空气或在池面以上安装喷水管，构成强化吹脱池。其吹脱效果按下式计算：

$$\lg\frac{c_1}{c_2} = 0.43\beta\cdot t\cdot\frac{S}{V} \tag{5-84}$$

式中，S —— 气液接触面积，m^2；

V —— 废水体积，m^3；

β —— 吹脱系数，其值随温度升高而增大，25℃时，H_2S、SO_2、NH_3、CO_2、O_2 和 H_2 的吹脱系数分别为 0.07、0.055、0.015、0.17、1 和 1。

喷水管安装高度离水面 1.2～1.5 m。池子小时，还可建在建筑物顶上，高度 2～3 m。为防止风吹损失，四周应加挡水板或百叶窗。喷水强度可采用 12 m^3/（m^2·h）。

国内某维尼纶厂的酸性废水经石灰石滤料中和后，废水中产生大量的游离 CO_2，pH 4.2～4.5，不能满足生物处理的要求，因此，中和滤池的出水经预沉淀后，进行吹脱处理。吹脱池为一矩形水池，见图 5-125，水深 1.5 m，曝气强度为 25～30 m^2/（m^2·h），气水体积比为 5，吹脱时间为 30～40 min。空气用塑料穿孔管由池底送入，孔径 10 mm，孔距 5 cm。吹脱后，游离 CO_2 由 700 mg/L 降到 120～140 mg/L，出水 pH 达 6～6.5。存在问题是布气孔易被中和产物 $CaSO_4$ 堵塞，当废水中含有大量表面活性物质时，易产生泡沫，影响操作和环境。可用高压水喷射或加消泡剂除泡。

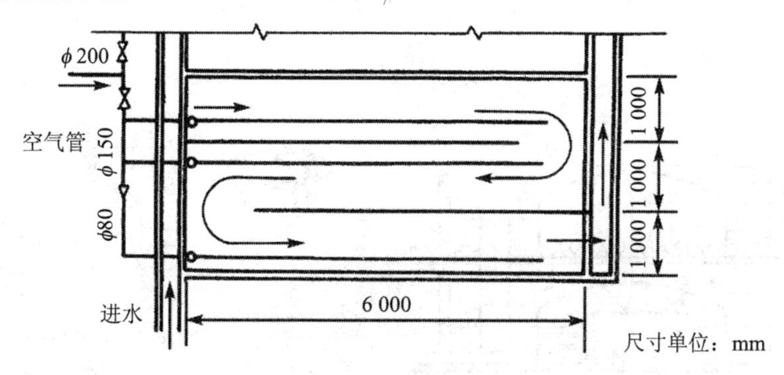

图 5-125　折流式吹脱池

（2）吹脱塔

为提高吹脱效率，回收有用气体，防止二次污染，常采用填料塔、板式塔等高效气液分离设备。

填料塔的主要特征是在塔内装置一定高度的填料层，废水从塔顶喷下，沿填料表面呈薄膜状向下流动。空气由塔底鼓入，呈连续相由下而上同废水逆流接触。塔内气相和水相组成沿塔高连续变化，系统如图 5-126 所示。

板式塔的主要特征是在塔内装置一定数量的塔板，废水水平流过塔板，经降液管流入下一层塔板。空气以鼓泡或喷射方式穿过板上水层，相互接触传质。塔内气相和水相组成沿塔高呈阶梯变化。泡罩塔和浮阀塔的构造示意见图 5-127。

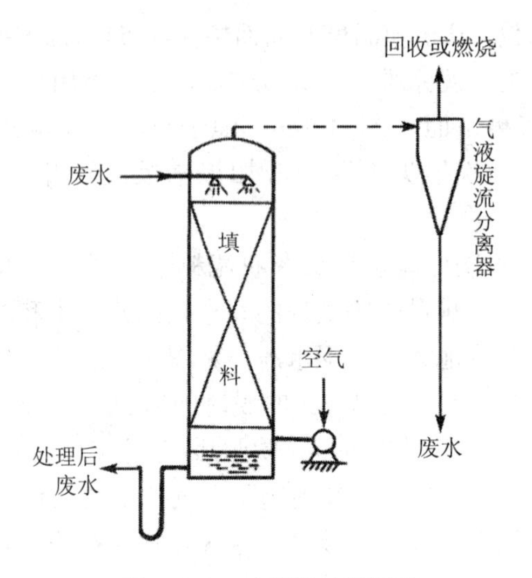

图 5-126 吹脱塔流程示意

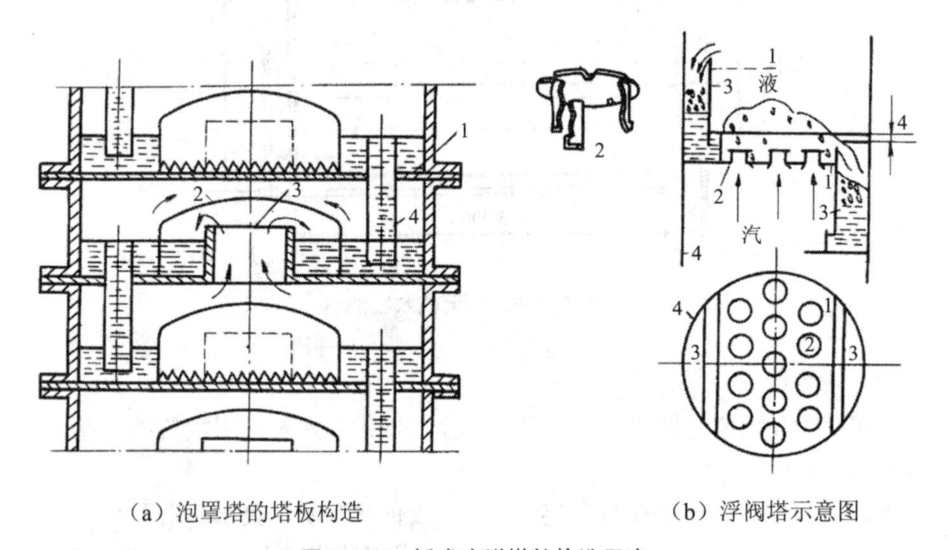

（a）泡罩塔的塔板构造

（b）浮阀塔示意图

图 5-127 板式吹脱塔的构造示意

1-塔板；2-泡罩；3-蒸汽通道；4-降液管　　1-塔板；2-浮阀；3-降液管；4-塔体

吹脱塔的设计计算同吸收塔相仿，单位时间吹脱的气体量，正比于气液两相的浓度差（或分压差）和两相接触面积，即

$$G=K\cdot A\cdot \Delta c \tag{5-85}$$

式中，G —— 单位时间内由水中吹脱的气体量，kg/h；

$$G = Q(c_0 - c) \times 10^{-3} \quad (5\text{-}86)$$

Q —— 废水流量，m^3/h；

c_0，c —— 分别为原水和出水中的气体浓度，mg/L；

Δc —— 吹脱过程的平均推动力，可近似取 c_0 和 c 的对数平均值；

A —— 气液两相的接触面积，m^2，由填料体积和特性参数确定；

K —— 吹脱系数，与气体性质，温度等因素有关，m/h。

吹脱 CO_2 时

$$K_{CO_2} = \frac{1.02 D_t^{0.67} q^{0.86}}{d_e^{0.14} \nu^{0.53}} \quad (5\text{-}87)$$

式中，D_t —— 水温 t℃时水中 CO_2 的扩散系数，m^2/h；

$$D_t = D_{20}[1+0.02(t-20)] \quad (5\text{-}88)$$

D_{20} —— 水温 20℃时的扩散系数，为 6.4×10^{-6} m^2/h；

q —— 淋水密度，$m^3/m^2\cdot h$；

d_e —— 填料的当量直径，m；

ν —— 水的运动黏度，m^2/h。

吹脱 H_2S 时

$$K_{H_2S} = \frac{760}{n(50.7 + 110 / f^{0.324})} \quad (5\text{-}89)$$

n —— 常压下 H_2S 在水中的溶解度，kg/m^3，可用下式计算

$$n = 6.993 - 0.1975T + 2.507 \times 10^{-3} T^2 \quad (5\text{-}90)$$

式中，T —— 水温，℃；

f —— 吹脱塔的截面积，m^2。

选择鼓风机时，其风量为（30～40）Q；进风压力为 $p_0=a_1 h_0+400$，式中 a_1 为单位填料高度的空气阻力。一般 a_1＝200～500 Pa/m 填料。h_0 为填料高度，400 为进出风管和填料支承架等的空气阻力经验数值，Pa。

从废水中吹脱出来的气体，可以经过吸收或吸附回收利用。例如，用 NaOH 溶液吸收吹脱的 HCN，生成 NaCN；吸收 H_2S，生成 Na_2S，然后将饱和溶液蒸发结晶；用活性炭吸附 H_2S，饱和后用亚氨基硫化物的溶液浸洗，饱和溶液经蒸发可回收硫。

在吹脱过程中，影响因素很多，主要有以下几点。

① 温度：在一定压力下，气体在水中的溶解度随温度升高而降低，因此，升温对吹脱有利。

② 气水比：空气量过小，气液两相接触不够；空气量过大，不仅不经济，还会发生液泛，使废水被气流带走，破坏操作。为使传质效率较高，工程上常采用液泛时的极限气水比的 80%作为设计气水比。

③ pH：在不同 pH 条件下，气体的存在状态不同。废水中游离 H_2S 和 HCN 的含量与 pH 的关系如表 5-12 所示。因为只有以游离的气体形式存在才能被吹脱，所以对含 S^{2-}和 CN^-的废水应在酸性条件下进行吹脱。

表 5-12 游离 H_2S 和 HCN 与 pH 的关系

pH	5	6	7	8	9	10
游离 H_2S/%	100	95	64	15	2	0
游离 HCN/%		99.7	99.3	93.3	58.1	12.2

5.8.2 汽提法

汽提法用以脱除废水中的挥发性溶解物质，如挥发酚、甲醛、苯胺、硫化氢、氨等。其实质是废水与水蒸气的直接接触，使其中的挥发性物质按一定比例扩散到气相中去，从而达到从废水中分离污染物的目的。

单位体积废水所需的蒸汽量称为汽水比，用 V_0 表示。假定在废水进口处气液两相传质已达平衡，可得如下关系：

$$\frac{Q(c_0-c)}{V}=k\frac{Qc_0}{Q} \tag{5-91}$$

$$V_0=\frac{V}{Q}=\frac{c_0-c}{kc_0} \tag{5-92}$$

式中，k 为气液平衡时溶质在蒸汽冷凝液与废水中的浓度之比，或称分配系数。对低浓度（0.01～0.1 mol/L）废水，可视为定值。挥发酚、苯胺、游离 NH_3、甲基苯胺、氨基甲烷的 k 值分别为 2、5.5、13、19 和 11。实际生产中，汽提都是在不平衡的状态下进行的，同时还有热损失，故蒸汽的实际耗量比理论值大，约为其 2～2.5 倍。常用的汽提设备有填料塔、筛板塔、泡罩塔、浮阀塔等。

（1）含酚废水处理

汽提法最早用于从含酚废水中回收挥发酚，其典型流程如图 5-128 所示。汽提塔分上下两段，上段叫汽提段，通过逆流接触方式用蒸汽脱除废水中的酚；下段叫再生段，同样通过逆流接触，用碱液从蒸汽中吸收酚。其工作过程如下：废水经换热器预热至100℃后，由汽提塔的顶部淋下，在汽提段内与上升的蒸汽逆流接触，在填料层中或塔板上进行传质。净化的废水通过预热器排走。含酚蒸汽用鼓风机送到再生段，相继与循环碱液和新碱液（含 NaOH10%）接触，经化学吸收生成酚钠盐回收其中的酚，净化后的蒸汽进入汽提段循环使用。碱液循环在于提高酚钠盐的浓度，待饱和后排出，用离心法分离酚钠盐晶体，加以回收。

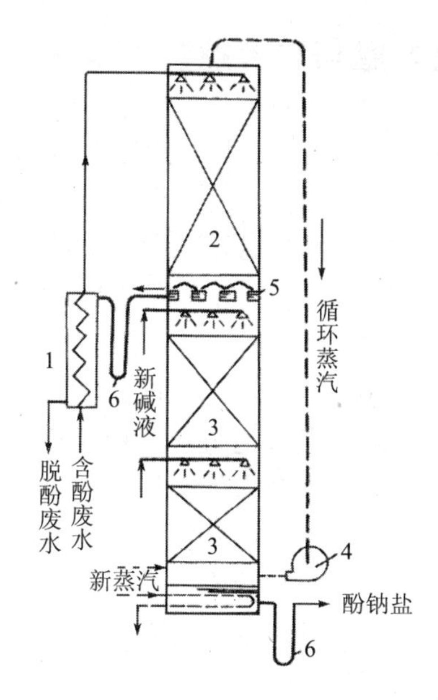

图 5-128 汽提法脱酚装置

1-预热器；2-汽提段；3-再生段；4-鼓风机；5-集水槽；6-水封

汽提脱酚工艺简单，对处理高浓度（含酚 1 g/L 以上）废水，可以达到经济上收支平衡，且不会产生二次污染。但是，经汽提后的废水中一般仍含有较高浓度（约 400 mg/L）的残余酚，必须进一步处理。另外，由于再生段内喷淋热碱液的腐蚀性很强，必须采取防腐措施。

（2）含硫废水处理

石油炼厂的含硫废水（又称酸性水）中含有大量 H_2S（高达 10 g/L）、NH_3（高达 5 g/L），还含有酚类、氰化物、氯化铵等。一般先用汽提回收处理，然后再用其他方法进行处理。处理流程如图 5-129 所示。含硫废水经隔油、预热后从顶部进入汽提塔，蒸汽则从底部进入。在蒸汽上升过程中，不断带走 H_2S 和 NH_3，脱硫后的废水，利用其余热预热进水，然后送出进行后续处理。从塔顶排出的含 H_2S 及 NH_3 的蒸汽，经冷凝后回流至汽提塔中，不冷凝的 H_2S 和 NH_3，进入回收系统，制取硫黄或硫化钠，并可副产氨水。

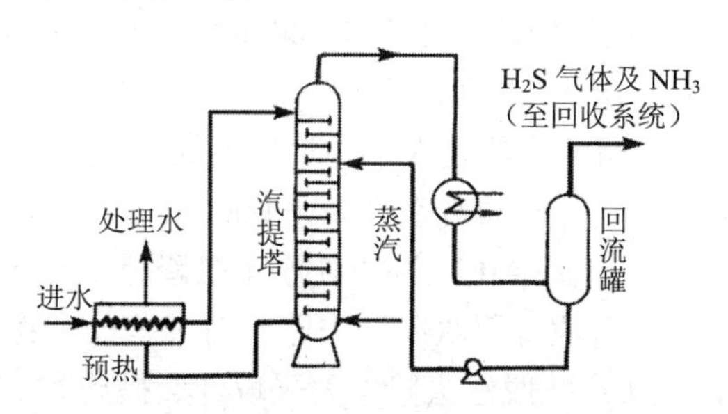

图 5-129 蒸汽单塔汽提法流程

【习题与思考题】

5-1 何谓胶体稳定性？简述胶体脱稳和凝聚的作用机理。

5-2 何谓同向絮凝和异向絮凝？两者的碰撞速率与哪些因素有关？

5-3 影响混凝效果的主要因素有哪几种？这些因素是如何影响混凝效果的？

5-4 气浮法分离的主要对象是什么？气浮工艺必须具备的基本条件有哪些？

5-5 加压溶气气浮法的基本原理是什么？有哪几种基本流程？各有何特点？

5-6 压力溶气罐的主要作用是什么？常用的溶气方式有哪几种？

5-7 微气泡与悬浮颗粒相黏附的基本条件是什么？有哪些影响因素？如何改变微气泡与颗粒的黏附性能？

5-8 比较物理吸附和化学吸附的主要区别。

5-9 何谓吸附等温线？常见的吸附等温线有哪几种类型？吸附等温式有哪几种形式及应用场合如何？

5-10 何谓吸附带与穿透曲线？吸附带的吸附容量如何利用？

5-11 什么是膜分离法，有哪几种膜分离法，各自有何特点？

5-12 电渗析的原理是什么？特点有哪些？

5-13 将 3.0 g 活性炭放入含苯酚的 500 ml 水溶液中，使用吸附等温线 $q=5.2C^{0.21}$（mmol/g），达平衡时苯酚的平衡浓度为 0.034 6 mol/L，试计算废水中苯酚的初始浓度为多少？

5-14 采用粉末活性炭应急处理技术吸附水源突发性污染事故中的硝基苯。通过试验已得到吸附等温线为：$q=0.399\,4C^{0.832\,2}$（式中：q 为吸附容量，mg/（mg 炭）；C 为硝基苯平衡浓度，mg/L）。

（1）水源水硝基苯浓度 0.008 mg/L，要求吸附后硝基苯浓度基本低于检出限（＜0.000 5 mg/L），计算所需粉末炭的投加量；

（2）水源水硝基苯浓度 C_0=0.050 mg/L（硝基苯的标准限值为 0.017 mg/L，该值约超标 2 倍），采用粉末炭投加量 15 mg/L，求吸附后水中的硝基苯浓度。

5-15 酚在异丙醚中溶解度约是在水中溶解度的 12 倍，某含酚废水用异丙醚萃取法予以处理，已知废水含酚 2 000 mg/L，萃取相比（有机相体积与水相体积比）V_o/V_a=0.2，则为使水中酚降至 100 mg/L，需萃取几次？

5-16 废水中什么物质适宜用吹脱法去除？对某些盐类物质，例如 NaHS、KCN 等，能否用吹脱法去除？要采取什么措施？

5-17 影响吹脱的因素有哪些？为什么？

参考文献

[1] 顾夏声，黄铭荣，王占生. 水处理工程[M]. 北京：清华大学出版社，1985.

[2] 高廷耀，顾国维，周琪. 水污染控制工程下册（第三版）[M]. 北京：高等教育出版社，2007.

[3] 张自杰. 排水工程下册（第四版）[M]. 北京：中国建筑工业出版社，2008.

[4] 张自杰. 环境工程手册（水污染防治卷）[M]. 北京：高等教育出版社，1996.

[5] 王宝贞，王琳. 水污染治理新技术 —— 新工艺、新概念、新理论[M]. 北京：科学出版社，2004.

[6] 严煦世，范瑾初. 给水工程（第四版）[M]. 北京：中国建筑工业出版社，1999.

[7] 张自杰. 废水处理理论与设计[M]. 北京：中国建筑工业出版社，2003.

[8] 钱易，米祥友. 现代废水处理新技术[M]. 北京：中国科学技术出版社，1993.

[9] 张希衡. 水污染控制工程[M]. 北京：冶金工业出版社，1993.

[10] [美]威廉·W. 纳扎洛夫，莉萨·阿尔瓦雷斯·科恩. 环境工程原理[M]. 漆新华，刘春光，译. 北京：化学工业出版社，2006.

[11] 任南琪，赵庆良. 水污染控制原理与技术[M]. 北京：清华大学出版社，2007.

[12] 赵庆良，任南琪. 水污染控制工程[M]. 北京：化学工业出版社，2005.

[13] 赵庆良，刘雨. 废水处理与资源化新工艺[M]. 北京：中国建筑工业出版社，2006.

[14] 晋日亚，胡双启. 水污染控制技术与工程[M]. 北京：兵器工业出版社，2004.

[15] 唐受印，戴友芝，汪大翚. 废水处理工程（第二版）[M]. 北京：化学工业出版社，2004.

[16] 王小文. 水污染控制工程[M]. 北京：煤炭工业出版社，2002.

[17] 王燕飞. 水污染控制技术[M]. 北京：化学工业出版社，2001.

[18] 曾科，卜秋平，陆少鸣. 污水处理厂设计与运行[M]. 北京：化学工业出版社，2001.

[19] 李圭白，张杰. 水质工程学[M]. 北京：中国建筑工业出版社，2005.

[20] 缪应祺. 水污染控制工程[M]. 南京：东南大学出版社，2002.

[21] 蒋文举，侯锋，宋宝增. 城市污水厂实习培训教程[M]. 北京：化学工业出版社，2007.

[22] 韩洪军. 污水处理构筑物设计与计算[M]. 哈尔滨：哈尔滨工业大学出版社，2002.

[23] 金兆丰，余志荣. 污水处理组合工艺及工程实例[M]. 北京：化学工业出版社，2003.

[24] 胡勇存，刘绮. 水处理工程[M]. 广州：华南理工大学出版社，2006.

[25] 胡亨魁. 水污染控制工程[M]. 武汉：武汉理工大学出版社，2003.

[26] 郭茂新. 水污染控制工程学[M]. 北京：中国环境科学出版社，2005.

[27] 罗固源. 水污染控制工程[M]. 北京：高等教育出版社，2006.

[28] 朱亮. 供水水源保护与微污染水体净化[M]. 北京：化学工业出版社，2005.

[29] 蒋展鹏. 环境工程学[M]. 北京：高等教育出版社，2005.

[30] 成官文. 水污染控制工程[M]. 北京：化学工业出版社，2009.

[31] 唐受印，戴友芝. 水处理工程师手册[M]. 北京：化学工业出版社，2000.

[32] 魏先勋，陈信常，马菊元，等. 环境工程设计手册[M]. 长沙：湖南科学技术出版社，2002.

[33] 杨智宽，韦进宝. 污染控制化学[M]. 武汉：武汉大学出版社，1998.

[34] 张晓健，黄霞. 水与废水物化处理的原理与工艺[M]. 北京：清华大学出版社，2011.

[35] 张晖. 环境声化学[M]. 武汉：湖北科学技术出版社，2008.

[36] Metcalf & Eddy Inc. Wastewater Engineering：Treatment and Reuse（Fourth Edition）. New York：McGraw-Hill Companies，Inc.，2003.

[37] W. Wesley Eckenfelder. Jr. Industrial water Pollution Control（Third Edition）. New York：McGraw-Hill Companies，Inc.，2000.

[38] Mihelcic James R. Fundamentals of Environmental Engineering. New Jersey：John Wiley & Sons，Inc.，1999.